数字量化混凝土实用技术

朱效荣 编著

U0279359

中国建材工业出版社

图书在版编目（CIP）数据

数字量化混凝土实用技术/朱效荣编著. —北京：
中国建材工业出版社，2016.5（2025.4 重印）
ISBN 978-7-5160-1361-8

Ⅰ. ①数… Ⅱ. ①朱… Ⅲ. ①混凝土 Ⅳ. ①TU528

中国版本图书馆 CIP 数据核字（2016）第 019590 号

内 容 简 介

本书内容共十六章：第一章胶凝材料技术指标的数字量化，第二章外加剂技术指标的数字量化，第三章砂石技术指标的量化计算，第四章多组分混凝土理论，第五章混凝土的生产供应，第六章多组分混凝土施工常见问题，第七章导光混凝土及其施工工艺，第八章碱矿渣水泥混凝土，第九章 C100 高性能混凝土，第十章轻集料泵送混凝土，第十一章高强透水混凝土，第十二章预拌现浇泡沫混凝土，第十三章含石粉机制砂混凝土，第十四章纤维抗裂混凝土，第十五章大体积混凝土，第十六章核电站防辐射混凝土。

全书资料翔实、内容新颖，具有科学性、可行性、实用性和可操作性等特点，可为从事混凝土技术工作人员培训用书，也是高等院校从事混凝土专业师生的辅导用书。

数字量化混凝土实用技术

朱效荣　编著

出版发行：中国建材工业出版社
地　　址：北京市西城区白纸坊东街 2 号院 6 号楼
邮　　编：100054
经　　销：全国各地新华书店
印　　刷：北京雁林吉兆印刷有限公司
开　　本：787mm×1092mm　1/16
印　　张：19.5
字　　数：480 千字
版　　次：2016 年 5 月第 1 版
印　　次：2025 年 4 月第 6 次
定　　价：**96.00 元**

本社网址：**www. jskjcbs. com**　微信公众号：**zgjskjcbs**
本书如有印装质量问题，由我社事业发展中心负责调换，联系电话：(010) 63567692

前　言

　　为了满足工程项目施工的需要，建筑行业对混凝土的品质指标和经济指标的要求不断提高，促使混凝土向着高强度、高流态和高耐久等高性能方向发展。研究开发适合现实条件下科学合理的混凝土理论以及应用技术已经成为混凝土行业的一种客观需求，特别是将混凝土技术由试验验证转变为数字计算显得尤其重要，奥运场馆、跨海大桥、港口码头、高速铁路和高速公路等具有国际影响力的项目，都是使用以耐久性作为主要设计指标的高性能混凝土，要实现这一目标就需要一种新的混凝土设计理论，在设计时将耐久性指标与设计参数建立一一对应关系；另一方面，由于资源的枯竭使混凝土的生产质量越来越难以控制。正是在这种条件下，本书作者建立了多组分混凝土理论，确立了以建立水泥强度与混凝土强度对应关系、以标准稠度用水量对应的水胶比作为混凝土最佳水胶比，以掺合料等活性替换和等填充替换合理使用矿物掺合料，在胶凝材料标准稠度用水量条件下调整混凝土外加剂、以水泥检验时标准砂的用水比例确定混凝土砂的用水比例，以石子表面润湿状态作为石子用水量设计的依据，砂子用量以石子的空隙率和砂子的紧密堆积密度来确定，石子的用量以石子的密度、空隙率和胶凝材料体积确定的观点来实现混凝土的数字量化，实现设计过程中对混凝土技术指标的科学合理量化控制。

　　本书主要内容：第一章胶凝材料技术指标的数字量化详述了水泥的强度、密度、需水量与混凝土强度，以及工作性和耐久性之间的数字量化关系，矿渣粉、粉煤灰、硅灰和沸石粉等矿物掺合料的活性系数、填充系数、需水量比与水泥用量之间的量化换算关系，解释了胶凝材料的数字量化技术和计算公式的内涵，以及胶凝材料合理利用的方法，实现了对混凝土设计强度的准确控制。第二章外加剂技术指标的数字量化详述了各种外加剂的基本性能、合成工艺以及复配技术，将外加剂的合成、复配与科学检验实现了定量计算，使混凝土的工作性与减水率之间建立了对应的量化换算关系，实现了对混凝土工作性的准确控制。第三章砂石技术指标的量化计算详述了各种砂石在混凝土配制过程中的作用，用量的准确计算方法，以及砂石骨料对外加剂的适应性问题，实现了浆体对集料包裹性的准确控制，既提高了混凝土强度，又预防了拌合物堵管和堵泵的问题。第四章多组分混凝土理论详述了多组分混凝土理论的建立并介绍了相关计算公式，提出了混凝土配合比石子填充设计法，实现了混凝土配合比设计由试验验证向数字量化科学计算的转变，对有效水胶比和合理砂率的最佳取值做出了明确的界定。第五章混凝土的生产供应详述了预湿集料技术，这项技术解决了多年来困扰混凝土行业的外加剂与砂石集料含泥量之间矛盾的一大难题，保证了混凝土质量，降低了混凝土生产成本。第六章至第十六章介绍了以此理论为基础配制的 C10～C100 高性能混凝土及工程应用实践，包括多组分混凝土施工常见问题、导光混凝土及其施工工艺、碱矿渣水泥混凝土、C100 高性能混凝土、轻集料泵送混凝土、高强透水混凝土、预拌现浇泡沫混凝土、含石粉机制砂混凝土、纤维抗裂混凝土、大体积混凝土与核电站防辐射混凝土，这些工程实例可以为国内混凝土技术研究、生产应用和质量事故的处理提供借鉴、指导和参考，满足重点工程项目对特种混凝土研究的需求，是一本内容丰富的实用性技术资料。

本书第一章、第三章至第十一章由朱效荣撰写，第二章由王耀文撰写，第十二章由宋东升撰写，第十三章至第十六章由朱效荣撰写。在本书的写作过程中，吸收和选用了国内外有关高性能水泥和高性能混凝土方面专家的论著和报告的部分内容，得到了许多预拌混凝土生产企业、水泥生产企业、建筑施工单位、监理公司及科研院所的大力支持和帮助，在此深表谢意。由于笔者实际经验不足，书中内容还需要同行在技术交流的过程中批评指正，各位同行可以到 www.hntkjw.com 留言，也可发送电子邮件到 bjlgkj@126.com，或者电话联系13501124631，笔者将虚心听取各种意见并加以改进。

本书的编撰依赖于生产应用项目的研究，在这些项目的研究过程中，得到了北京灵感科技发展有限公司、北京城建集团有限责任公司、北京城建混凝土有限公司、浙江明峰建材集团、宁夏华盛砼业有限公司、中国建筑工程总公司、中国铁建总公司、冀东水泥混凝土投资发展有限公司、中国水电第八工程局、四川路桥集团、天津航保商品砼供应有限公司、沈阳荣威科技有限公司、鞍山荣和科技有限公司、东明源昱建材有限公司和沂南铜像建材有限公司等单位的大力支持，特别是中国工程院院士清华大学陈肇元教授、中国工程院院士东南大学孙伟教授、中国工程院院士南京工业大学唐明述教授指导笔者研究的项目并主持了多次鉴定会，在此对支持研究的单位表示感谢，对三位院士给予的厚爱表示深深的敬意！

还要特别感谢：沈阳建筑大学材料学院的李生庆教授，原冀东水泥混凝土投资发展有限公司的李占军总经理，天津航保商品砼供应有限公司戴会生高级工程师，辽宁大学李迁教授，北京建筑大学宋少民教授，内蒙古科技大学杭美艳教授，北京科技大学刘娟红教授，山东建筑大学逢鲁峰教授，同济大学孙振平教授，北京灵感科技发展有限公司孙辉教授，北京城建混凝土公司吴存堂总经理、王世彬教授，沈阳市政协李力副秘书长，沈阳泰丰混凝土供应有限公司宋东升教授，鞍钢房产建设公司王希波教授，辽宁省建设科学研究院建材分院范文涛副院长，沈阳市建筑工程质量检测中心管洪海高级工程师，淮北旭日建材有限公司蒋家喜总经理，东明源昱建材有限公司张迪安高级工程师，鞍山荣和科技有限公司张兰志高级工程师、孙利强高级工程师，沈阳荣威科技有限公司王耀文高级工程师，北京混凝土第一视频网赵志强高级工程师。

最后对长期支持并默默奉献的妻子杨杰博士表示最深的谢意！对独立成长却很少得到照顾的儿子朱子甲和幼女朱子羽表示十分的歉意！对岳父杨家鹤老师所作的修改和校对工作表示深深的感谢！

朱效荣

2016.5

目　　录

第一章　胶凝材料技术指标的数字量化

第一节　水泥技术指标的数字量化

一、通用硅酸盐水泥的国家标准

（一）国家标准发展历程

自 1953 年中国第一个统一的水泥标准诞生至今，通用硅酸盐水泥标准已经历了 5 次修订。它们分别是 1956 年全国统一采用以前苏联硬练法为蓝本的普通硅酸盐水泥、矿渣硅酸盐水泥和火山灰质硅酸盐水泥三大水泥标准；1977 年制定《水泥强度检验方法》GB 177—77（即"中国软练法"和修订硅酸盐水泥、普通硅酸盐水泥、矿渣硅酸盐水泥、火山灰质硅酸盐水泥及粉煤灰硅酸盐水泥五大水泥标准）；1991 年将硅酸盐水泥分为 I 型和 II 型，I 型水泥的各项指标参照 ASTM 标准，II 型水泥指标参照 BS 标准，此次标准修订使中国通用水泥产品标准达到国际先进水平，标准号为 GB 175—1992，于 1993 年 6 月 1 日正式实施；1996 年开始了强度检验方法等同采用 ISO 标准的研究，1999 年颁布了以新强度检验方法标准为核心的六大通用水泥标准《通用硅酸盐水泥》GB 175—1999，这标志着中国水泥标准已完全与国际接轨；2006 年 8 月，修订了《通用硅酸盐水泥》，适时地取消了 P·O32.5 水泥品种，增加了对 Cl^- 限量的要求以及水泥组分应定期校核的内容。

水泥的标准不仅对指导水泥生产、控制质量、加强管理和提高企业经济效益起着重要的作用，而且是质检机构、科研设计、建设施工等部门监督并检验产品质量、保证工程质量的重要技术依据。水泥标准的制定和修订，确立了中国多品种、多强度等级的水泥产品结构，推动了中国水泥工业的迅速发展，有效地促进了中国水泥质量的提高，增强了中国水泥在国际市场的竞争力，并逐步与国际先进指标接轨，有利于进一步规范水泥的生产和应用。

（二）中国水泥标准的主要技术内容

1. 通用硅酸盐水泥的定义

通用硅酸盐水泥（common portland cement），指一般土木工程通常采用的水泥。通用硅酸盐水泥包括硅酸盐水泥、普通硅酸盐水泥、矿渣硅酸盐水泥、火山灰质硅酸盐水泥、粉煤灰硅酸盐水泥和复合硅酸盐水泥。

通用硅酸盐水泥的组分应符合表 1-1 的规定。

表 1-1　通用硅酸盐水泥组分

名称	代号	组　成				
		熟料①	粒化高炉矿渣	火山灰质混合材料	粉煤灰	石灰石
硅酸盐水泥	P·I	100	—	—	—	—
	P·II	≥95，<100	≤5	—	—	—
						≤5

1

名称	代号	组 成				
		熟料①	粒化高炉矿渣	火山灰质混合材料	粉煤灰	石灰石
普通硅酸盐水泥	P·O	≥80，≤94	>5，≤20②			
矿渣硅酸盐水泥	P·S	≥30，≤79	>20，≤70③	—	—	—
火山灰质硅酸盐水泥	P·P	≥60，≤79	—	>20，≤40④	—	—
粉煤灰硅酸盐水泥	P·F	≥60，≤79	—	—	>20，≤40⑤	—
复合硅酸盐水泥	P·C	≥50，≤79	>20，≤50⑥			

① 该组分为硅酸盐水泥熟料和石膏的总和。

② 该组分材料为符合标准的活性混合材料，其中允许用不超过水泥质量5%并符合标准的窑灰，或不超过水泥质量8%并符合标准的非活性混合材料代替。

③ 本组分材料为符合GB/T 203或GB/T 18046的活性混合材料，其中允许用不超过水泥质量8%并符合标准的活性混合材料，或符合标准的非活性混合材料，或符合标准的窑灰中的任一种材料代替。

④ 本组分材料为符合GB/T 2847的活性混合材料。

⑤ 本组分材料为符合GB/T 1596的活性混合材料。

⑥ 本组分材料为由两种或两种以上符合标准的活性混合材料或符合标准的非活性混合材料组成，其中允许用不超过水泥质量8%并符合标准的窑灰代替，渗矿渣时混合材料掺量不得与矿渣硅酸盐水泥重复。

2. 对各组分的要求

（1）硅酸盐水泥熟料

硅酸盐水泥熟料，即国际上的波特兰水泥熟料（简称水泥熟料），由主要含CaO、SiO_2、Al_2O_3、Fe_2O_3的原料，按适当比例磨成细粉并烧至部分熔融。所得以硅酸钙为主要矿物成分的水硬性胶凝物质。其中硅酸钙矿物不少于66%。氧化钙和氧化硅的质量比不小于2.0。

（2）石膏

石膏是用作调节水泥凝结时间的组分，是缓凝剂。适量石膏可以延缓水泥的凝结时间，使建筑施工中的搅拌、运输、振捣、砌筑等工序得以顺利进行，同时适量的石膏也可以提高水泥的强度。可供使用的是天然石膏，也可以用工业副产石膏。

天然石膏应符合《天然石膏》（GB/T 5483—2008）中规定的G类、M类或A类二级（含）以上的石膏、混合石膏或硬石膏。其中石膏是以二水硫酸钙（$CaSO_4 \cdot 2H_2O$）为主要成分的天然矿石，$CaSO_4 \cdot 2H_2O$的质量百分含量应为二级及以上，即$CaSO_4 \cdot 2H_2O \geq 75\%$；硬石膏是以无水硫酸钙（$CaSO_4$）为主要成分的天然矿石，$CaSO_4/（CaSO_4 + CaSO_4 \cdot 2H_2O）\geq 75\%$。

工业副产石膏是工业生产中以硫酸钙为主要成分的副产品。采用工业副产石膏时，应经省级以上权威机构鉴定，证明对水泥性能无害。

（3）混合材料

混合材料是指在粉磨水泥时与熟料、石膏一起加入磨细用以改善水泥性能、调节水泥强度等级、提高水泥产量的矿物质材料。混合材料分为活性混合材料和非活性混合材料。

活性混合材料是指符合《用于水泥中的粒化高炉矿渣》（GB/T 203—2008）标准要求的粒化高炉矿渣、符合《用于水泥和混凝土中的粒化高炉矿渣粉》（GB/T 18046—2008）标准要求的粒化高炉矿渣粉、符合《用于水泥和混凝土中的粉煤灰》（GB/T 1596—2005）标准要求的粉煤灰和符合《用于水泥中的火山灰质混合材料》（GB/T 2847—2005）标准要求的火山灰质混合材料。

非活性混合材料是指活性指标低于《用于水泥中的粒化高炉矿渣》（GB/T 203—2008）、《用于水泥和混凝土中的粒化高炉矿渣粉》（GB/T 1596—2005）、《用于水泥和混凝土中的粉煤灰》（GB/T 1596—2005）、《用于水泥中的火山灰质混合材料》（GB/T 2847—2005）标准要求的粒化高炉矿渣（或粒化高炉矿渣粉）、粉煤灰、火山灰质混合材料以及石灰石和砂岩，其中石灰石中的三氧化二铝含量应不超过 2.5%。

（4）窑灰

窑灰应符合《掺入水泥中的回转窑窑灰》（JC/T 742—2009）的规定。

（5）助磨剂

水泥粉磨时允许加入助磨剂，其加入量应不超过水泥质量的 0.5%，助磨剂应符合《水泥助磨剂》（GB/T 26748—2011）的规定。

3. 技术要求

（1）化学要求

水泥化学要求应符合表 1-2 中规定。

表 1-2　通用硅酸盐水泥的化学要求

项目	硅酸盐水泥		普通硅酸盐水泥	矿渣硅酸盐水泥	粉煤灰硅酸盐水泥	火山灰质硅酸盐水泥	复合硅酸盐水泥
	P·Ⅰ	P·Ⅱ	P·O	P·S	P·F	P·P	P·O
不溶物不大于（%）	0.75	1.50	—				
烧失量不大于（%）	3.0	3.5	5.0	—			
三氧化硫含量不大于（%）	3.5	3.5	3.5	4.0	3.5	3.5	3.5
氧化镁含量不大于（%）	5.0①			6.0②			
氯离子含量不大于（%）	0.06						

① 如果水泥压蒸安定性合格，则水泥中氧化镁的含量允许放宽至 6.0%。

② 如果水泥中氧化镁的含量大于 6.0% 时，应通过水泥压蒸安定性试验，当矿渣硅酸盐水泥中混合材料总掺量大于 40%，或火山灰质硅酸盐水泥和粉煤灰硅酸盐水泥中混合材料总掺量大于 30% 时，则制成的水泥可不做水泥压蒸安定性试验。

（2）碱含量

水泥中碱含量按 $Na_2O+0.658K_2O$ 计算值表示。若使用活性集料时，水泥中的碱含量应不大于 0.60% 或由供需双方商定。

（3）凝结时间

硅酸盐水泥初凝不小于 45min，终凝不大于 6.5h；普通硅酸盐水泥、矿渣硅酸盐水泥、火山灰质硅酸盐水泥、粉煤灰硅酸盐水泥、复合硅酸盐水泥初凝不小于 45min，终凝不大于 10h。

（4）安定性

沸煮法合格。

（5）强度

1）硅酸盐水泥强度等级分为 42.5、42.5R、52.5、52.5R、62.5、62.5R。

2）普通硅酸盐水泥强度等级分为 42.5、42.5R、52.5、52.5R。

3）矿渣、火山灰、粉煤灰、复合硅酸盐水泥强度等级分为 32.5、32.5R、42.5、42.5R、52.5、52.5R。

水泥强度等级按规定龄期来划分，各强度等级水泥的各龄期强度应大于表 1-3 的要求。

表 1-3　通用硅酸盐水泥各强度等级龄期强度　　　　　　　　单位：MPa

品　种	强度等级	抗压强度		抗折强度	
		3d	28d	3d	28d
硅酸盐水泥	42.5	17.0	42.5	3.5	6.5
	42.5R	22.0		4.0	6.5
	52.5	23.0	52.5	4.0	7.0
	52.5R	27.0		5.0	7.0
	62.5	28.0	62.5	5.0	8.0
	62.5R	32.0		5.5	8.0
普通硅酸盐水泥	42.5	16.0	42.5	3.5	6.5
	42.5R	21.0		4.0	6.5
	52.5	22.0	52.5	4.0	7.0
	52.5R	26.0		5.0	7.0
矿渣硅酸盐水泥、火山灰质硅酸盐水泥、粉煤灰硅酸盐水泥、复合硅酸盐水泥	32.5	10.0	32.5	2.5	5.5
	32.5R	15.0		3.5	5.5
	42.5	15.0	42.5	3.5	6.5
	42.5R	19.0		4.0	6.5
	52.5	21.0	52.5	4.0	7.0
	52.5R	23.0		4.5	7.0

4. 试验方法

（1）组分

由生产者选择最适宜的方法或按《水泥组分的定量测定》（GB/T 12960—2007）标准进行。在正常生产情况下，生产者应至少每月对水泥组分进行校核，年平均值应符合通用水泥标准的规定，单一结果最大偏差为±2%。

为了保证组分测定结果的准确性，生产者应采用适当的生产程序和适宜的验证方法对所选试验方法的可靠性进行验证，并将验证的方法形成企业标准。

（2）不溶物、烧失量、氧化镁、三氧化硫和碱含量

按《水泥化学分析方法》（GB/T 176—2008）进行。

（3）氯离子

按《水泥原料中氯的化学分析方法》（JC/T 420—2006）进行。

（4）凝结时间和安定性

按《水泥标准稠度用水量、凝结时间、安定性检验方法》（GB/T 1346—2011）进行。

（5）强度

按《水泥胶砂强度检验方法（ISO法）》（GB/T 17671—1999）进行。但掺火山灰混合材料的普通硅酸盐水泥、火山灰质硅酸盐水泥、粉煤灰硅酸盐水泥和复合硅酸盐水泥在进行胶砂强度检验时，其用水量按0.50水胶比和胶砂流动度不小于180mm来确定。当流动度小于180mm时，须以0.01的整倍数递增的方法将水胶比调整至胶砂流动度不小于180mm。

胶砂流动度试验按《水泥胶砂流动度测定》（GB/T 2419—2005）方法进行，其中胶砂制备按《水泥胶砂强度检验方法（ISO法）》（GB/T 17671—1999）进行。

（6）比表面积

按《水泥比表面积测定方法（勃氏法）》（GB/T 8074—2008）进行。

（7）细度

按《水泥细度检验方法（筛析法）》（GB/T 1345—2005）进行。

5. 检验规则

（1）编号及取样

水泥出厂前按同品种、同强度等级进行编号和取样，袋装水泥和散装水泥应分别进行编号和取样，每一编号为一取样单位。水泥出厂编号按单线年生产能力规定：

1）120万吨以上，不超过1200t为一编号。

2）60万～120万吨，不超过1000t为一编号。

3）30万～60万吨，不超过600t为一编号。

4）30万吨以下，不超过400t为一编号。

取样方法按《水泥取样方法》（GB/T 12573—2008）进行。当散装水泥运输工具的容量超过该厂规定的出厂编号吨数时，允许该编号的数量超过取样规定吨数。

取样应有代表性，可连续取，亦可从20个以上不同部位取等量样品，总量至少为12kg。

（2）判定规则

化学要求、物理要求中任何一项不符合标准技术要求时，判为不合格品；水泥包装标志中水泥名称、强度等级、生产者名称和出厂编号不全时，判为包装不合格。只有各项技术指标检验合格或者水泥强度等级按规定龄期确认合格后方可出厂，每批水泥出厂时应附有质量保证书。

6. 包装、标志、运输与贮存

（1）包装

水泥可以袋装或散装，袋装水泥每袋净含量为50kg，且应不少于标志质量的98%；随机抽取20袋总质量（含包装袋）应不少于1000kg。其他包装形式由供需双方协商确定，但有关袋装质量要求，必须符合上述规定。水泥包装袋应符合《水泥包装袋》（GB 9774—2010）的规定。

（2）标志

水泥包装袋上应清楚标明：生产者名称、生产许可证编号、水泥名称、代号、强度等级、出厂编号、执行标准号、包装日期。包装袋两侧应印有水泥名称和强度等级，其中硅酸盐水泥和普通硅酸盐水泥的两侧印刷采用红色；矿渣硅酸盐水泥的两侧印刷采用绿色；火山灰质硅酸盐、粉煤灰硅酸盐、复合硅酸盐水泥的两侧印刷采用黑色或蓝色。

散装运输时应提交与袋装标志相同内容的卡片。

（3）运输与贮存

水泥在运输与贮存时不得受潮和混入杂物，不同品种和强度等级的水泥应分别贮运，不得混杂。

二、水泥强度与混凝土强度之间的数字量化

（一）技术背景与技术思路

1. 技术背景

混凝土是当今建筑行业中用途最广、用量最大的建筑材料之一，全国每年就有数十亿立方米混凝土的需求，而且随着国家基础建设的加大投入，每年的混凝土用量仍呈递增趋势。伴随混凝土用量的增长，混凝土专业技术人员的增加，混凝土整体质量逐年提升，但与中国设计要求相比还存在一定差距，主要体现在混凝土的和易性与耐久性上。这是因为中国幅员辽阔，区域差别很大，用于混凝土生产的原材料质量千差万别，而为了满足生产需要，找不到适合的原材料，只能降低质量标准。目前混凝土搅拌站生产使用的水泥主要有普通硅酸盐水泥、矿渣硅酸盐水泥和复合硅酸盐水泥，按照水泥标准检验，水泥本身的技术指标如强度、凝结时间、标准稠度用水量、安定性等都能满足国家标准的要求。但在使用过程中，经常出现水泥与外加剂适应性差、强度波动大、混凝土滞后泌水、凝结时间不正常等问题，从而给混凝土生产和质量控制带来了不利影响，也给企业带来了一定的经济损失和声誉影响。笔者通过大量试验研究分析，产生这些问题的主要原因与水泥中混合材的品种和掺量变化有直接关系，特别是使用同一强度等级的水泥配制某强度等级的混凝土时水泥用量差别很大，对混凝土企业提高产品质量、控制成本带来很大的困难。

2. 技术思路

为了解决配制混凝土时水泥用量与混凝土强度之间对应关系，特别是使用同一强度等级的水泥配制某强度等级的混凝土时水泥用量差别很大，水泥与外加剂的适应性不好的难题，实现提高混凝土企业产品质量、控制成本的目的。笔者通过多年研究确定了水泥强度与混凝土强度之间直接的对应关系计算公式，即水泥对强度的贡献，建立配制单位强度（为混凝土贡献 1MPa 强度对应的水泥的质量）混凝土所用水泥量的计算公式。

（二）水泥强度与混凝土强度之间的数字量化方法

水泥强度的检验采用标准胶砂试验的方法，当标准养护的胶砂试件破型检验时，试件中的标准砂并没有破坏，而是试件中的水泥水化形成的纯浆体被压力破坏，笔者认为水泥水化形成的纯浆体的强度与标准水泥胶砂的强度不同。水泥水化形成的纯水泥浆体的强度可以用标准水泥胶砂的强度除以标准胶砂中水泥的体积比例求得。

影响水泥水化形成强度的主要因素是水泥比表面积和有效水灰比。水泥粉磨得越细，比表面积就越大，水泥与水接触的面积也越大，水化反应就会越充分，强度越高；同时细磨时还会使水泥内晶体产生扭曲、错位等缺陷而加速水化。但是增大细度，迅速水化生成的产物层又会阻碍水化作用的进一步深入，所以增大水泥细度，只能提高早期水化速度，对后期强度和水化作用并不明显。而对于较粗的颗粒，各阶段的反应都较慢。

从水泥水化产生强度的角度考虑，笔者提出水泥水化形成的浆体的强度与水灰比之间的关系是这样的，从加水搅拌开始，随着水灰比的增大由于水泥水化越来越充分，水泥的强度随着水灰比的增大而提高，当水灰比达到标准稠度对应的水灰比时，水泥水化形成的浆体强度最

高，当水灰比大于标准稠度对应的水灰比时，随着水灰比的增大，由于水泥凝固后多余水分的蒸发，水泥浆体内部会留下很多孔洞，使浆体的密实度降低，水泥的强度随着水灰比的增大而降低。这就解释了当水泥水灰比达到标准稠度对应的水灰比时，强度最高的原因。因此可知水泥拌制最合理的水灰比为标准稠度用水量对应的水灰比，这一水灰比对应的水有两个作用，其一是保证水泥充分水化的水，其二是保证水泥颗粒达到充分水化所需的匀质性的水。当水泥的水灰比小于这个值时，由于水化和粘结不充分，水灰比越小水泥形成的强度越低；当水泥的水灰比大于这个值时，由于水泥水化后还有剩余的水分填充于水泥浆体之中，这些水分蒸发后会形成孔洞，水泥浆体的密实度降低导致水泥形成的强度降低，此时水灰比越大水泥强度越低；当水灰比在标准稠度对应的水灰比范围上下变化时，适当增大水灰比，可以增大水化反应的接触面积，使水化速度加快，早期强度提高，但水灰比过大，会使水泥石结构中孔隙太多，而降低其强度，故水灰比不宜太大。若水灰比过小，水泥水化反应所需水量不足，会延缓反应进行；同时，水灰比过小，则没有足够孔隙来容纳水化产物而阻碍未水化部分进一步水化，也会降低水化速度，强度降低，因此水灰比也不宜太小。所以，使用水泥前先检测水泥标准稠度用水量对应的水灰比，再以此水灰比作为水泥胶砂检测的合理水灰比。根据以上原理和思路我们建立水泥化学反应形成的浆体强度的数字量化计算公式。

1. 水泥在标准胶砂中体积比的计算公式

在水泥的检验过程中，使用的原材料有水泥、标准砂和拌合水三种，在标准水泥标准胶砂试件中，水泥所占的体积比例可以用水泥的体积除以标准水泥标准试件的体积求得。公式见式1-1，其中分子为水泥的体积，分母为水泥、标准砂以及拌合水的体积和。

$$V_{C0} = (C_0/\rho_{C0})/(C_0/\rho_{C0} + S_0/\rho_{S0} + W_0/\rho_{w0}) \tag{1-1}$$

式中　V_{C0}——标准胶砂中水泥的体积比；

C_0——标准胶砂中水泥的用量（kg）；

ρ_{C0}——水泥的密度（kg/m³）；

S_0——标准胶砂中砂的用量（kg）；

ρ_{S0}——砂的密度（kg/m³）；

W_0——标准胶砂中水的用量（kg）；

ρ_{w0}——水的密度（kg/m³）。

用我们国家的标准代入对应的数据，其中标准胶砂中水泥的用量 C_0 为 450g，标准胶砂中砂的用量 S_0 为 1350g，标准胶砂中水的用量 W_0 为 225g，标准胶砂的密度 ρ_{S0} 为 2700kg/m³，水的密度 ρ_{w0} 为 1000kg/m³，唯独水泥的表观密度 ρ_{C0} 需要现场检测。为了使用方便，现将笔者检测的数据代入计算，结果见表1-4。此后根据式1-1计算，已知数据均从此代入。

表 1-4　水泥的密度与标准水泥胶砂中的水泥体积比对照

名称	P·Ⅱ水泥	P·O水泥	P·S水泥	P·F水泥	P·P水泥	P·C水泥
密度（kg/m³）	3050	3000	2950	2300	2650	2450
体积比	0.169	0.171	0.174	0.213	0.190	0.202

2. 水泥水化形成的标准稠度硬化浆体强度计算公式

在水泥的检验前后，由于砂子没有发生化学反应，因此计算过程中可以理解为水泥破型后只有连续的水泥浆破坏了，水泥硬化浆体的强度等于标准水泥胶砂的强度除以标准水泥胶砂中水泥的体积比例求得。公式见式1-2，其中分子为标准水泥胶砂的强度，分母为标准水泥胶砂中水泥的体积比例：

$$\sigma = R_{28}/V_{C0} \tag{1-2}$$

式中　σ——标准胶砂中水泥水化形成的纯浆体的强度（MPa）；

　　　R_{28}——标准胶砂的28d强度（MPa）；

　　　V_{C0}——标准胶砂中水泥的体积比。

根据现场检测的强度数据代入对应的体积比例数据，就可以求得一定密度和强度的水泥对应的硬化水泥浆的强度值，为了使用方便，现将以上检测的数据代入计算，结果见表1-5。

表1-5　标准胶砂的强度、水泥的体积比与纯浆体的强度对照

名称	P·Ⅱ水泥	P·O水泥	P·S水泥	P·F水泥	P·P水泥	P·C水泥
R_{28}（MPa）	60	55	48	35	38	40
V_{C0}	0.169	0.171	0.174	0.213	0.190	0.202
σ（MPa）	297	322	276	164	200	198

3. 标准稠度硬化水泥浆表观密度计算公式

由于我们国家采用国际标准单位制，混凝土的设计计算都以1m³为准，因此在计算过程中需要将标准稠度的水泥浆折算为1m³，在这个计算过程中水泥浆的体积收缩可以忽略不计。则1m³凝固硬化的标准稠度水泥浆的质量用1m³的干水泥质量和将这些水泥拌制为标准稠度时的水的质量之和除以对应的水泥和水的体积之和求得，即标准稠度水泥浆的表观密度值，具体公式见式1-3：

$$\rho_0 = \rho_{C0}(1 + W/100)/[1 + \rho_{C0} \cdot (W/100000)] \tag{1-3}$$

式中　ρ_0——标准稠度水泥浆的密度（kg/m³）；

　　　W——水泥的标准稠度用水量（kg）；

　　　ρ_{C0}——水泥的密度（kg/m³）。

根据现场检测的水泥密度值和标准稠度用水量数据代入公式，就可以求得一定密度和需水量的水泥对应的水化水泥浆的表观密度值，为了使用方便，现将以上检测的数据代入计算结果见表1-6。

表1-6　水泥的标准稠度用水量、水泥的密度与水泥浆的密度对照

名称	P·Ⅱ水泥	P·O水泥	P·S水泥	P·F水泥	P·P水泥	P·C水泥
W（kg）	25	27	29	33	32	31
ρ_{C0}（kg/m³）	3050	3000	2950	2300	2650	2450
ρ_0（kg/m³）	2124	2105	2051	1739	1893	1824

4. 提供1MPa强度所需水泥用量计算公式

由于标准稠度的硬化水泥浆折算为1m³时对应的强度值正好是水泥水化形成浆体的强度值，1m³浆体对应的质量数值正好和ρ_0的数值相等，因此水泥浆中水泥对强度的贡献可以用标准稠度水泥浆的密度数值除以水泥水化形成浆体的强度计算求得，其单位为kg/MPa，定

义为质量强度比。具体计算公式见式1-4：

$$C = \rho_0/\sigma \tag{1-4}$$

式中 C——质量强度比（kg/MPa），物理意义为提供1MPa强度所需水泥浆的用量；

ρ_0——1m³纯浆体质量（kg），数值等于标准胶砂中水泥水化形成的纯浆体的密度（即标准稠度水泥浆的密度）；

σ——标准胶砂中硬化水泥浆体的强度（MPa）。

根据现场检测的水泥密度值、标准稠度用水量和强度值数据代入公式，就可以求得一定密度、需水量和强度的水泥在配制混凝土时对强度的贡献，为了使用方便，水泥用量的取值用质量强度比数据，现将以上检测的数据代入计算，所得结果见表1-7。

表 1-7 胶砂强度、纯浆体强度、纯浆体密度、贡献 1MPa 强度水泥用量对照

名称	P·Ⅱ水泥	P·O水泥	P·S水泥	P·F水泥	P·P水泥	P·C水泥
强度等级	52.5	52.5	42.5	32.5	32.5	32.5
R_{28}（MPa）	60	55	48	35	38	40
σ（MPa）	297	322	276	164	200	198
ρ_0（kg）	2124	2105	2051	1739	1893	1824
C（kg/MPa）	7.2	6.5	7.4	10.6	9.5	9.2
C20 混凝土水泥用量（kg）	180	163	185	265	238	230
C30 混凝土水泥用量（kg）	252	228	259	371	333	322
C40 混凝土水泥用量（kg）	331	299	340	488	437	423
C50 混凝土水泥用量（kg）	418	377	429	615	551	534

注：C20 混凝土强度以 25MPa 计；C30 混凝土强度以 35MPa 计；C40 混凝土强度以 46MPa 计；C50 混凝土强度以 58MPa 计。

通过以上的过程推导和计算，建立了混凝土生产应用过程中水泥对强度做出贡献的准确计算公式，解释了同样强度等级的水泥由于实际强度、需水量以及密度不同，导致其在配制相同强度的混凝土时水泥用量差别很大的原因，使水泥检测数据得到科学合理的利用，实现了水泥物理力学性能指标的量化计算。

第二节 掺合料技术指标的数字量化

一、掺合料的作用

随着混凝土技术的发展与进步，尤其是高强、高性能混凝土的广泛应用，矿物掺合料已成为高性能混凝土所必需的一种独立组分和功能性材料。矿物掺合料对提高混凝土强度、工作性、耐久性以及其他物理力学性能，降低混凝土水化温升，抑制碱-集料反应起到至关重要的作用。

混凝土掺合料是指在拌合混凝土过程中掺入的，用以替代部分水泥、改善混凝土和易性，提高混凝土强度和耐久性的矿物质材料，也称为矿物外加剂。这类材料中的活性组分（无定形 SiO_2 和 Al_2O_3 等）通过与水泥水化产物 $Ca(OH)_2$ 之间发生二次水化反应，形成类似于水泥水化产物的物质，起到密实混凝土结构、增加强度和改善耐久性的作用。通常使用的有粉煤灰、磨细粒化高炉矿渣粉、磨细天然沸石粉和硅灰；此外，还有磨细硅质页岩、磨细煅烧偏高岭土及其他磨细工业废渣等。矿物掺合料的比表面积一般应大于 $350m^2/kg$。比表面积大于 $600m^2/kg$ 的称为超细矿物掺合料，其增强效果更优，但对混凝土早期塑性开裂有不利影响。

在混凝土配合比设计过程中，主要考虑掺合料的反应活性和填充效应。反应活性用活性系数表示，本书定义活性系数为同样质量的掺合料产生的强度与对比试验水泥强度的比值。填充效应用填充系数表示，本书定义填充系数为矿物掺合料的比表面积与表观密度的乘积除以对比试验水泥的比表面积与表观密度的乘积所得商的二次方根。

二、粉煤灰技术指标的数字量化

粉煤灰是煤粉在炉中燃烧后的灰烬，主要来源于火力发电厂。粉煤灰为细粉状，呈灰色或灰白色（含水时为黑灰色）。氧化钙含量小于 10% 的粉煤灰称为低钙粉煤灰，氧化钙含量大于 10% 的粉煤灰称为高钙粉煤灰。我国绝大多数电厂的粉煤灰均属于低钙粉煤灰，部分电厂排放高钙粉煤灰。部分电厂排放的增钙粉煤灰（人工增钙）也属于高钙粉煤灰。按粉煤灰的排放方式可分为干排灰和湿排灰，在混凝土生产中干排灰的质量优于湿排灰。

（一）混凝土用粉煤灰的技术要求

粉煤灰的性能变化很大，而且与许多因素有关，例如煤的品种和质量、煤粉细度、燃点、氧化条件、预处理及燃烧前的脱硫、粉煤灰的收集和存储方法等。

《用于水泥和混凝土中的粉煤灰》（GB/T 1596—2005）把粉煤灰按照煤种分为 F 类（由无烟煤或烟煤燃烧收集的粉煤灰）和 C 类（由褐煤或次烟煤煅烧收集的粉煤灰，氧化钙含量一般大于 10%）。把拌制混凝土和砂浆用的粉煤灰按其品质分为 Ⅰ、Ⅱ、Ⅲ 三个等级，具体要求见表 1-8。

表 1-8 对粉煤灰的具体要求

项　　目			技术要求		
			Ⅰ	Ⅱ	Ⅲ
细度（0.045mm 方孔筛的筛余）（%）	≤	F 类	12.0	25.0	45.0
		C 类			
需水量（%）	≤	F 类	95	105	115
		C 类			
烧失量（%）	≤	F 类	5.0	8.0	15.0
		C 类			
含水量（%）	≤	F 类	1.0		
		C 类			
三氧化硫（%）	≤	F 类	3.0		
		C 类			
游离氧化钙（%）	≤	F 类	1.0		
		C 类	4.0		

摘自 GB/T 1596—2005

除《用于水泥和混凝土中的粉煤灰》（GB/T 1596—2005）之外，《高强高性能混凝土用矿物外加剂》（GB/T 18736—2002）中也对粉煤灰技术性能提出了要求。以下根据我国粉煤灰的具体情况，介绍《高强高性能混凝土用矿物外加剂》（GB/T 18736—2002）对高强高性能混凝土用粉煤灰的性能要求。

1. 粉煤灰的化学性质和品质要求

粉煤灰的活性主要决定于玻璃体的含量，以及无定形氧化铝和氧化硅的含量。表 1-9 列出了几种粉煤灰的化学成分全分析结果。

表 1-9　几种粉煤灰的化学成分　　　　　　　　单位：%

规格	SiO_2	Al_2O_3	Fe_2O_3	CaO	MgO	K_2O	Na_2O	MnO	TiO_2	P_2O_5
元宝山电厂Ⅰ级	58.06	20.73	8.86	3.43	1.52	2.58	1.90	0.10	0.91	0.47
元宝山电厂Ⅱ级	57.57	21.91	7.72	3.87	1.68	2.51	1.54	0.08	0.95	0.37
元宝山电厂Ⅲ级	49.73	32.19	6.09	2.82	0.67	1.15	0.52	0.07	1.16	0.48
上海水泥厂 Sa	56.10	38.39	8.88	25.12	1.88	—	—	—	—	—
上海水泥厂 Sb	52.20	33.56	4.58	1.35	2.48	—	—	—	—	—
上海高钙灰	53.0	18.66	9.52	26.30	2.00	—	—	—	—	—

由表 1-9 中的数据可以看出，粉煤灰由于产地不一样，化学组成变化较大，因此在生产高强高性能混凝土时应注意选择粉煤灰，特别是注意以下成分对混凝土性能的影响。

（1）SiO_2、Al_2O_3 和 Fe_2O_3 含量

我国大部分火力发电厂排放和生产的粉煤灰成分为：SiO_2 占 40%～50%，Al_2O_3 占 20%～35%，Fe_2O_3 占 5%～10%，CaO 占 2%～5%，烧失量占 3%～8%。对近 40 个大型电厂粉煤灰的统计得出的化学成分变动范围见表 1-10。

表 1-10　我国粉煤灰的化学成分　　　　　　　　单位：%

化学成分	SiO_2	Al_2O_3	Fe_2O_3	CaO	MgO	SO_3
变化范围	20～62	10～40	3～19	1～45	0.2～5	0.02～4

SiO_2 和 Al_2O_3 是粉煤灰中的主要活性成分。由于我国多数电厂粉煤灰的（SiO_2＋Al_2O_3）均在 60% 以上，（SiO_2＋Al_2O_3＋Fe_2O_3）的含量都大于 70%，故《高强高性能混凝土用矿外加剂》（GB/T 18736—2002）对粉煤灰（SiO_2＋Al_2O_3＋Fe_2O_3）的含量不做规定，而是通过活性指数试验来直接确定粉煤灰的活性。

（2）CaO 含量

高钙粉煤灰是指火力发电厂采用褐煤、次烟煤作为燃料而排放的一种氧化钙成分较高的粉煤灰。高钙粉煤灰既含有一定数量水硬性晶体矿物，又含有潜在活性物质，即除二氧化硅和氧化铝外，一般还含有 10% 以上氧化钙，具有需水量比低、活性高和水硬性、自硬化等特点。在低钙粉煤灰中，CaO 绝大部分被结合在玻璃相中。在高钙粉煤灰中，CaO 除大部分被结合外，还有一部分是游离的。通常高钙粉煤灰的颜色偏黄，低钙粉煤灰的颜色偏灰。

与普通低钙粉煤灰相比，高钙粉煤灰粒径更小，用作水泥混合材或混凝土掺合料具有减水效果好、早期强度发展快的特点，但是由于其中含有一些游离氧化钙，如果使用不当，可

能会造成体积安定性不良的后果，生产水泥制品时出现产品变形、开裂、溃散，给建筑带来严重的安全隐患。

（3）烧失量

粉煤灰的烧失量主要是含碳量，即粉煤灰中的未燃尽煤粒。粉煤灰中未燃尽的碳可按烧失量指标来估算。粉煤灰的含碳量与锅炉性质、燃烧技术有关，含碳量越高，其吸水量越大、活性指数越低。粉煤灰中含有未燃的碳，当烧得透时，其含量可能少到 $1\%\sim2\%$，但也可能高到 20% 以上。在混凝土中使用引气剂的经验表明，粉煤灰烧失量过高会严重影响对混凝土中含气量的控制。

在高强高性能混凝土中，含碳量还会影响外加剂的作用效果。鉴于碳的种种不利影响，对于用在高性能混凝土中的粉煤灰要求烧失量含量越少越好。因此，《高强高性能混凝土用矿物外加剂》（GB/T 18736—2002）规定 I 级粉煤灰的含碳量应小于 5%，II 级粉煤灰的含碳量小于 8%。由于燃煤技术的进步，我国绝大多数粉煤灰的烧失量能够满足 $\leqslant5\%$ 的要求，有关指标见表 1-11。

表 1-11　几家电厂粉煤灰的烧失量和 SO_3 指标

粉煤灰产地	烧失量（%）	SO_3（%）	粉煤灰产地	烧失量（%）	SO_3（%）
广东华能电厂	1.86	1.17	北京华能电厂	0.53	2.63
元宝山电厂 I 级灰	0.64	0.47	同济大学高钙灰	1.80	1.92
元宝山电厂 II 级灰	0.78	0.11	华能京环 I 级	1.38	2.95
上海水泥厂 Sa	3.60	2.01	粤和沙角电厂	5.21	0.87
上海水泥厂 Sb	1.85	0.13	珠江电厂	4.90	1.65

（4）SO_3 含量

用含硫量高的母煤烧成的粉煤灰中含有较多的硫酸盐，其含量一般以 SO_3 的质量分数表示，此值通常在 $0.5\%\sim1.5\%$ 之间，有些高钙粉煤灰的硫酸盐含量达 30%。由于 SO_3 含量过高，可能生成破坏性的钙矾石，因此，我国规范把粉煤灰中的 SO_3 视为有害成分而限制，《高强高性能混凝土用矿物外加剂》（GB/T 18736—2002）中规定该值应不大于 3%。表 1-11 也给出了几种粉煤灰的 SO_3 指标。

（5）有效碱（Na_2O、K_2O）含量

Na_2O 和 K_2O 都能加速水泥的水化反应，而且对激发粉煤灰化学活性以及促进粉煤灰与 $Ca(OH)_2$ 的二次反应有利，但是，Na_2O 和 K_2O 含量的增加，会增加单方混凝土中的碱含量。《高强高性能混凝土用矿物外加剂》（GB/T 18736—2002）中规定：对于各种矿物外加剂均应按《水泥化学分析方法》（GB/T 176—2008）的测试方法测定其总碱量，并于使用说明书中予以说明，以便根据工程要求选用。这主要是考虑到单方混凝土总碱含量是由水泥、矿物外加剂、化学外加剂等各组分碱含量之和确定的，可以通过多种途径来控制混凝土的总碱含量。在其他组分碱含量得到控制的条件下，可以使用碱含量稍高的粉煤灰，而仍然把总碱量控制在要求的范围内。所以，《高强高性能混凝土用矿物外加剂》（GB/T 18736—2002）中没有对粉煤灰的有效碱含量直接提出指标要求，这样便于工程中灵活操作。

2. 粉煤灰的物理性质和品质要求

（1）粉煤灰物理力学质量指标

粉煤灰物理力学质量指标见表 1-12。

表 1-12　粉煤灰质量指标

项目	级别		
	Ⅰ	Ⅱ	Ⅲ
细度（0.045mm 方孔筛筛余）（％，不大于）	12	20	45
需水量比（％，不大于）	95	105	115
烧失量（％，不大于）	5	8	15
含水量（％，不大于）	1	1	不规定
三氧化硫（％，不大于）	3	3	3

注：1. Ⅲ级粉煤灰主要用于无筋混凝土，不宜用于钢筋混凝土。当用于钢筋混凝土时，必须经过专门试验。
　　2. 高钙粉煤灰的游离氧化钙含量不得大于 2.5％且体积安定性合格。

（2）试验依据

1）表 1-12 中项目按《用于水泥和混凝土中的粉煤灰》（GB/T 1596—2005）进行。

2）游离氧化钙含量按《水泥化学分析方法》（GB/T 176—2008）进行；体积安定性按《水泥标准稠度用水量、凝结时间、安定性检验方法》（GB/T 1346—2011）规定的试验方法进行。水泥采用 42.5 硅酸盐水泥，高钙粉煤灰掺量 30％，并按重量等量取代水泥。

（3）粉煤灰的品质要求

1）颜色　粉煤灰外观类似水泥，因此在工程使用中必须谨防混杂和误用。由于燃烧条件不同以及粉煤灰的组成、细度、含水量等变化，都会影响粉煤灰的颜色。颜色可以直接反映粉煤灰的含碳量和细度。特别是组分中含碳量的变化，可以使粉煤灰的颜色从浅灰色到灰黑色变化，因此对于表观和色调有要求的混凝土，应选浅色和匀质的粉煤灰。

2）密度和表观密度　粉煤灰为微米级细小的粉状物，呈浅灰色或灰黑色。低钙粉煤灰的密度为 1900～2400kg/m³，密度指标是评定粉煤灰生产稳定性的一个重要指标；如果密度发生变化，则表明质量可能发生了变化，应引起注意。低钙粉煤灰表观密度的变化范围为 600～1000kg/m³，高钙粉煤灰表观密度为 800～1200kg/m³。

3）细度和比表面积　原状灰的细度与电厂制煤系统和收尘装置有关。粉煤灰颗粒中的玻璃微珠粒径为 0.5～100μm，大部分在 45μm 以下，平均粒径为 10～30μm；海绵状颗粒粒径（含碳粒）范围为 10～300μm，大部分在 45μm 以上。Ⅰ级灰和磨细粉煤灰中海绵状颗粒较少。《高强高性能混凝土用矿物外加剂》（GB/T 18736—2002）规定以 45μm（用气流筛测定）筛余百分数和透气法测比表面积来评定粉煤灰的细度。

4）含水量　粉煤灰中水分的存在往往会使活性降低，产生一定的黏附力，易于结团，影响干状粉煤灰的运输、贮存和应用，《高强高性能混凝土用矿物外加剂》（GB/T 18736—2002）规定粉煤灰含水量最大值为 1％。

5）需水量比　与其他品种的火山灰材料相比，粉煤灰具有明显的优越性，即在混凝土中掺加粉煤灰，除非含碳量较高，一般不会增加混凝土的用水量。因此，在粉煤灰标准规范中需水量比是粉煤灰物理性质的一项重要品质指标。现行规范采用水泥砂浆的跳桌流动度试验来测定需水量比，即在跳桌流动度相等的条件下，粉煤灰水泥砂浆需水量与不掺粉煤灰的水泥砂浆需水量之比。根据实际经验，粉煤灰的需水量比指标在105%以下，粉煤灰混凝土的用水量如与基准混凝土用水量相同，则混凝土拌合物仍有可能达到与基准混凝土和易性指标相等的水平；需水量比在95%以下，则能比较容易地确保减少原来混凝土的用水量；需水量比在100%左右，掺加粉煤灰就可能在一定条件下取得减水效果。如果粉煤灰需水量比超过105%，那么在粉煤灰混凝土配合比设计中就不得不增加水量。《高强高性能混凝土用矿物外加剂》（GB/T 18736—2002）规定用在高性能混凝土中的Ⅰ级灰需水量不大于95%，Ⅱ级灰不大于105%。

（二）粉煤灰在混凝土中的作用机理

粉煤灰在混凝土中的作用可概括为两种，即反应活性和填充效应。粉煤灰在常温下能与氢氧化钙反应，生成类似水泥水化产物的C-S-H凝胶，具有胶凝能力，产生一定的强度起胶凝材料的作用，即反应活性。当粉煤灰和水泥混合后，粉煤灰中活性二氧化硅和氧化铝将与水泥水化过程析出的氢氧化钙相互发生反应。因此，粉煤灰作为混合材料掺入水泥中，可以取代部分水泥而使水泥强度不随粉煤灰掺入量相应降低。另外，水泥掺入粉煤灰后，可使水泥的水化热降低，抗蚀性提高。

粉煤灰的水化反应的过程主要为：受扩散控制的溶解反应，早期粉煤灰微珠表面溶解，反应生成物沉淀在颗粒的表面上，后期钙离子继续通过表层和沉淀的水化产物层向芯部扩散。如果有石膏参与粉煤灰的水化反应的条件存在，还会形成钙矾石，再经过一定时间，这个过程才会结束，然后生成水化铝酸钙。

将粉煤灰的活性解析为反应活性和填充效应两类，并非是把这两种作用单独孤立，而是形成粉煤灰基本效应的能够相互联系的系统，粉煤灰的活性反应和填充效应实际上是同时共存的。

1. 反应活性

活性矿物掺合料均具有反应活性，即在常温有水条件下，其无定形的化学组成，如SiO_2、Al_2O_3等与$Ca(OH)_2$发生化学反应，形成类似水泥水化的产物。在有SO_4^{2-}存在条件下，还可生成AFt、AFm和它们与水化铝酸钙的固溶体。

活性粉煤灰发生水化反应形成的产物具有以下特征：一是结晶度差、颗粒细小、密集分布；二是比表面积大、碱度低。因而，其结构密实，强度较高，且有助于改善集料—浆体界面。

粉煤灰的反应活性一般是指粉煤灰的火山灰活性反应和高钙粉煤灰的自硬的胶凝性质。粉煤灰反应活性的进行是一个十分复杂的过程，对于粉煤灰的活性成分、数量、反应速率、反应生成物也没有必要进行准确的定量，因为火山灰反应主要取决于粉煤灰颗粒表面化学的和物理的特性，在很大程度上受到填充效应的支配，粉煤灰中起活性作用的玻璃微珠，在混凝土硬化初期，其表面吸附一层水膜，直接影响粉煤灰的反应以及粉煤灰混凝土的强度。此外，粉煤灰中的游离氧化钙、有效碱（氧化钾、氧化钠）、硫酸盐等化学成分对活性效应有较大的影响。

2. 填充效应

粉煤灰的填充效应是指粉煤灰的微细颗粒均匀分布于水泥浆体的基相之中，就像微细的集料。最初的"微集料"只是硬化的水泥浆体中水泥颗粒尚未水化的粒芯。经过研究证明，未水化的水泥粒芯，不但其强度比水泥水化产物 C-S-H 凝胶的强度要高，而且它与凝胶材料的结合也好，所以认为微集料的存在有利于增加混凝土的强度。粉煤灰的表观密度与比表面积的乘积除以对比试验用水泥的表观密度与比表面积的乘积所得的商开二次方所得数值即是粉煤灰的填充系数。

粉煤灰填充系数的计算方法如下：

（1）作为基准的水泥的填充系数计算公式见式 1-5：

$$u_1 = \sqrt{(\rho_C S_C)/(\rho_C S_C)} \tag{1-5}$$

式中　u_1——水泥的填充系数；

　　　ρ_C——对比试验用水泥的表观密度（kg/m^3）；

　　　S_C——对比试验用水泥的比表面积（m^2/kg）。

（2）粉煤灰的填充系数计算公式见式 1-6：

$$u_2 = \sqrt{(\rho_F S_F)/(\rho_C S_C)}$$

式中　u_2——粉煤灰的填充系数；

　　　ρ_F——粉煤灰的表观密度（kg/m^3）；

　　　S_F——粉煤灰的比表面积（m^2/kg）。

计算求得粉煤灰的填充系数物理意义为，1kg 的粉煤灰填充效应产生的强度相当于 u_2 kg 的水泥填充效应产生的强度。

（三）活性指数的计算

粉煤灰是由多种不同形状的颗粒混合堆聚的粒群，其中只有硅酸盐或铝硅酸盐玻璃体的微细颗粒、微珠和海绵状玻璃体是有活性的；而结晶体，如石英在常温下火山灰性质就不够明显；莫来石则是惰性成分；富铁微珠活性较低甚至惰性；碳粒则不是火山灰物质。一般来说，玻璃体与结晶体比值越高，粉煤灰的活性也越好。

1. 活性指数测定试验

测定试验胶砂和对比胶砂的抗压强度，以两者抗压强度之比确定粉煤灰试样的活性指数。试验胶砂和对比胶砂材料用量见表 1-13。

表 1-13　试验胶砂和对比胶砂材料用量

胶砂种类	水泥（g）	粉煤灰（g）	标准砂（g）	水（mL）	28d 强度（MPa）
对比胶砂	450	—	1350	225	50
试验胶砂	315	135	1350	225	45

2. 结果计算

（1）活性指数的国家标准计算方法见式 1-7：

$$H_{28} = 100 \cdot (R_1/R_0) \tag{1-7}$$

式中　H_{28}——活性指数（％）；

　　　R_1——试验胶砂 28d 抗压强度（MPa）；

　　　R_0——对比胶砂 28d 抗压强度（MPa）。

计算结果精确至 1％。

（2）活性系数的准确计算方法（定义为活性系数）：

根据对比胶砂可知，450g 水泥提供强度为 50MPa，其中 315g 水泥提供的强度为 $0.7R_0$ = 35MPa，135g 水泥提供的强度为 $0.3R_0$ = 15MPa；那么，掺粉煤灰的试验胶砂提供的强度包括 315g 水泥提供的强度（即 $0.7R_0$ = 35MPa）与 135g 粉煤灰提供的强度（即 R_1 - $0.7R_0$ = 10MPa）。所以，粉煤灰的活性系数由式 1-8 求得：

$$\alpha_F = (R_1 - 0.7R_0)/(0.3R_0) \tag{1-8}$$

式中　　α_F——粉煤灰的活性系数。

粉煤灰的取代系数用 δ_c 表示，数值为活性系数的倒数，则代入以上数据可得粉煤灰的活性系数 α_F = 0.67，粉煤灰的取代系数 δ_c = 1.5。

本例在混凝土配合比设计过程中可以用 1kg 粉煤灰取代 0.67kg 与对比试验相同的水泥，或者用 1.5kg 粉煤灰取代 1kg 与对比试验相同的水泥。这种设计思路在水泥和粉煤灰用量的计算方面实现了适量取代，准确、合理地使用了粉煤灰。

表 1-14 解释了同一强度等级的粉煤灰在取代水泥时用量差别很大的原因。

表 1-14　粉煤灰活性等级、活性指数、活性系数与水泥取代系数的对照

活性等级	S75	S75	S95	S95	S105	S105
活性指数	75	90	96	103	106	113
活性系数	0.17	0.67	0.87	1.1	1.2	1.43
取代系数	6.0	1.5	1.15	0.91	0.83	0.70

（四）粉煤灰的合理使用

（1）粉煤灰用于混凝土工程可根据等级，按下列规定应用：

1）Ⅰ级粉煤灰适用于钢筋混凝土和跨度小于 6m 的预应力钢筋混凝土。

2）Ⅱ级粉煤灰适用于钢筋混凝土和无筋混凝土。

3）Ⅲ级粉煤灰主要用于无筋混凝土。对设计强度等级 C30 及以上的无筋粉煤灰混凝土，易采用Ⅰ、Ⅱ级粉煤灰。

4）用于预应力钢筋混凝土、钢筋混凝土及设计强度等级 C30 及以上的无筋混凝土的粉煤灰等级，如经试验论证，可采用比本条 1）2）3）规定第一级的粉煤灰。

（2）粉煤灰用于跨度小于 6m 的预应力钢筋混凝土时，放松预应力前，粉煤灰混凝土的强度必须达到设计规定的强度等级，且不得小于 20MPa。

（3）配制泵送混凝土、大体积混凝土、抗渗结构混凝土、抗硫酸盐和抗软水侵蚀混凝土、蒸养混凝土、轻集料混凝土、地下工程混凝土、水下工程混凝土、压浆混凝土及碾压混凝土等，宜掺用粉煤灰。

（4）根据各类工程和各种施工条件的不同要求，粉煤灰可与各类外加剂同时使用。外加剂的适应性及合理掺量应由试验确定。

（5）粉煤灰用于下列混凝土时，应采取相应措施：

1）粉煤灰用于要求抗冻融性的混凝土时，必须掺入引气剂。

2）粉煤灰混凝土在低温条件下施工时宜掺入对粉煤灰混凝土无害的早强剂或防冻剂，并应采取适当的保温措施。

3）用于早期脱模、提前负荷的粉煤灰混凝土，宜掺用高效减水剂、早强剂等外加剂。

（6）掺有粉煤灰的钢筋混凝土，对含有氯盐外加剂的限制，应符合《混凝土外加剂应用技术规范》（GB 50119—2013）的有关规定。

三、矿渣粉技术指标的数字量化

（一）粒化高炉矿渣的作用

磨细粒化高炉矿渣是粒化高炉矿渣经干燥、粉磨（也可以添加少量石膏或助磨剂一起粉磨）达到规定细度并符合规定活性指数的粉体材料，简称磨细矿渣或矿渣粉。

高炉矿渣从炉体中排出后，由于冷却过程不同而使其活性呈现很大差异。如果对炉渣进行缓慢冷却（如自然冷却），则炉渣内部各种原子可有充分的时间进行排列，形成稳定的结晶体，其性能相当于玄武岩。慢冷高炉矿渣的水硬活性很低，不宜被利用。慢冷矿渣一般被加工成具有一定粒径大小和形状的矿渣碎石，用于配制矿渣碎石混凝土和对软土地基进行处理。慢冷矿渣也常被用来代替石子作为道渣使用。如果使高炉矿渣快冷（急冷），则其内部原子没有充分时间结晶，就会保存许多内能（结晶热约为 200kJ/kg），形成不规则的矿渣玻璃体。急冷高炉矿渣具有理想的潜在水硬活性。

随着粉磨技术的不断发展，水淬高炉矿渣已经被加工成商品磨细矿渣粉（比表面积 400m²/kg 以上，有些甚至达到 800m²/kg），并且在混凝土中广泛得到应用。它作为辅助性胶凝材料，等量替代水泥，在混凝土拌合时直接加入混凝土中，可以改善混凝土拌合物及硬化混凝土性能，使矿渣的利用价值充分发挥。

磨细矿渣所采用矿渣的化学成分应符合《用于水泥中的粒化高炉矿渣》（GB/T 203—2008）的要求。矿渣粉磨时分两种情况：一是单纯的磨细矿渣；二是在粉磨时可以掺入适量的石膏。根据国内外研究和使用经验，掺入适量的石膏可以提高混凝土的早期强度及其他有关性能，因此允许在粉磨时掺入适量的石膏，所用石膏的性能应符合《天然石膏》（GB/T 5483—2008）的规定，掺量以 SO_3 为控制指标，应小于 4%。由于矿渣较为难磨，为提高粉磨效率，在矿渣粉磨时还允许掺入不大于矿渣质量 0.5% 的助磨剂，所掺助磨剂应符合《水泥助磨剂》（GB/T 26748—2008）的要求。掺入的助磨剂，必须确保对磨细矿渣及其配制的混凝土品质没有不良影响。

（二）矿渣粉的化学成分和物理性能

1. 化学成分

矿渣的主要化学组成为 CaO、SiO_2、Al_2O_3 和 Fe_2O_3 等。一般用质量系数 K 来评价粒化高炉矿渣的活性，其计算公式见式 1-9。

$$K = (\%CaO + \%Al_2O_3 + \%MgO)/(\%SiO_2 + \%MnO + \%TiO_2) \tag{1-9}$$

质量系数值越大，矿渣的活性越高。用于生产高性能混凝土用的矿物外加剂的矿渣质量系数 K 应大于 1.2。粒化高炉矿渣的活性，还与成料条件（淬冷前熔融矿渣的温度、淬冷方法以及淬冷速度等）有关，质量系数主要从化学成分方面来反映活性的一个指标。表 1-15 是我国一些大型钢铁厂排放矿渣的化学成分。

表 1-15　我国一些大型钢铁厂排放矿渣的化学成分

矿渣产地	矿渣化学成分（%）								质量系数
	SiO_2	Al_2O_3	Fe_2O_3	CaO	MgO	MnO	TiO_2	S	
首都钢铁厂	32.62	9.92	4.21	41.53	8.89	0.29	0.84	0.70	1.56
邯郸钢铁厂	37.83	11.02	3.47	45.54	3.52	0.29	0.30	0.88	1.76
唐山钢铁厂	33.84	11.68	2.20	38.13	10.61	0.26	0.21	1.12	1.54

续表

矿渣产地	矿渣化学成分（%）								质量系数
	SiO_2	Al_2O_3	Fe_2O_3	CaO	MgO	MnO	TiO_2	S	
本溪钢铁厂	37.50	8.08	1.00	40.53	9.56	0.16	0.15	0.66	1.39
鞍山钢铁厂	40.55	7.63	1.37	42.55	6.16	0.08	—	0.87	1.62
马鞍山钢铁厂	33.92	11.11	2.15	37.97	8.03	0.23	1.10	0.93	1.73
临汾钢铁厂	35.01	14.44	0.88	36.78	9.72	0.30	—	0.53	1.56

要特别注意矿渣粉中的一些有害物质含量不应超过国家标准的要求，如对钢筋有锈蚀作用的氯离子含量、影响混凝土碱-集料反应的碱含量、影响混凝土体积稳定性的氧化镁和三氧化硫含量等。一些商品矿渣粉中有害物质含量见表 1-16。

表 1-16　矿渣粉有害物质含量　　单位：%

矿渣粉产地	烧失量	MgO	SO_3	K_2O	Na_2O	Cl^-
上海—700	2.32	9.29	5.92	—	—	0.0095
武钢—300	0.31	9.88	2.06	0.46	0.36	0.0086
武钢—600	0.82	9.64	2.11	0.57	0.45	0.0034
武钢—800	0.36	9.01	2.26	0.40	0.36	0.0046
佛山—400	4.25	11.66	2.70	0.56	0.32	0.0062
佛山—500	2.91	8.88	2.82	—	—	0.0067
佛山—600	2.36	9.29	2.34	—	—	0.0010

从表 1-16 中数据可以看出，我国矿渣 Cl^- 含量较低，不到 0.01%；MgO 的含量大多数在 10%以下，个别较高。

2. 物理性能

矿渣粉细度对混凝土性能影响很大，矿渣粉的颗粒群形态，诸如颗粒级配、粒径分布、颗粒形貌等特征参数与水泥基材料的流动性、密实性及力学性能也都有密切的关系。表 1-17 列出了我国部分地区矿渣粉粒径分布情况。

表 1-17　矿渣粉粒径分布情况

矿渣种类	粒径分布（%）						平均粒径（μm）	密度（g/cm^3）
	<2μm	<4μm	<8μm	<16μm	<32μm	<64μm		
WS-400	13.9	19.5	32.4	53.3	78.6	92.6	14.5	2.89
WS-600	32.5	42.8	64.9	87.5	100.0	100.0	4.9	—
WS-700	29.6	40.4	62.1	85.0	—	—	5.3	—
WS-800	45.1	56.4	81.1	95.2	—	—	2.5	2.90
SS-300	15.1	15.1	23.9	35.0	61.8	92.0	21.2	2.87
AS-400	19.2	38.5	61.5	84.3	97.1	100	7.13	2.86
AS-700	36.8	65.4	91.2	99.3	100	100	2.93	2.86
TS-430	29.4	55.8	86.3	98.6	100	100	3.67	2.88

注：WS 为武钢矿渣（400m^2/kg，600m^2/kg，700m^2/kg 和 800m^2/kg）；SS 为首钢矿渣（300m^2/kg）；AS 为安阳汾江水泥厂磨细矿渣（400m^2/kg，700m^2/kg）；TS 为唐山唐龙矿渣厂生产的磨细矿渣（430m^2/kg）。

随着矿渣粉比表面积的增大，矿渣的平均粒径减小。当比表面积为 $300\text{m}^2/\text{kg}$ 时，平均粒径为 $21.2\mu\text{m}$；比表面积为 $400\text{m}^2/\text{kg}$ 时，平均粒径为 $14.5\mu\text{m}$；比表面积 $800\text{m}^2/\text{kg}$ 时，平均粒径为 $2.5\mu\text{m}$，仅为比表面积 $300\text{m}^2/\text{kg}$ 的矿渣粒径的 1/8 左右。

粒径大于 $45\mu\text{m}$ 的矿渣颗粒很难参与水化反应，因此要求用于高性能混凝土的矿渣粉磨至比表面积超过 $400\text{m}^2/\text{kg}$，以较充分地发挥其活性，减小泌水性。比表面积为 $600\sim1000\text{m}^2/\text{kg}$ 的矿渣粉用于配制高强混凝土时的最佳掺量为 $30\%\sim50\%$。矿渣磨得越细，其活性越高，掺入混凝土后，早期产生的水化热越高，越不利于降低混凝土的温升；当矿渣的比表面积超过 $400\text{m}^2/\text{kg}$ 后，用于低水胶比的混凝土时，混凝土早期的自收缩随掺量的增加而增大，但矿渣粉的填充效应增加。本人将矿渣粉的填充系数定义为矿渣粉的表观密度与比表面积的乘积除以对比试验用水泥的表观密度与比表面积的乘积所得的商开二次方所得数值即是矿渣粉的填充系数。

矿渣粉的填充系数可以用式 1-10 求得：

$$u_3 = \sqrt{(\rho_K S_K)/(\rho_C S_C)} \tag{1-10}$$

式中　u_3——矿渣粉的填充系数；

$\quad\quad\rho_K$——矿渣粉的密度（kg/m^3）；

$\quad\quad S_K$——矿渣粉的比表面积（m^2/kg）。

计算求得矿渣粉的填充系数物理意义为，1kg 的矿渣粉填充效应产生的强度相当于 $u_3\text{kg}$ 的水泥填充效应产生的强度。粉磨矿渣要消耗能源，成本较高；矿渣粉磨得越细，掺量越大，则配制的高性能混凝土拌合物越黏稠。用于高性能混凝土的矿渣粉的细度一般要求比表面积达到 $400\text{m}^2/\text{kg}$ 以上，至于最佳细度的确定，需根据混凝土工程的性能要求，综合考虑混凝土的温升、自收缩以及电耗成本等多种因素。

（三）活性指数的量化计算

1. 矿渣粉活性指数测定试验

测定试验胶砂和对比胶砂的抗压强度，以两者抗压强度之比确定矿渣粉试样的活性指数。试验胶砂和对比胶砂材料用量见表 1-18。

表 1-18　测定矿渣粉活性指数试验中试验胶砂和对比胶砂材料用量

胶砂种类	水泥（g）	矿渣粉（g）	标准砂（g）	水（mL）	28d 强度（MPa）
对比胶砂	450	—	1350	225	50
试验胶砂	225	225	1350	225	45

2. 结果计算

（1）活性指数的国家标准计算方法见式 1-11：

$$A_{28} = 100 \cdot (R_2/R_0) \tag{1-11}$$

式中　A_{28}——活性指数（%）；

$\quad\quad R_0$——对比胶砂 28d 抗压强度（MPa）；

$\quad\quad R_2$——试验胶砂 28d 抗压强度（MPa）。

计算结果精确至 1%。

（2）活性系数的准确计算方法（定义为活性系数）：

根据对比胶砂可知，450g 水泥提供强度为 50MPa，其中 225g 水泥提供的强度为 $0.5R_0$

＝25MPa；那么，试验胶砂提供的强度包括 225g 水泥提供的强度（即 $0.5R_0＝25MPa$）与 225g 矿渣粉提供的强度（即 $R_2－0.5R_0＝20MPa$）。所以，矿渣粉的活性系数由式 1-12 求得：

$$\alpha_K＝(R_2－0.5R_0)/(0.5R_0) \tag{1-12}$$

式中 α_K——矿渣粉的活性系数。

矿渣粉的取代系数用 δ_K 表示，数值为活性系数的倒数，则代入数据可得矿渣粉的活性系数 $\alpha_K＝0.8$，矿渣粉的取代系数 $\delta_K＝1.25$。

本例中在混凝土配合比设计过程中可以用 1kg 矿渣粉可以取代 0.8kg 与对比试验相同的水泥，或者用 1.25kg 矿渣粉取代 1kg 与对比试验相同的水泥。这种设计思路在水泥和矿渣粉用量的计算方面实现了适量取代，准确、合理地使用了矿渣粉。

表 1-19 解释了同一等级的矿渣粉在取代水泥时用量差别很大的原因。

表 1-19　矿渣粉活性等级、活性指数、活性系数与水泥取代系数的对照

活性等级	S75	S75	S95	S95	S105	S105
活性指数	75	90	96	103	106	113
活性系数	0.5	0.8	0.92	1.06	1.12	1.26
取代系数	2.0	1.25	1.09	0.94	0.89	0.79

（四）高炉矿渣粉的物理力学质量指标

1. 质量指标

粒化高炉矿渣粉质量指标应满足表 1-20 要求。

表 1-20　粒化高炉矿渣粉质量指标

项　目		级别		
		S105	S95	S75
密度（g/cm³，不小于）		2.8		
比表面积（m²/kg，不小于）		500	400	300
活性指数（％）	7d，不小于	95	75	55
	28d，不小于	105	95	75
流动度比（％，不小于）		95		
含水量（％，不大于）		1.0		
三氧化硫（％，不大于）		4.0		
氯离子（％，不大于）		0.06		
烧失量（％，不大于）		3.0		

注：1. 氯离子含量可根据用户要求协商提高。

　　2. 烧失量为选择性指标。当用户有要求时，供货方应提供矿渣粉的氯离子和烧失量数据。

　　3. 当掺加石膏或其他助磨剂时，应在报告中注明其种类及掺量。

2. 试验依据

试验按《用于水泥和混凝土中的粒化高炉矿渣粉》（GB/T 18046—2008）进行。

（五）矿渣粉在混凝土中的合理使用

磨细矿渣粉作为混凝土掺合料配制混凝土的应用已有三十多年，取得了很好的效果。事

实证明，掺加矿渣粉的混凝土在和易性、后期强度发展和耐久性等方面都具有明显特点：

（1）和易性得到改善，泌水小，坍落度损失小，易振捣，对外加剂适应性好。

（2）凝结时间延长，低温时更明显，冬期施工宜用非缓凝型减水剂。

（3）水化热和水化热释放速率降低。

（4）后期强度大幅度提高。

（5）收缩率较低。

（6）较高地抗化学侵蚀性。

（7）具有较高地抵抗氯化物渗入和碱渗入的能力，特别适合于海水建筑。

（8）掺加矿渣粉提高混凝土密实度减少内部钢筋锈蚀。

（9）掺加矿渣粉能减轻混凝土内部的碱-集料反应。

四、硅灰技术指标的量化计算

（一）硅灰在混凝土中的作用

硅灰是冶炼硅铁合金或工业硅时的副产品，通过烟道排出的硅蒸气使其氧化并冷收尘而得。硅灰是所有掺合料中性能最好的一种，同时也是价格最贵的掺合料。一般只在高强、高耐久性混凝土中使用。

硅灰主要成分为 SiO_2，平均粒径为 $0.1\mu m$，为水泥平均粒径的几百分之一。在混凝土中填充颗粒空隙，提高体积密度和降低孔隙率。同时硅灰在混凝土中具有火山灰反应，硅灰水化形成的富硅凝胶，强度高于 $Ca(OH)_2$ 晶体，与水泥水化凝胶 C-S-H 共同工作。

国家对硅灰的品质有相应的国家标准要求。在化学性能上主要要求 SiO_2 含量 $\geqslant 85\%$，烧失量 $\leqslant 6\%$，含水率 $\leqslant 3\%$。在物理性能上主要要求比表面积 $\geqslant 15000m^2/kg$。在胶砂性能上要求活性指数 $\geqslant 85\%$。典型硅灰的主要性能指标见表 1-21。

表 1-21　成都某公司硅灰性能指标

序号	指标	检测值	序号	指标	检测值
1	SiO_2（%）	95.48	10	含碳量（%）	0.25
2	Al_2O_3（%）	0.40	11	烧失量（900℃,%）	0.9
3	Fe_2O_3（%）	0.032	12	密度（g/cm^3）	2.23
4	CaO（%）	0.44	13	比表面积（m^2/g）	30.1
5	MgO（%）	0.40	14	$45\mu m$ 筛余量（%）	0.0
6	K_2O（%）	0.72	15	含水率（%）	1.4
7	Na_2O（%）	0.25	16	容量（kg/m^3）	173
8	SO_3（%）	0.42	17	耐火度（℃）	1710～1730
9	P_2O_5（%）	0.69			

（二）硅灰填充系数的量化计算

作为超细矿物掺合料，主要用来配制高强高性能混凝土，掺入水泥混凝土后能很好地填充于水泥颗粒空隙之中，使浆体更致密。

硅灰的填充系数可以用式 1-13 求得：

$$u_4 = \sqrt{(\rho_{Si} S_{Si})/(\rho_C S_C)} \qquad (1-13)$$

式中　u_4——硅灰的填充系数；

　　　ρ_{Si}——硅灰的密度（kg/m³）；

　　　S_{Si}——硅灰的比表面积（m²/kg）。

计算求得硅灰的填充系数物理意义为，1kg 的硅灰填充效应产生的强度相当于 $u_4$kg 的水泥填充效应产生的强度。充分利用了硅灰的填充功能。

表 1-22 解释了不同比表面积的硅灰在取代水泥用量差别很大的原因。

表 1-22　硅灰填充系数与取代系数的对照

比表面积（m²/kg）	10000	12000	15000	18000	20000	22000
填充系数	4.8	5.2	5.8	6.4	6.7	7.1
取代系数	0.21	0.19	0.17	0.16	0.15	0.14

（三）硅质活性指数的量化计算

1. 硅灰活性指数测定试验

测定试验胶砂和对比胶砂的抗压强度，以两者抗压强度之比确定硅灰试样的活性指数。试验胶砂和对比胶砂材料用量见表 1-23。

表 1-23　测定硅灰活性指数试验中试验胶砂和对比胶砂材料用量

胶砂种类	水泥（g）	硅灰（g）	标准砂（g）	水（mL）	28d 强度
对比胶砂	450	—	1350	225	50
试验胶砂	405	45	1350	225	75

2. 结果计算

（1）硅灰活性指数的国家标准计算方法，见式 1-14：

$$A_{28} = 100 \cdot (R_4/R_0) \qquad (1-14)$$

式中　A_{28}——活性指数（%）；

　　　R_0——对比胶砂 28d 抗压强度（MPa）；

　　　R_4——试验胶砂 28d 抗压强度（MPa）。

计算结果精确至 1%。

（2）活性系数的准确计算方法（定义为活性系数）：

根据对比胶砂可知，450g 水泥提供强度为 50MPa，其中 405g 水泥提供的强度为 $0.9R_0$ =45MPa；那么，掺硅灰的试验胶砂提供的强度包括 405g 水泥提供的强度（即 $0.9R_0$ = 45MPa）与 45g 硅灰提供的强度（即 $R_4 - 0.9R_0$ =30MPa）。所以，硅灰的活性系数由式 1-15 求得：

$$\alpha_{Si} = (R_4 - 0.9R_0)/(0.1R_0) \qquad (1-15)$$

式中　α_{Si}——硅灰的活性系数。

硅灰的取代系数用 δ_{Si} 表示，数值为活性系数的倒数，则代入数据可得硅灰的活性系数 $\alpha_{Si}=6$，硅灰的取代系数 $\delta_{Si}=0.17$。

本例在混凝土配合比设计过程中可以用 1kg 硅灰取代 6kg 与对比试验相同的水泥，或者用 0.17kg 硅灰取代 1kg 与对比试验相同的水泥。这种设计思路在水泥和硅灰用量的计算方面实现了适量取代，准确、合理地使用了硅灰。

（四）硅灰的物理力学性能指标

1. 质量指标

硅灰质量指标应满足表 1-24 的要求。

表 1-24　硅灰质量指标

项目	指标
比表面积（m^2/kg，不小于）	15000
二氧化硅（%，不小于）	85

2. 试验依据

（1）比表面积按《水泥比表面积测定方法（勃氏法）》（GB/T 8074—2008）进行。

（2）SiO_2 含量按《水泥化学分析方法》（GB/T 176—2008）进行。

（五）硅灰在混凝土中的合理使用

硅灰接触拌合水后，首先形成富硅的凝胶，并吸收水分，凝胶在尚未水化的水泥颗粒间聚集，逐渐包裹水泥颗粒，水化产物 $Ca(OH)_2$ 与上述硅凝胶的表面反应生成 C-S-H 凝胶，该水化物凝胶强度高于 $Ca(OH)_2$ 晶体。C-S-H 凝胶的产生多处于水泥水化的 C-S-H 凝胶孔隙中，大大提高了混凝土的结构密度，因此具有优异的火山灰效应和填充效应，能改善混凝土拌合物的泌水和黏聚性。

1. 硅灰的主要作用

（1）增加强度

用硅灰代替部分水泥加到混凝土中，增加了密度和凝聚力，使混凝土抗压、抗折强度大大增强，掺入 5%～10% 的硅灰，抗压强度可提高 10%～30%，抗折强度可提高 10% 以上。

（2）增加致密度

硅灰可均匀地充填于水泥颗粒空隙之中，使混凝土更加致密，克服了混凝土常见的空隙弊病，对渗水性、碳化深度进行测试，结果表明，抗渗性可提高 5～18 倍，抗碳化能力可提高 4 倍以上。

（3）抗冻性

经过国家大剧院 C100 混凝土测试证明，掺硅灰混凝土在经过 1500 次快速冻融循环，相对动弹性模量降低 1%～2%，而普通混凝土仅通过 25～50 次快速冻融循环，相对动弹性模量降低 36%～73%。

（4）早强性

硅灰加入混凝土后，与游离的 $Ca(OH)_2$ 结合，从而降低 Ca^{2+} 和 OH^- 的浓度，使诱导期缩短，促进 C_2S 水化，表现了硅灰提高混凝土早强的特性。有资料介绍，硅灰能将混凝土 18h 强度提高 30% 左右。

（5）抗冲磨、抗空蚀性

我国水工建筑物 60％以上受不同程度的冲磨、空蚀破坏。经测试表明，硅灰混凝土比普通混凝土抗冲磨能力高 0.5～2.5 倍，抗空蚀能力可提高 3～16 倍。

2. 硅灰在混凝土中的应用

在混凝土中加入硅灰和缓凝减水剂，性能得以改善，因此被广泛使用。目前主要应用如下：

（1）水利工程

硅灰混凝土有良好的防水、抗渗、耐冲磨和抗侵蚀性，广泛用于修建电站、水坝、河道等，目前硅灰在二滩电站、紫坪铺水利枢纽、黄河小浪底水利枢纽工程中大量使用，取得了很好效果。

（2）建筑工程

混凝土中加入硅灰后具有早强性、高强性，大量实用于厂房建设、高层建筑，如中国国际大剧院 C100、广州塔 C100 混凝土、天津 117 大楼 C100 混凝土等工程项目，既可缩短工期，又可增加强度。

（3）公路建设

充分利用硅灰混凝土的高强、耐磨和早强性能，可以修建高等级公路、机场跑道、路面的抢修、公路隧道等，用硅灰混凝土修筑公路，24h 后抗压强度即达 25MPa 以上，28d 达 50MPa 以上，超过设计要求的 C40，抗磨能力提高一倍，半天后即形成通车能力。

（4）港口、桥梁、盐水工程

混凝土中掺入硅灰增加致密度，同时掺硅灰混凝土具有很高的电阻率，不易形成锈蚀大电池，遏制了锈蚀的扩展。杭州湾跨海大桥、香港青马大桥、江苏连云港木材码头、重庆大佛寺长江大桥就是成功应用范例。

（5）喷射混凝土

硅灰加入喷射混凝土中能显著改善塑性混凝土的黏附性和凝聚性，大幅度降低回弹量，增大喷射混凝土一次成型厚度。在欧美，75％的喷射混凝土掺加硅灰；而在挪威和瑞典，硅灰是喷射混凝土必备材料。

五、沸石粉

磨细天然沸石，由天然沸石（主要为斜发沸石和丝光沸石）磨细而成。沸石是含有微孔的含水铝硅酸盐矿物，SiO_2 含量为 60％～70％，Al_2O_3 含量为 8％～12％，比表面积很大，因此，磨细沸石具有较高的活性。

（一）沸石的结构和特性

1. 天然沸石的成分和结构

沸石粉是天然的沸石岩磨细而成，颜色为白色。沸石是火山熔岩形成的一种架状结构的铝硅酸盐矿物，主要由 SiO_2、Al_2O_3、H_2O 和碱土金属离子四部分组成，其中硅氧四面体和铝氧四面体构成了沸石的三维空间架状结构，碱金属、碱土金属和水分子结合的松散，易置换，使得沸石具有特殊的应用性能——吸附作用、离子交换作用等。

2. 离子交换特性

沸石的离子交换特性是其重要性能之一，它可以调节晶体结构内的电场、表面酸性，从而可改变沸石的性质，调节沸石的吸附特性等。

沸石与某种金属盐的水溶液相接触时，溶液中的金属阳离子可以进入沸石中，而沸石中的阳离子可被交换下来进入溶液中。

沸石中的阳离子都以相对固定的位置分布于沸石结构中，在不同位置上的阳离子势能不同，在离子交换过程中，其反应速度受扩散速度控制。在应用研究中，需要了解离子交换平衡关系，如：离子交换平衡常数的计算、离子交换等温线的测定和热力学函数的计算等有关基础数据。

3. 离子交换选择性

天然沸石在离子交换时，有些阳离子容易交换到沸石上，而另外一些阳离子则不容易交换到沸石上，或者某些阳离子交换到沸石上后，很容易被其他阳离子替代，说明沸石的离子交换过程有选择性。它和沸石的晶体结构有关，也和阳离子的有关特性（电荷数、离子半径、水合度等）以及交换条件有关。

4. 吸附特性

由于沸石孔穴内部的电场和极性作用，使得沸石即使在较高的温度和较低的吸附质分压下，仍有较高吸附容量的特点。在吸附过程中，沸石孔径大小不是唯一的因素，含有极性基团或者含可极化的基团的分子等，能与沸石表面发生强烈的作用，这是因为阳离子和带负电荷的硅铝氧格架所构成的沸石，本身也是一种极性物质，其中阳离子给出一个强的局部正电荷，吸引极性分子的负极中心，或是通过静电诱导使可极化的分子极化，极性愈强的或愈易被极化的分子，也就愈易被沸石吸附。水是极性很强的分子，沸石对水有很大的亲合力，无论在较低的水分压，还是在较高的温度、较大的线速条件下，它仍具有一定的吸水能力，且吸水效率、吸水量较高。

（二）天然沸石粉在混凝土中的作用

1. 提高混凝土的强度和抗渗性

天然沸石对于混凝土的强度效应首先来源于沸石矿物组成、特殊的三维空间架状结构和较大内表面积等特点。沸石中的主要化学成分是 SiO_2，占 70 %左右，另外含有 Al_2O_3 占 12 %左右，同时还含有较高的可溶硅铝，但天然沸石岩粉本身没有活性。天然沸石掺入混凝土后，一方面在混凝土中的碱性激发下，由于沸石晶体结构中包藏的活性硅和活性铝与水泥水化过程中提供的 $Ca(OH)_2$ 发生二次反应，生成 C-S-H 凝胶及硅酸钙水化物，使混凝土更加密实，强度提高；另一方面，沸石粉加入水泥混凝土后，在搅拌初期，由于沸石粉吸水，一部分自由水被沸石粉吸走，因而，要得到相同的坍落度和扩展度，减水剂用量有所增加，但在混凝土硬化过程中，水泥进一步水化需水时，沸石粉排出原来吸入的水分后体积膨胀，使拌合物的黏度提高，粗集料的裹浆量增加。因此，粗集料与水泥的界面得到改善，拌合物比较均匀，和易性好，泌水性减少，从而增加了混凝土的抗渗性。

2. 抑制混凝土碱-集料反应

由于碱-集料反应对混凝土耐久性的极大危害，碱-集料反应的核心问题是混凝土中的碱-集料中的活性组分发生反应。

混凝土中的碱主要由生产水泥的原料黏土、燃料煤引入及拌合水及化学外加剂中的碱。水泥中的碱一部分以硫酸盐（K_2SO_4，Na_2SO_4，$3K_2SO_4 \cdot Na_2SO_4$，$2CaSO_4 \cdot K_2SO_4$）及碳酸盐（K_2CO_3，Na_2CO_3）的形式存在，一部分则固溶在熟料矿物中，如 $KC_{23}S_{12}$，$NC_{23} \cdot S_{12}$，KC_8A_3，NC_8A_3，而拌合水及化学外加剂中的碱全部是水溶性的，均能参与碱-集料反应。

在拌合混凝土时，水泥中以硫酸盐及碳酸盐形式的碱及拌合水、化学外加剂中的碱很快溶入水中，而固溶在熟料中的碱则随着矿物水化的进行而缓慢地溶入水中，同时溶入水中的碱又有部分被水化产物所吸收以不可溶的形式存在，可溶部分很大程度以 Na_2SO_4 存在。

掺入天然沸石能抑制混凝土碱-集料反应的危害，是因为：

（1）沸石粉替代部分水泥，使混凝土总体系中水泥量减少，降低了混凝土中含碱量。

（2）由于天然沸石具有离子交换性和离子交换选择性，使得混凝土中的 Na^+ 比较容易进入沸石中，而 Ca^{2+} 则被交换出来，降低了 Na^+ 浓度。

（3）如上述的沸石晶体结构中包藏的活性硅和活性铝，可与 $Ca(OH)_2$ 反应生成 C-S-H 凝胶，能吸收一定量的碱，另外沸石强大的吸附特性将混凝土中的游离钠吸附到其特有的晶体孔穴和通道中去，降低了游离钠的浓度。

综上所述，由于混凝土中碱性浓度得到降低，有效地抑制了碱-集料反应的危害。

3. 降低混凝土的水化热

在高强混凝土中，由于水泥用量较高，混凝土中的水化热也较为集中。在大体积混凝土中，水泥的的水化热较高。在掺入沸石粉以后，由于降低了水泥的耗用量，水泥的水化热值也相应降低。虽然水化热高峰有所提前，但水泥水化热值远低于纯水泥混凝土，并且随着沸石掺量的加大，混凝土水化热的降低也加大。以 3d 时测定结果为例，在沸石粉掺量为 10% 时，水化热降低 15%；沸石粉掺量为 20% 时，水化热降低 30%。在高强混凝土与大体积混凝土中水化热的降低有利于抑制混凝土的膨胀。

4. 改善混凝土施工性能

沸石对极性水分子有很大的亲和力，在自然状态下，沸石内部的孔穴与管道中吸附大量的水分与空气。在水泥混凝土拌合物中，原来被沸石粉所吸附的气体被排放到混凝土拌合物中，提高了混凝土拌合物的结构黏度和粗集料的裹浆量，减少了混凝土泌水量，和易性得到了全面的改善。

流态混凝土是通过掺加高效减水剂或硫化剂将原坍落度为 80～120mm 的普通混凝土增加至 180～220mm 的一种高流动性混凝土。流态混凝土通常采用泵送施工。混凝土在泵送过程中，将适量的沸石粉用于泵送混凝土中，可以补充细粉料含量的不足，避免了离析分层，使混凝土有利于泵送施工。

（三）天然沸石粉的技术要求

为指导天然沸石在混凝土中的应用，原建设部颁布了建筑工业标准《混凝土和砂浆用天然沸石粉》（JG/T 3048—1998）。配制高强高性能混凝土选用磨细天然沸石粉，《高强高性能混凝土用矿物外加剂》（GB/T 18736—2002）标准对其质量提出了更严格的技术要求。

1. 细度

细度对沸石粉的活性和混凝土的物理性能影响很大。大量试验表明，只有将沸石磨到平均粒径 $<15\mu m$（相当于比表面积 $500\sim700m^2/kg$）时，才能使掺加沸石粉的混凝土早期强度和后期强度增长较快。鉴于这种情况，《高强高性能混凝土用矿物外加剂》（GB/T 18736—2002）标准规定 Ⅰ 级品的比表面积为 $700m^2/kg$，Ⅱ 级品的比表面积为 $500m^2/kg$。几种沸石粉的粒径分布见表 1-25。

表 1-25　几种沸石粉的粒径分布

产地	D_{10}（μm）	D_{50}（μm）	D_{90}（μm）	平均粒径（μm）	产地	D_{10}（μm）	D_{50}（μm）	D_{90}（μm）	平均粒径（μm）
内蒙古	2.64	18.30	50.29	28.31	河北独石口	2.72	30.46	82.14	35.21
山东诸城	1.86	8.00	24.59	10.98	锦州	1.82	11.26	44.99	18.16

2. 需水量

由于沸石是一种多孔的材料，需水量比随沸石掺量的减少而明显下降，活性指数明显提高。磨细天然沸石的需水量比见表 1-26。在生产高强度高性能混凝土时，磨细天然沸石粉的掺量一般不宜超过 10%。

表 1-26　磨细天然沸石需水量比和活性指数

产地	掺量（%）	抗压强度比（%）			需水量比（%）
		3d	7d	28d	
内蒙古	10	75	82	97	106
山东诸城	10	79	85	90	108
河北独石口	30	39	45	57	117
锦州	10	80	86	86	105

3. 沸石粉活性指数测定试验

测定试验胶砂和对比胶砂的抗压强度，以两者抗压强度之比确定沸石粉试样的活性指数。试验胶砂和对比胶砂材料用量见表 1-27。

表 1-27　测定沸石粉活性指数试验中试验胶砂和对比胶砂材料用量

胶砂种类	水泥（g）	沸石粉（g）	标准砂（g）	水（mL）	28d 强度
对比胶砂	450	—	1350	225	50
试验胶砂	405	45	1350	225	48

（1）活性指数的国家标准计算方法见式 1-16：

$$A_{28} = 100 \cdot (R_4/R_0) \tag{1-16}$$

式中　A_{28}——活性指数（%）；

　　　R_0——对比胶砂 28d 抗压强度（MPa）；

　　　R_4——试验胶砂 28d 抗压强度（MPa）。

计算结果精确至 1%。

（2）活性系数的准确计算方法（定义为活性系数）：

根据对比胶砂可知，450g 水泥提供强度为 50MPa，其中 405g 水泥提供的强度为 $0.9R_0$ = 45MPa；那么，掺沸石粉的试验胶砂提供的强度包括 405g 水泥提供的强度（即 $0.9R_0$ = 45MPa）与 45g 沸石粉提供的强度（即 $R_5 - 0.9R_0$ = 3MPa）；则沸石粉的活性系数由式 1-17 求得：

$$\alpha_{FS} = (R_4 - 0.9R_0)/(0.1R_0) \tag{1-17}$$

式中 α_{FS}——沸石粉的活性系数。

矿渣粉的取代系数用 δ_{FS} 表示，数值为活性系数的倒数，则代入数据可得沸石粉的活性系数 $\alpha_{FS}=0.6$，沸石粉的取代系数 $\delta_{FS}=1.70$。

本例中在混凝土配合比设计过程中可以用 1kg 沸石粉可以取代 0.6kg 与对比试验相同的水泥，或者用 1.70kg 沸石粉取代 1kg 与对比试验相同的水泥。这种设计思路在水泥和沸石粉用量的计算方面实现了适量取代，比传统观念中沸石粉 5%～30% 取代水泥的观念更加科学，准确、合理地使用了沸石粉。

（三）吸铵值和碱含量

吸铵值是沸石特有的物化性能，反映了沸石含量的大小。因为沸石中的碱和碱土金属很容易被铵离子所交换，可以用铵离子净交换来检验吸铵值，测试时间较短，可以在 2 h 内完成、斜发沸石吸铵值为 218mmol/100g，丝光沸石吸铵值为 223mmol/100g。吸铵值越高，沸石纯度越高，活性指数也越高。考虑到高强高性能混凝土的需要，《高强高性能混凝土用矿物外加剂》（GB/T 18736—2002）标准将磨细天然沸石分为 I 级和 II 级，并规定 I 级吸铵值为 130mmol/100g（相当于沸石含量约为 60% 左右），II 级吸铵值为 100mmol/100g（相当于沸石含量约为 48% 左右）。

表 1-28   沸石的碱含量及吸铵值

产地	碱的含量（%）			吸铵值/（mmol/100g）	产地	碱的含量（%）			吸铵值/（mmol/100g）
	K_2O	Na_2O	R_2O			K_2O	Na_2O	R_2O	
内蒙古	0.12	0.13	0.21	249.60	锦州	4.86	2.76	5.96	41.41
山东诸城	2.08	0.72	2.09	93.94	张家口	—			181.70
河北独石口	2.76	1.10	2.92	178.16	辽宁	—			32.20

表 1-28 是几种沸石碱含量和吸铵值的测定结果。试验结果表明，产地不同，沸石碱含量相差较大，约为 0.21%～5.96%；吸铵值相差也很大，高的近 250mmol/100g，低的只有 30mmol/100g。这说明，沸石的性能会有很大的差异，生产高强高性能混凝土时，应尽可能选择吸铵值高的磨细天然沸石。

（四）沸石粉在混凝土中的合理使用

磨细天然沸石作为混凝土的一种矿物外加剂，在 C45 以上的混凝土中取代水泥的取代率宜在 10% 以下。它既能改善混凝土拌合物的均匀性与和易性，降低水化热，又能提高混凝土的抗渗性与耐久性，还能抑制水泥混凝土中碱-集料反应的发生。磨细天然沸石适宜配制泵送混凝土、大体积混凝土、抗渗防水混凝土、抗硫酸盐和抗软水侵蚀混凝土，以及高强混凝土，也适用于蒸养混凝土、轻集料混凝土、地下和水下工程混凝土。

六、复合掺合料的技术参数

（一）复合掺合料的质量指标

复合掺合料是把粉煤灰、矿渣粉和硅灰或者其中两种按照一定比例混合形成的复合胶凝材料，质量指标见表1-29。

表 1-29 复合掺合料质量指标

项目		级别		
		S105	S95	S75
密度（g/cm³，不小于）		2.8		
比表面积（m²/kg，不小于）		500	400	300
细度（0.045mm方孔筛筛余）（%，不大于）		10		
活性指数（%）	7d，不小于	90	70	50
	28d，不小于	105	95	75
流动度比（%，不小于）		95		
含水量（%，不大于）		1.0		
三氧化硫（%，不大于）		3.0		
氯离子（%，不大于）		0.06		
烧失量（%，不大于）		5.0		

注：1. 氯离子含量为选择性指标。当用户有要求时，供货方应提供氯离子数据。

2. 高钙粉煤灰不宜用于复合掺合料。

（二）试验依据

（1）细度（筛余）试验方法按《用于水泥和混凝土中的粉煤灰》（GB/T 1596—2005）进行。

（2）其他项目按《用于水泥和混凝土中的粒化高炉矿渣粉》（GB/T 18046—2008）进行。

七、矿物掺合料在混凝土中的合理使用

（一）适用范围

掺矿物掺合料混凝土适用于大体积混凝土、地下工程混凝土、水下工程和有氯盐侵蚀环境的混凝土、道路和桥梁以及市政工程混凝土、高强、高性能混凝土等。掺矿物掺合料混凝土用于预应力钢筋混凝土时，放张或张拉预应力前，混凝土强度和弹性模量必须达到设计要求。如设计无具体要求，强度应达到设计标准值的80%。

（二）配合比设计中的使用

1. 使用原则

掺矿物掺合料混凝土设计要求的强度等级、强度保证率、标准差等指标应符合《普通混凝土配合比设计规程》（JGJ 55—2011）的规定，配合比设计以基准混凝土配合比为基础，按等稠度、等活性、等强度的等级原则进行等效置换。

2. 使用步骤

（1）根据设计要求，首先确定基准混凝土配合比设计中基准水泥用量。

（2）按矿物掺合料的活性系数确定取代水泥百分率的推荐范围，见表1-30。

（3）按所选用的取代水泥百分率，求出每立方米混凝土中掺矿物掺合料混凝土的水泥用量。

（4）计算矿物掺合料等活性替换水泥的活性系数，见表1-31。

（5）按矿物掺合料替代水泥量求出每立方米混凝土的矿物掺合料用量。

（6）计算每立方米掺矿物掺合料混凝土中水泥和矿物掺合料的质量。

（7）掺矿物掺合料混凝土的最小水泥用量及最小胶凝材料用量应符合表 1-32 的要求。

表 1-30　取代水泥百分率

矿物掺合料种类	混凝土类别或强度等级	取代水泥百分率（%）		
粉煤灰		硅酸盐水泥	普通硅酸盐水泥	矿渣硅酸盐水泥
		≤50	≤40	≤35
粒化高炉矿渣粉		S105	S95	S75
	一般结构混凝土	≤50	≤50	≤50
	地下水工或大体积混凝土	30～70	30～70	≤50
	无筋混凝土	≤70	≤70	≤70
沸石粉		硅酸盐水泥	普通硅酸盐水泥	矿渣硅酸盐水泥
	C15～C30	20	20	15
	C35～C45	15	15	10
	C45 以上	10	10	5
硅灰	C40 以上	5～10	5～10	5～10
复合掺合料		S105	S95	S75
	一般结构混凝土	≤50	≤50	≤50
	地下水工或大体积混凝土	30～70	30～70	≤50
	无筋混凝土	≤70	≤70	≤70

注：高钙粉煤灰用于结构混凝土时，根据水泥品种的不同，其掺量不宜超过以下限制：矿渣硅酸盐水泥不大于 15%；普通硅酸盐水泥不大于 20%；硅酸盐水泥不大于 30%。

表 1-31　水泥替代系数

矿物掺合料种类	规格或级别	水泥替代系数（δ_c）	活性或填充系数
粉煤灰	Ⅰ	1.0～1.4	$u=1$
	Ⅱ	1.2～1.7	$u=0.75$
	Ⅲ	1.5～2.0	$u=0.5$
粒化高炉矿渣粉	S105	0.95	$\alpha=1.1$
	S95	1.0～1.15	$\alpha=0.9$
	S75	1.0～1.25	$\alpha=0.5$
沸石粉	—	1.0	$u=1$
硅灰	S=15000	注：可取代 4～7 倍水泥	$u=4$
复合掺合料	S105	0.95	$\alpha=1.1$
	S95	1.0～1.15	$\alpha=0.9$
	S75	1.0～1.25	$\alpha=0.5$

表 1-32　最小水泥用量和胶凝材料用量

矿物掺合料种类	用途	最小水泥用量（kg/m³）	最小胶凝材料用量（kg/m³）
粒化高炉矿渣粉复合掺合料	有冻害、潮湿环境中结构	≥200	≥300
	上部结构	≥200	≥300
	地下、水下结构	≥150	≥300
	大体积	≥110	≥270
	无筋混凝土	≥100	≥250

注：1. 掺粉煤灰、沸石粉和硅灰的混凝土应符合《普通混凝土配合比设计规程》（JGJ 55）中的有关规定。

　　2. 表中的最小胶凝材料用量以替代前水泥用量为准。

第二章　外加剂技术指标的数字量化

第一节　常用外加剂及其性能

在拌制混凝土过程中掺入的、用以显著改善混凝土性能的化学物质，称为混凝土化学外加剂，简称混凝土外加剂，掺量一般不大于水泥质量的 5％。在混凝土中掺入不同种类的外加剂，可获得改善混凝土拌合物和易性和硬化后混凝土性能、节省水泥、节约能源、加快施工速度、减轻劳动强度等多种效果。目前，我们国家使用的预拌混凝土全部掺入外加剂。

在不影响混凝土拌合物和易性的条件下，具有减水及增强作用的外加剂，称为混凝土减水剂，我们国家将减水剂按照减水率的高低分为三类，即减水率大于 8％小于 15％的称为普通减水剂；减水率大于 15％小于 25％的称为高效减水剂；减水率大于 25％的称为高性能减水剂。按其对混凝土性能的作用分为早强减水剂、缓凝减水剂和引气减水剂。按化学成分分为木质素磺酸盐系、萘系、三聚氰胺树脂系、糖蜜系、聚羧酸盐系、氨基磺酸盐系、脂肪族羟基磺酸盐系等减水剂。在本书中，**定义减水剂达到标准检验指标合格时的掺量为临界掺量，此时的减水率定义为临界减水率。我国生产的普通减水剂临界减水率为 8％，高效减水剂临界减水率为 15％，高性能减水剂临界减水率 25％。定义减水剂达到最大减水率且其他指标合格时的掺量为饱和掺量，此时的减水率定义为饱和减水率（或者最高减水率）。**

一、普通减水剂

我国生产的普通减水剂主要有木质素系减水剂和糖蜜系减水剂两种。

（一）木质素系减水剂

1. 木质素系减水剂的生产

木质素系减水剂是由生产纸浆或纤维浆的木质废液经处理而得的一种棕黄色粉末，包括木质素磺酸钙、木质素磺酸钠和木质素磺酸镁，分别简称木钙、木钠、木镁，其中木质素磺酸钠和木质素磺酸钙是主要品种，属阴离子型表面活性剂。

2. 木质素系减水剂的性能

木质素减水剂属缓凝引气型减水剂，多以粉剂供应。其临界掺量为 0.2％，饱和掺量为 0.3％，推荐掺量一般为 0.2％～0.3％。

3. 正常使用的特点

（1）在保持混凝土配合比不变的条件下，可减水 8％～14％，28d 强度提高 10％～20％。

（2）在保持拌合物流动性和混凝土强度不变时，可节约水泥约 10％。

（3）在用水量不变时，可提高流动性，使坍落度提高 50～100mm。

（4）提高混凝土抗冻性和抗渗性等耐久性能。

4. 非正常使用的缺点

（1）超掺后引起混凝土缓凝，导致拆模困难，影响工期。

（2）木质素减水剂具有引气性，超掺引入大量气泡，拆模后外观缺陷多。

（3）超掺引起混凝土强度降低。

5. 木质素系减水剂使用注意事项

由于木钙属缓凝引气型减水剂，在使用时应注意以下问题：

（1）严格控制掺量，切忌过量

木钙掺量一般在 0.2％～0.3％，如果掺量过多，会造成混凝土缓凝严重，甚至几天也不硬化，而且混凝土含气量增加过多会导致强度下降。

（2）注意施工温度

木钙的缓凝作用在低温下会更加明显，所以在日最低气温 5℃ 以上时可单掺木钙，低于 5℃ 时，应与早强剂复合使用；负温下，除了与早强剂复合使用外，还要同时掺加防冻剂。

（3）蒸养性能差

如果掺加木钙的混凝土采用蒸汽养护，应延长静停时间，或掺加早强剂以及减少木钙掺量，否则会出现强度降低，结构疏松等现象。

6. 木质素系减水剂的适用范围

木钙广泛用于一般混凝土工程，但不宜用于低温施工和蒸汽养护的混凝土工程。

木钙在生产时如进行改性，即可得到改性木质素减水剂，减水率可达 15％ 以上，属于高效减水剂。

（二）糖蜜系减水剂

1. 糖蜜系减水剂的生产

糖蜜系减水剂是利用制糖生产过程中提炼食糖后剩下的残液（称为糖蜜），经石灰中和处理调制成的一种粉状或液体状产品。主要成分为糖钙、蔗糖钙，是非离子型表面活性剂。

2. 糖蜜系减水剂的性能

糖蜜系减水剂属缓凝型减水剂，其临界掺量为 0.2％，饱和掺量为 0.3％，推荐掺量一般为 0.2％～0.3％，属非引气缓凝型减水剂，多以粉剂供应。

3. 正常使用的特点

（1）在保持混凝土配合比不变的条件下，可减水 6％～10％，28d 强度提高 10％～20％。

（2）在保持拌合物流动性和强度不变时，可节约水泥约 10％。

（3）在用水量不变时，可提高流动性，使坍落度提高 50～100mm。

（4）提高混凝土抗冻性和抗渗性等耐久性能。

4. 非正常使用的缺点

（1）糖蜜系超掺后引起混凝土缓凝，导致拆模困难，影响工期。

（2）糖蜜系减水剂不引气，超掺不引入大量气泡，拆模后外观更加光洁。

（3）糖蜜系超掺后混凝土凝固后强度比正常凝固的更高。

5. 糖蜜系减水剂使用注意事项

由于糖蜜属缓凝型减水剂，在使用时应注意以下问题：

（1）严格控制掺量，一般在 0.2％～0.3％，如果掺量过多，会造成混凝土缓凝严重，甚至几天也不硬化，影响施工进度。

（2）糖蜜的缓凝作用在低温下会更加明显，所以在日最低气温 5℃ 以上时可单掺糖蜜，低于5℃时，应与早强剂复合使用，负温下，除了与早强剂复合使用外，同时还要掺加抗冻剂。

（3）如果掺加糖蜜的混凝土采用蒸汽养护，应延长静停时间，或掺加早强剂。

6. 糖蜜系减水剂的适用范围

糖蜜系减水剂常用做缓凝剂，主要用于大体积混凝土、夏期施工混凝土、水工混凝土等。当用于其他混凝土时，常与早强剂、高效减水剂等复合使用。

二、高效减水剂

我国生产的高效减水剂主要有萘系高效减水剂和脂肪族高效减水剂两种。

（一）萘系减水剂

1. 萘系减水剂的生产

萘系减水剂是以萘及萘的同系物经磺化与甲醛缩合而成。主要成分为聚烷基芳基磺酸盐等，属阴离子型表面活性剂。根据硫酸钠含量的不同，分为高效减水剂和高浓高效减水剂。主要成分为聚烷基芳基磺酸盐等，属阴离子型表面活性剂。

2. 萘系减水剂的性能

萘系减水剂属早强型减水剂，高效减水剂的临界掺量为 0.5%，饱和掺量为 0.7%，硫酸钠含量 18%～24%，推荐掺量一般为 0.5%～0.75%，高浓高效减水剂的临界掺量为 0.35%，饱和掺量为 0.6%，硫酸钠含量 3%～5%，推荐掺量一般为 0.35%～0.6%，产品多以粉剂供应。

3. 萘系减水剂的性能优势

（1）在混凝土配合比不变的情况下，减水率约为 15%～25%，可提高坍落度 150～200mm，可提高抗压强度 15%～20%。

（2）萘系减水剂由于提高了混凝土的密实性，使混凝土抗渗性及抗冻性有较大提高。

（3）萘系减水剂超量掺加不影响混凝土的性能。

（4）萘系减水剂可以和普通减水剂、脂肪族减水剂以及氨基减水剂复配。

4. 萘系减水剂的缺点

（1）低温时配制的外加剂容易结晶堵管。

（2）混凝土的收缩率有时大于基准混凝土的收缩率，对于有抗裂要求的混凝土结构，应做收缩率的试验。

（3）萘系减水剂配制的混凝土坍落度的经时损失较大，有些萘系减水剂泌水较多。

5. 萘系减水剂的适用范围

萘系减水剂主要适用于配制高强混凝土、泵送混凝土、大流动性混凝土、自密实混凝土、早强混凝土、冬期施工混凝土、蒸汽养护混凝土及防水混凝土等。

（二）脂肪族减水剂

1. 脂肪族减水剂的生产

脂肪族减水剂是以羟基化合物丙酮为主体，并通过亚硫酸钠或者焦硫酸钠磺化打开羟基，引入亲水性磺酸基团，在碱性条件下与甲醛缩合形成一定分子量大小的脂肪族高分子链形成的具有表面活性分子特征的高分子减水剂。

2. 脂肪族减水剂的性能

脂肪族减水剂的减水分散作用以静电斥力作用为主，掺量（35%浓度）通常为水泥用量的 1.0%～1.9%，减水率可达 15%～25%，属早强型非引气减水剂。临界掺量为 0.8%，饱和掺量为 2.0%，推荐掺量一般为 1.2%～2.0%，产品多以液体供应。

3. 脂肪族减水剂的性能优势

（1）在混凝土配合比不变的情况下，减水率约为 15%～25%，可提高坍落度 150～200mm，可提高抗压强度 15%～20%。

（2）脂肪族减水剂由于提高了混凝土的密实性，使混凝土抗渗性及抗冻性有较大提高。

（3）脂肪族减水剂可以和普通减水剂、萘系减水剂、聚羧酸减水剂以及氨基减水剂复配。

4. 脂肪族减水剂的缺点

（1）配制的混凝土颜色发红，影响混凝土外观。

（2）脂肪族减水剂超掺容易引起混凝土拌合物的离析泌浆。

（3）脂肪族减水剂配制的混凝土的收缩率有时大于基准混凝土的收缩率，对于有抗裂要求的混凝土结构，应做收缩率的试验。

5. 脂肪族减水剂的适用范围

脂肪族减水剂主要适用于配制高强混凝土、泵送混凝土、大流动性混凝土、自密实混凝土、早强混凝土、冬期施工混凝土、蒸汽养护混凝土及防水混凝土等，尤其适用于混凝土管桩的生产。

三、高性能减水剂

我国生产的高性能减水剂主要有三聚氰胺树脂系减水剂、氨基磺酸盐减水剂和聚羧酸系减水剂三种。

（一）三聚氰胺树脂系减水剂

1. 三聚氰胺树脂系减水剂的生产

三聚氰胺树脂系减水剂，又称密胺树脂减水剂，是将三聚氰胺与甲醛反应生成三羟甲基三聚氰胺，然后用亚硫酸氢钠磺化而成。主要成分为三聚氰胺甲醛树脂磺酸盐，这类减水剂减水率很高，属非引气型早强高效减水剂。我国生产的产品主要有 SM 剂，是阴离子型表面活性剂，产品多以粉体供应。

2. 三聚氰胺树脂系减水剂的性能

三聚氰胺树脂系减水剂的分散、减水、早强、增强效果比萘系减水剂好，产品多以液体供应。临界掺量 0.8%，饱和掺量 1.2%，推荐掺量为 0.5%～2.0%，可减水 20%～27%。

3. 三聚氰胺树脂系减水剂的性能优势

（1）减水率为 20%～27%，在混凝土配合比不变时改善流动性，可提高坍落度 180～240mm。

（2）增强效果明显，1d 强度提高 60%～100%，3d 强度提高 50%～70%，7d 强度提高 30%～70%，28d 强度提高 30%～60%；可提高抗压强度 15%～20%。

（3）掺加三聚氰胺树脂系减水剂可以使混凝土抗折、抗拉、弹性模量、抗冻、抗渗等性能均有显著提高，对钢筋无锈蚀作用。

4. 三聚氰胺树脂系减水剂的缺点

(1) 临界掺量和饱和掺区间小，应用时调整困难。

(2) 三聚氰胺树脂系减水剂超掺容易引起混凝土拌合物的离析泌浆。

(3) 成本高，不利于预拌混凝土企业使用。

(4) 三聚氰胺树脂系减水剂配制的混凝土拌合料黏度增大，坍落度损失快。

5. 三聚氰胺树脂系减水剂的适用范围

由于三聚氰胺树脂系减水剂价格较高，故适用于特殊工程，如高强混凝土、早强混凝土、大流动性混凝土及耐火混凝土等。

(二) 氨基磺酸盐减水剂

1. 氨基磺酸盐减水剂

氨基磺酸盐减水剂为氨基磺酸盐甲醛缩合物，一般由带氨基、羟基、羧基、磺酸（盐）等活性基团的单体，通过滴加甲醛，在水溶液中温热或加热缩合而成。该类减水剂以芳香族氨基磺酸盐甲醛缩合物为主。氨基磺酸盐减水剂的分散、减水、早强、增强效果好，产品多以粉体供应。临界掺量 0.2%，饱和掺量 1.0%，推荐掺量为 0.2%～1.0%，可减水 25%～35%，对含泥量较高的砂石适应性好。该类减水剂的主要特点之一是氯离子含量低（约为 0.01%～0.1%），以及 Na_2SO_4 含量低（约为 0.9%～4.2%）。

2. 氨基磺酸盐减水剂的性能

氨基磺酸盐减水剂在水泥颗粒表面呈环状、引线状和齿轮状吸附，能显著降低水泥颗粒表面的 ζ 负电位，因此其分散减水作用机理仍以静电斥力为主，并具有较强的空间位阻斥力作用及水化膜润滑作用。同时，由于具有强亲水性羟基（-OH），能使水泥颗粒表面形成较厚的水化膜，故具有较强的水化膜润滑分散减水作用。所以，氨基磺酸盐系减水剂对水泥颗粒的分散效果更强，对水泥的适应性明显提高，不但减水率高，而且保塑性好。氨基磺酸盐减水剂无引气作用，由于分子结构中具有羟基（-OH），故具有轻微的缓凝作用。

3. 氨基磺酸盐减水剂的性能优势

(1) 减水率约为 25%～35%，在混凝土配合比不变时改善流动性，可提高坍落度 200～240mm。

(2) 早强和增强效果明显。

(3) 保塑性好，适应于复配混凝土外加剂时的保塑成分。

(4) 掺加氨基磺酸盐减水剂可以使混凝土抗折、抗拉、弹性模量、抗冻、抗渗等性能均有显著提高，对钢筋无锈蚀作用。

4. 氨基磺酸盐减水剂的缺点

(1) 单独使用效果不明显。

(2) 成本高，不利于预拌混凝土企业使用。

(3) 与其他高效减水剂相比，当掺量过大时，混凝土更易泌水。

5. 氨基磺酸盐减水剂的适用范围

由于价格较高，故适用于特殊工程，如清水混凝土，高强混凝土和大流动性混凝土等。

(三) 聚羧酸系减水剂

1. 聚羧酸系减水剂的生产

聚羧酸系减水剂是将大单体首先在水中溶解，然后滴加聚合单体、引发剂、氧化剂和分子量控制剂，经过保温和中和形成的具有减水功能的表面活性剂。聚羧酸系减水剂大多以液体供应，液体产品存在包装费用高，远距离运输成本高的不足，粉体产品的生产由于喷雾干燥中经常出现爆燃，困扰着它的发展。笔者经过多年悉心研究，研制成功本体聚合技术，直接使用各种原材料制作固体聚羧酸减水剂的技术，解决了这一技术难题。

2. 聚羧酸系减水剂的性能

聚羧酸系减水剂分子大多呈梳形结构，主链上带有多个活性基团，并且极性较强；侧链上也带有亲水性活性基团，并且数量多；憎水基的分子链较短，数量少。掺量不大时无缓凝作用；可显著提高混凝土的强度。其临界掺量为 0.3％（40％浓度），饱和掺量为 1.0％，推荐掺量为 0.3％～1.0％，减水率为 25％～35％。

聚羧酸系减水剂的性能优势体现在下面几点：

（1）掺量低、减水率高。掺量通常为胶结材用量的 0.7％～1.2％，减水率可达 35％以上，可以配制所有等级的商品混凝土。

（2）与水泥、掺合料的相容性好，混凝土 2～3h 坍落度基本不损失，且几乎不受温度变化的影响。

（3）混凝土黏聚性好，不离析、不泌水，便于泵送施工。

（4）能够有效控制混凝土中水泥的早期水化，适合配制大体积混凝土，特别适合配制大掺量粉煤灰及矿渣混凝土。

（5）在常温条件下，混凝土的凝结时间与减水剂的分子结构及水泥的矿物性能有关，对初凝终凝的影响范围：−30min～+60min。

（6）具有一定的减缩作用，28d 收缩率较萘系类高效减水剂降低 20％以上，与空白标准混凝土相比，混凝土的收缩率比低于 100％。

（7）与不掺减水剂混凝土相比，3d 抗压强度提高 50％～100％，28d 抗压强度提高 40％～80％，90d 抗压强度提高 30％～50％。

（8）混凝土表面无泌水线、无大气泡、色差小、混凝土外观质量好。

3. 聚羧酸系减水剂的缺点

（1）对砂石的含泥量非常敏感。

（2）对砂石的含水率特别敏感。

（3）超掺容易引起离析泌浆。

4. 聚羧酸系减水剂的适用范围

聚羧酸系减水剂可适用于配制不同性能要求的混凝土，应用范围非常广泛，特别适合用于各种强度等级的预拌大流动性混凝土及高耐久混凝土。

四、缓凝剂与引气剂

（一）缓凝剂

1. 常用的缓凝剂

缓凝剂是能延缓水泥混凝土凝结时间，并对混凝土后期强度发展无不利影响的外加剂。我们国内常用的缓凝剂有无机和有机两大类，无机的主要包括磷酸盐，亚硫酸盐、亚铁盐和锌盐。有机的主要包括葡萄糖酸钠、木钙、糖钙、柠檬酸、柠檬酸钠、葡萄糖酸钙、蔗糖、氨基三甲叉膦酸、1,2,4-三羧酸膦丁烷和酒石酸等。高温季节施工的混凝土、泵送混凝土、滑模施工混凝土及远距离运输的商品混凝土，为保持混凝土拌合物具有良好的和易性，要求延缓混凝土的凝结时间；大体积混凝土工程，需延长放热时间，以减少混凝土结构内部的温度裂缝；分层浇筑的混凝土，为消除冷接缝，常须在混凝土中掺入缓凝剂。它们能吸附在水泥颗粒表面，并在水泥颗粒表面形成一层较厚的溶剂化水膜，因而起到缓凝作用，特别是含糖分较多的缓凝剂，糖分的亲水性很强，溶剂化水膜厚，缓凝性更强，故糖钙缓凝效果更好。

2. 缓凝剂的掺量

（1）有机类的缓凝剂

有机类的缓凝剂掺量与环境温度成正比例，当温度为20℃时，掺量为0.02%；当温度为30℃时，掺量为0.03%；当温度40℃时，掺量为0.04%；当温度为50℃时，掺量为0.05%。故推荐掺量一般为0.02%～0.05%，可控制混凝土的初凝保持在6～8h。氨基三甲叉膦酸、1，2，4-三羧酸膦丁烷掺量为每吨泵送剂0.3～0.5kg。当温度一定时，葡萄糖酸钠和柠檬酸钠等有机类的缓凝剂可以根据需要调节缓凝剂的掺量，可使缓凝时间达24h，甚至36h。掺加缓凝剂后可降低水泥水化初期的水化放热，此外，还具有增加后期强度的作用。缓凝剂掺量过多或搅拌不均时，会使混凝土或局部混凝土长时间不凝而报废，但超量不是很大时，经过延长养护时间之后，混凝土强度仍可继续发展。对于由于石膏脱水造成混凝土外加剂的适应性问题，可以通过掺加柠檬酸、柠檬酸钠解决，如果不是这个原因则掺加柠檬酸、柠檬酸钠后会引起混凝土大量泌水，故不宜单独使用。在混凝土拌合料搅拌2～3min以后加入缓凝剂，可使凝结时间较与其他材料同时加入延长2～3h。

（2）无机类的缓凝剂

无机类的缓凝剂掺量与水泥成分有关，当温度为20～50℃时，掺量为0.1%～0.3%之间使用可以达到预期的凝结时间，故推荐掺量一般为0.1%～0.3%，可控制混凝土的初凝保持在6～8h。当温度一定时，三聚磷酸钠等无机缓凝剂可以根据需要调节缓凝剂的掺量，可使缓凝时间达12h，甚至48h。掺加缓凝剂后可降低水泥水化初期的水化放热；缓凝剂掺量过多或搅拌不均时，会使混凝土或局部混凝土长时间不凝而报废，但超量不是很大时，经过延长养护时间之后，混凝土强度仍可继续发展。

（3）缓凝剂的适用范围

缓凝剂适宜于配制大体积混凝土、水工混凝土、夏期施工混凝土、远距离运输的混凝土拌合物及夏期滑模施工混凝土。

（二）引气剂

1. 常用的引气剂

在混凝土搅拌过程中，能引入大量均匀分布的微小气泡，以减少混凝土拌合物泌水、离析，改善和易性，并能显著提高硬化混凝土抗冻融耐久性的外加剂，称为引气剂。常用引气剂品种为松香热聚物、松香皂、皂甙类，引气剂属憎水性表面活性剂。

2. 引气剂的作用机理

引气剂的作用机理是由于它的表面活性，能定向吸附在水—气界面上，且显著降低水的表面张力，使水溶液易形成众多新的表面（即水在搅拌下易产生气泡），同时，引气剂分子定向排列在气泡上，形成单分子吸附膜，使液膜坚固而不易破裂，此外，水泥中的微细颗粒以及氢氧化钙与引气剂反应生成的钙皂，被吸附在气泡膜壁上，使气泡的稳定性进一步提高。因此，可在混凝土中形成稳定的封闭球型气泡，其直径为0.01～0.5mm。

在混凝土拌合物中，气泡的存在增加了水泥浆的体积，相当于增加了水泥浆量，同时，形成的封闭、球型气泡有"滚珠轴承"的润滑作用，可提高混凝土拌合物的流动性，或可减水。在硬化混凝土中，这些微小气泡"切断"了毛细管渗水通路，提高了混凝土的抗渗性，降低了混凝土的水饱和度，同时，这些大量的未充水的微小气泡能够在结冰时让尚未结冰的多余水进入其中，从而起到缓解膨胀压力，提高抗冻性的作用。在同样含气量下，气泡直径越小，则气泡数量越多，气泡间距系数越小，水迁移的距离越短，对抗冻性的改善越好。

由于气泡的弹性变形，使混凝土弹性模量有所降低。气泡的存在减少了混凝土承载面积，使强度下降。如保持混凝土拌合物流动性不变，由于减水，可补偿一部分由于承载面积减少而产生的强度损失。质量优良的引气剂对混凝土强度影响不大。

3. 引气剂的掺量

引气剂掺量很少，通常为胶凝材料的 0.5/10000～1.5/10000，可使混凝土的含气量达到 3%～6%，并可显著改善混凝土拌合物的黏聚性和保水性，减水率 8%～10%，提高抗冻性 1～6 倍以上，抗渗性明显提高。当混凝土中掺加粉煤灰时，引气剂的掺量会成倍增加；拌合物坍落度较小或黏度较大时，引气剂的掺量也会成倍增加。

4. 引气剂使用的注意事项

（1）使用引气剂时，含气量控制在 4%～6% 为宜。含气量太小时，对混凝土耐久性改善不大；含气量太大时，使混凝土强度下降过多，故应严格控制引气剂的掺量和混凝土的含气量。

（2）引气剂不得与含钙离子的其他外加剂共同配制溶液，而应分别配制溶液并分别加入搅拌机，以免相互反应产生沉淀或絮凝现象，影响引气效果。

（3）掺引气剂的混凝土，从出料到浇筑的停放时间不宜过长。当采用插入式振捣棒振捣时，振捣时间不宜超过 20s。

5. 引气剂的适用范围

引气剂适宜于配制抗冻混凝土、泵送混凝土、防水混凝土、港口混凝土、水工混凝土、道路混凝土、轻集料混凝土、泌水严重的混凝土以及腐蚀环境与盐结晶环境下使用的混凝土，但不宜用于蒸汽养护混凝土。

五、早强剂、防冻剂与防水剂

（一）早强剂

早强剂是指能促进凝结，提高混凝土早期强度，并对后期强度无显著影响的外加剂。只起促凝作用的称为促凝剂。目前，普遍使用的早强剂有氯盐系、硫酸盐系和三乙醇胺等。

1. 氯盐系

氯盐系早强剂主要有氯化钙（$CaCl_2$）和氯化钠（$NaCl$），其中氯化钙是使用最早、应用最为广泛的一种早强剂。氯盐的早期作用主要是通过生成水化氯铝酸钙以及氯化钙实现早强的。

氯化钙除具有促凝、早强作用外，还具有降低冰点的作用。因其含有氯离子，会加速钢筋锈蚀，故掺量必须严格控制。掺量一般为 1%～2%，可使 1d 强度提高 70%～140%，3d 强度提高 40%～70%，对后期强度影响较小，且可提高防冻性，但增大干缩，降低抗冻性。

氯化钠的掺量、作用及应用同氯化钙基本相似，但作用效果稍差，且后期强度会有一定降低。

《混凝土外加剂应用技术规范》（GB 50119—2013）及《混凝土结构工程施工质量验收

规范》（GB 50204—2015）规定，在钢筋混凝土中，氯化钙掺量不大于1%，在无筋混凝土中，掺量不大于3%；经常处于潮湿或水位变化区的混凝土、遭受侵蚀介质作用的混凝土、集料具有碱活性的混凝土、薄壁结构混凝土、大体积混凝土、预应力混凝土、装饰混凝土、使用冷拉或冷拔低碳钢丝的混凝土结构中，不允许掺入氯盐早强剂。为防止氯化钙对钢筋的锈蚀作用，常与阻锈剂复合使用。

氯盐早强剂主要适宜于冬期施工混凝土、早强混凝土，不适宜于蒸汽养护混凝土。

2. 硫酸钠

硫酸钠（Na_2SO_4），通常使用无水硫酸钠，又称元明粉，是硫酸盐系早强剂之一，是应用较多的一种早强剂。硫酸钠的早强作用是通过生成二水石膏，进而生成水化硫铝酸钙实现的。

硫酸钠具有缓凝、早强作用。掺量一般为0.5%～2.0%，可使3d强度提高20%～40%，28d后的强度基本无差别，对钢筋无锈蚀作用。当集料为碱活性集料时，不能掺加硫酸钠，以防止碱-集料反应。掺量过多时，会引起硫酸盐腐蚀。硫酸钠掺量较大时会显著增加混凝土拌合物的黏度，对施工不利（特别是表面不易抹平、抹光）。硫酸钠的应用范围较氯盐系早强剂更广。

3. 三乙醇胺

三乙醇胺为无色或淡黄色油状液体，无毒，呈碱性，属非离子型表面活性剂。

三乙醇胺的早强作用机理与前两种早强剂不同，它不参与水化反应，不改变水泥的水化产物。它能降低水溶液的表面张力，使水泥颗粒更易于润湿，且可增加水泥的分散程度，因而加快了水泥的水化速度，对水泥的水化起到催化作用。水化产物增多，使水泥的早期强度提高。

三乙醇胺掺量一般为0.02%～0.05%，可使3d强度提高20%～40%，对后期强度影响较小，抗冻、抗渗等性能有所提高，对钢筋无锈蚀作用，但会增大干缩。

4. 其他早强剂

除上述三种早强剂外，工程中还使用石膏、硫代硫酸钠（大苏打）、明矾石（硫酸钾铝）、硝酸钙、硝酸钾、亚硝酸钠、亚硝酸钙、甲酸钠、乙酸钠、重铬酸钠等。早强剂在复合使用时，效果更佳。高效减水剂都能在不同程度上提高混凝土的早期强度。若将早强剂与减水剂复合使用，既可进一步提高早期强度，又可使后期强度增长，并可改善混凝土的施工性质。因此，早强剂与减水剂的复合使用，特别是无氯盐早强剂与减水剂的复合早强减水剂发展迅速，如硫酸钠与木钙、糖钙及高效减水剂等的复合早强减水剂已广泛得到应用。

早强剂或早强减水剂掺量过多会使混凝土表面泛霜，后期强度和耐久性降低，并对钢筋的保护也有不利作用。有时也会造成混凝土过早凝结或出现假凝。

（二）防冻剂

1. 常用的防冻剂

防冻剂是能使混凝土在负温下硬化，并在规定养护条件下达到预期性能的外加剂。在我国北方，为防止混凝土早期受冻，冬期施工（日平均气温低于5℃）常掺加防冻剂。防冻剂能降低水的冰点，使水泥在负温下仍能继续水化，提高混凝土早期强度，以抵抗水结冰产生的膨胀压力，起到防冻作用。

常用防冻剂有丙三醇、二乙二醇、二甲基亚砜、氯化钙、氯化钠、氯化铵、碳酸钾、乙二醇、甲酸钙、乙酸钙、亚硝酸钠、亚硝酸钙、硝酸钙等。

2. 防冻剂的适用范围及掺量

亚硝酸钠和亚硝酸钙的适宜掺量为 0.3%～1.0%，具有降低冰点、阻锈、早强作用。氯化钙和氯化钠的适宜掺量为 0.5%～1.0%，具有早强、降低冰点的作用，但对钢筋有锈蚀作用。丙三醇、二乙二醇和二甲基亚砜的防冻剂可以用于各种混凝土工程；含亚硝酸盐和碳酸盐的防冻剂严禁用于预应力混凝土工程；铵盐、尿素严禁用于办公、居住等室内建筑工程。

为提高防冻剂的防冻效果，防冻剂多与减水剂、早强剂及引气剂等复合，使其具有更好的防冻性。

（三）防水剂

1. 常用的防水剂

防水剂是指能降低砂浆或混凝土在静水压力下的透水性的外加剂。混凝土是一种非均质材料，体内分布着大小不同的孔隙（凝胶孔、毛细孔和大孔）。防水剂的主要作用是要减少混凝土内部的孔隙，提高密实度或改变孔隙特征以及堵塞渗水通路，以提高混凝土的抗渗性。

常采用引气剂、引气减水剂、膨胀剂、氯化铁、氯化铝、三乙醇胺、硬脂酸钠、甲基硅醇钠、乙基硅醇钠等外加剂作为防水剂。工程中使用的多为复合防水剂，除上述成分外，有时还掺少量高活性的矿物材料，如硅灰。

2. 渗透型防水材料

1）水泥基渗透结晶型防水材料的功能

目前市场上有一种水泥基渗透结晶型防水材料，它是以硅酸盐水泥或普通硅酸水泥、精细石英砂或硅砂等为基材，掺入活性化学物质（催化剂）及其他辅料组成的渗透型防水材料。其防水机理是通过混凝土中的毛细孔隙或微裂纹，在水存在的条件下逐步渗入混凝土的内部，并与水泥水化产物反应生成结晶物而使混凝土致密。产品分为防水剂（A型）和防水涂料（C型），使用时直接掺入 A 型到水泥混凝土中或加水调制成浆体涂刷 C 型到水泥混凝土表面或干撒 C 型在刚刚成型后的水泥混凝土表面进行抹压（可撒适量水使防水材料被润湿）。A 型掺量为 5%～10%，C 型涂刷量（干撒量）为 1～1.5kg/m²。水泥基渗透析晶型防水材料的防水效果好，并可使表层混凝土的强度提高 20%～30%。水泥基渗透析晶型防水材料在初凝后必须进行喷雾养护，以使其能充分渗入到混凝土内部。

2）水泥基渗透析晶型防水材料的原料

水泥基渗透析晶型防水材料的原料主要包括不饱和聚酯树脂、甲基丙烯酸甲酯、吸水树脂。这些成分在混凝土中具有良好的渗透能力，很快进入混凝土的孔隙，堵塞孔洞，起到防水抗渗的作用。防水剂技术指标要求见表 2-1。

表 2-1 防水剂技术指标要求

试 验 项 目		砂浆、混凝土防水剂				水泥基渗透结晶型防水材料		
		受检混凝土性能		受检砂浆性能		防水剂	防水涂料	
		一等品	合格品	一等品	合格品		Ⅰ	Ⅱ
净浆安定性		合格		合格		—	合格	
凝结时间差 （min）	初凝（min）	−90～+120		净浆≮45min[①]		>−90	净浆≥20min[①]	
	终凝（h）	−2～+2		净浆≯10h[①]		—	净浆≤24h[①]	

续表

试验项目	砂浆、混凝土防水剂				水泥基渗透结晶型防水材料		
	受检混凝土性能		受检砂浆性能		防水剂	防水涂料	
	一等品	合格品	一等品	合格品		I	II
泌水率比（%），≤	80	90	·		70	—	
含气量（%），≤	—				4.0	—	
减水率（%），≥	—				10		
抗压强度比（%），≥ 3d	100	90	—	—	120		
抗压强度比（%），≥ 7d	110	100	100	85		12.0	
抗压强度比（%），≥ 28d	100	90	90	80		18.0	
抗折强度比（%），≥ 7d						2.80	
抗折强度比（%），≥ 28d						3.50	
抗渗压力（MPa），≥	—		—		—	0.8	1.2
渗透高度比（%），≥	30	40	—		—	—	
渗水压力比（%），≥	—		300	200	200	200	300
第二次抗渗压力②（56d，MPa），≥	—		—		0.6	0.6	0.8
48h吸水率比（%），≥	65	75	65	75	—		
湿基面粘结强度（MPa），≥	—		—		—	1.0	
收缩率比（%），≤ 28d	125（120）	135	125	135	125（120）	—	
对钢筋的锈蚀作用	应说明有无锈蚀作用		—		应说明有无锈蚀危害		

① 为凝结时间。

② 第二次渗透压力指将第一次 6 个抗渗试件压至全部透水，然后浸水养护 28d 后再进行渗透试验。

③ 括号内指标为《公路工程水泥混凝土外加剂与矿物掺合料应用技术指南》（2006）要求的指标值，其余指标值与 JC 474—1999、GB 18445—2001 的要求相同。

六、膨胀剂

膨胀剂是指其在混凝土拌制过程中与硅酸盐类水泥、水拌合后经水化反应生成钙矾石或氢氧化钙等，使混凝土产生膨胀的外加剂。分为硫铝酸钙类、氧化钙类、硫铝酸钙-氧化钙类，掺膨胀剂砂浆的性能应满足表 2-2 的要求。

表 2-2 混凝土膨胀剂的性能指标

凝结时间（min）		细度①			砂浆限值膨胀率（%）			砂浆强度②（MPa）				成分（%）			
初凝	终凝	比表面积（m²/kg）	筛余（%）0.08mm	1.25mm	空气中21d	水中7d	28d	抗压3d	28d	抗折3d	28d	氧化镁	水	总碱量	氯离子
≥45	≤360	≥250	≤12	≤0.5	≥ -0.020	≥0.025	≤0.10	≥25（20）	≥45（40）	≥4.5（3.5）	≥6.5（5.5）	≤5.0	≤3.0	≤0.75	≤0.05

① 细度用比表面积和 1.25mm 筛筛余或 0.08mm 筛筛余表示，仲裁检验用比表面积和 1.25mm 筛筛余。

② 强度采用指标中，括号外为 A 法检验指标（采用基准水泥），括号内为 B 法检验指标（采用 42.5 级普通硅酸盐水泥，且熟料中 C_3A 含量为 6%～8%，总碱量小于 1%），仲裁时采用 A 法。

③ 《公路工程水泥混凝土外加剂与矿物掺合料应用技术指南》（2006）与 JC 476—2001 的要求相同。

膨胀剂常用品种为 UEA 型（硫铝酸钙型），目前还有低碱型 UEA 膨胀剂和低掺量的高效 UEA 膨胀剂。膨胀剂的掺量（内掺，即等量替代水泥）为 $10\%\sim14\%$（低掺量的高效膨胀剂掺量为 $8\%\sim10\%$），可使混凝土产生一定的膨胀，抗渗性提高 $2\sim3$ 倍，或自应力值达 $0.2\sim0.6$MPa，且对钢筋无锈蚀作用，并使抗裂性大幅度提高。掺加膨胀剂的混凝土水胶比不宜大于 0.50，施工后应在终凝前进行多次抹压，并采取保湿措施；终凝后，需立即浇水养护，并保证混凝土始终处于潮湿状态或处于水中，养护龄期必须大于 14d。养护不当会使混凝土产生大量的裂纹。

膨胀剂主要适用于长期处于水中、地下或潮湿环境中有防水要求的混凝土、补偿收缩混凝土、接缝、地脚螺丝灌浆料、自应力混凝土等，使用时需配筋。硫铝酸钙型、硫铝酸钙-氧化钙复合型不得用于长期处于 80℃ 以上的工程，氧化钙型不得用于海水或有侵蚀性介质作用的工程。

七、泵送剂

泵送剂是指能改善混凝土拌合物泵送性能的外加剂。

泵送是一种有效的混凝土运输手段，可以改善工作条件，节约劳力，提高施工效率，尤其适用于工地狭窄和有障碍物的施工现场，以及大体积混凝土结构和高层建筑。用泵送浇筑的混凝土数量在我国已普及，选择好的泵送剂也是至关重要的因素。

泵送混凝土要求混凝土有较大的流动性，并在较长时间内保持这种性能，即坍落度损失小，黏性较好，混凝土不离析、不泌水，要做到这一点，仅靠调整混凝土配比是不够的，必须依靠混凝土外加剂，尤其是混凝土泵送剂。单一组分的外加剂很难满足泵送混凝土对外加剂性能的要求，常用的泵送剂是多种外加剂的复合产品，其主要组成如下。

普通减水剂或高效减水剂都可作为泵送剂的减水组分，视工程对混凝土泵送剂减水率的要求而定。必要时也可将几种减水剂复合使用。有些高效减水剂本身就具有控制混凝土坍落度损失的功能，可以优先选用。

在配制泵送剂的组成中，某些减水剂虽然能增加混凝土拌合物的流动性，但混凝土坍落度损失较快，不利于泵送，在泵送剂中掺入适量组成的缓凝剂，可以控制混凝土坍落度损失，有利于泵送，在炎热的天气时就更为重要。一般来说，缓凝高效减水剂就是在各种高效减水剂中加入适量的缓凝等组分，使其符合标准以及工程的要求。各种高效减水剂，在正常掺量时，对水泥混凝土的凝结时间无明显影响，有时在超掺量使用时，对混凝土的凝结和硬化时间也会有较多的延长，起到缓凝高效减水剂的作用。

润滑组分可在输送管壁形成润滑薄膜，减少混凝土的输送阻力，以降低泵送压力。

在泵送混凝土中适量地加入引气剂，可防止离析和泌水。引气剂引入大量小的稳定气泡，对拌合物起到类似轴承滚珠的作用，这些气泡使得砂粒运动更加自由，可增加拌合物的可塑性。气泡还可以对砂粒级配起到补充作用，即减少砂子间断级配的影响。

为了提高混凝土拌合物的黏聚性，在泵送剂中加入增稠组分可以提高拌合水的黏度，该类物质有纤维素酯、环氧乙烷、藻酸盐、角叉胶、聚丙烯酰胺、羟乙基聚合物和聚乙烯醇等。

复合泵送剂的组成，应根据具体情况而选择，不一定都含有上述的组成。

泵送剂主要用于泵送施工的混凝土，特别是预拌混凝土、大体积混凝土、高层建筑混凝土施工等，也可用于水下灌注混凝土，但尚应加入水中抗分离剂。

第二节　常用减水剂及缓凝剂的合成

一、萘系减水剂的合成

（一）配方

原材料配比见表 2-3。

表 2-3　原材料配比表

名称	工业萘	浓硫酸	甲醛	液碱
作用	合成基体	磺化剂	缩合剂	中和
用量	300	400	300	400
顺序	进反应釜	磺化 3h	滴定 3h	直接加入

（二）工艺流程

将工业萘粉直接加入反应釜升温，待萘粉完全溶解后，加入浓硫酸搅拌令其均匀且开始磺化，磺化 3h 后滴加甲醛进行缩合，3.5h 之后滴加完毕，保温反应 1h，加入液碱中和反应剩余的硫酸，降温至 40℃既得萘系高效减水剂。

二、脂肪族减水剂的合成配方和工艺

（一）配方

原材料配比见表 2-4。

表 2-4　原材料配比表

名称	亚硫酸钠	丙酮	甲醛
作用	合成基体	聚合	缩合
用量	240	90	250
工艺水	420	0	0
顺序	进反应釜		滴定 3h

（二）工艺流程

先将 420kg 水加入反应釜，加入 240kg 亚硫酸钠充分溶解，10min 后，再加入 90kg 丙酮搅拌，并开始滴加 250kg 甲醛，3～4h 滴完。反应釜内升温时开冷却水降温，使滴完后温度在 85～90℃间，保温反应 5h，即可检验下料，得到脂肪族减水剂，减水率达15％～28％。

（三）合成工艺的两种改进方法

1. 采用单段甲醛添加工艺（A＋B）

（1）亚硫酸钠和水在反应釜中完全溶解后，向反应釜中滴加投入丙酮，开冷凝水。

（2）向反应釜中滴加甲醛，滴加时间约 1h。溶液变黄，至黑色。温度骤升。发生爆沸用水冷却。

（3）滴加完毕，保温 4h，结束后得成品减水剂。

生产时应注意以下问题：

（1）温度　在加入丙酮时如温度过高反应剧烈而无法控制，同时丙酮挥发浪费过多。

（2）滴加速度　甲醛滴加速度要严格控制，速度过快则整个缩合反应剧烈或无法反应。

（3）爆沸控制　反应中会发生爆沸现象，用冷水冲下。

2. 采用三段甲醛添加工艺（0.33A＋B）

（1）将三分之一甲醛和一半焦亚硫酸钠以及丙酮混合，不完全溶解制得 A 液；将三分之一甲醛和一半焦亚硫酸钠混合，不完全溶解制得 B 液。

（2）将 A、B 液混合。

（3）投入反应釜中，滴加三分之一甲醛，恒温 56～66℃。保持滴加速度，滴加 1h 结束。

（4）滴加完毕，保温 1h。得成品减水剂。

生产时应注意以下问题：

（1）温度　在加入丙酮时，如温度过高反应剧烈而无法控制，同时丙酮挥发浪费过多。

（2）滴加速度　甲醛滴加速度要严格控制，速度过快则整个缩合反应剧烈或无法反应。

三、氨基磺酸盐减水剂的合成

（一）配方

原材料配比见表2-5。

表 2-5　原材料配比表

名称	对氨基苯磺酸钠	苯酚	甲醛	片碱	尿素
作用	合成基体	聚合	缩合	中和	保坍
用量（kg）	156	120	190	25	6
工艺水（kg）	450			50	
顺序	进反应釜		滴定 2h	进反应釜	

（二）工艺流程

（1）先将 450kg 水加热到 80℃，加入 156kg 对氨基苯磺酸钠，10min 后，再加入 120kg 苯酚。

（2）片碱 25kg 加 50kg 水溶解后加入反应釜。

（3）升温 60～65℃开始滴加 190kg 甲醛，1.5～2h 滴完。再滴加开始时停止供汽，反应釜内的温度会逐渐升高，升温到 85℃后降温，使滴完后温度在 85～90℃之间，保温反应 5h，加入 6kg 尿素，反应 0.5～1h 即可检验下料既得氨基磺酸盐减水剂，减水率达 25％～35％。

四、聚羧酸系减水剂的合成

（一）加热合成工艺

1. 配方

原材料配比见表2-6。

表 2-6　原材料配比表

名称	TPEG	丙烯酸	双氧水	巯基乙酸
作用	大单体	聚合单体	氧化剂	分子量调节剂
用量（kg）	360	38	3	1.2
工艺水（kg）	260	82	117	138.2
顺序	进反应釜	滴定 3h	滴定 3h	滴定 3.5h

2. 工艺流程

（1）备料

将丙烯酸38kg用82kg水稀释泵入高位罐备用，巯基乙酸1.2kg用138.2kg水稀释泵入高位罐备用，双氧水3kg用117kg水溶解后泵入高位罐备用。

（2）大单体投放

将360kg大单体溶解于260kg的80℃水中充分搅拌使之完全溶解，搅拌使其均匀且温度保持在70℃。

（3）滴定

开启滴定阀门，将高位罐中的丙烯酸溶液、双氧水溶液在3h之内滴加完毕。将高位罐中的巯基乙酸溶液在3.5h之内滴加完毕，保温反应3h。

（4）降温

保温结束后，降温至40℃既得成品。

（二）常温合成工艺

1. 配方

原材料配比见表2-7。

表2-7 原材料配比表

名称	已戊烯基聚氧乙烯醚	丙烯酸	甲基丙烯磺酸钠	过硫酸铵	吊白块
作用	大单体	聚合单体	分子量调节剂	氧化剂	聚合单体
用量（kg）	360	27	4.8	3.6	3
工艺水（kg）	350	73	45.2	46.4	87
顺序	进反应釜	直接进大单体溶液			滴定3h

2. 工艺流程

（1）备料

将丙烯酸27kg用73kg水稀释泵入高位罐备用，甲基丙烯磺酸钠4.8kg用45.2kg水稀释泵入高位罐备用，过硫酸铵3.6kg用46.4kg水溶解后泵入高位罐备用，吊白块3kg用87kg水溶解后泵入高位罐备用。

（2）大单体投放

将360kg大单体溶解于350kg的80℃水中充分搅拌使之完全溶解，搅拌使其均匀且温度保持在30℃。

（3）滴定

开启阀门，将高位罐中的丙烯酸溶液，甲基丙烯磺酸钠水溶液和过硫酸铵水溶液依次直接加入反应釜，充分搅拌10min，开启蠕动泵开始滴加吊白块水溶液3h之内滴加完毕，保温反应1h。

（4）降温

保温结束后，降温至40℃既得成品。

（三）固体合成工艺

1. 配方

原材料配比见表2-8。

表 2-8　原材料配比表

名称	TPEG	甲基丙烯磺酸钠	丙烯酸	偶氮二异庚腈
作用	大单体	氧化剂	聚合单体	引发剂
用量（kg）	755	36	163	46
顺序	1 进反应釜加热熔化	2 加入大单体液体	3 加入混合液体	4 加入前边液体

2. 工艺流程

（1）备料

将丙烯酸 163kg 泵入高位罐备用，甲基丙烯磺酸钠 36kg 计量好备用，偶氮二异庚腈 46kg 粉碎计量后备用。

（2）大单体投放

将 755kg 大单体投进反应釜加热至 50℃以上充分搅拌使之完全溶解，搅拌使其均匀且温度保持在 60℃。

（3）加入甲基丙烯磺酸钠

将甲基丙烯磺酸钠全部加入反应釜，搅拌 20min。

（4）加入丙烯酸

开启阀门，将高位罐中的丙烯酸溶液全部加入反应釜，搅拌 20min。

（5）加入偶氮二异庚腈

将偶氮二异庚腈全部加入反应釜，搅拌 2.5～3h。

（6）保温

保温 1h 后，卸料冷却即得成品。

（四）聚羧酸系减水剂使用的几个常见问题

在合成的过程中，为了消泡，可以在反应釜的水中加入一块透明皂，解决聚羧酸系减水剂气泡较多的问题。聚羧酸系减水剂一般都复配了一些葡萄糖酸钠等营养型物质，这些成分通常是细菌的粮食，特别是在夏天，聚羧酸减水剂产品在存放 1 到 2d 后即发臭变质，这样大大地影响了产品质量。比较简单又省钱的办法是：在复配产品时，加入 1.5% 的异噻唑啉酮（卡松）200mL/t，增加不到 1 元钱的成本，可以保证产品存放一年不变质。为了解决聚羧酸减水剂针对一部分混凝土砂石含泥量高导致的坍落度损失的问题，在复配泵送剂时可以采取每吨泵送剂加入 0.3～0.5kg 氨基三甲叉膦酸 ATMP 或者 1，2，4-三羧酸磷丁烷 PBTC 代替 10～20kg 葡萄糖酸钠的方法，解决泥引起的坍落度损失问题。

聚羧酸系减水剂在合成时，有部分羧酸基团没有完全被中和，pH 值一般在 6 左右，容易与铁质材料发生反应，所以聚羧酸减水剂不能用铁质容器储存，一般用聚丙烯塑料桶储存，铁质容器在储存前必须做防腐蚀处理，可以在容器里面用环氧树脂处理。

五、葡萄糖酸钠的合成

葡萄糖酸钠别名五羟基己酸钠，分子式为 $C_6H_{11}O_7Na$，结构式如下：

$$[HCH_2O - \overset{\overset{\displaystyle OH}{|}}{\underset{\underset{\displaystyle H}{|}}{C}} - \overset{\overset{\displaystyle OH}{|}}{\underset{\underset{\displaystyle H}{|}}{C}} - \overset{\overset{\displaystyle H}{|}}{\underset{\underset{\displaystyle OH}{|}}{C}} - \overset{\overset{\displaystyle OH}{|}}{\underset{\underset{\displaystyle H}{|}}{C}} - COO^-]Na^+$$

葡萄糖酸钠反应原理是葡萄糖在钯碳催化剂的作用下，与氧气发生氧化反应，使葡萄糖分子上的醛基被氧化成羧基，羧基与碱发生中和反应，生产葡萄糖酸钠。

生产工艺流程如下：

（1）在1000L氧化罐中加水450kg水，150kg葡萄糖溶解备用，加入钯碳催化剂1kg。升温45℃，碱高位槽（111kg30%烧碱）滴加液碱，使氧化罐内pH值在9～9.5之间，开泵循环。

（2）开氧气减压器使氧压控在0.1MPa下，视罐上压力表为常压。

（3）经常从取样口取料测pH值9～9.5来控制滴加碱液量，保持罐内温度45℃。

（4）2h后应转换98%左右，罐上压力表压为恒定为反应终点。

（5）检验合格后放入过滤罐中，将滤液用活性炭脱色过滤即得25.5%的葡萄糖酸钠溶液712kg。

（6）滤出的催化剂经水洗滤，115℃烘干循环再用。

第三节　泵送剂的复配

一、混凝土泵送剂配方设计计算技术基础

（一）技术基础

用于商品混凝土的复合泵送剂应能有效控制混凝土拌合物的坍落度损失，减少泌水和离析，改善拌合物工作性，满足远距离运输、泵送、浇筑（现浇或水下浇筑）、振捣（振捣或自密实）等施工工艺的要求。复合泵送剂包括：高效缓凝减水剂、高效缓凝引气减水剂、多功能复合防水剂、高效复合防冻剂和超缓凝减水剂等。根据商品混凝土的类型、强度和抗渗等级、原材料组成和配合比，施工工艺和环境条件正确选择复合泵送剂的品种和成分是确保高工作性和施工质量的关键问题。通常，复合泵送剂由高效减水剂、缓凝剂、引气剂和辅助剂组成。可以根据混凝土原材料组成、配合比、工作性要求和环境温度等参数实现复合泵送剂的组成和配方设计。

（二）影响混凝土拌合物坍落度损失的因素

复合泵送剂对水泥适应性问题与水泥的矿物组成、含碱量、可溶性 SO_3 含量、比表面积、颗粒组成和形貌、矿物细掺料的品种和掺量，以及混凝土的原材料和配合比有关。

配制流态混凝土、商品混凝土、泵送混凝土和高性能混凝土时，为了满足施工工艺要求必须控制混凝土拌合物的坍落度损失，主要控制初始坍落度和入泵的坍落度，坍落度损失快时不能满足施工工艺的要求。如果初始坍落度较大，同时要求坍落度不损失，这样会使混凝土凝结较慢、拌合物长时间保持大流动状态容易造成泌水和离析或使表面产生干缩裂缝。因此，对于流态混凝土是根据施工工艺的要求控制坍落度损失，而不是坍落度不损失或损失越慢越好。影响混凝土拌合物坍落度损失的因素包括：水泥的矿物组成，游离水分的含量，矿物细掺料的品种和掺量，混凝土的配合比和强度等级，环境因素的影响。

1. 水泥成分的影响

水泥矿物组成、含碱量、混合材品种和掺量、石膏的形式和掺量、水泥粒子的形貌、颗粒分布和比表面积等都会影响坍落度损失的速度，基本规律是：

（1）含 C_3A 高（大于 8%）、碱含量高（大于 1%）、比表面高的水泥使坍落度损失速度加快。

（2）掺硬石膏作调凝剂的水泥、或在水泥粉磨过程中使部分二水石膏转变成半水石膏或无水石膏以及三氧化硫含量不足时，使坍落度损失难以控制或损失较快。

（3）水泥中含活性大或需水量比大的混合材使坍落度损失较快，反之则损失较小（如石灰石粉、矿渣及粉煤灰等）。

（4）水泥的形貌、颗粒组成及分布不合理（指磨机类型和粉磨工艺），使坍落度损失较快。

（5）出厂温度较高的水泥（指散装水泥），使坍落度损失较快。

2. 游离水分含量的影响

水泥浆体中存在结合水、吸附水和游离水，游离水的存在使浆体具有一定的流动性。这三种水分的比例在水泥水化过程中是变化的。水泥加水后，C_3A 开始水化，消耗大量水分产生化学结合水。随着初期水化进行产生大量凝胶，使分散体的比表面积大大增加，由于表面吸附作用产生大量吸附水（凝胶水）。结合水和吸附水的产生使游离水减少，浆体的流动性逐渐降低产生流动性经时损失。通过复合泵送剂产生分散作用和控制水化过程可以使结合水和吸附水量减少，而游离水相应增多，因此能减小流动度损失。

3. 矿物细掺料的影响

矿物细掺料对流态混凝土坍落度损失的影响主要在以下三个方面：

（1）矿物细掺料的需水量比应小于 100%，否则坍落度损失较快。

（2）矿物细掺料的活性适中，活性大时使坍落度损失较快。

（3）矿物细掺料的细度应适中，比表面太大使混凝土用水量增大，坍落度损失加快。

4. 混凝土配合比及砂率的影响

在配制流态混凝土时合适的砂率能保证好的工作性和强度，必须按石子空隙率计算得到最佳砂石用量。而传统配合比设计方法认为砂率越低强度越高，显然不能满足流态混凝土对工作性的要求。另外，试验证明砂率低时流态混凝土保水性差，容易产生泌水、离析和板结。砂率高时坍落度损失较快，不能满足工作性要求。

由此可以看到各种因素对砂率的影响：

（1）砂率随着用水量增加而增大。

（2）砂率随着浆体体积增加而减小。

（3）砂率随着石子最大粒径的增大而减小。

5. 环境温度的影响

温度影响水泥水化和硬化速度，随着温度增高水泥水化和硬化速度加快。因此环境影响流态混凝土的坍落度损失速度，表现为：

（1）气温低于 $10℃$ 时流态混凝土坍落度损失较慢或几乎不损失。

（2）气温在 $15\sim25℃$ 时，由于气温变化大使坍落度损失难以控制。

（3）气温在 $30℃$ 以上时，水泥的凝结时间并不进一步加快，同时气温变化范围小，因此坍落度损失反而容易控制。

6. 延缓坍落度损失的方法

（1）增加高性能减水剂掺量来提高初始坍落度。

（2）调整复合泵送剂中缓凝组分的组成和剂量。

（3）采用木质素减水剂配制泵送剂时其掺量不得超过 0.15％，并且同时掺稳泡剂。

（4）采用高效缓凝引气减水时应同时掺稳泡剂。

（5）发现欠硫化现象时应补充可溶性 SO_3。

（6）能延迟水化诱导期的早强剂也能控制坍落度损失。

（7）适当降低砂率可延缓坍落度损失。

以上延缓坍落度损失的方法可单独使用或复合使用，但是首先复合泵送剂的等效减水系数和等效缓凝系数必须满足流态混凝土的工作性要求。

二、复合泵送剂的配方设计

商品混凝土应用的复合泵送剂不同于一般的高效减水剂，它在满足大的初始坍落度要求时，还能控制坍落度损失，减小泌水和离析。因为商品混凝土首先必须有好的工作性，否则不能进行正常施工。通常复合泵送剂的主要成分应包括高效减水剂、缓凝剂、引气剂、稳定剂等。

复合泵送剂的组成和掺量取决于胶凝材料的组成和混凝土配合比。在相同原材料构成系列（C20～C100）流态混凝土时，因为胶凝材料用量变化较大，所以复合泵送剂用量变化范围也较大。但是对于一定的混凝土体系所要求的缓凝组分的成分和剂量是相对固定的。这样在变化的掺加量与相对固定的缓凝组分之间产生了矛盾。外加剂生产厂为了满足工程应用的要求，需频繁调整外加剂配方，以解决这种矛盾。复合泵送剂配方设计是针对一定的混凝土体系的，能较好地解决这种"变化与固定"的矛盾，得到适应性好的复合泵送剂配方。

（一）复合泵送剂配方设计参数

复合泵送剂配方设计参数是根据商品混凝土的原料性质、配合比、施工工艺和环境温度等确定的。

1. 泵送剂减水率的确定

复合泵送剂的减水率取决于混凝土基础坍落度、基准混凝土用水量和初始坍落度值，根据多年研究笔者得出的结论是在合理的配合比设计中，泵送剂中减水成分主要起到增加混凝土拌合物流动性的作用，泵送剂减水率正比于混凝土拌合物的坍落度。当混凝土要求的坍落度为 180mm 时泵送剂减水率应该控制在 18％；当混凝土要求的坍落度为 220mm 时泵送剂减水率应该控制在 22％；当混凝土要求的坍落度为 250mm 时泵送剂减水率应该控制在 25％。

2. 泵送剂掺量的确定

经过多年研究，笔者确定复合泵送剂的掺量以水泥标准稠度用水量为基准进行检验，当泵送剂配方已经确定时，泵送剂的掺量以水泥净浆流动扩展度数值等于混凝土拌合物坍落度时的掺量（％）为合理掺量；当配制混凝土时，泵送剂的掺量（％）是固定的，其质量以检测水泥净浆流动扩展度数值等于混凝土拌合物坍落度为准确的控制指标。当混凝土要求的坍落度为 180mm、220mm、泵送剂为 250mm 时，检测泵送剂时水泥净浆流动扩展度也分别是 180mm、220mm、250mm，并且水泥净浆的流动扩展度损失与混凝土拌合物的坍落度损失一一对应。

3. 等效缓凝系数

为了实现混凝土在不同气温下都能在 6～8h 初凝，7～9h 终凝，以 20℃ 为基础，以 1℃ 每 1t 泵送剂添加 1kg 葡萄糖酸钠缓凝达到 6～8h 初凝，7～9h 终凝为基准，则葡萄糖酸钠的等效缓凝系数是 0.001，配制 1000kg 泵送剂混凝土缓凝剂的用量为施工现场温度乘以等效缓凝系数和环境温度求得。为了实现通用性，针对含泥量大的砂石复配泵送剂时，可以用氨基三甲叉膦酸 ATMP 或者 1，2，4-三羧酸膦丁烷 PBTC 代替一半的葡萄糖酸钠，按照 0.3～0.5kg ATMP 或者 PBTC 代替 10kg 葡萄糖酸钠。

4. 凝结时间差

各种缓凝成分不但缓凝作用不同，而且水化速度也不相同。因此除了设置等效缓凝系数之外，还需设置第二个参数，即凝结时间差计算见式 2-1：

$$\Delta t = t_2 - t_1 \tag{2-1}$$

式中　t_1——掺一定量缓凝剂时混凝土的初凝时间（h）；

　　　t_2——相同条件下的终凝时间（h）；

　　　Δt——凝结时间差（h）。

在掺量相同时 Δt：三乙醇胺＜葡萄糖酸钠＜柠檬酸钠＜糖

根据这四个参数就可以确定用于混凝土泵送剂的组成及掺量，实现复合泵送剂配方设计。

（二）泵送剂复配方法及计算公式

1. 一元复配的方法及计算公式

一元复配的主体是利用一种高效减水剂和缓凝剂复配泵送剂，必要时适量掺加引气剂，主要考虑减水剂的临界掺量 c_{10} 和饱和掺量 c_{11} 以及推荐掺量 c，减水剂的临界掺量减水率 n_{10} 和饱和掺量减水率 n_{11} 以及推荐掺量下的减水率 n，水泥的标准稠度用水量 W、C_3A 和 SO_3。则每 1t 泵送剂中各种原材料的用量（单位均为 kg）。

减水剂的用量计算见式 2-2：

$$M_1 = \{1000 \times [c_{10} + (n - n_{10})(c_{11} - c_{10})/(n_{11} - n_{10})]\}/c \tag{2-2}$$

缓凝剂的用量计算见式 2-3：

$$M_2 = 1000 \times (t \times 0.001/c) \tag{2-3}$$

引气剂的用量计算见式 2-4：

$$M_3 = (1/c) \sim (3/c) \tag{2-4}$$

溶剂水的用量计算见式 2-5：

$$M_4 = 1000 - M_1 - M_2 - M_3 \tag{2-5}$$

是否缺硫计算见式 2-6：

$$\Delta S = (C_3A/SO_3) - 3 \tag{2-6}$$

S 是指水泥中的 SO_3。

2. 一元复配人工计算实例

［例 2-1］水泥的标准稠度用水量 W 为 29％，SO_3 为 2％，C_3A 为 7％，减水剂的临界掺量 c_{10} 为 0.5％，n_{10} 为 15％，饱和掺量 c_{11} 为 0.75％，n_{11} 为 25％，减水剂为 20％，推荐掺量 c 为 2％，缓凝成分使用葡萄糖酸钠，环境温度 t 为 25℃。

减水剂的用量：

$$M_1 = \{1000 \times [0.5 + (20-15) \times (0.75-0.5)/(25-15)]\}/2 = 312.5(\text{kg})$$

缓凝剂的用量：

$$M_2 = 1000 \times (25 \times 0.001)/2 = 12.5 \ (\text{kg})$$

引气剂的用量：

$$M_3 = (1/2) \sim (3/2) = 0.5 \sim 1.5(\text{kg})$$

溶剂水的用量：

$$M_4 = 1000 - 312.5 - 12.5 - 1.5 = 673.5 \ (\text{kg})$$

是否缺硫：

$$\Delta S = (7/2) - 3 = 0.5 \ (\text{kg})$$

3. 二元复配的方法及计算公式

二元复配是利用一种高效减水剂、一种普通减水剂和缓凝剂复配泵送剂，主要考虑高效减水剂和普通减水剂的临界掺量 c_{11}、c_{12}、饱和掺量 c_{21}、c_{22}，以及推荐掺量 c，水泥的标准稠度用水量 W、C_3A 和 SO_3。则每 1t 泵送剂中各种原材料的用量为（单位均为 kg）。

高效减水剂的用量见式 2-7：

$$M_1' = (1000 \times c_{21})/(2 \cdot c) \tag{2-7}$$

普通减水剂的用量见式 2-8：

$$M_2' = (1000 \times c_{22})/2 \cdot c \tag{2-8}$$

缓凝剂的用量见式 2-9：

$$M_3' = 1000 \times (t \times 0.001)/c \tag{2-9}$$

引气剂的用量见式 2-10：

$$M_4' = (1/c) \sim (3/c) \tag{2-10}$$

溶剂水的用量见式 2-11：

$$M_5' = 1000 - M_1 - M_2 - M_3 - M_4 \tag{2-11}$$

是否缺硫见式 2-12：

$$\Delta S' = (C_3A/SO_3) - 3 \tag{2-12}$$

4. 二元复配人工计算实例

[例 2-2] 水泥的标准稠度用水量 W 为 27%，SO_3 为 2.3%，C_3A 为 7%，高效减水剂的临界掺量 c_{11} 为 0.5%，饱和掺量 c_{21} 为 0.75%，普通减水剂的临界掺量 c_{12} 为 0.2%，饱和掺量 c_{22} 为 0.3%，推荐掺量 c 为 2%，缓凝成分使用葡萄糖酸钠，环境温度 t 为 25℃。

高效减水剂的用量：

$$M_1' = (1000 \times 0.75)/(2 \times 2) = 187.5 \ (\text{kg})$$

普通减水剂的用量：

$$M_2' = (1000 \times 0.3)/(2 \times 2) = 75 \ (\text{kg})$$

缓凝剂的用量：

$$M_3' = 1000 \times (25 \times 0.001)/2 = 12.5 \ (\text{kg})$$

引气剂的用量：

$$M_4' = (1/2) \sim (3/2) = 0.5 \sim 1.5 \ (\text{kg})$$

溶剂水的用量：

$$M_5' = 1000 - 187.5 - 75 - 12.5 - 1.5 = 723.5 \ (\text{kg})$$

是否缺硫：
$$\Delta S' = (7/2.3) - 3 = 0.04$$

5. 三元复配的方法及计算公式

三元复配是利用两种高效减水剂和一种普通减水剂复配泵送剂，主要考虑两种高效减水剂和普通减水剂的饱和掺量 c_{31}、c_{32}、c_{33} 以及推荐掺量 c，水泥的标准稠度用水量 W、C_3A 和 SO_3。则每 1t 泵送剂中各种原材料的用量为（单位均为 kg）：

高效减水剂 1 用量计算见式 2-13：
$$M'_1 = (1000 \times c_{31})/(3 \cdot c) \tag{2-13}$$

高效减水剂 2 的用量计算见式 2-14：
$$M''_2 = (1000 \times c_{32})/(3 \cdot c) \tag{2-14}$$

普通减水剂的用量计算见式 2-15：
$$M''_3 = (1000 \times c_{33})/(3 \cdot c) \tag{2-15}$$

缓凝剂的用量计算见式 2-16：
$$M''_4 = 1000 \times (t \times 0.001)/c \tag{2-16}$$

引气剂的用量计算见式 2-17：
$$M''_5 = (1/c) \sim (3/c) \tag{2-17}$$

溶剂水的用量计算见式 2-18：
$$M''_6 = 1000 - M_1 - M_2 - M_3 - M_4 - M_5 \tag{2-18}$$

是否缺硫计算见式 2-19：
$$\Delta S'' = (C_3A/SO_2) - 3 \tag{2-19}$$

6. 三元复配人工计算实例

[例 2-3] 水泥的标准稠度用水量 W 为 30%，SO_3 为 3%，C_{3A} 为 7%，高效减水剂 1% 的临界掺量 c_{11} 为 0.5%，饱和掺量 c_{31} 为 0.75%；高效减水剂 2 的临界掺量 c_{12} 为 0.4%，饱和掺量 c_{32} 为 0.6%；普通减水剂的临界掺量 c_{13} 为 0.2%，饱和掺量 c_{33} 为 0.3%，推荐掺量 c 为 2%，缓凝成分使用葡萄糖酸钠，环境温度 t 为 25℃。

高效减水剂 1 的用量：
$$M''_1 = (1000 \times 0.75) / (3 \times 2) = 125 \ (\text{kg})$$

高效减水剂 2 的用量：
$$M''_2 = (1000 \times 0.6) / (3 \times 2) = 100 \ (\text{kg})$$

普通减水剂的用量：
$$M''_3 = (1000 \times 0.3) / (3 \times 2) = 50 \ (\text{kg})$$

缓凝剂的用量：
$$M''_4 = 1000 \times (25 \times 0.001) / 2 = 12.5 \ (\text{kg})$$

引气剂的用量：
$$M''_5 = (1/2) \sim (3/2) = 0.5 \sim 1.5 \ (\text{kg})$$

溶剂水的用量：
$$M''_6 = 1000 - 125 - 100 - 50 - 12.5 - 1.5 = 711 \ (\text{kg})$$

是否缺硫：
$$\Delta S'' = (7/3) - 3 = -0.7$$

（三）泵送剂对水泥的适应性

泵送剂对水泥的适应性是通过坍落度损失程度判断的。泵送剂在低水胶比的混凝土中一个突出的问题是不同程度上存在坍落度损失快；而在另一些情况下，水泥和水接触后，在开始 $60\sim90\mathrm{min}$ 内，大坍落度仍能保持，没有离析和泌水现象。前者，泵送剂和水泥是不适应的，后者是适应的。适应性取决于水泥矿物组成（主要是 C_3A、C_3S）、可溶 SO_3 和碱含量。

（1）适应性好（充分兼容）：高可溶性硫酸盐和高碱含量水泥。

（2）适应性稍差（兼容稍差）：中等可溶性硫酸盐和高碱含量的水泥。

（3）不适应（不兼容）：低可溶性硫酸盐和低碱含量水泥。最佳可溶性碱含量为 $0.4\%\sim0.6\%$。

解决泵送剂对水泥适应性问题必须针对不同的胶凝材料采用相应的复合泵送剂组成体系，泵送剂配方设计的优点就在于此。

影响泵送剂对水泥适应性的因素比较复杂，同一配方的泵送剂在不同胶凝材料体系中可以得到相反的结果。我国水泥的成分和品种变化复杂，因此必须针对胶凝材料的变化建立相应的泵送剂配方体系才能解决水泥适应问题。

（四）泵送剂对水泥早期水化放热过程的影响

掺外加剂能控制水泥早期水化过程（预诱导期和诱导期），使诱导期延长，这样就能减小坍落度损失。根据这一观点能延长水化诱导期的不仅是缓凝剂，还可以是早强剂和特殊高分子化合物。

（五）三乙醇胺的作用

在泵送剂中三乙醇胺的作用是早强、降低黏聚性和延长水化诱导期。掺三乙醇胺使初期水化减慢、峰值降低，因此能降低拌合物的流动度损失。

由于三乙醇胺促进钙矾石（AFt）的形成，使 C_3A 的水化受到阻碍，因此延长水泥水化诱导期，使流动度损失减慢；相反，含碱量增加使石膏溶解度减小，生成 AFt 量减少，使 C_3A 的水化加速，流动度损失增加。

（六）坍落度损失与"欠硫化"现象的关系

某些硅酸盐水泥配制流态混凝土时，用调整复合泵送剂中缓凝剂的掺量和品种的方法不能控制坍落度损失，即使缓凝组分超剂量掺用，坍落度损失仍然较快，笔者将此种情况称为"欠硫化"现象。产生这种"欠硫化"现象的原因是：

（1）泵送剂降低了石膏的溶解度，使 SO_3 不足。

（2）最佳石膏量是在 $W/C=0.50$ 时，经强度和干缩试验确定的，而掺泵送剂配制高性能混凝土时水胶比一般小于 0.50，因此使 SO_3 总量减小。

（3）掺含碱量高的泵送剂破坏了石膏与 C_3A 的平衡。

采用高浓萘系高效减水剂配制复合泵送剂，使坍落度损失变大，而改用低浓萘系高效减水剂配制的泵送剂，坍落度损失减小。因为低浓萘系高效减水剂中硫酸钠含量高（20%左右），补充了 SO_3 的不足。另外，泵送剂中含增加石膏溶解度或代替石膏作用的辅助剂，也可以减小坍落度损失。因此，为了避免欠硫化现象的产生，泵送剂应由高效减水剂、缓凝剂和辅助剂组成。

第三章　砂石技术指标的量化计算

第一节　砂子技术指标的量化计算

一、砂的主要技术指标

粒径为 0.16~4.75mm 的集料称为细集料，简称砂。混凝土用砂分为天然砂和人工破碎砂。天然砂是建筑工程中的主要用砂，它是由岩石风化所形成的散粒材料，按来源不同分为河砂、山砂、海砂等；山砂表面粗糙、棱角多，含泥量和有机质含量较多。海砂长期受海水的冲刷，表面圆滑，较为清洁，但常混有贝壳和较多的盐分；河砂的表面圆滑，较为清洁，且分布广，是混凝土主要用砂。

人工破碎砂是由天然岩石破碎而成，表面粗糙、棱角多，较为清洁，但砂中含有较多片状颗粒和细砂。由于天然砂资源的枯竭，人工砂在我国已经大量使用。

（一）砂的粗细与颗粒级配

砂的粗细是指砂粒混合后的平均粗细程度。砂的颗粒级配是指大小不同颗粒的搭配程度。

砂的粗细和颗粒级配通常采用筛分析法测定与评定，即采用一套孔径为 4.75mm、2.36mm、1.18mm、0.60mm、0.30mm、0.15mm 的标准筛，将 500g 干砂由粗到细依次筛分，然后称量每一个筛上的筛余量，并计算出各筛的分计筛余百分率和累计筛余百分率。筛余量、分计筛余百分率、累计筛余百分率的关系见表 3-1。

表 3-1　筛余量、分计筛余百分率、累计筛余百分率的关系

筛孔尺寸（mm）	筛余量（g）	分计筛余（%）	累计筛余（%）
4.75	m_1	a_1	$\beta_1 = a_1$
2.36	m_2	a_2	$\beta_2 = a_1 + a_2$
1.18	m_3	a_3	$\beta_3 = a_1 + a_2 + a_3$
0.60	m_4	a_4	$\beta_4 = a_1 + a_2 + a_3 + a_4$
0.30	m_5	a_5	$\beta_5 = a_1 + a_2 + a_3 + a_4 + a_5$
0.15	m_6	a_6	$\beta_6 = a_1 + a_2 + a_3 + a_4 + a_5 + a_6$

标准规定，砂的粗细程度用用细度模数 μ_f 来表示，计算式见式 3-1：

$$\mu_f = (\beta_1 + \beta_2 + \beta_3 + \beta_4 + \beta_5 + \beta_6 - 5\beta_1)/(100 - \beta_1) \tag{3-1}$$

细度模数越大，表示砂越粗。标准规定 $\mu_f = 3.7~3.1$ 为粗砂，$\mu_f = 3.0~2.3$ 为中砂，$\mu_f = 2.2~1.6$ 为细砂，$\mu_f = 1.5~0.6$ 为特细砂。

砂的级配用级配区来表示。砂的级配区主要以 0.60mm 筛的累计筛余百分率来划分，并分为三个级配区，各级配区的要求见表 3-2。混凝土用砂的颗粒级配应处于三个级配区的任何一个级配区内。除 0.60mm 和 4.75mm 筛的累计筛余外，其他筛的累计筛余允许稍有超出分界线，但其总量百分率超出不得大于 5%。

表 3-2　砂的颗粒级配区范围

筛孔尺寸 (mm)	累计筛余（%）		
	Ⅰ区	Ⅱ区	Ⅲ区
9.5	0	0	0
4.75	10～0	10～0	10～0
2.36	35～5	25～0	15～0
1.18	65～35	50～10	25～0
0.60	85～71	70～41	40～16
0.30	95～80	92～70	85～55
0.15	100～90	100～90	100～90

（二）含泥量及泥块含量

粒径小于 0.075mm 的黏土、淤泥、石屑等粉状物统称为泥。块状的黏土、淤泥统称为泥块或黏土块（对于细集料指粒径大于 1.20mm，经水洗手捏后成为小于 0.60mm 的颗粒；对于粗集料指粒径大于 4.75mm，经水洗手捏后成为小于 2.36mm 的颗粒）。泥常包裹在砂粒的表面，因而会大大降低砂与水泥石间的界面粘结力，使混凝土的强度降低，同时泥的比表面积大，含量多时会降低混凝土拌合物流动性，或增加拌合用水量和水泥用量以及混凝土的干缩与徐变，并使混凝土的耐久性降低。泥块对混凝土性质的影响与泥基本相同，但危害更大。

按《建设用砂》（GB/T 14684—2011）的规定，天然砂Ⅰ类砂含泥量小于 1.0%，不得有泥块；Ⅱ类砂含泥量小于 3.0%，泥块含量小于 1.0%；Ⅲ类砂含泥量小于 5.0%，泥块含量小于 2.0%。

《普通混凝土用砂、石质量及检验方法标准》（JGJ 52—2006）规定，C60 与 C60 以上的混凝土，砂中含泥量与泥块含量应分别不大于 2.0%、0.5%；C55～C30 的混凝土，砂中含泥量与泥块含量应分别不大于 3.0%、1.0%；对 C25 及 C25 以下的混凝土，砂中含泥量与泥块含量应分别不大于 5.0%、2.0%；对于有抗冻、抗渗或其他特殊要求的小于或等于 C25 的混凝土用砂，含泥量与泥块含量应分别不大于 3.0%、1.0%。

（三）有害物质

砂中不应混有草根、树叶、塑料、煤渣、炉渣等杂物。砂中如含有云母、轻物质、有机物、硫化物及硫酸盐、氯盐等，其含量应符合表 3-3 的规定。

表 3-3　砂的有害物质含量

项目	Ⅰ	Ⅱ	Ⅲ
云母（按质量计%），<	1.0	2.0	2.0
轻物质（按质量计%），<	1.0	1.0	1.0
有机物（比色法）	合格	合格	合格
硫化物及硫酸盐（按 SO_3 质量计%），<	0.5	0.5	0.5
氯盐（按氯离子质量计%），<	0.01	0.02	0.06

《普通混凝土用砂、石质量及检验方法标准》（JGJ 52—2006）规定，有抗冻、抗渗要求的混凝土，砂中云母的含量不应大于 1.0%。砂中如发现有颗粒状的硫酸盐或硫化物杂质时，需专门进行检验，确认能满足混凝土的耐久性要求时，方能使用。

（四）活性氧化硅

砂中不应含有活性氧化硅。对重要工程混凝土使用的砂，应采用砂浆长度法进行集料的碱活性试验。经检验判断为有潜在危害时，应采取下列措施：

（1）使用含碱量小于 0.6％的水泥或采用能抑制碱-集料反应的掺合料。

（2）当使用含钾、钠离子的外加剂时，必须专门进行试验。

（五）坚固性

坚固性用硫酸钠饱和溶液法测定，即将细集料试样在硫酸钠饱和溶液中浸泡至饱和，然后取出试样烘干，经 5 次循环后，测定因硫酸钠结晶膨胀引起的质量损失，Ⅰ类和Ⅱ类小于 8％，Ⅲ类小于 10％。

二、砂子含泥对混凝土性能的影响

（一）砂子含泥对强度的影响

砂子含泥的存在使砂子界面由于没有水化的能力，既不能像水泥一样和集料相互结合产生强度，也不能像砂石一样在混凝土中起骨架作用，只相当于在水泥石中引入了一定数量的空洞和缺陷，增加了水泥石的空隙率，并且这些孔大多在几十到几百微米的范围内，甚至更大，严重影响水泥石的强度；泥质组分大幅度增加了混凝土的用水量，提高了混凝土的实际用水量，降低了外加剂的有效掺量，导致水泥石的强度降低。

（二）砂子含泥对外加剂的影响

砂子中的含泥量较高时，由于含泥量实际是黏土质的细粉末，与胶凝材料具有相同的吸水性能，而在配合比设计时，没有考虑这些粉料的吸水问题，因此这些黏土需要等比例的水量才能达到表面润湿，同时润湿之后的黏土质材料也需要等比例的外加剂达到同样的流动性。这就是相同配比的条件下，当外加剂和用水量不变时，含泥量由 2％提高到 5％以上时，导致胶凝材料中外加剂的实际掺量小于推荐掺量，混凝土初始流动性变差、坍落度经时损失变大，为了实现混凝土拌合物的工作性不变，则外加剂的掺量增加。

（三）砂子含泥对砂率的影响

砂子中的含泥量较高时，由于含泥量实际是黏土质的细粉末，与胶凝材料具有相同的吸水性能，而在配合比设计时，没有考虑这些粉料的数量问题，砂子的称量过程也没有考虑这些粉料的数量问题，因此使生产过程中实际的砂子用量小于配合比设计计算用量，使混凝土拌合物的实际砂率小于计算砂率，这就是相同配比的条件下，含泥量提高导致混凝土实际砂率降低，使混凝土中浆体对石子的包裹性变差，导致混凝土拌合物初始流动性变差、坍落度经时损失变大。

三、砂子含水对混凝土性能的影响

（一）砂子含水对强度的影响

砂子的合理含水量为 6％～8％，当砂子中的含水较高超过这一数值时，多余水分包裹在砂子表层形成一层水膜，砂子出现容胀现象，在配合比设计和生产的过程中，由于没有充分考虑这些水的问题，导致利用这种砂子配制的混凝土实际用水量大于配合比设计的计算用水量，混凝土拌合物出现离析泌水现象，工作性变差，混凝土凝固后由于这些多余水分蒸发，在混凝土内部形成大量孔隙，混凝土强度降低。

（二）砂子含水对外加剂的影响

混凝土的生产中，外加剂通过计量系统首先进入混凝土拌合水中形成一种均匀的混合物，当砂子中的含水较高超过饱和含水量时，在混凝土生产的过程中，根据砂子含水量扣除了这些水，虽然混凝土总的用水量不变，但是通过计量系统称量进入搅拌机的水量减小，导致混凝土外加剂的有效掺量降低，混凝土拌合物初始流动性变差，经时损失变大。

四、人工砂生产和使用过程中需要解决的问题

（一）人工砂生产中石粉的处理方法

1. 干粉的收集、处理及合理使用

人工砂生产过程中产生大量的粉末及扬尘，既影响工作环境又浪费资源。为了从根本上解决这个问题，砂石生产企业主要通过在破碎设备上部安装除尘设备的办法解决这个问题，治理扬尘的效果良好，但是由于收尘量大，干粉的处理变成了一个严重的问题。经过多年研究，经过除尘设备收集到的干石粉虽然没有反应活性，但是由于具有很大的比表面积，加入水泥代替部分混合材，由于粒径和粒形与水泥颗粒之间具有良好的填充互补性，可以明显提高水泥的早期强度，最佳掺量为 $4\%\sim8\%$。用于混凝土的配制，代替部分混凝土矿物掺合料，能够充分发挥填充效应，可以明显改善混凝土拌合物的工作性，提高混凝土的早期强度，最佳掺量为胶凝材料的 $5\%\sim10\%$。

2. 湿石粉的收集及合理利用

在水资源比较充分和可以循环利用的企业，为了从根本上解决砂石破碎产生的石粉和扬尘问题，砂石生产企业主要通过在破碎设备上部安装淋水除尘设备以及冲洗石粉的办法解决这个问题，治理扬尘的效果良好。对于淋水除尘和冲洗形成的湿粉料首先进入沉降池，待装满池子上层水分蒸发后，将湿石粉按比例加入较粗的砂子用来调整砂的细度模数。经过水洗的石粉虽然没有反应活性，但是由于颗粒形状变成了圆球形，根据相似相容的原理，这些颗粒进入混凝土配制的拌合物时，具有很好的润滑和填充作用，可以明显改善混凝土拌合物的和易性，提高混凝土的早期强度，湿石粉在粗砂子中的掺量范围在 $5\%\sim25\%$。

（二）模数较大的人工砂应用的思路

经过近十年的研究证明，掺加湿石粉，细集料的级配及颗粒形状、大小对混凝土的工作性产生很大的影响，进而影响混凝土的强度。良好细集料可用较少的用水量制成流动性好、离析泌水少的混凝土，达到增强或节约水泥的效果。

生产预拌混凝土所用细砂应当具备：①空隙率小，以节约水泥；②比表面积要小，以减少润湿集料表面的需水量；③要含有适量的细颗粒（0.315mm 以下），以改善混凝土的保水性和增加混凝土的密实度以及黏聚性，有利于克服混凝土的泌水和离析；④颗粒表面光滑且成蛋圆型，减小混凝土的内摩擦力，增加混凝土的流动性。人工砂的主要特点：①基本为中粗砂，含有一定量的石粉；②筛余基本满足天然砂Ⅰ区、Ⅱ区要求，0.315mm 以下颗粒一般低于 20%，因此机制砂自身的空隙率一般较大；③颗粒粒型多呈三角体或方矩体，表面粗糙，棱角尖锐，且针片状多。所以人工砂单独作为细集料在混凝土中使用效果较差，特别是在泵送混凝土中使用表现尤为明显。而细砂的特点是 0.315mm 以下颗粒过多，造成细砂比表面积较大，在混凝土中引起需水量上升，从而使混凝土强度下降。解决人工粗砂应用的第一个思路是按一定比例将人工砂和细砂混合后的混合砂能弥补两者的不足，可使混合砂颗粒总体粒形、空隙率、比表面积均得到改善，并能在混凝土中取得良好的效果。试验中可以将人工砂与细砂按 1：1 混合后，混合砂细度模数调整到 2.2～2.8 之间；0.315mm 以下颗

粒含量，级配基本符合Ⅱ区砂的要求，实现人工粗砂与细砂的合理搭配。

对于没有细砂的情况，解决人工粗砂应用的思路是将生产过程中收集到的石粉充分润湿使之变成圆球形，按比例加入较粗的人工砂，这时测量砂的细度模数虽然没有明显的变化，但是利用这种砂子配制的混凝土拌合物黏聚性、包裹性特别好，观察外观质量，混凝土拌合物不离析不泌水，不扒地不抓地，泵送时泵压小，特别有利于泵送施工，这时湿石粉在人工砂中的掺量最高可达 30％。

（三）石粉对混凝土质量的影响

1. 对工作性的影响

砂子中的干石粉含量较高，由于石粉是细粉末，与胶凝材料具有相同的吸水性能，而在配合比设计时，没有考虑这些粉料的吸水问题，因此这些石粉需要等比例的水量才能达到表面润湿，同时润湿之后的石粉也需要等比例的外加剂达到同样的流动性。这就是相同配比的条件下，当外加剂和用水量不变时，石粉含量由 2％提高到 10％以上时，导致胶凝材料的实际水胶比和外加剂的实际掺量均小于设计计算值，使混凝土初始流动性变差、坍落度经时损失变大。在生产过程中，为了实现混凝土拌合物的工作性不变，则生产用水和外加剂的掺量增加。

2. 对强度的影响

在人工砂的生产过程中，可能会同时掺入一定量的泥，按照传统的含泥量检测方法不能区分石粉和泥的含量，给生产和使用都带来了一定的困难，《建设用砂》（GB/T 14684—2011）规定在石粉含量测定前先要进行亚甲蓝 MB 值测定或进行亚甲蓝快速试验，以此来判别泥的含量。石粉与泥是两种不同的物质，成分不同，颗粒分布也不同，在混凝土中发挥的作用也不同。泥没有水泥的水化能力，不能像水泥一样和集料相互结合产生强度；不能像砂、石一样在混凝土中起骨架作用，只相当于在水泥石中引入了一定数量的空洞和缺陷，增加了水泥石的空隙率，并且这些孔大多在几十到几百微米的范围内，甚至更大，严重影响水泥石的强度；泥质组分大幅度增加了混凝土的用水量，加大了混凝土的实际水胶比，降低了水泥石的强度。而适量的石粉能起到非活性填充料作用，增加浆体的数量，减小水泥石的空隙率，使水泥石更密实，由此提高了混凝土的综合性能，同时由于浆体的增加，改善混凝土的和易性，从而提高了混凝土强度，来弥补人工砂表面形状造成的和易性下降和用水量上升造成的强度下降。

3. 有效水胶比

石粉含量的增加，引起混凝土拌合物的实际用水量增加，但混凝土强度并没有下降趋势，这是由于胶凝材料的有效水胶比没有发生变化，在石粉含量一定范围内，石粉含量增加，混凝土强度同样上升。石粉掺量为 5％～20％的混凝土拌合物比人工砂配制的混凝土拌合物的和易性明显改善，泌水少且易于振实。因此，适量掺加石粉的人工砂在泵送混凝土生产中，虽然用水量增加但胶凝材料的有效水胶比没有发生变化，石粉对增加混凝土泵送性能十分有利，能有效提高混凝土和易性及减少泌水量，且混凝土强度不会下降。

五、配合比设计所需计算参数

（一）紧密堆积密度

紧密堆积密度是混凝土配合比设计过程中需要采用的重要参数，对于质量均匀稳定的混凝土，砂子均匀且紧密地填充于石子的空隙当中，因此单方混凝土中砂子的合理用量应该为石子的空隙率乘以砂子的紧密堆积密度求得。

（二）含水率

由于水泥检验采用 0.5 的水胶比，扣除水泥标准稠度用水，润湿标准砂所用的水介于 5.7%～7.7%之间，这个范围水的变化对水泥强度造成的影响可以认为是在系统误差值内，可以不用考虑。在混凝土配比设计过程中，以干砂为基准，笔者控制砂子用水的合理值也在 5.7%～7.7%这个范围，所以在混凝土配制过程中砂子的用水量可以浮动 2%。

（三）含石率

砂子中的含石率较高时，由于石子是粗集料，砂子的称量过程没有考虑这些石子的数量问题，因此使生产过程中实际的砂子用量小于配合比设计计算用量，使混凝土拌合物的实际砂率小于计算砂率，这就是相同配比的条件下，含石率提高导致混凝土实际砂率降低使混凝土拌合物初始流动性变差、坍落度经时损失变大。因此在生产过程中必须及时检测砂子的含石率并及时调整计量秤。

（四）含泥量

由于砂子的含泥量同时影响混凝土的工作性、强度、外加剂的适应性以及实际砂率，因此笔者要求严格控制砂子的含泥量，并符合国家标准的规定。

第二节　石子的主要技术指标及其合理利用

一、石子的主要技术指标

粒径大于 4.75mm 的集料称为粗集料，简称为石子。粗集料分为碎石和卵石。

卵石分为河卵石、海卵石、山卵石等，其中河卵石分布广，应用较多。卵石的表面光滑，有机杂质含量较多。

碎石为天然岩石或卵石破碎而成，表面粗糙、棱角多，较为清洁。与卵石比较，用碎石配制混凝土时，需水量及水泥用量较大，或混凝土拌合物的流动性较小，但由于碎石与水泥石间的界面粘结力强，所以碎石混凝土的强度高于卵石混凝土的强度。

（一）粗集料的最大粒径与颗粒级配

粗集料公称粒径的上限称为该粒级的最大粒径。对中低强度的混凝土，应尽量选择最大粒径较大的粗集料，但一般也不宜超过 37.5mm。

粗集料的级配也采用筛分析试验来测定，并按各筛上的累计筛余百分率划分级配，《建设用卵石、碎石》（GB/T 14685—2011）规定各级配的累计筛余百分率需满足表 3-4 的要求。

（二）泥、泥块及有害物质

粗集料中不应混有草根、树叶、树枝、塑料、煤块、炉渣等杂物。泥、泥块及有害物质的含量应满足表 3-5 的要求。

《普通混凝土用砂、石质量及检验方法标准》（JGJ 52—2006）规定，C60 与 C60 以上的混凝土，石子中含泥量与泥块含量应分别不大于 0.5%、0.2%；C55～C30 的混凝土，石子中含泥量与泥块含量应分别不大于 1.0%、0.5%；对 C25 及 C25 以下的混凝土，石子中含泥量与泥块含量应分别不大于 2.0%、0.7%；对于有抗冻、抗渗或其他特殊要求的混凝土，所用石子中的含泥量不应大于 1.0%。若含泥基本上为非黏土质石粉时，含泥量可分别提高到 1.0%、1.5%、3.0%。对于有抗冻、抗渗或其他特殊要求的强度等级小于 C30 的混凝土，所用碎石和卵石的泥块含量不应大于 0.5%。

表 3-4 碎石和卵石的颗粒级配范围

级配情况	公称粒级 (mm)	累计筛余 (%)											
		方孔筛孔径 (mm)											
		2.36	4.75	9.50	16.0	19.0	26.5	31.5	37.5	53.0	63.0	75.0	90.0
连续级配	5～10	95～100	80～100	0～15	0	—	—	—	—	—	—	—	—
	5～16	95～100	85～100	30～60	0～10	0	—	—	—	—	—	—	—
	5～20	95～100	90～100	40～80	—	0～10	0	—	—	—	—	—	—
	5～25	95～100	90～100	—	30～70	—	0～5	0	—	—	—	—	—
	5～31.5	95～100	90～100	70～90	—	15～45	—	0～5	0	—	—	—	—
	5～40	—	95～100	70～90	—	30～65	—	—	0～5	0	—	—	—
单粒级	10～20	—	95～100	85～100	—	0～15	—	—	—	—	—	—	—
	16～31.5	—	95～100	—	85～100	—	—	0～10	—	0	—	—	—
	20～40	—	—	95～100	—	80～100	—	—	0～10	0	—	—	—
	31.5～63	—	—	—	95～100	—	—	75～100	45～75	—	0～10	0	—
	40～80	—	—	—	—	95～1000	—	—	70～100	—	30～60	0～10	0

表 3-5 石子中泥、泥块及有害物质含量

项目	Ⅰ	Ⅱ	Ⅲ
泥（%），<	0.5	1.0	1.5
泥块（%），<	0	0.5	0.7
有机物（比色法）	合格	合格	合格
硫化物及硫酸盐（按 SO_3 质量计%），<	0.5	1.0	1.0

粗集料如发现有颗粒状硫酸盐及硫化物杂质时，则需要进行专门检验，确认能满足混凝土耐久性要求时方可使用。对重要工程使用的混凝土粗集料或怀疑有碱活性的粗集料，应进行碱活性检验。当判定有潜在的碱—碳酸盐反应危害时，不宜作混凝土集料，如必须使用，应以专门的混凝土试验结果作出评定；当判定有潜在的碱—硅反应时，在采取适当措施后方可使用。

（三）针、片状颗粒

颗粒长度大于该颗粒所属粒级的平均粒径 2.4 倍者称为针状集料，颗粒厚度小于该颗粒所属粒级的平均粒径 0.4 倍者称为片状集料。

粗集料中针片状颗粒的含量Ⅰ类小于 5%，Ⅱ类小于 15%，Ⅲ类小于 25%。

（四）强度

碎石的强度用岩石的抗压强度和碎石的压碎指标值来表示，卵石的强度用压碎指标值来表示。岩石的抗压强度是用 50mm×50mm×50mm 的立方体试件或 ϕ50mm×50mm 的圆柱体试件，在吸水饱和的状态下测定的抗压强度值。压碎指标值的测定，是将一定质量（m）气干状态下的 9.5～19mm 的粗集料装入压碎指标测定仪内，放好压头，在试验机上经过

3～5min均匀加荷至200kN，卸载后用2.5mm筛筛余被压碎的细粒，之后称量筛上的筛余量 m_1，则压碎指标 δ_a（%）计算见式3-2：

$$\delta_a = [(m - m_1)/m] \times 100 \tag{3-2}$$

压碎指标值越大，则粗集料强度越小。粗集料的压碎指标值应满足表3-6的规定。

表3-6　粗集料压碎指标值

粗集料类型	卵石			碎石		
	I	II	III	I	II	III
压碎指标（%），<	12	16	16	10	20	30

（五）坚固性

粗集料的坚固性质量损失 I 类小于5%，II 类小于8%，III 类小于12%。

二、石子含泥对混凝土性能的影响

（一）石子含泥对强度的影响

石子含泥的存在使石子界面由于没有水化的能力，既不能像水泥一样和集料相互结合产生强度，也不能像砂石一样在混凝土中起骨架作用，只相当于在水泥石中引入了一定数量的空洞和缺陷，增加了水泥石的空隙率，并且这些孔大多在几十到几百微米的范围内，甚至更大，严重影响水泥石的强度；泥质组分大幅度增加了混凝土的用水量，提高了混凝土的实际用水量，降低了外加剂的有效掺量，导致水泥石的强度降低。

（二）石子含泥对外加剂的影响

石子中的含泥量较高时，由于含泥量实际是黏土质的细粉末，与胶凝材料具有相同的吸水性能，而在配合比设计时，没有考虑这些粉料的吸水问题，因此这些黏土需要等比例的水量才能达到表面润湿，同时润湿之后的黏土质材料也需要等比例的外加剂达到同样的流动性。这就是相同配比的条件下，当外加剂和用水量不变时，含泥量由1%提高到2%以上时，导致胶凝材料中外加剂的实际掺量小于推荐掺量，混凝土初始流动性变差、坍落度经时损失变大，为了实现混凝土拌合物的工作性不变，则外加剂的掺量增加。

（三）石子含泥对砂率的影响

石子中的含泥量较高时，由于含泥量实际是黏土质的细粉末，与胶凝材料具有相同的吸水性能，而在配合比设计时，没有考虑这些粉料的数量问题，石子的称量过程也没有考虑这些粉料的数量问题，因此使生产过程中实际的石子用量小于配合比设计计算用量，使混凝土拌合物的实际砂率大于计算砂率，这就是相同配比的条件下，含泥量提高导致混凝土实际砂率变大使混凝土拌合物初始流动性变差、坍落度经时损失变大。

三、石子含水对混凝土性能的影响

（一）石子含水对强度的影响

石子的饱和含水量为1%～3%，当石子中的含水小于等于这一数值时，由于石子内部饱水并且表面达到润湿状态，生产过程中由于这些水的作用提高了胶凝材料与石子之间的粘结力，混凝土强度提高。当石子中的含水较高超过饱和含水量时，多余水分包裹在石子表层形成一层水膜，在配合比设计和生产的过程中，由于没有充分考虑这些水的问题，导致利用这种石子配制的混凝土实际用水量大于配合比设计的计算用水量，使混凝土拌合物出现离析泌水现象，混凝土凝固后由于这些多余水分蒸发，在混凝土内部形成大量孔隙，混凝土强度降低。

（二）石子含水对外加剂的影响

混凝土的生产中，外加剂通过计量系统首先进入混凝土拌合水中形成一种均匀的混合物，当石子中的含水较高超过饱和含水量时，在混凝土生产的过程中，根据石子含水量扣除了这些水，由于外加剂溶入计量系统称量的水，通过计量系统称量进入搅拌机的外加剂用量小于配合比设计的计算用水量，导致混凝土拌合物初始流动性变差，经时损失变大。如果混凝土的生产中外加剂通过计量系统直接进入混凝土搅拌机，当石子中的含水较高超过饱和含水量时，混凝土拌合水根据石子含水量扣除了这些水，虽然通过计量系统称量进入搅拌机的实际用水量减小，由于所有外加剂全部按照计算比例进入混凝土并且充分发挥了作用，这样配制的混凝土拌合物初始流动性变好，经时损失变小。

四、配合比设计用石所需计算参数

（一）堆积密度

由于混凝土的支撑体系最主要的是石子，因此配合比设计过程中石子用量的计算以石子的堆积密度为基础，而我们国家地域广阔，石子资源的差异特别大，为了满足混凝土和易性的要求，必须根据当地的资源状态及时对混凝土用石子的堆积密度进行检测。

（二）空隙率

由于粒形粒径的不同，对于堆积密度相同的的石子，空隙率是不同的，在配制混凝土的过程中，为了满足混凝土和易性的要求，合理计算砂子用量，必须根据现场状态及时测量石子的空隙率。

（三）表观密度

对于堆积密度相同的的石子，由于空隙率的不同，石子的表观密度完全不同，因此单方混凝土石子用量也不相同，为了合理计算配合比，必须根据现场的材料状态及时对石子的表观密度进行检测。

（四）吸水率

对于堆积密度、空隙率和表观密度完全相同的石子，由于吸水率不同，因此单方混凝土用水量也不相同，为了合理计算配合比，必须根据现场的材料状态及时对石子的吸水率进行检测。

（五）含泥量及泥块含量

由于石子的含泥量和泥块含量同时影响混凝土的工作性、强度、外加剂的适应性以及实际砂率，因此严格控制石子的含泥量和泥块含量，并符合国家标准的规定。

第四章 多组分混凝土理论

第一节 多组分混凝土配合比设计理论的建立

一、多组分混凝土理论

随着混凝土化学外加剂和超细矿物掺合料的的普遍使用，全国各地使用的混凝土配合比设计规范已经不能满足高性能混凝土配制及施工的实际需要，特别是传统观念下配制混凝土时水泥强度要比混凝土强度高，粉煤灰及矿渣粉等矿物掺合料用量不能超过规定比例的规定，在混凝土生产过程中已经失去了指导意义。以水胶比决定强度的假设为基础的混凝土配合比设计技术规程在许多方面已经不能满足混凝土材料自身性能和特点的因素。基于以上观点，笔者首先对混凝土的体积组成模型进行了分析，以 Powers 胶空比理论、晶体强度计算理论和 Griffith 脆性材料断裂理论为基础，结合水灰比公式建立了多组分混凝土理论数学模型及计算公式见式 4-1。

$$f = \sigma \cdot u \cdot m \tag{4-1}$$

式中　　σ——水泥水化形成的标准稠度浆体的强度（MPa）；

　　　　u——胶凝材料填充强度贡献率；

　　　　m——硬化密实浆体在混凝土中的体积百分比。

根据生产实践提出了多组分混凝土体积组成石子填充模型，并对混凝土中标准稠度水泥浆体强度、硬化密实浆体在混凝土中的体积百分比、掺合料的活性系数和胶凝材料的填充因子系数等进行了定义和准确计算公式的推导。根据混凝土体积组成石子填充模型，笔者进行了现代多组分混凝土强度的早期推定和配合比设计计算，推导出了多组分混凝土强度与水泥、掺合料、砂、石、外加剂及拌合用水定量的计算公式。

二、多组分混凝土强度理论数学模型的建立

（一）混凝土强度理论回顾

从 20 世纪波特兰水泥大量应用于混凝土实践以来，混凝土材料科学技术人员对大量使用的混凝土强度理论进行了不断的探索，先后提出了多种假设和理论，从不同的角度阐述了混凝土强度的形成机理和影响因素。得到行业公认的主要有以下几种：

1. 水灰比强度公式

1918 年艾布拉姆斯（D. A. Abrams）建立了水灰比强度公式见式 4-2。当混凝土充分密实时，其强度与水灰比成反比。

$$f_{28} = K_1 / [K_2(W/C)] \tag{4-2}$$

式中　　K_1、K_2——经验常数；

　　　　W/C——混凝土拌合物的水灰比。1930 年瑞典学者鲍罗米（Bolomy）根据大量试

验结果，应用数理统计方法，进一步考虑了水泥强度因素之后，提出了混凝土的强度与水泥强度等级及水灰比之间的关系式（见式 4-3）；

$$f_{28} = A \cdot f_{cg} \cdot [(W/C) - B]$$ (4-3)

式中　f_{28}——混凝土 28d 抗压强度（MPa）；

　　　f_{ce}——水泥的实际强度（MPa）；

　A、B——经验系数，与集料品种和水泥品种有关。

笔者认为混凝土的强度取决于水泥石的性能，而水泥石的性能取决于自身的孔隙率，孔隙率高则强度低，要提高混凝土的强度必须降低水灰比，减少孔隙率。这种方法已经为世界大多数国家所采用。但随着检测技术的进步，掺合料和外加剂的大量应用，使这一指导性公式在 A、B 的选择方面过于宽泛，与大多数的高性能混凝土的生产实践不符，对没有统计数据的单位几乎无法指导配合比设计或生产实践。

2. Powers 的胶空比理论

由于水灰比强度公式中没有考虑水泥水化程度及水泥的化学物理性质，水泥水化时的温度、混凝土的含气量、有效水灰比的变化以及由于泌水而形成的裂缝等。因此 Powers 提出了混凝土强度与胶空比的关系，所谓胶空比是已水化的水泥浆体积和毛细孔体积之和的比值计算式见式 4-4。

$$f_c = A \cdot X^n$$ (4-4)

式中　X——胶空比，X＝水化的水泥浆体积/（水化的水泥浆体积＋毛细孔体积＋气孔）；

　　　A——常数；

　　　N——系数。

胶空比是决定混凝土强度的本质因素，它包含了水灰比的影响，也与水泥的水化程度有关，更能反映混凝土强度与毛细孔隙的关系。由式（4-4）可知：减少孔隙率、增大胶空比，能提高混凝土强度，这是 Powers 公式与 Bolomy 公式的一致性。但该理论由于 A、n 的不确定性和 X 的不可测，因此只能作为科研部门的一项测试原理，但在工业生产中却无法直接应用于指导配合比设计和指导生产。

3. 晶体理论导出的材料理论抗拉强度值

材料的理论抗拉强度值计算见式 4-5。

$$f_{cmax} = \sqrt{E \cdot (\gamma/\gamma_o)}$$ (4-5)

式中　f_{cmax}——材料的理论抗拉强度值（MPa）；

　　　E——设计强度等级混凝土弹性模量（MPa）；

　　　γ——混凝土表面自由能（J/m^2）；

　　　γ_0——分子间距，与材料密度成反比（m）。

由式 4-5 可知：对混凝土而言，γ_0 越小、E 越大、γ 越大，则强度越高。

即混凝土越密实，则 γ_0 越小，强度越高。选用的材料组合弹性模量越高，则强度越强。混凝土作为一种非匀质不连续的材料，无法套用该公式。

4. 格里菲斯脆性断裂理论

1920 年格里菲斯（A. A. Griffith）提出了脆性材料的断裂理论，按照该理论，脆性材料的断裂破坏是由于已经存在于材料中的裂缝的大小，或者说断裂强度取决于使其中裂缝失稳扩展的应力。A. A. Griffith 对一个受影响拉伸的无限大弹性板中的一个贯穿椭圆裂缝，导出式 4-6：

$$\sigma_f = \sqrt{(2 \cdot \alpha \cdot E \cdot \gamma)/(\pi \cdot \alpha)} \qquad (4\text{-}6)$$

式中　　σ_f——断裂应力（MPa）；

　　　　E——弹性模量（MPa）；

　　　　a——裂缝长度一半（m）；

　　　　γ——表面能（J/m^2）。

　　这一公式是以陶瓷为基准研究出来的，陶瓷作为匀质性脆性材料，其实际强度受材料表面及内部缺陷和裂缝所支配，比理论强度低。借鉴此理论研究混凝土，可知混凝土的强度除高弹模、密实度以外，还应减少混凝土内部，特别是界面的缺陷和裂纹。

　　以上不同的强度理论从不同角度提出了降低孔隙率、增加密实度、增大胶空比、提高弹性模量、减少缺陷和微裂缝等，从中可以看到，这些强度理论之间有着本质的联系，但都没有与混凝土直接建立联系。

　　（二）多组分混凝土强度理论数学模型的建立

　　通过长时间的试验研究、数据分析及工程应用可知，由于混凝土所使用的砂石在混凝土凝固前后没有发生化学反应，因此混凝土凝固后形成的强度来源为胶凝材料，胶凝材料本质上是一种复合水泥，混凝土的强度形成过程本质上是复合水泥水化形成强度的过程。

　　在第一章中提出水泥水化形成的浆体的强度与水灰比之间的关系是这样的，从加水搅拌开始，随着水灰比的增大由于水泥水化越来越充分，水泥的强度随着水灰比的增大而提高，当水灰比达到标准稠度对应的水灰比时，水泥水化形成的浆体强度最高，当水灰比大于标准稠度对应的水灰比时，随着水灰比的增大，由于水泥凝固后多余水分的蒸发，水泥浆体内部会留下很多孔洞，使浆体的密实度降低，水泥的强度随着水灰比的增大而降低。这就解释了当水泥水灰比达到标准稠度对应的水灰比时强度最高的原因，如图 4-1 所示。

　　国内外关于水灰比越大强度越低的结论指的是水灰比大于标准稠度用水量对应的水胶比之后的部分，以变化水灰比控制混凝土强度，浪费的是胶凝材料，在技术上是可行的，但在经济上是不合理的，由于生产条件和强度等级的范围限制得很小，以前的理论和书本知识非常适用于不掺减水剂、水胶比大于 0.30 以及强度等级介于 C20～C40 之间

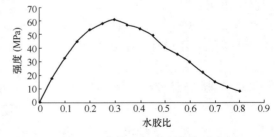

图 4-1　水胶比与强度的关系式

的塑性混凝土，对于掺加了减水剂，强度等级超出此范围的混凝土则失去了指导意义。

　　本书在研究混凝土的配合比设计时，利用的是胶凝材料浆体最高强度值对应的水灰比，即胶凝材料标准稠度对应的水胶比，这个数是不变的，不考虑砂石对强度的影响，为了充分利用以上优点，可控制复合胶凝材料拌制最合理的水胶比为标准稠度用水量对应的水胶比，这一水胶比对应的水有两个作用：其一是保证胶凝材料充分水化的水；其二是保证胶凝材料颗粒达到充分水化所需的匀质性的水。当胶凝材料的水胶比小于这个值时，由于水化和粘结不充分，水胶比越小复合胶凝材料形成的强度越低；当复合胶凝材料的水胶比大于这个值时，由于胶凝材料水化后还有剩余的水分填充于胶凝材料浆体之中，这些水分蒸发后会形成孔洞，胶凝材料浆体的密实度降低导致胶凝材料形成的强度降低，此时水胶比越大胶凝材料

强度越低；当水胶比在标准稠度对应的水胶比范围上下变化时，适当增大水胶比，可以增大水化反应的接触面积，使水化速度加快，早期强度提高，但水胶比过大，会使水泥石结构中孔隙太多，而降低其强度，故水胶比不宜太大。若水胶比过小，复合胶凝材料水化反应所需水量不足，会延缓反应进行；同时，水胶比过小，则没有足够孔隙来容纳水化产物而阻碍未水化部分进一步水化，也会降低水化速度，强度降低，因此水胶比也不宜太小。

在混凝土配合比设计过程中，笔者采用胶凝材料水化强度最高时对应的水胶比作为混凝土的有效水胶比，将砂石用水与胶凝材料用水区分开来。与现有设计方法最大的区别是不再改变胶凝材料的有效水胶比，以便达到充分利用胶凝材料的活性，实现胶凝材料最节约的目的，使用胶凝材料前先检测复合胶凝材料的标准稠度用水量，再以此作为确定胶凝材料的合理水胶比的依据。

砂石材料由于表面积的变化和孔结构的不同，在混凝土拌制过程中所用的水是变化的，这个数值的变化与胶凝材料的用水量没有直接的关系，因此与有效水胶比也没有关系，但是与总用水量有关系，由于外加剂溶解于水中，所以与外加剂有很大的关系。外加剂作为胶凝材料的添加剂，当全部用于胶凝材料时才充分发挥了作用，现有的设计方法没有将胶凝材料用水和砂石用水区分开来，用于拌制砂石料的水中含有的外加剂被浪费了。现有的生产工艺也没有考虑这个因素，导致砂石料吸收了部分外加剂但没有起到应有的作用，因此在多组分混凝土配合比设计过程中需要考虑这个影响因素，参见第四章预湿集料部分。

根据以上分析可知，多组分混凝土作为一种复杂的物理化学反应产物，主要由砂子、石子、水泥、矿渣粉、粉煤灰、硅灰、水、外加剂等成分组成，由于水泥和胶凝材料的水化过程极其复杂，内部结构不能直接测量。作为一种承重材料，其强度的形成大体可分为两部分：一部分是由粗集料（石子）提供，因为石子的强度大于混凝土的设计强度，因此大多数混凝土在工作状态时集料都具有足够的强度；另一部分来源于硬化浆体，对于强度等级较低的混凝土，硬化浆体强度主要由水泥水化形成的 C-S-H 凝胶和粉煤灰等惰性或活性较低的掺合料填充组成，它的强度主要来源于水泥；而对于强度较高的混凝土，硬化浆体强度主要由水泥水化形成的 C-S-H 凝胶、活性较高的矿渣粉水化形成的凝胶、填充于孔隙中的超细矿渣粉和硅灰等组成，这样就决定了混凝土的强度在低强度等级范围内与水泥强度和粘结强度相关；在高强度等级范围内由于粘结强度大，故混凝土的强度与水泥浆体强度、超细矿物掺合料填充系数密切相关，特别是超细掺合料的微粉填充效应表现得非常明显。

基于以上观点，经过对混凝土的体积组成进行分析，吸收水灰比公式、Powers 胶空比理论、晶体强度计算理论和 Griffith 脆性材料断裂理论的成功部分，结合生产试验、数据分析和工程实践建立了多组分混凝土强度理论数学模型及计算公式见式 4-7。

$$f = \sigma' \cdot u \cdot m \tag{4-7}$$

式中　σ'——胶凝材料水化形成的标准稠度浆体的强度（MPa）；

　　　u——胶凝材料填充强度贡献率；

　　　m——硬化密实浆体在混凝土中的体积百分比；

由多组分混凝土理论数学计算公式可知，多组分混凝土硬化后单位体积内的石子、砂子均没有参与胶凝材料的水化硬化，其体积没有发生改变，混凝土的强度与硬化胶凝材料标准稠度浆体的强度、胶凝材料的填充强度贡献率和硬化密实浆体的体积百分比决定。以下分别介绍胶凝材料水化形成的标准稠度浆体的强度 σ（MPa），胶凝材料填充强度贡献率 u 和硬化密实浆体在单方混凝土中的体积值 m 的量化计算公式。

1. 胶凝材料标准稠度硬化浆体强度计算公式的建立

由于胶凝材料标准稠度硬化浆体是匀质的，可以根据格里菲斯断裂强度理论公式求得密实状态下无缺陷硬化浆体强度，由于多组分混凝土中胶凝材料用量和反应活性对强度有一定的影响，经过综合考虑，笔者引入矿物掺合料影响强度的活性系数 α，这样笔者可以认为多组分混凝土硬化浆体理论强度值主要取决于胶凝材料的用量和反应活性、内部结构组成、微裂缝和缺陷的大小。考虑到混凝土生产以水泥为基准，强度主要取决于水泥，因此在强度计算和配比设计时引用前边介绍过的水泥对强度的贡献的计算方法。当混凝土生产之中使用了矿物掺合料时通过等活性替换和等填充替换水泥的方法进行强度的计算。

水泥强度的检验采用标准胶砂试验的方法，当标准养护的胶砂试件破型检验时，试件中的标准砂并没有破坏，而是试件中的水泥水化形成的纯浆体被压力破坏，因此水泥水化形成的标准稠度纯浆体的强度与标准胶砂的强度不同。水泥水化形成的标准稠度浆体的强度等于标准胶砂的强度除以标准胶砂中水泥的体积比求得。

1）水泥在标准胶砂中体积比的计算公式

水泥在标准胶砂中体积比的计算公式在第一章已提过，见式 1-1。

2）水泥水化形成的强度计算公式

水泥水化形成的强度计算公式在第一章已提过，见式 1-2。

当设计中采用掺合料，其反应活性折算后与水泥相等为基础，因此掺合料折合为水泥的计算由式 4-8 求得：

$$C_0 = \alpha_1 \cdot C + \alpha_2 \cdot F + \alpha_3 \cdot K + \alpha_4 \cdot Si \tag{4-8}$$

式中　C_0、C、F、K、Si——分别为基准水泥、水泥、粉煤灰、矿渣粉、硅灰的用量（kg）；

　　　　α_1、α_2、α_3、α_4——分别为水泥、粉煤灰、矿渣粉、硅灰的活性系数。

2. 胶凝材料填充强度贡献率计算公式的建立

在配制 C60 及以上强度等级的混凝土时，有必要考虑填充效应。在很多描述混凝土矿物掺合料的技术文献中，曾多次提出超细矿物掺合料的微集料填充效应，但一直没有提出准确的量化计算公式和数据。本书中提出通过胶凝材料的比表面积比值开二次方，可以求得粉煤灰、矿渣粉、沸石粉、炉渣粉、硅灰等超细矿物掺合料与水泥的粒径比，从而准确计算出它们相互之间最佳的填充比例，同时又考虑相同粒径比的超细矿物掺合料密度不同时，未凝结砂浆在自重作用下的沉降速度不同，填充效果也不同，因此在填充因子计算时引入密度的影响，水泥、粉煤灰、矿渣粉和硅灰的计算公式已在第一章中提过，见式 1-5、式 1-6、式1-10、式 1-13。

根据以上分析，笔者定义胶凝材料填充强度贡献率即综合填充系数 u，计算式见式 4-9。

$$u = (u_1 C + u_2 F + u_3 K + u_4 Si) / (C + F + K + Si) \tag{4-9}$$

式中　C、F、K、Si——分别为水泥、粉煤灰、矿渣粉、硅灰的用量（kg）；

　　u_1、u_2、u_3、u_4——分别为水泥、粉煤灰、矿渣粉、硅灰的填充系数。

3. 硬化密实浆体体积值计算公式的建立

根据多组分混凝土理论，在单方混凝土中水化的胶凝材料浆体所占体积越大，混凝土的强度越高，这里定义单方混凝土中硬化密实浆体的体积值 m 计算式见式 4-10：

$$m = \left[(C/\rho_{C0}) + (F/\rho_f) + (K/\rho_k) + (Si/\rho_{si}) \right] + (W/100) \cdot$$
$$(C + F\beta_F + K\beta_K + Si\beta_{si})/\rho_{水} \tag{4-10}$$

式中 W、C、F、K、Si——分别为标准稠度用水、水泥、粉煤灰、矿渣粉、硅灰的用量（kg）；

β_F、β_K、β_{Si}——分别为粉煤灰、矿渣粉、硅灰的需水量比；

ρ_C、ρ_F、ρ_K、ρ_{Si}——分别为水泥、粉煤灰、矿渣粉、硅灰的密度（kg/m³）。

4. 多组分混凝土强度理论数学模型的建立

依据以上分析和推导，可以将多组分混凝土强度理论数学模型及计算公式的每一个指标代入原材料参数进行计算。这样就建立了多组分混凝土强度理论数学模型，其中 σ 是混凝土对应的标准稠度胶凝材料浆体的强度，它主要考虑了胶凝材料的水化反应形成的强度；胶凝材料填充强度贡献率 u 主要考虑了胶凝材料的微集料填充效应，在配制 C60 及以上强度等级的混凝土时使用，可以根据掺合料的种类、数量的不同计算它们对混凝土强度的影响；m 是单方混凝土中硬化密实浆体的体积值，它主要考虑胶凝材料水化和调整混凝土拌合物的工作性能以及外加剂的使用引起的密实浆体在混凝土中体积变化对混凝土强度的影响。这一公式是当今多组分混凝土强度计算和配合比设计的通用公式。

三、多组分混凝土强度理论数学模型的应用与验证

多组分混凝土强度理论数学模型及计算公式经过数学推导得到了混凝土中水泥、掺合料、砂、石、外加剂和拌合用水量等组成材料对强度影响的准确计算公式，解密了混凝土强度与各组成之间的定量关系，可以广泛用于现代多组分混凝土强度的早期推定和配合比设计计算。采用该理论模型对实际生产的 C10～C55 混凝土、C60～C100 高性能混凝土、纤维防裂混凝土和自密实混凝土等用配比参数进行验算，验证了多组分混凝土强度理论用于早期推定混凝土强度是正确可行的。

1. C10～C30 掺粉煤灰混凝土

普通混凝土实际强度远远小于理论强度的原因：一是由于水泥及胶凝材料水化后所占的体积小于由强度贡献胶凝材料水化后的体积，而非活性或低活性掺合料（如粉煤灰）在 28d 时还没有完全水化，胶凝材料的强度贡献率低，因此强度较低；二是低强度等级混凝土配比中胶凝材料用量较少，使石子、砂子及胶凝材料之间存在微裂缝使界面粘结强度较低，导致混凝土强度降低；三是混凝土中胶凝材料拌合用水量大于胶凝材料理论水化用水量，这些水分在混凝土硬化后蒸发，留下孔隙使混凝土中硬化砂浆密实度降低从而影响混凝土的强度。对于大多数 C10～C30 普通混凝土，胶凝材料使用水泥和粉煤灰。现用 C30 举例，混凝土强度计算如下：

［例 4-1］已知 C30 混凝土，混凝土实测强度值为 $R_{28} = 35\text{MPa}$

使用的水泥：P·S 32.5，实际强度 $R_{28} = 35\text{MPa}$，细度 0.08mm 方孔筛筛余 3%，标准稠度需水量 $W = 29\text{kg}$

胶凝材料比表面积：$S_{co} = 320\text{m}^2/\text{kg}$，$S_F = 150\text{m}^2/\text{kg}$

胶凝材料密度：$\rho_{co} = 3.0 \times 10^3 \text{kg/m}^3$，$\rho_F = 1.8 \times 10^3 \text{kg/m}^3$，$\rho_{so} = 2.7 \times 10^3 \text{kg/m}^3$，$\rho_{wo} = 1000\text{kg/m}^3$

胶凝材料用量：$C = 210\text{kg}$，$F = 100\text{kg}$，$K = 0$，$Si = 0$

活性指数：$\alpha_1=1$，$\alpha_2=0$，$\alpha_3=0.75$

填充系数：$u_1=1.0$，$u_2=0.53$，$u_3=0$，$u_4=0$

粉煤灰需水量比：$\beta_F=1.05$

外加剂减水率：$n=15\%$

利用多组分混凝土强度理论数学算公式计算强度。

（1）水泥在标准胶砂中体积比的计算公式

将标准砂密度 $\rho_{so}=2.7\times10^3kg/m^3$、拌合水密度 $\rho_{wo}=1000kg/m^3$、水泥密度 $\rho_{co}=3.0\times10^3kg/m^3$ 及已知数据（C_0、S_0、W_0）代入式 1-1：

$$V_{C0}=(450/3000)/(450/3000+1350/2700+225/1000)$$
$$=0.150/(0.150+0.500+0.225)$$
$$=0.150/0.875$$
$$=0.171$$

（2）水泥标准稠度浆体强度的计算公式

将水泥实测强度值 $R_{28}=35MPa$、$V_{C0}=0.171$ 代入式 1-2：

$$\sigma=35/0.171$$
$$=205(MPa)$$

（3）综合填充系数

将 $C=210kg$、$F=100kg$、$K=0$、$Si=0$、$u_1=1.0$、$u_2=0.53$ 代入式 4-9：

$$u=(1.0\times210+0.53\times100)/(210+100)$$
$$=263/310$$
$$=0.848$$

（4）单方混凝土中硬化密实浆体的体积值

将 $C=210kg$、$F=100kg$、$\rho_{co}=3.0\times10^3kg/m^3$、$\rho_F=1.8\times10^3kg/m^3$、$W=29kg$、$\beta=1.05$ 代入式 4-10：

$$m=(210/3000+100/1800)+(29/100)\times(210+100\times1.05)/1000$$
$$=0.070+0.056+0.091$$
$$=0.217$$

（5）计算强度

将 $\sigma=205MPa$、$u=0.848$、$m=0.217$ 代入式 4-7：

$$f=205\times0.848\times0.217$$
$$=37.7(MPa)$$

计算值与实测值 35MPa 相差 2.7MPa。

2. C35～C55 掺复合料（矿渣粉和粉煤灰）混凝土

掺复合料（矿渣粉和粉煤灰）普通混凝土，由于双掺矿渣粉和粉煤灰。从理论可知该混凝土除具备 C10～C30 普通混凝土的特征外，由于矿渣粉的引入，使混凝土内硬化砂浆结构较为复杂，强度来源从内部组成看，有一部分矿渣粉是超细粉，产生了微粉填充效应，因此使混凝土结构致密，另一部分又因为较粗的矿渣粉不能及时水化而使混凝土强度提高较少。综合实际情况，对于 C30～C55 掺复合料（矿渣粉和粉煤灰）混凝土，胶凝材料使用水泥、粉煤灰和矿渣粉。现用 C40 举例强度计算如下：

[例 4-2] 已知 C40 混凝土，混凝土实测强度值 $R_{28}=45\text{MPa}$

使用的水泥 P·O 32.5，细度 0.08mm 方孔筛筛余 1.5%，标准稠度需水量 $W=29\text{kg}$，实测强度值 $R_{28}=35\text{MPa}$

胶凝材料用量：$C=240\text{kg}$，$F=50\text{kg}$，$K=120\text{kg}$

活性指数：$\alpha_1=1$，$\alpha_2=0$，$\alpha_3=0.75$

比表面积：$S_{co}=320\text{m}^2/\text{kg}$，$S_f=150\text{m}^2/\text{kg}$，$S_k=400\text{m}^2/\text{kg}$

胶凝材料密度：$\rho_{co}=3.0\times10^3\text{kg/m}^3$，$\rho_F=1.8\times10^3\text{kg/m}^3$，$\rho_k=2.5\times10^3\text{kg/m}^3$

填充系数：$u_1=1.0$，$u_2=0.53$，$u_3=1.02$，$u_4=0$

需水量比：$\beta_K=0.98$，$\beta_F=1.05$

外加剂减水率：$n=25\%$

利用多组分混凝土强度理论数学算公式计算强度。

（1）水泥在标准胶砂中体积比的计算公式

将标准砂密度 $\rho_{so}=2700\text{kg/m}^3$、拌合水密度 $\rho_{wo}=1000\text{kg/m}^3$、水泥密度 $\rho_{co}=3.0\times10^3\text{kg/m}^3$ 及已知数据（C_0、S_0、W_0）代入式 1-1：

$$V_{C0}=(450/3000)/(450/3000+1350/2700+225/1000)$$
$$=0.150/(0.150+0.500+0.225)$$
$$=0.150/0.875$$
$$=0.171$$

（2）水泥标准稠度浆体强度的计算公式

将水泥实测强度值 $R_{28}=35\text{MPa}$、$V_{C0}=0.171$ 代入式 1-2：

$$\sigma=35/0.171$$
$$=205(\text{MPa})$$

（3）综合填充系数

将 $C=240\text{kg}$、$F=50\text{kg}$、$K=120\text{kg}$、$Si=0$、$u_1=1.0$、$u_2=0.53$、$u_3=1.02$ 代入式 4-9：

$$u=(1.0\times240+0.53\times50+1.02\times120)/(240+50+120)$$
$$=388.5/410$$
$$=0.945$$

（4）单方混凝土中硬化密实浆体的体积值

将 $C=240\text{kg}$、$F=50\text{kg}$、$K=120\text{kg}$、$\rho_C=3.0\times10^3\text{kg/m}^3$、$\rho_F=1.8\times10^3\text{kg/m}^3$、$\rho_k=2.5\times10^3\text{kg/m}^3$、$W=29\text{kg}$、$\beta_K=0.98$、$\beta_F=1.05$ 代入式 4-10：

$$m=(240/3000+50/1800+120/2500)+(29/100)$$
$$\times(240+50\times1.05+120\times0.98)/1000$$
$$=0.08+0.028+0.048+0.119$$
$$=0.275$$

（5）计算强度

将 $\sigma=205\text{MPa}$、$u=0.945$、$m=0.275$ 代入式 4-7：

$$f=205\times0.945\times0.275$$
$$=53.3(\text{MPa})$$

计算值与实测值 45MPa 相差 8MPa。

3. C60～C100 掺硅灰高强混凝土

由于超细矿渣粉和硅灰的复合使用，从理论可知 C60～C100 混凝土内硬化砂浆结构更为复杂。其强度来源从内部组成看：第一部分由水泥水化形成的 C-S-H 凝胶产生；第二部分是超细矿渣粉的产生微粉填充效应，使硬化砂浆结构更加致密，提高了混凝土强度；第三部分是由于硅灰填充到水泥水化后的孔隙和矿粉没有填充到的部位，产生硅灰微集料填充效应，使混凝土的强度大大提高。对于 C60～C100 掺硅灰混凝土，胶凝材料使用水泥、矿渣粉和硅灰。现用 C100 举例，强度计算如下：

[例 4-3] 已知 C100 混凝土，混凝土实测强度值 $R_{28}=127$MPa

使用的水泥：P·O 42.5，细度 0.08mm 方孔筛筛余 1.5%，标准稠度需水量 $W=25$kg，实测强度值 $R_{28}=52$MPa

胶凝材料用量：$C=450$kg，$K=120$kg，$Si=30$kg

活性指数：$\alpha_1=1$，$\alpha_2=0$，$\alpha_3=0.75$

比表面积：$S_{c0}=350$m^2/kg，$S_k=400$m^2/kg，$S_{Si}=18000$m^2/kg

胶凝材料密度：$\rho_{co}=3.0\times10^3$kg/m^3，$\rho_k=2.5\times10^3$kg/m^3，$\rho_{Si}=2.2\times10^3$kg/m^3

填充系数：$u_1=1.0$，$u_2=0.53$，$u_3=0.97$，$u_4=6.3$

需水量比：$\beta_K=0.98$，$\beta_F=1.05$，$\beta_{Si}=1.01$

外加剂减水率 $n=25\%$。

利用多组分混凝土强度理论数学算公式计算强度。

（1）水泥在标准胶砂中体积比的计算公式

将标准砂密度 $\rho_{so}=2700$kg/m^3、拌合水密度 $\rho_{wo}=1000$kg/m^3、水泥密度 $\rho_{co}=3.0\times10^3$kg/m^3 及已知数据（C_0、S_0、W_0）代入式 1-1：

$$V_{C0}=(450/3000)/(450/3000+1350/2700+225/1000)$$
$$=0.150/(0.150+0.500+0.225)$$
$$=0.150/0.875$$
$$=0.171$$

（2）水泥标准稠度浆体强度的计算公式

将水泥实测强度值 $R_{28}=52$MPa、$V_{C0}=0.171$ 代入式 1-2：

$$\sigma=52/0.171$$
$$=305(\text{MPa})$$

（3）综合填充系数

将 $C=450$kg、$K=120$kg、$S_i=30$kg、$u_1=1.0$，$u_3=0.97$，$u_4=6.7$ 代入式 4-9：

$$u=(1.0\times450+0.97\times120+6.7\times30)/(450+120+30)$$
$$=767/600$$
$$=1.25$$

（4）单方混凝土中硬化密实浆体的体积值

将 $C=450$kg、$K=120$kg、$Si=30$kg、$W=25$kg、$\rho_{co}=3.0\times10^3$kg/m^3、$\rho_k=2.5\times10^3$kg/m^3、$\rho_{Si}=2.2\times10^3$kg/m^3、$\beta_K=0.98$、$\beta_{Si}=1.01$ 代入式 4-10：

$$m = (450/3000 + 120/2500 + 30/2200) + (25/100)$$
$$\times (450 + 120 \times 0.98 + 30 \times 1.01)/1000$$
$$= 0.15 + 0.05 + 0.014 + 0.150$$
$$= 0.364$$

（5）计算强度

将 $\sigma = 305$、$u = 1.25$、$m = 0.365$ 代入式 4-7：

$$f = 305 \times 1.25 \times 0.364$$
$$= 139 (\text{MPa})$$

计算值与实测值 127MPa 相差 12MPa。

硅灰的掺入对混凝土强度的影响主要是提高了填充因子系数，从而改变了混凝土内部孔结构，增加了密实度，大大提高了混凝土的强度。

综合以上验证计算和分析可知，胶凝材料细度的变化对混凝土强度的影响一方面是改变了硬化浆体的强度值，另一方面是超细矿物掺合料的加入使胶凝材料的填充强度贡献率成倍增加。用水量的变化对混凝土强度的影响既改变了混凝土的工作性，也改变了混凝土内部硬化密实浆体的体积比例，从而改变了强度。多组分混凝土强度理论数学模型用于早期推定混凝土强度，定性判断是正确的，定量判断误差小于 10%，可以应用于各种类型混凝土强度的早期推定计算。

从 2000 年理论公式初建以来的十余年中，采用该理论模型进行配合比设计配制的 C100 高性能混凝土、纤维防裂混凝土和自密实混凝土经过在中国国家大剧院、鸟巢、水立方、国家体育馆、首都机场三号航站楼、京津城际铁路、中央电视台、国贸三期、老山自行车馆和五棵松文化体育中心等重点工程的应用，验证了多组分混凝土强度理论数学模型的正确性和结合混凝土体积组成石子填充模型用于混凝土配合比设计的可行性，取得了良好的技术效果。

四、多组分混凝土理论建立的意义

（1）笔者研究建立了多组分混凝土强度理论数学模型 $f = \sigma \cdot u \cdot m$，并对每一个符号进行了解释说明，该公式同时考虑了现代混凝土设计中对工作性、强度和耐久性的要求，适应了现代混凝土配合比设计对强度、工作性和长期使用功能的要求，实现了以上技术参数在设计公式的有机统一。

（2）多组分混凝土强度理论数学模型是适用于各种现代混凝土强度计算的数学模型，确定了混凝土各组成之间的定量关系，实现了现代混凝土强度的科学定量计算，可用于混凝土强度的早期推定。

（3）多组分混凝土强度理论数学模型适用于各种水泥的配比设计和强度计算，实现了水泥和混凝土强度计算公式的统一，在水泥和混凝土之间建立了一座紧密联系的桥梁。

第二节　多组分混凝土配合比设计

一、混凝土体积组成石子填充模型的建立

混凝土在施工过程中是以塑性或流动性状态进行施工，当混凝土各种原材料经过拌合后，以塑性或流动性状态存在，经过运输、浇筑、振捣成型和养护后进入使用状态的混凝土以硬化形态出现，这时硬化混凝土由粗集料和硬化砂浆、气孔、水组成。硬化砂浆、气孔和水所占的体积正好是粗集料（石子）的空隙。笔者认为：混凝土由硬化砂浆和石子两部分组成，石子作为砂浆的填充料，当压碎指标小于8%时，由于它的强度大于混凝土的设计强度，只占体积不影响强度；硬化浆体的强度、胶凝材料填充强度贡献率、密实浆体的体积比例决定混凝土的强度。因此可以采用以下方法去建立混凝土体积组成模型：假定先配制好一定强度等级的水泥混合砂浆，体积为 V_1，然后在强力振捣下将粗集料投入砂浆中，使石子均匀地填入砂浆形成混凝土拌合物，此时混凝土拌合物的体积为 V，其中 $(V-V_1)/V$ 便是粗集料在混凝土中的体积比。V_1/V 为水泥混合砂浆在混凝土拌合物中体积比。胶凝材料和外加剂的确定，以使用水泥配制混凝土为计算基础，根据水泥强度、需水量和表观密度求出为混凝土贡献1MPa强度时水泥的用量，以此计算出满足设计强度等级所需水泥的量，其次根据掺合料的活性系数和填充系数用等活性替换和等填充替换的方法求得胶凝材料的合理分配比例，然后用胶凝材料求得标准稠度用水量对应的有效水胶比，在这一水胶比条件下确定合理的外加剂用量以及胶凝材料所需的搅拌用水量。

砂子用量的确定方法是首先测得砂子的紧密堆积密度和石子的空隙率 p，由于混凝土中的砂子完全填充于石子的空隙中，每立方米混凝土中砂子的准确用量为砂子的紧密堆积密度乘以石子的空隙率求得。在计算的过程中不考虑砂子的孔隙率所占的体积，石子用量的确定方法是用石子的堆积密度数值扣除胶凝材料的体积以及胶凝材料水化水分所占的体积对应的石子量求得。硬化砂浆体积由胶凝材料体积、拌合用水体积和砂子体积组成。这种混凝土体积组成模型称为石子填充模型；用这种方法结合多组分混凝土强度理论公式求得混凝土中石子、砂子、胶凝材料、外加剂和拌合用水等准确配合比设计参数的方法叫石子填充法。

由多组分混凝土强度理论数学模型（式 4-7）可知，多组分混凝土硬化后单位体积内的石子、砂子均没有参与胶凝材料的水化硬化，其体积没有发生改变，砂子的用量只与自身的紧密堆积密度和石子的空隙率有关，与混凝土的强度等级无关，石子的用量与自身的堆积密度、空隙率以及单方混凝土中胶凝材料的用量有关，因此与强度等级有关系。混凝土的强度由硬化浆体强度、胶凝材料的填充强度贡献率和硬化密实浆体的体积百分比决定。以下介绍依据现代多组分混凝土理论进行混凝土配合比设计的具体步骤。

二、混凝土配合比设计方法

（一）配制强度的确定

配制强度的确定公式见式 4-11：

$$f_{cu,0} = f_{cu,k} + 1.645\sigma \tag{4-11}$$

式中　$f_{cu,0}$——混凝土配制强度（MPa）；

　　　$f_{cu,k}$——混凝土立方体抗压强度标准值，这里取混凝土的设计强度等级值（MPa）；

　　　σ——混凝土强度标准差（MPa）。

对于没有统计数据的企业，不同强度等级混凝土 σ 值按表 4-1 确定。

表 4-1　混凝土的 σ 取值表

强度等级	C10～C25	C30～C55	C60～C100
σ（MPa）	4	5	6

（二）水泥标准稠度浆体强度 σ 的计算

由于配制设计强度等级的混凝土选用的水泥是确定的，在基准混凝土配比计算时取水泥为唯一胶凝材料，则 σ 的取值等于水泥标准砂浆的理论强度值 σ，其计算过程在第 1 章已提过，见式 1-1 和式 1-2。

（三）水泥基准用量的确定

依据石子填充法设计思路，当混凝土中水泥浆体的体积达到 100％ 时，混凝土的强度等于水泥浆体的理论强度值，即 $R=\sigma$，由于我们国家采用国际标准单位制，混凝土的设计计算都以 1m³ 为准，因此在计算过程中需要将标准稠度的水泥浆折算为 1m³，在这个计算过程中水泥浆的体积收缩可以忽略不计。则 1m³ 凝固硬化的标准稠度的水泥浆的质量用 1m³ 的干水泥质量和将这些水拌制为标准稠度时的水的质量之和除以对应的水泥和水的体积之和求得，即标准稠度水泥浆的表观密度值，具体公式在第 1 章已提过，见式 1-3。

由于标准稠度的硬化水泥浆折算为 1m³ 时对应的强度值正好是水泥水化形成浆体的强度值，1m³ 浆体对应的质量数值正好和 ρ_{0_1} 的数值相等，因此水泥浆中水泥对强度的贡献（质量强度比）可以用标准稠度水泥浆的密度数值除以水泥水化形成浆体的强度计算求得，其单位为 kg/MPa，具体公式在第 1 章已提过，见式 1-4。

配制强度为 $f_{cu,0}$ 的混凝土基准水泥用量为 C_{01}，计算公式见式 4-12：

$$C_{01} = C \cdot f_{cu,0} \tag{4-12}$$

（四）胶凝材料的分配

1. C10～C30 大掺量粉煤灰混凝土

由于 C10～C30 混凝土配比计算 C_{01} 小于 300 时，用于生产普通混凝土时基准水泥用量 C_0 直接取 C_{01} 计算值，但用于富浆的泵送混凝土时，为了增加浆体对集料的包裹性，改善工作性，减少坍落度损失，利用活性较低的粉煤灰等活性代替部分水泥，使胶凝材料用量增加，不考虑填充效应，解决了我国现行规范规定预拌或者自密实等富浆的混凝土中的胶凝材料用量不少于 300kg 的问题，计算可以由式 4-13 和式 4-14：

$$C_0 = \alpha_1 \cdot C + \alpha_2 \cdot F \tag{4-13}$$

$$C + F = 300 \tag{4-14}$$

联立两式可以准确求得：水泥用量 C，粉煤灰用量 F。

2. C35～C55 掺复合料（矿渣粉和粉煤灰）混凝土

由于 C35～C55 混凝土配合比计算值 C_{01} 为水泥，用于生产普通混凝土时水泥用量 C_0 直接取计算值 C_{01}，在配制泵送混凝土时，为了降低混凝土的水化热，掺加一定的矿物掺合料，可以有效地预防混凝土塑性裂缝的产生，本计算方法确定将水泥的量 C 控制在 C_{01} 的 70％ 以下。当生产预拌或者自密实等富浆的混凝土时，应优先选用矿渣粉（炉渣粉）和粉煤灰代替部分水泥。根据现场实际情况，可以先确定水泥用量，然后求其余的两种，考虑反应活性和填充效应，实现技术效果的最佳，具体用量由式 4-15 和式 4-16 求得：

$$C_{0F} = \alpha_1 \cdot C + \alpha_2 \cdot F + \alpha_3 \cdot K \tag{4-15}$$

$$C_{0K} = u_1 \cdot C + u_2 \cdot F + u_3 \cdot K \tag{4-16}$$

当水泥用量预先设定时，联立两式可以求得：粉煤灰用量 C_{0F}，矿渣粉（炉渣粉）用量 C_{0K}。

但是在实际生产过程中，为了考虑成本和操作方便，只考虑反应活性，使用第一个公式。先确定水泥、矿渣粉和粉煤灰占基准水泥 C_0 用量的比例 X_c、X_F 和 X_K，然后计算出水泥、粉煤灰和矿渣粉对应的基准水泥用量 $C_{0c} = X_c \cdot C_0$，$C_{0F} = X_F \cdot C_0$ 和 $C_{0K} = X_K \cdot C_0$，再用对应的水泥用量除以胶凝材料对应的活性指数 α_1、α_2 和 α_3，即可求得准确的水泥 c、粉煤灰 F 和矿渣粉用量 K，具体计算式见式 4-17～式 4-19：

$$C = C_{0c} = X_c \cdot C_0 \tag{4-17}$$

$$F = C_{0F}/\alpha_2 = (X_F \cdot C_0)/\alpha_2 \tag{4-18}$$

$$K = C_{0K}/\alpha_3 = (X_K \cdot C_0)/\alpha_3 \tag{4-19}$$

3. C60～C100 掺硅灰高强混凝土

由于 C60～C100 混凝土配比计算 C_{01} 较大，用于生产普通混凝土或干硬性混凝土时水泥用量 C_0 直接取计算值 C_{01}，当用于生产高性能混凝土时，为了改善混凝土的工作性，降低水泥的水化热，预防混凝土塑性裂缝的产生，提高混凝土的耐久性，选用矿渣粉和硅灰并部分代替水泥。本计算方法确定将水泥的量控制在 450kg 以下。采用矿渣粉主要考虑活性系数，硅灰主要考虑填充效应，胶凝材料总量控制在 600kg 左右。当技术效果最佳时具体计算由式 4-20～式 4-22 求得：

$$C_0 = \alpha_1 \cdot C + \alpha_3 \cdot K + \alpha_4 \cdot Si \tag{4-20}$$

$$C_0 = u_1 \cdot C + u_3 \cdot K + u_4 \cdot Si \tag{4-21}$$

$$C + K + Si = 600 \tag{4-22}$$

当水泥用量预先设定时，联立三式可以求得：水泥用量 C，矿渣粉（炉渣粉）用量 K，硅灰用量 Si。

但是在实际生产过程中，为了考虑成本和操作方便，只使用第一个公式。建议先确定水泥、矿渣粉和硅灰占基准水泥用量 C_0 的比例 X_c、X_K 和 X_{Si}，然后计算出水泥、矿渣粉和硅灰对应的基准水泥用量 $C_{0c} = X_c \cdot C_0$、$C_{0K} = X_K \cdot C_0$ 和 $C_{0Si} = X_{Si} \cdot C_0$，再用对应的水泥用量除以胶凝材料对应的活性指数 α_1、α_3 和填充系数 u_4。

即可求得准确的水泥、矿渣粉和硅灰的准确用量，水泥准确用量计算式见式 4-17，粉煤灰准确用量计算式见式 4-18，矿渣粉准确用量计算式见式 4-19，硅灰准确用量 Si 计算式见式 4-23：

$$Si = C_{0Si}/u_4 = (X_{Si} \cdot C_0)/u_4 \tag{4-23}$$

（五）外加剂及用水量的确定

1. 胶凝材料需水量的确定

（1）试验法

通过以上计算求得水泥、粉煤灰、矿渣粉和硅灰的准确用量后，按照已知的比例将各种胶凝材料混合成复合胶凝材料，可以采用测定水泥标准稠度用水量的方法求得胶凝材料的标准稠度用水量为 W，对应的有效水胶比 W/B。求得搅拌胶凝材料所需水量 W_1 为胶凝材料总量乘以有效水胶比，具体计算式见式 4-24：

$$W_1 = (W/B) \cdot (C + F + K + Si) \tag{4-24}$$

（2）计算法

通过以上计算求得水泥、粉煤灰、矿渣粉和硅灰的准确用量后，按照胶凝材料的需水量比通过加权（β_F、β_K、β_{Si} 分别为粉煤灰、矿渣粉、硅灰的加权值）求和计算得到搅拌胶凝材

料所需水量 W_1，具体计算式见式 4-25：

$$W_1 = (C + \beta_F F + \beta_K K + \beta_{Si} Si) \cdot (W/100) \quad\quad (4\text{-}25)$$

同时求得搅拌胶凝材料的有效水胶比 W_1/B，具体计算式见式 4-26：

$$W_1/B = (C + \beta_F F + \beta_K K + \beta_{Si} Si) \cdot (W/100) \cdot (C + F + K + Si) \quad (4\text{-}26)$$

2. 外加剂用量的确定

采用以上有效水胶比，以推荐掺量进行外加剂的最佳掺量试验，外加剂的调整以胶凝材料标准稠度用水量对应的水胶比为基准。要控制混凝土拌合物坍落度值为多大，则掺外加剂的复合胶凝材料在推荐掺量下净浆流动扩展度达到多大。当使用萘系减水剂时建议净浆流动扩展度达到 220～230mm，当使用脂肪族减水剂时建议净浆流动扩展度达到 230～240mm，当使用聚羧酸减水剂时建议净浆流动扩展度达到 240～250mm。外加剂用这种掺量配制的混凝土，可以保证拌合物不离析、不泌水。这种复合胶凝材料需水量与外加剂检验的科学方法，解决了外加剂与胶凝材料适应性之间的矛盾，通过以上方法对外加剂的调整，将水泥、掺合料、外加剂、水分与混凝土的工作性之间紧密结合起来。

（六）砂子用量的确定

1. 砂子用量的确定

测出配合比设计所用的砂子的紧密堆积密度 ρ_s 和石子的空隙率 P，由于混凝土中的砂子完全填充于石子的空隙中，每立方米混凝土中砂子的准确用量为砂子的紧密堆积密度乘以石子的空隙率。按照这一思路，要实现砂浆对石子的包裹，当混凝土配制使用的砂子和石子的技术参数确定后，每 $1m^3$ 混凝土中砂子的用量是固定的，与混凝土的强度等级没有关系，即只要使用了同一批的砂石料，从 C10～C100 的各强度等级混凝土，单方混凝土使用的砂子量都是一样的。则砂子用量 S 计算公式见式 4-27：

$$S = \rho_s \cdot p \quad\quad (4\text{-}27)$$

2. 砂子润湿用水量的确定

根据水泥标准胶砂检测方法，水泥检测用的水一部分用于水泥，使之达到标准稠度，另一部分用于润湿标准砂，使砂子表面润湿，这样做出来的水泥胶砂强度为水泥标准强度。在混凝土配合比设计过程中，胶凝材料实际上是一种复合水泥，在标准稠度条件下，只要干砂润湿使用的水与标准砂润湿使用的水对应，水泥的强度和混凝土的强度就是对应的。可以通过标准砂的润湿水量求得混凝土用干砂子用水量的合理取值范围，由于预拌混凝土生产企业使用的水泥主要有普通硅酸盐水泥、矿渣硅酸盐水泥和复合硅酸盐水泥，因此我们以这三种水泥为对比基准进行润湿砂子合理用水量取值范围的计算，见表 4-2。

表 4-2　砂子用水量计算依据

水泥品种	需水量	水泥用水	水/水泥（%）	标准砂用水	润湿水/标准砂（%）
普通硅酸盐水泥	27	121.5	27	103.5	7.7
矿渣硅酸盐水泥	30	135	30	90	6.7
复合硅酸盐水泥	33	148.5	33	76.5	5.7

注：检测时使用 450g 水泥，1350g 标准砂，225g 水。

由于混凝土生产企业使用的水泥主要有普通硅酸盐水泥、矿渣硅酸盐水泥和复合硅酸盐水泥，根据水泥检验数据的计算推导可知，润湿砂子不影响混凝土强度的合理用水量范围在5.7％～7.7％，笔者以下限5.7％作为混凝土中干砂子用水量最小值计算的基准，砂子合理的最小润湿水量 W_{2min} 等于5.7％乘以干砂子用量 S 求得，见式4-28；以上限7.7％作为混凝土中干砂子用水量最大值计算的基准，砂子合理的最大润湿水量 W_{2max} 等于7.7％乘以干砂子用量 S 求得，见式4-29：

$$W_{2min} = 5.7\% \times S \tag{4-28}$$

$$W_{2max} = 7.7\% \times S \tag{4-29}$$

（七）石子用量的确定

1. 石子用量的确定

根据混凝土体积组成石子填充模型，计算过程不考虑含气量和砂子的空隙率。用石子的堆积密度值扣除胶凝材料的体积以及胶凝材料水化用水的体积对应的石子量，即可求得每 $1m^3$ 混凝土石子的准确用量。按照这一思路，为了保证强度同时实现砂浆对石子的包裹，当混凝土配制使用的砂子和石子的技术参数确定后，每 $1m^3$ 混凝土中石子的用量随着混凝土强度等级的提高，由于胶凝材料体积增加，所以石子的量是减少的，即只要使用了同一批的砂石料，从C10～C100的各强度等级混凝土，单方混凝土使用的石子用量越来越少，这个结果与以前的观点完全不同，则石子用量计算公式见式4-30：

$$G = \rho_{g堆积} - (V_C + V_F + V_K + V_{Si}) \cdot \rho_{g表观} - (W_1/\rho_水) \cdot \rho_{g表观} \tag{4-30}$$

2. 石子润湿用水量的确定

现场测量石子的堆积密度、空隙率和吸水率，用吸水率乘以石子用量即可求得润湿石子的合理用水量见式4-31：

$$W_3 = G \cdot 吸水率 \tag{4-31}$$

（八）总用水的确定

通过以上计算，可得混凝土搅拌胶凝材料所用水量为 W_1、润湿砂子所需的水 W_2、润湿石子所需的水 W_3，则混凝土总的用水量 W 计算公式见式4-32：

$$W = W_1 + W_2 + W_3 \tag{4-32}$$

（九）混凝土的试配、配合比调整及生产

由上可知，混凝土体积组成石子填充模型是适用于C10～C100强度等级多组分混凝土配合比设计的数学模型，经过数学推导得到混凝土配合比设计中水泥、掺合料、砂、石、外加剂和拌合用水量等组成材料的准确计算公式，解密了混凝土各组成与强度之间的定量关系，实现了现代混凝土配合比设计和强度的定量计算。在此基础上编制了混凝土配合比设计计算软件，提出了预湿集料生产工艺，应用于重点工程的预拌混凝土生产，取得了良好的技术、经济效益。

（十）混凝土配合比设计举例

［例4-4］设计要求：C30混凝土，坍落度 $T=240$，抗渗等级P10，抗冻等级D50。

原材料参数：P·S 42.5水泥，$R_{28}=49MPa$，细度0.08mm方孔筛筛余3％，标准稠度需水量 $W=29kg$

水泥和粉煤灰的比表面积：$S_{co}=320m^2/kg$，$S_F=150m^2/kg$

水泥和粉煤灰的密度：$\rho_{co}=2.85 \times 10^3 kg/m^3$，$\rho_F=1.8 \times 10^3 kg/m^3$，$\rho_{so}=2.7 \times 10^3 kg/m^3$，$\rho_{wo}=1000kg/m^3$

粉煤灰需水量比：$\beta_F = 1.05$

粉煤灰活性系数：$\alpha_2 = 0.67$

外加剂减水率：$n = 15\%$

砂子：紧密堆积密度 $1850\mathrm{kg/m^3}$，含石率 7%，含水率 2%

石子：堆积密度 $1650\mathrm{kg/m^3}$，空隙率 41.5%，吸水率 2%，表观密度 $2820\mathrm{kg/m^3}$

（1）配制强度的确定

将 $f_{cu,k} = 30$、$\sigma = 4$ 代入式 4-11：

$$f_{cu,0} = 30 + 1.645 \times 4$$
$$= 36.5(\mathrm{MPa})$$

（2）水泥强度 σ 的计算

由于配制设计强度等级的混凝土选用的水泥是确定的，在基准混凝土配比计算时取水泥为唯一胶凝材料，则 σ 的取值等于水泥标准砂浆的理论强度值 σ，计算如下：

1）水泥在标准胶砂中体积比的计算是将标准砂密度 $\rho_{S0} = 2700\mathrm{kg/m^3}$、拌合水密度 $\rho_{W0} = 1000\mathrm{kg/m^3}$、水泥密度 $\rho_{C0} = 2.85 \times 10^3\mathrm{kg/m^3}$ 及（C_0、S_0、W_0）代入式 1-1：

$$V_{C0} = (450/2850)/(450/2850 + 1350/2700 + 225/1000)$$
$$= 0.157/(0.157 + 0.500 + 0.225)$$
$$= 0.157/0.883$$
$$= 0.178$$

2）水泥标准稠度浆体的强度计算是将水泥实测强度值为 $R_{28} = 49\mathrm{MPa}$、$V_{C0} = 0.178$ 代入式 1-2：

$$\sigma = 49/0.178$$
$$= 275(\mathrm{MPa})$$

（3）水泥基准用量的确定

根据多组分混凝土理论和配合比设计石子填充模型，将 $W = 29\mathrm{kg}$、$\rho_{C0} = 2.85 \times 10^3\mathrm{kg/m^3}$ 代入式 1-3：

$$\rho_0 = 2850 \times (1 + 29/100)/(1 + 2850 \times 29/100000)$$
$$= 2013(\mathrm{kg})$$

每兆帕混凝土对应的水泥浆质量的计算是将 $\rho_0 = 2013\mathrm{kg}$、$\sigma = 275\mathrm{MPa}$ 代入式 1-4：

$$C = 2013/275$$
$$= 7.3(\mathrm{kg/MPa})$$

将配制强度为 $f_{cu,0} = 36.5\mathrm{MPa}$、$C = 7.3\mathrm{kg/MPa}$ 代入式 4-12，基准水泥用量 C_{01} 为：

$$C_{01} = 7.3 \times 36.5$$
$$= 267(\mathrm{kg})$$

（4）胶凝材料的分配

由于本设计中 C30 混凝土只使用水泥和粉煤灰，配比计算值 C_{01} 小于 300kg，需要用一部分的低活性的粉煤灰替换水泥，不考虑填充效应。实现混凝土中的胶凝材料用量不少于 300kg，可以由联立式 4-13 和式 4-14 计算：

$$267 = 1 \times C + 0.67 \times F$$
$$300 = C + F$$

计算求得：水泥用量 $C = 200$kg，粉煤灰用量 $F = 100$kg。

（5）外加剂及用水量的确定

1）胶凝材料需水量的确定　通过以上计算求得水泥和粉煤灰的准确用量后，按照胶凝材料的需水量比（$Si = 0$、$K = 0$）代入式 4-25，计算得到搅拌胶凝材料所需水量 W_1：

$$W_1 = (200 + 100 \times 1.05) \times (29/100)$$
$$= (200 + 105) \times 0.29$$
$$= 88(\text{kg})$$

同时代入式 4-26，求得搅拌胶凝材料的有效水胶比 W_1/B：

$$W_1/B = 88/(200 + 100)$$
$$= 88/300$$
$$= 0.295$$

2）外加剂用量的确定　采用水胶比为 0.295，以推荐掺量 2%（6kg）进行外加剂的最佳掺量试验，本设计使用脂肪族减水剂，净浆流动扩展度达到 240mm，1h 保留值 235mm，与设计坍落度 240mm 一致，可以保证拌合物不离析、不泌水。

（6）砂子用量及用水量的确定

1）砂子用量的确定　石子的空隙率 $p = 41.5\%$，由于混凝土中的砂子完全填充于石子的空隙中，每立方米混凝土中砂子的准确用量为砂子的紧密堆积密度 $\rho_s = 1850$kg/m³ 乘以石子的空隙率 41.5%，则砂子用量为（见式 4-27）：

$$S = 1850 \times 41.5\%$$
$$= 768(\text{kg})$$

由于砂子含石率为 7%，含水率 2%，砂子施工配合比用量为：

$$S_0 = [S/(1 - 7\%)]/(1 - 2\%)$$
$$= [768/93\%]/98\%$$
$$= 843(\text{kg})$$

2）砂子润湿用水量的确定　本设计用的砂子含水 2%，故吸水率的取值下限为 5.7% － 2% = 3.7%，上限为 7.7% － 2% = 5.7%，代入式 4-28 和式 4-29：

$$W_{2\min} = 31(\text{kg})$$
$$W_{2\max} = 48(\text{kg})$$

（7）石子用量及用水量的确定

1）石子用量的确定　根据混凝土体积组成石子填充模型，计算过程不考虑含气量和砂子的空隙率。用石子的堆积密度 1650kg/m³ 扣除胶凝材料的体积以及胶凝材料水化用水的体积 88/1000 = 0.088（m³）对应的石子，即可求得每立方混凝土石子的准确用量，则石子用量计算公式见式 4-30，代入已知数据：

$$G = 1650 - (201/2850 + 99/1800) \times 2820 - (88/1000) \times 2820$$
$$= 1650 - 0.126 \times 2820 - 0.088 \times 2820$$
$$= 1047(\text{kg})$$

考虑砂子的含石率，混凝土施工配合比中石子的用量 G_0 计算如下：

$$G_0 = G - S_0 \times 含石率$$
$$= 1047 - 843 \times 7\%$$
$$= 988(kg)$$

2）石子润湿用水量的确定 石子吸水率2%，用石子用量乘以吸水率即可求得润湿石子的水量为（见式4-31）：

$$W_3 = 988 \times 2\%$$
$$= 20(kg)$$

（8）总用水量的确定

通过以上计算，可得

胶凝材料所需的水量：$W_1 = 88kg$

润湿砂子所需的水量：$W_2 = 31 \sim 48kg$

润湿石子所需的水量：$W_3 = 20kg$

混凝土总的用水量：$W = W_1 + W_2 + W_3 = 139 \sim 156kg$

（9）C30混凝土配合化设计计算结果（表4-3）

表 4-3   C30 混凝土配合比设计计算结果
单位：kg

材料名称	水泥	粉煤灰	砂子	石子	外加剂	砂子用水量	石子用水量	胶凝材料用水量
单方用量	201	99	843	988	6	31~48	20	88

[例4-5] 设计要求：C50混凝土，坍落度 $T = 240$，抗渗等级P12，抗冻等级D100

原材料参数：P·O 42.5 水泥，$R_{28} = 50MPa$，细度0.08mm方孔筛筛余3%，标准稠度需水量 $W = 27kg$

胶凝材料的比表面积：$S_c = 320m^2/kg$，$S_K = 400m^2/kg$，$S_F = 150m^2/kg$

胶凝材料的密度：$\rho_{co} = 3.0 \times 10^3 kg/m^3$，$\rho_K = 2.4 \times 10^3 kg/m^3$，$\rho_F = 1.8 \times 10^3 kg/m^3$

粉煤灰需水量比：$\beta_F = 1.05$

矿渣粉需水量比：$\beta_K = 1.0$

水泥、粉煤灰、矿渣粉活性系数：$\alpha_1 = 0$，$\alpha_2 = 0.67$，$\alpha_3 = 0.8$

外加剂减水率：$n = 15\%$

砂子：紧密堆积密度1850kg/m³，含石率7%，含水率2%

石子：堆积密度1650kg/m³，空隙率41.5%，吸水率2%，表观密度2820kg/m³

（1）配制强度的确定

将 $f_{Cu,k} = 50MPa$、$\sigma = 4MPa$ 代入式4-11：

$$f_{cu,0} = 50 + 1.645 \times 4$$
$$= 56.5(MPa)$$

（2）水泥强度 σ 的计算

由于配制设计强度等级的混凝土选用的水泥是确定的，在基准混凝土配比计算时取水泥为唯一胶凝材料，则 σ 的取值等于水泥标准砂浆的理论强度值 σ，计算如下：

1）水泥在标准胶砂中体积比的计算是将标准砂密度 $\rho_{S0} = 2700kg/m^3$、拌合水密度 $\rho_{W0} = 1000kg/m^3$、水泥密度 $\rho_{C0} = 3.0 \times 10^3 kg/m^3$ 及（C_0，S_0，W_0）代入式1-1：

$$V_{C0} = (450/3000)/(450/3000 + 1350/2700 + 225/1000)$$

$$=0.15/(0.150+0.500+0.225)$$
$$=0.15/0.875$$
$$=0.171$$

2）水泥标准稠度浆体强度的计算是将水泥实测强度值 $R_{28}=50\text{MPa}$、$V_{C0}=0.171$ 代入式 1-2：

$$\sigma=50/0.171$$
$$=292(\text{MPa})$$

（3）水泥基准用量的确定

根据多组分混凝土理论和配合比设计石子填充模型，将 $W=27\text{kg}$、$\rho_{C0}=3.0\times10^3\text{kg/m}^3$ 代入式 1-3：

$$\rho_0=3000\times(1+27/100)/(1+3000\times27/100000)$$
$$=2104(\text{kg})$$

每兆帕混凝土对应的水泥浆质量的计算是将 $\rho_0=2104\text{kg}$、$\sigma=292\text{MPa}$ 代入式 1-4：

$$C=2104/292$$
$$=7.2(\text{kg/MPa})$$

将配制强度为 $f_{\text{cu},0}=56.5\text{MPa}$、$C=7.2\text{kg/MPa}$ 代入式 4-12，基准水泥用量 C_{01} 为：

$$C_{01}=7.2\times56.5$$
$$=407(\text{kg})$$

（4）胶凝材料的分配

由于 C50 混凝土配合比计算值 C_{01} 为水泥，应选用矿粉和粉煤灰等活性替换部分水泥。本设计中填充效应的作用小于反应活性，因此在胶凝材料分配过程中只考虑反应活性。预先设定 $X_C=70\%$、$X_F=10\%$、$X_K=20\%$ 时，计算出水泥、粉煤灰和矿渣粉对应的基准水泥用量 C_{0c}、C_{0F} 和 C_{0K}：

$$C_{0c}=X_c\cdot C_0$$
$$=407\times70\%$$
$$=285(\text{kg})$$
$$C_{0F}=X_F\cdot C_0$$
$$=407\times10\%$$
$$=41(\text{kg})$$
$$C_{0K}=X_K\cdot C_0$$
$$=407\times20\%$$
$$=82(\text{kg})$$

再用对应的水泥用量除以胶凝材料对应的活性指数 α_1、α_2 和 α_3，即可求得准确的水泥 C 粉煤灰 F 和矿渣粉 K 用量，计算式为（见式 4-17、式 4-18、式 4-19）：

$$C=285(\text{kg})$$
$$F=41/0.67$$
$$=61(\text{kg})$$
$$K=82/0.8$$

$$= 103(\text{kg})$$

计算求得：水泥用量 $C = 285\text{kg}$，粉煤灰用量 $F = 61\text{kg}$，矿渣粉 $K = 103\text{kg}$。

（5）外加剂及用水量的确定

1）胶凝材料需水量的确定　通过以上计算求得水泥和粉煤灰的准确用量后，按照胶凝材料的需水量比通过加权求和计算得到搅拌胶凝材料所需水量 W_1，具体计算式见式 4-25：

$$W_1 = (285 + 61 \times 1.05 + 103 \times 1.0) \times (27/100)$$
$$= (285 + 64 + 103) \times 0.27$$
$$= 122(\text{kg})$$

同时求得搅拌胶凝材料的有效水胶比 W_1/B，具体计算式见式 4-26：

$$W_1/B = 122/(285 + 64 + 103)$$
$$= 122/452$$
$$= 0.270$$

2）外加剂用量的确定　采用水胶比为 0.270，以推荐掺量 2%（9.3kg）外加剂进行最佳掺量试验，本设计使用聚羧酸减水剂，净浆流动扩展度达到 250mm，1h 保留值 245mm，与设计坍落度 240mm 一致，可以保证拌合物不离析、不泌水。

（6）砂子用量的确定

1）砂子用量的确定　石子的空隙率 $p = 41.5\%$，由于混凝土中的砂子完全填充于石子的空隙中，每立方米混凝土中砂子的准确用量为砂子的紧密堆积密度 $\rho_s = 1850\text{kg/m}^3$ 乘以石子的空隙率 41.5%，则砂子用量为（式 4-27）：

$$S = 1850 \times 41.5\%$$
$$= 768(\text{kg})$$

由于砂子含石率为 7%，含水率 2%，砂子施工配合比用量为：

$$S_0 = S/(1 - 7\%)/(1 - 2\%)$$
$$= (768 \div 93\%)/98\%$$
$$= 843(\text{kg})$$

2）砂子润湿用水量的确定　本设计用的砂子含水率 2%，故吸水率的取下限值为 5.7% $-2\% = 3.7\%$，上限值为 7.7% $-2\% = 5.7\%$，代入 4-28 和式 4-29：

$$即 W_{2\min} = 31(\text{kg})$$
$$W_{2\max} = 48(\text{kg})$$

（7）石子用量及用水量的确定

1）石子用量的确定　根据混凝土体积组成石子填充模型，计算过程不考虑含气量和砂子的空隙率。用石子的堆积密度 1650kg/m³ 扣除胶凝材料的体积以及胶凝材料水化用水的体积 $122/1000 = 0.122(\text{m}^3)$ 对应的石子，即可求得每立方混凝土石子的准确用量，则石子用量为（见式 4-30）：

$$G = 1650 - (285/3000 + 61/1800 + 103/2400) \times 2820 - (122/1000) \times 2820$$
$$= 1650 - 0.172 \times 2820 - 0.122 \times 2820$$
$$= 810(\text{kg})$$

考虑砂子的含石率，混凝土施工配合比中石子的用量 G_0 计算如下：

$$G_0 = G - S_0 \times 含石率$$

$$= 810 - 843 \times 7\%$$
$$= 751(\text{kg})$$

2）石子润湿用水量的确定　石子吸水率2%，用吸水率乘以石子用量 G 即可求得润湿石子的水量为（见式4-31）：

$$W_3 = 751 \times 2\%$$
$$= 15(\text{kg})$$

（8）总用水的确定

通过以上计算，可得混凝土搅拌胶凝材料所用水量为 $W_1 = 126\text{kg}$；润湿砂子所需的水 $W_2 = 31 \sim 48\text{kg}$；润湿石子所需的水 $W_3 = 14\text{kg}$；混凝土总的用水量为（见式4-32）：

$$W = 171 \sim 188\text{kg}$$

（9）C50混凝土配合比设计计算结果（表4-4）

表 4-4　C50混凝土配合比设计计算结果　　　　　单位：kg

材料名称	水泥	粉煤灰	矿渣粉	砂子	石子	外加剂	砂子用水量	石子用水量	胶凝用水量
单方用量	285	61	103	843	751	9.3	31~48	15	122

[例 4-6] 设计要求：C100 混凝土，坍落度 $T = 250\text{mm}$，抗渗等级 P15，抗冻等级 D300

原材料参数：P·O 42.5 水泥，$R_{28} = 50\text{MPa}$，细度 0.08mm 方孔筛筛余 3%，标准稠度需水量 $W = 27\text{kg}$

胶凝材料的比表面积：$S_c = 320\text{m}^2/\text{kg}$，$S_K = 400\text{m}^2/\text{kg}$，$S_{Si} = 20000\text{m}^2/\text{kg}$，$S_F = 150\text{m}^2/\text{kg}$

胶凝材料的密度：$\rho_{Co} = 3.0 \times 10^3 \text{kg/m}^3$，$\rho_K = 2.4 \times 10^3 \text{kg/m}^3$，$\rho_{Si} = 2.2 \times 10^3 \text{kg/m}^3$，$\rho_F = 1.8 \times 10^3 \text{kg/m}^3$

胶凝材料的需水量比：$\beta_F = 1.05$，$\beta_K = 1.0$，$\beta_{Si} = 1.0$

水泥、粉煤灰活性系数：$\alpha_1 = 0.67$，$\alpha_2 = 0.96$

填充系数：$u_4 = 7.1$

外加剂减水率：$n = 15\%$

砂子：紧密堆积密度 1850kg/m³，含石率 7%，含水率 2%

石子：堆积密度 1650kg/m³，空隙率 41.5%，吸水率 2%，表观密度 2820kg/m³

（1）配制强度的确定

因采用非统计验收，故配制强度取设计等级的 115%，设计强度取 $f_{cu,k} = 100\text{MPa}$ 代入下式：

$$f_{cu,o} = f_{cu,k} \times 115\%$$
$$= 100 \times 115\%$$
$$= 115(\text{MPa})$$

（2）水泥强度 σ 的计算

由于配制设计强度等级的混凝土选用的水泥是确定的，在基准混凝土配比计算时取水泥为唯一胶凝材料，则 σ 的取值等于水泥标准砂浆的理论强度值 σ，计算如下：

1）水泥在标准胶砂中体积比的计算是将标准砂密度 $\rho_{S0} = 2700\text{kg/m}^3$、拌合水密度 $\rho_{W0} = 1000\text{kg/m}^3$、水泥密度 $\rho_{C0} = 3.0 \times 10^3 \text{kg/m}^3$ 及（C_0、S_0、W_0）代入式 1-1：

$$V_{C0} = (450/3000)/(450/3000 + 1350/2700 + 225/1000)$$

$$= 0.15/(0.150 + 0.500 + 0.225)$$

$$= 0.15/0.875$$

$$= 0.171$$

2）水泥标准稠度浆体强度的计算是将水泥实测强度值 $R_{28} = 50\text{MPa}$、$V_{C0} = 0.171$ 代入式 1-2：

$$\sigma = 50/0.171$$

$$= 292(\text{MPa})$$

（3）水泥基准用量的确定

将 $W = 27\text{kg}$、$\rho_{C0} = 3.0 \times 10^3 \text{kg/m}^3$ 代入式 1-3：

$$\rho_0 = 3000 \times (1 + 27/100)/(1 + 3000 \times 27/100000)$$

$$= 2104(\text{kg})$$

每兆帕混凝土对应的水泥浆质量的计算是将 $\rho_0 = 2104\text{kg}$、$\sigma = 292\text{MPa}$ 代入式 1-4：

$$C = 2104/292$$

$$= 7.2(\text{kg/MPa})$$

将配制强度为 $f_{cu,0} = 115\text{MPa}$、$C = 7.2\text{kg/MPa}$ 代入式 4-12，基准水泥用量 C_{01} 为：

$$C_{01} = 7.2 \times 115$$

$$= 828(\text{kg})$$

（4）胶凝材料的分配

由于 C100 混凝土配比计算 C_{01} 较大，为了改善混凝土的工作性，降低水泥的水化热，预防混凝土塑性裂缝的产生，提高混凝土的耐久性，本设计选用矿渣粉和硅灰并部分代替水泥。计算方法确定将水泥的量对应于水泥标准检验的比例控制在 450kg，采用矿渣粉主要考虑活性系数，使用硅灰主要考虑填充效应，胶凝材料总量控制在 600kg 左右。当技术效果最佳时具体计算由联立式 4-20～式 4-22 求得。

联立三式可以准确求得：水泥用量 C，矿渣粉用量 K，硅灰用量 Si。但是在实际生产过程中，为了考虑成本和操作方便，笔者建议先确定水泥 $C_{0C} = 450\text{kg}$、矿渣粉代替水泥 $C_{0K} = 100\text{kg}$，其余的水泥用硅灰代替，则本设计中硅灰对应的基准水泥用量：

$$C_{Si} = C_{01} - C_{0C} - C_{0K}$$

$$= 828 - 450 - 100$$

$$= 278(\text{kg})$$

再用对应的水泥用量除以胶凝材料对应的活性指数 α_3 和填充系数 u_4，即可求得准确的矿渣粉和硅灰的准确用量 K 和 Si：

$$C = 450(\text{kg})$$

$$K = 100/0.96$$

$$= 104(\text{kg})$$

$$Si = 278 \div 7.1$$

$$= 40(\text{kg})$$

计算求得：水泥用量 $C=450\text{kg}$，硅灰用量 $Si=40\text{kg}$，矿渣粉 $K=104\text{kg}$。

（5）减水剂及用水量的确定

1）胶凝材料需水量的确定　通过以上计算求得水泥矿渣粉和硅灰的准确用量后，按照胶凝材料的需水量比通过加权求和计算得到搅拌胶凝材料所需水量 W_1，具体计算式见式 4-25：

$$W_1 = (450 + 104 \times 1.0 + 40 \times 1.0) \times (27/100)$$
$$= (450 + 104 + 40) \times 0.27$$
$$= 160(\text{kg})$$

同时求得搅拌胶凝材料的有效水胶比 W_1/B，具体计算式见式 4-26：

$$W_1/B = 160/(450 + 40 + 104)$$
$$= 160/594$$
$$= 0.269$$

2）外加剂用量的确定　采用水胶比为 0.269，以推荐掺量 2%（9.5kg）外加剂进行最佳掺量试验，本设计使用聚羧酸减水剂，净浆流动扩展度达到 280mm，1h 保留值 275mm，大于设计坍落度 240mm，因此以掺量 1.6% 进行外加剂的最佳掺量试验，净浆流动扩展度仍达到 250mm，1h 保留值 245mm，最后确定以 1.6% 作为最终的设计值，这样就可以保证配制的混凝土拌合物不离析、不泌水。

（6）砂子用量的确定

1）砂子用量的确定　石子的空隙率 $p=41.5\%$，由于混凝土中的砂子完全填充于石子的空隙中，每立方米混凝土中砂子的准确用量为砂子的紧密堆积密度 $\rho_s=1850\text{kg/m}^3$ 乘以石子的空隙率 41.5%，则砂子用量计算公式见式 4-27，代入已知数据：

$$S = 1850 \times 41.5\%$$
$$= 768(\text{kg})$$

由于砂子含石率为 7%，含水率 2%，砂子施工配合比用量为：

$$S_0 = [S/(1-7\%)]/(1-2\%)$$
$$= (768/93\%)/98\%$$
$$= 843(\text{kg})$$

2）砂子润湿用水量的确定　本设计用的砂子含水率 2%，故吸水率的取下限值为 5.7%－2%＝3.7%，上限值为 7.7%－2%＝5.7%，代入式 4-28 和式 4-29：

$$即 W_{2\text{min}} = 31(\text{kg})$$
$$W_{2\text{max}} = 48(\text{kg})$$

（7）石子用量及用水量的确定

1）石子用量的确定　根据混凝土体积组成石子填充模型，计算过程不考虑含气量和砂子的空隙率。用石子的堆积密度 1650kg/m^3 扣除胶凝材料的体积以及胶凝材料水化用水的体积 160L 对应的石子，即可求得每立方混凝土石子的准确用量，则石子用量计算为（见式 4-30）：

$$G = 1650 - (450/3000 + 104/2400 + 40/2200) \times 2820 - (160/1000) \times 2820$$
$$= 1650 - 0.211 \times 2820 - 0.160 \times 2820$$
$$= 604(\text{kg})$$

考虑砂子的含石率，混凝土施工配合比中石子的用量 G_0 计算如下：

$$G_0 = G - S_0 \times 含石率$$
$$= 604 - 843 \times 7\%$$
$$= 545(kg)$$

2）石子润湿用水量的确定　石子吸水率 2%，用吸水率乘以石子用量即可求得润湿石子的水量 W_3 为（见式 4-31）：

$$W_3 = 545 \times 2\%$$
$$= 11(kg)$$

（8）总用水的确定

通过以上计算，可得混凝土搅拌胶凝材料所用水量为 $W_1 = 160kg$；润湿砂子所需的水 $W_2 = 31 \sim 48kg$；润湿石子所需的水 $W_3 = 11kg$；混凝土总的用水量 W 为（见式 4-32）：

$$W = 202 \sim 217kg$$

（9）C100 混凝土配合比设计计算结果（表 4-5）

表 4-5　C100 混凝土配合比设计计算结果

单位：kg

材料名称	水泥	硅灰	矿渣粉	砂子	石子	外加剂	砂子用水量	石子用水量	胶凝材料用水量
单方用量	450	40	104	843	545	9.5	31~48	11	160

三、多组分混凝土配合比设计理论系统总结

（一）国内外研究状况

混凝土是我国建筑行业中用途最广、用量最大的建筑材料之一，全国每年就有数十亿立方米混凝土的需求，而且随着国家基础建设的加大投入，每年的混凝土用量仍呈递增趋势。伴随混凝土用量的增长，混凝土专业技术人员的增加，混凝土整体质量逐年提升，但和国外相比还存在较大差距，主要体现在混凝土的和易性和耐久性上。这是因区域的不同用于混凝土生产的原材料质量千差万别，而为了应付生产，找不到适合的原材料只能以次充好，就以混凝土胶凝材料来说，目前大量用于混凝土生产的胶凝材料是通用硅酸盐水泥中的普通硅酸盐水泥，众所周知，普通硅酸盐水泥是指由硅酸盐水泥熟料、$5\% \sim 20\%$ 的混合材料及适量石膏磨细制成的水硬性胶凝材料，而混合材是降低水泥材料成本的唯一途径，所以有些水泥厂为了追求水泥利润，加大混合材的掺加量，远超过 20% 混合材的限制，而这样的水泥运到混凝土搅拌站后在生产过程中还要掺加矿物掺合料，对于混凝土搅拌站来说，并不清楚水泥厂所掺加的混合材的种类和数量，于是就形成了生产混凝土经常出现的质量问题，如水泥和外加剂的适应性问题，混凝土滞后泌水，混凝土凝结时间不正常，混凝土开裂、碳化加剧，等等，大大增加了混凝土生产过程质量控制的难度。从 2000 年以来，国内多家混凝土咨询单位开始了相关的技术研究，具体思路就是做配合比试验，在试验室技术效果明显，降低成本的作用比较理想，而一旦投入使用，配制混凝土时使用的同等级水泥的用量就会增加，降低成本的目标就会受挫。最近几年这项技术的研究处于停滞状态。

在国外，欧美国家属于发达国家，由于大多数地区处于发达状态，建筑行业处于相对稳定的循环经济状态，建设总量较小，由于国外使用的水泥主要为纯硅酸盐水泥，砂石质量稳定，因此没有进行这方面的研究。

（二）多组分混凝土配合比设计理论的创新点

1. 建立了配制单位强度混凝土所需水泥量的计算公式

水泥强度的检验采用标准胶砂试验的方法，当标准养护的水泥胶砂试件破型检验时，标准砂并没有破坏，水泥浆体被压力破坏，因此认为纯水泥浆的强度与胶砂的标准养护强度不同。水泥水化形成的强度等于胶砂标准养护强度除以水泥浆在标准胶砂中的体积比。本章研究确定了水泥强度与混凝土配制强度之间直接的对应关系计算公式，建立配制单位强度混凝土所需水泥量的计算公式，这些计算公式在国内外属于首创，具体包括以下五部分：①水泥胶砂中水泥体积比的计算公式见式 1-1；②水泥胶砂中水泥水化形成的强度计算公式见式 1-2；③水泥胶砂中水泥浆体密度的计算公式见式 1-3；④提供 1MPa 强度所需水泥量的计算公式见式 1-4；⑤配制强度为 $f_{cu,0}$ 的混凝土基准水泥用量的计算公式见式 4-12。

2. 建立了掺合料活性和水泥取代系数的准确计算公式

建立掺合料活性和水泥取代系数的准确计算公式，强度等级在 C10～C60 之间的混凝土配制过程中主要利用粉煤灰和矿渣粉的活性系数，强度等级大于 C60 的混凝土在配制过程中主要考虑粉煤灰和矿渣粉的活性系数，灰粉的填充系数。这些计算公式在国内外属于首创，具体包括以下 7 个计算公式：①矿渣粉活性系数的计算公式见式 1-12；②粉煤灰活性系数的计算公式见式 1-8；③硅灰活性系数计算公式见式 1-15；④硅灰填充系数的计算公式见式 1-13；⑤水泥填充系数的计算公式见式 1-5；⑥粉煤灰填充系数的计算公式见式 1-6；⑦矿渣粉填充系数计算公式见式 1-10。

3. 建立了胶凝材料合理用水量的计算公式

为了改善混凝土的耐久性，胶凝材料的最佳水胶比为标准稠度用水量对应的水胶比，凝固后浆体形成的孔结构最合理，抗渗和抗冻效果最佳，建立了胶凝材料合理用水量的计算公式见式 4-25，这个计算公式在国内外属于独创。

4. 建立了外加剂掺量合理的调整方法

外加剂的调整以胶凝材料标准稠度为基准，外加剂的掺量以净浆流动扩展度达到 220～240mm 为基准，配制的混凝土在拌合物状态下，可以保证混凝土拌合物不离析、不泌水。这种复合胶凝材料需水量与外加剂检验的科学方法，解决了外加剂与水泥适应性之间的矛盾；这种方法在国内外属于独创，通过以上调整方法对外加剂的调整，将水泥、掺合料、外加剂、水分与混凝土的工作性、强度、耐久性紧密结合起来。

（三）多组分混凝土配合比设计方法的特点

1. 具有较宽的适应范围

以前的混凝土配合比设计是根据所需要的强度由水胶比定则计算出水胶比，再由用水量来确定胶凝材料用量。一般来说，对于不同强度等级的混凝土，用水量变化不大，但水胶比则变化很大。这将造成低强度等级混凝土由此而计算出的胶凝材料用量太少，而高强度等级混凝土计算出的胶凝材料用量太多，因此，传统的方法适应的范围较窄。本方法由于利用的是胶凝材料的最佳水胶比，根据混凝土设计强度等级与水泥的强度贡献之间的量化计算，结合掺合料的活性指数直接确定胶凝材料用量，采取分段计算方法，对于不同的强度等级段采取不同的计算方法，因而有较宽的适应范围，适用于 C10～C100 之间的各种高性能混凝土配合比设计。

2. 充分体现了矿物掺合料和化学外加剂的作用

矿物掺合料和化学外加剂已经成为现代混凝土不可缺少的组分,一种好的混凝土配合比设计方法必须能够体现这些组分的作用。在本方法中,从两个方面来反映这些组分对混凝土性能的贡献:一是通过对混凝土用水量的影响来体现这些组分的作用。在混凝土用水量确定时,以水泥标准稠度用水量为基准,考虑到减水剂对混凝土工作性的影响和作用,扣除了减水剂所能减少的水,不仅对于减水剂可以如此,对于矿物掺合料也可以采取类似的方法处理,如通过矿物掺合料需水量比来增减混凝土的用水量。二是通过填充强度贡献指数来反映矿物掺合料的作用。通过这些方面来反映矿物掺合料和化学外加剂的作用,更能适应现代混凝土的特点。

3. 保持较稳定的浆体体积率

浆体体积率对混凝土的诸多性能都有十分显著的影响,太多或太少的浆体含量都是不合适的。本方法采取了分不同强度等级段采取不同的确定胶凝材料用量的方法来控制混凝土中的浆体体积率,特别是对于低强度等级混凝土,采取控制胶凝材料总量基本不变,以矿物掺合料掺量来调节混凝土的强度,有效地避免了低强度等级混凝土浆体含量太少的问题。对于高强度等级混凝土,增加超细掺合料的份额,以防止混凝土浆体含量太多。这对协调混凝土其他性能有着很大的作用。

由于上述这些特点,本方法是不同于传统方法和其他方法的一种独特的方法,是一种适应现代混凝土特点的方法。

（四）混凝土石子填充法配合比设计方法的意义

多组分混凝土强度及配合比设计计算理论解决了利用硅酸盐系列水泥配制预拌混凝土的技术难题,实现了利用硅酸盐系列水泥配制不同强度等级的预拌混凝土时水泥用量的准确计算方法,技术效果明显,降低成本的作用比较理想,为这项技术的推广应用奠定了坚实的理论基础。

本项技术理论的研究成功对水泥行业、混凝土行业与外加剂行业的发展具有重大的指导意义。对合理使用水泥、矿物掺合料、砂、石和外加剂,特别是对推广应用硅酸盐系列水泥配制预拌混凝土,合理使用掺合料,减少运输量,解决外加剂的适应性,降低企业生产成本,节约社会资源,起到了技术桥梁的作用。

第三节　外加剂与水泥的适应性及混凝土的耐久性

一、水泥与外加剂的适应性

（一）水泥中 C_3A 含量对适应性的影响

铝酸三钙的水化反应迅速,且放热量大,通常在加水后几分钟内开始快速反应,石膏含量较少时,几小时就基本水化完全。其水化产物的组成与结构受溶液中氧化钙、氧化铝的浓度反应温度的影响很大。

化学反应式如下:

$$3CaO \cdot Al_2O_3 + 21H_2O \longrightarrow 4CaO \cdot Al_2O_3 \cdot 13H_2O + 2CaO \cdot Al_2O_3 \cdot 8H_2O$$

简写为:

$$C_3A + 21H \longrightarrow C_4AH_{13} + C_2AH_8$$

C_4AH_{13} 和 C_2AH_8 在常温下处于介稳状态，随时间延长会逐渐转变为更稳定的等轴立方晶体 C_3AH_6，该反应将随温度升高而加速进行，由于 C_3A 本身水化热很高，所以极易进行反应。当温度升高到 $25\sim40℃$ 以上时，甚至会直接生成 C_3AH_6 晶体；在高于 $80℃$ 时，几乎立即生成 C_3AH_6（即水石榴子石）。

为防止水泥的急凝或瞬凝，在水泥粉磨时需掺有一定量的石膏，以保证正常凝结时间，防止急凝的发生。

当石膏和氧化钙同时存在时，虽然 C_3A 也会快速水化生成 C_4AH_{13}，但接着 C_4AH_{13} 就会与石膏反应，反应方程式如下：

$$4CaO \cdot Al_2O_3 \cdot 13H_2O + 3(CaSO_4 \cdot 2H_2O) + 14H_2O \longrightarrow$$
$$3CaO \cdot Al_2O_3 \cdot 3CaSO_4 \cdot 32H_2O + Ca(OH)_2$$

简写为：

$$C_4AH_{13} + 3C\bar{S}H_2 + 14H \longrightarrow C_3A \cdot 3C\bar{S} \cdot H_{32} + CH$$

上述反应产物三硫型水化硫铝酸钙（$C_3A \cdot 3C\bar{S} \cdot H_{32}$）称为钙矾石。由于其中铝可被铁置换而成为含铝、铁的三硫酸盐相，故常用 AFt 表示。钙矾石不溶于碱溶液而在 C_3A 表面沉淀形成致密的保护层，阻碍了水与 C_3A 进一步反应，因此降低了水化速度，避免了急凝。

当 C_3A 尚未完全水化而反应剩余的石膏不足以形成钙矾石时，则 C_3A 水化所形成的 C_4AH_{13} 又能与先前形成的钙矾石继续反应生成单硫型水化硫铝酸钙，以 AFm 表示。反应方程式如下：

$$3CaO \cdot Al_2O_3 \cdot 3CaSO_4 \cdot 32H_2O + 2(4CaO \cdot Al_2O_3 \cdot 13H_2O) \longrightarrow$$
$$3(3CaO \cdot Al_2O_3 \cdot CaSO_4 \cdot 12H_2O) + 2Ca(OH)_2 + 20H_2O$$

简写为：

$$C_3A \cdot 3C\bar{S} \cdot H_{32} + 2C_4AH_{13} \longrightarrow 3(C_3A \cdot C\bar{S} \cdot H_{12}) + 2CH + 20H$$

当石膏剩余极少，在所有的钙矾石都转化成单硫型水化硫铝酸钙后，剩下尚未水化的 C_3A 将会继续反应生成 C_4AH_{13} 及 $C_4A\bar{S} \cdot H_{12}$ 和 C_3AH_6 的固溶体。

由上可知，C_3A 水化产物的组成和结构与实际参加反应的石膏量有重要关系，C_3A 和石膏参加反应的合理质量比例为 $270:136$，近似于 $2:1$。

当 C_3A 单独与水拌合后，几分钟内就开始快速反应，数小时后即完全水化，因此与外加剂的适应性很差。在掺有石膏时，反应则能延缓几小时后再加速水化，这是因为石膏降低了铝酸盐的溶解度，而石膏和氢氧化钙同时存在时则会更进一步使其溶解度减小到几乎接近于零，因此掺加石膏可以调整外加剂与水泥的适应性。当石膏用量控制在 $3\%\sim5\%$ 时，配制的水泥中 $C_3A<6\%$ 时外加剂与水泥的适应性都比较好。

（二）水泥中的 SO_3 对适应性的影响

1. 石膏的缓凝机理

对于石膏的缓凝机理，存在着不同的观点。目前，一般认为，石膏在 $Ca(OH)_2$ 饱和溶液中与 C_3A 作用，生成溶解度极低的钙矾石，覆盖于 C_3A 颗粒表面并形成一层薄膜，阻滞水分子及离子的扩散，延缓了水泥颗粒特别是 C_3A 的进一步水化，故防止了快凝现象。随着扩散作用的继续进行，在 C_3A 表面又生成钙矾石，当固相体积增加所产生的结晶压力达到一定数值时，钙矾石薄膜就会局部胀裂，而使水化继续进行，接着又生成钙矾石，直至溶液中的 SO_4^{2-} 离子消耗完为止。因此石膏的缓凝作用是在水泥颗粒表面形成钙矾石保护膜，阻碍水分子移动的结果。

2. 石膏的最佳掺量

经过笔者多年试验证明，石膏对水泥凝结时间的影响，并不与掺量成正比，并带有突变性。石膏掺量（以 SO_3 计）小于 1.3% 时，不足以阻止快凝，当 SO_3 含量继续增加，才有明显缓凝作用，而掺量超过 2.5%，对凝结时间的影响不大。因此，石膏最佳掺量是决定水泥凝结时间的关键。所谓石膏最佳掺入量是指使水泥凝结正常、强度高、安定性良好的掺量，石膏最佳掺入量是水泥加水 24h 石膏刚好被耗尽的数量。经过计算可知，C_3A 和石膏参加反应的合理质量比例为 270：136，近似于 2：1。由于水泥中的石膏是通过检测 SO_3 含量控制的，因此我们将 C_3A 和石膏的合理质量比例折算为 C_3A 和 SO_3 的比例 270：80，近似于 3.4：1。当水泥中 C_3A 含量小于 8% 时，控制水泥中 SO_3 含量 $2\%\sim3.5\%$ 可以有效解决欠缺 SO_3 引起的外加剂适应性问题。

（三）水泥需水量与比表面积对适应性的影响

在水泥水化过程中，水泥粉磨得越细，比表面积就越大，与水接触的面积也越大，需水量越大，对外加剂的吸附越多。在其他条件相同的情况下，水化反应就会越快，表现为外加剂与水泥的适应性越差。此外，细磨时还会使水泥内晶体产生扭曲、错位等缺陷而加速水化。但是增大细度，迅速水化生成的产物层又会阻碍水化作用的进一步深入，所以增加水泥细度，只能提高早期水化速度，降低了外加剂与水泥的适应性。

二、混凝土耐久性的改善

影响水泥混凝土耐久性的因素是多方面的，所处的环境和使用条件不同，对其耐久性的要求也不同，但是影响耐久性的因素却有许多相同之处，密实程度是影响耐久性的主要因素，其次是原材料的性质、施工质量等。密实程度主要取决于混凝土中浆体的孔结构，因此，混凝土耐久性的改善应从影响孔结构的因素着手。

（一）提高密实度，改善孔结构

正确设计混凝土的配合比，控制合理的水胶比，保证足够的胶凝材料用量，选择合理的集料级配，提高施工质量，采取适当的养护措施，保持水化的适宜温度和湿度，保证水泥水化硬化的正常进行，掺加合适的减水剂、加气剂等外加剂，可提高混凝土的密实度，改善孔结构。

施工中加强搅拌，可防止各组分产生离析分层现象，提高混凝土的均匀性和流动性，使拌合物能很好地充满模板，减少内部空隙；另外，强化振捣，增大混凝土的密实度，尽可能排出其内部气泡，减少显孔、大孔，尤其是连通孔，提高强度，从而提高抗渗能力，最终达到改善耐久性的目的。

采用减水剂可以在保证和易性不变的情况下，大大减少拌合用水量，从而减少混凝土内部孔隙，提高强度。如采用加气剂则可引入大量 $50\sim123\mu m$ 的微小气泡，隔绝浆体结构内毛细管通道，阻碍水分迁移，减少泌水现象；同时由于其变形能力大，因而可明显提高结构的抗渗、抗冻等能力。

（二）选择适当熟料矿物组成的水泥

水泥中的各熟料矿物对侵蚀的抵抗能力是不相同的，所以在使用水泥时。应根据环境的不同而选择不同熟料矿物组成的水泥，可改善水泥的抗蚀能力。

如降低熟料中 C_3A 的含量，相应增加 C_4AF 的含量，可以提高水泥的抗硫酸盐侵蚀的能力。研究表明，在硫酸盐作用下，铁铝酸钙所形成的水化硫铁酸钙或与硫铝酸钙的固溶体，系隐晶质呈凝胶状析出，而且分布比较均匀，因此膨胀性能远比钙矾石小。而且硫酸盐对侵蚀速度随 A/F 减小而降低，$A/F<0.7$ 时，水泥性能最稳定；$A/F=0.7\sim1.4$ 时，水泥稳定性较好；$A/F>1.4$ 时，水泥不能稳定存在。

由于 C_3S 在水化时析出较多的 $Ca(OH)_2$，而 $Ca(OH)_2$ 又是造成溶出侵蚀的主要原因，所以适当减少 C_3S 的含量，相应增加 C_2S 的含量，也能提高水泥的抗蚀性，尤其是抗淡水侵蚀的能力。

水泥中掺入石膏量不同，对水泥耐久性也有一定影响。具有合理颗粒级配和最佳石膏掺量的细磨水泥具有较强的抗海水侵蚀的能力。这主要是在水化早期，C_3A 快速溶解并与石膏生成大量钙矾石，此时水泥浆体尚具有足够的塑性，可将钙矾石产生的膨胀应力分散，不但不会产生膨胀破坏，反而使水泥石更加致密。若石膏掺量不足，生成大量单硫型水化铝酸钙，则会与外来侵蚀介质硫酸盐反应生成二次钙矾石，产生膨胀导致硬化浆体开裂。但应注意，石膏的最大掺量是保证钙矾石的生成在水化早期完成，以免在硬化后期产生膨胀破坏而影响安定性。

此外，严格控制水泥中碱含量，防止或明显抑制碱—集料反应，也是提高水泥耐久性的有效途径。

（三）掺加适量矿物掺合料

混凝土中掺加的掺合料的种类及其数量多少，也会影响耐久性。一般说来，硅酸盐水泥中，掺加火山灰质混合材料和粒化高炉矿渣，可以提高其抗蚀能力。因为熟料水化时析出的 $Ca(OH)_2$ 能与掺合料中所含的活性氧化硅相结合，生成低碱度的水化产物，反应式如下：

$$x Ca(OH)_2 + SiO_2 \cdot aq \longrightarrow 2CaO \cdot SiO_2 \cdot aq$$

在掺合料掺量一定时，所形成的水化硅酸钙中 C/S 接近于 1，使其平衡所需的石灰极限浓度仅为 $0.05\sim0.09g/L$，比普通硅酸盐水泥为稳定水化硅酸钙所需要石灰浓度低很多，因此在淡水中的溶析速度要显著减慢；同时，还能使水化铝酸盐的浓度降低，而且在氧化钙浓度降低的液相中形成的低碱性水化硫铝酸钙溶解度较大，结晶较慢，不致因膨胀而产生较大的应力。另外，掺加掺合料后，熟料所占比例减少，C_3A 和 C_3S 的含量相应降低，也会改善抗蚀性；而且由于生成较多的凝胶，硬化水泥浆体的密实性得到提高，抗渗性和抗蚀性得到了改善。所以说，火山灰质水泥和矿渣水泥的抗蚀性比硅酸盐水泥要强。矿渣水泥的抗硫酸盐性又随矿渣粉掺量的增加及矿渣粉中 Al_2O_3 含量的降低而提高。

但火山灰质水泥的抗冻性和大气隐定性不高，掺加火山灰质混合材料的水泥也不能抵抗含酸或镁盐的溶液侵蚀，在掺入烧黏土类火山灰质混合材料时，由于活性 Al_2O_3 含量较高，抗硫酸盐能力反而可能变差。

为保证水泥的正常水化，通常拌合用水量要大大超过理论上水化所需水量。当残留水分蒸发或逸出后，会留下相同体积的孔隙，这些孔的尺寸、形态、数量及其分布，是硬化水泥浆体的重要特征。硬化浆体中的孔分为毛细孔和凝胶孔两大类。由于在水化过程中，水不断被消耗，同时本身产生蒸发，使原来充水的地方形成空间，这些空间被生长的各种水化产物不规则地填充，最后分割成形状极不规则的毛细孔，其尺寸大小一般在 $10\mu m \sim 100nm$ 的范围内。另外，在 C-S-H 凝胶所占据的空间中存在凝胶孔，其尺寸更为细小，用扫描电子显微镜也难以分辨。关于其具体尺寸大小，各研究者观点尚未统一。

还有人将凝胶孔分为胶粒间孔、微孔和层间孔三种，孔的尺寸在极为宽广的范围内变化，孔径可从 $10\mu m \sim 0.0005\mu m$。实际上，孔的尺寸具有连续性，很难明确地划分界限。对于一般的硬化水泥浆体，总空隙率常常超过 50%，因此，它就成为决定水泥石强度的重要因素。尤其当孔半径大于 100nm 时，就成了强度破坏的主要原因。但一般在水化 24h 以后，硬化浆体大部分（70%～80%）的孔径已在 100nm 以下。

由于水化产物，特别是 C-S-H 凝胶的高度分散性，其中又包含有数量如此众多的凝胶孔，所以硬化水泥浆体具有极大的内表面积，巨大的内表面积必然处于高能状态，而表面能减小等趋势产生的表面效应，成了决定水泥浆体性能的一个重要因素。

第四节　多组分混凝土配合比设计及强度计算机软件

一、配合比设计计算基础

混凝土配合比设计和强度计算软件以多组分混凝土理论作为数字化混凝土配合比设计及强度计算的技术基础理。可以对混凝土进行配合比设计和强度预测，以达到配合比设计和强度计算的便捷、准确。数字化混凝土配合设计与强度预测计算软件的原理思路方框图如图4-2所示。系统由原材料录入模块、强度预测模块、配合比设计模块、预测强度计算模块和设计报告模块等组成。

本软件设计原理是以多组分混凝土强度理论为编写依据，这种基于数字化的混凝土配合比设计和强度计算软件，将使混凝土的配合比设计、强度预测、数据分析更加便捷、准确，提高了对混凝土生产和施工过程中的质量控制能力。

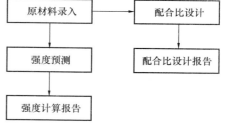

图 4-2　软件原理方框图

二、功能说明

（一）通过已知混凝土配合比计算强度

通过已知的混凝土配合比设计单预测 28d 混凝土抗压强度，以验证该配合比设计的合理性。

（二）通过已知原材料性能实现配合比设计

通过录入各原材料的性能参数及设计强度等级，根据多组分混凝土强度理论提供的计算公式，计算出现有原材料性能下的最佳混凝土配合比并预测 28d 抗压强度。

以上强度计算是根据多组分混凝土强度理论提供的强度计算公式，结合混凝土配合比或各原材料的现有性能，计算出 28d 强度。

（三）打印

完成配合比设计、强度计算、数据分析后打印结果以备查阅。

三、软件模块

（一）功能选择模块

本模块负责软件整体功能选择，由此来选择进入配合比设计模块或者依据已知配合比进行强度预测模块。

（二）强度计算及配合比合理性分析模块

进入该模块后依次输入

（1）强度等级：C10～C100。

（2）水泥种类：32.5、42.5、52.5。

（3）水泥用量：每立方米混凝土所用的千克数，未用的添0。

（4）矿渣粉用量：每立方米混凝土所用的千克数，未用的添0。

（5）硅灰用量：每立方米混凝土所用的千克数，未用的添0。

（6）粉煤灰用量：每立方米混凝土所用的千克数，未用的添0。

（7）用水量：每立方米混凝土所用的千克数，未用的添0。

（8）砂子用量：每立方米混凝土所用的千克数，未用的添0。

（9）砂子种类：中砂、粗砂。

（10）石子用量：每立方米混凝土所用的千克数，未用的添0。

（11）石子种类：卵石、碎石、碎卵石。

（12）外加剂用量：占每立方米混凝土胶凝材料的百分比。

完成输入后按"计算"键，完成强度计算。

按"保存"键，回到功能选择模块。

（三）配合比设计模块

进入该模块后依次输入

1. 强度等级

C10～C100。

2. 水泥性能参数

包括：细度（％）、比表面积（m^2/kg）、需水量（kg）、密度（kg/m^3）、实测强度（MPa）、初凝时间（h：min）、终凝时间（h：min），三氧化硫（％）。

3. 粉煤灰性能参数

包括：等级（Ⅰ、Ⅱ、Ⅲ）、活性指数、需水量比、细度（％）、烧失量（％）、三氧化硫（％）、比表面积（m^2/kg）、密度（kg/m^3）。

4. 矿渣粉性能参数

包括：活性指数、需水量比、比表面积（m^2/kg）、烧失量（％）、流动比、密度（kg/m^3）、三氧化硫（％）。

5. 硅灰性能参数

包括：比表面积（m^2/kg）、活性指数、需水量（kg）、密度（kg/m^3）。

6. 外加剂（水剂）性能参数

包括：含固量（%）、减水率（%）、含碱量（%）。

7. 砂子性能参数

包括：品种（中砂、粗砂）、密度（kg/m³）、含泥量（%）、紧密堆积密度（kg/m³）、含水率（%）、细度模数。

8. 石子性能参数

包括：品种（卵石、碎石、碎卵石）、堆积密度（kg/m³）、表观密度（kg/m³）、空隙率（%）、吸水率（%）、含泥量（%）、级配（连续、单一）、最大粒径（mm）、压碎指标（%）、针片状含量（%）。

完成输入后按"计算"键，完成配合比设计。

按"保存"键，回到功能选择模块。

（四）计算结果显示模块

根据最新的多组分混凝土强度理论提供的计算公式，结合混凝土配合比得到计算结果包括水泥、矿渣粉、硅灰、粉煤灰、水、水化用水量、砂子、石子、砂率、水胶比、验证强度等，显示在界面。

（五）报告模块

根据多组分混凝土强度理论，结合现有的原材料基本性能参数，得到了混凝土配合比设计报告，具体包括设计强度、胶材总量、水泥用量、粉煤灰用量、矿渣粉用量、硅灰用量、砂子用量、石子用量、外加剂用量、外加剂种类、用水量、验证强度等。

按"打印"即可打印配合比设计和强度预测报告，按"保存"即可保存配合比设计和强度预测报告，按"打开"可打开已经存储的配合比设计和强度预测报告。

混凝土配合比设计计算软件根据多组分混凝土强度理论，设计出了基于数字化的混凝土配合比设计和强度预测计算软件，实现了已知混凝土配合比时混凝土28d强度的预测；实现了依据现有的原材料基本性能完成混凝土配合比设计，使混凝土配合比设计与强度预测功能统一，使用简便、可靠、直观，为混凝土生产提供了可靠的计算技术基础。

（六）多组分混凝土配比设计计算使用说明书

1. 软件功能

多组分混凝土配比设计计算软件包括多组分混凝土配合比设计和强度计算两部分。配合比设计部分主要用来进行已知原材料参数和混凝体配制技术要求时混凝土配合比的设计，设计的强度等级由C10～C100；强度计算部分主要用来预测已知原材料参数和配合比的混凝土强度的预测，预测强度等级范围由C10～C100。

2. 软件计算技术参数基础

原材料参数包括水泥的品种、强度等级、实际强度值、比表面积、密度和初终凝时间；粉煤灰、矿渣粉及硅灰的分级、活性系数、比表面积和密度；砂石的含泥量、泥块含量、密度、堆积密度及碱含量；外加剂的减水率、掺量及碱含量。

四、混凝土配合比设计计算软件的使用

（一）适用范围

混凝土配合比设计计算软件是混凝土在配合比设计过程中用于配比设计计算的软件，主要包括原材料参数的录入、中间参数的计算及保存，混凝土配合比的设计计算、结果的保存及打印，对于已知配合比的混凝土进行强度的预测推定、结果的保存及打印。

（二）软件的使用

1. 注册

用鼠标双击多组分混凝土配比设计计算软件图标，单击获取注册码按钮，然后按提示操作再重新启动软件即可使用。

2. 点击混凝土计算器

打开电脑，点击混凝土计算器出现如图 4-3 所示界面。

图 4-3　软件文件界面

3. 进入计算程序

在图 4-3 所示界面中，点击如图 4-4 所示图标。

图 4-4　软件图标

点击后进入主界面，左上角有"原材料技术参数"、"配合比设计"、"强度推定"三个按钮，点击左上角左侧"原材料技术参数"出现如图 4-5 所示原材料录入界面。

点击左上角中间"配合比设计"进入配合比设计界面，如图 4-6 所示。

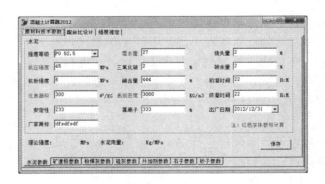

图 4-5　所示原材料录入界面

点击左上角右侧"强度推定"进入强度计算界面，如图 4-7 所示。

4. 原材料参数的录入

点击左上角原材料录入按钮，根据实验结果将原材料检测结果录入。

（1）水泥

点击左下角水泥参数，出现水泥参数录入界面，总共需要录入按照国家标准检测的 16 项指标参数，详见界面图，其中抗压强度、需水量、比表面积和表观密度是必填项目，录入完成后点击保存按钮即可，如图 4-8 所示。

（2）矿渣粉

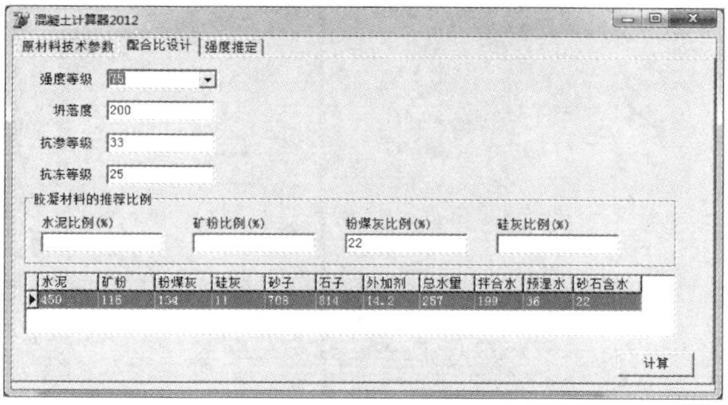

图 4-6　配合比设计界面

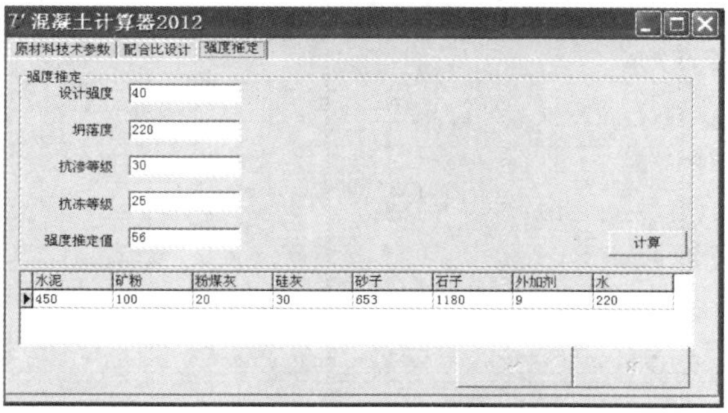

图 4-7　强度计算界面

图 4-8　水泥参数录入界面

　　点击左下角矿渣粉参数，出现矿渣粉参数录入界面，总共需要录入按照国家标准检测的16 项指标参数，详见界面图，其中对比强度、活性指数、需水量比、比表面积和表观密度是必填项目，录入完成后点击保存按钮即可，如图 4-9 所示。

　　（3）粉煤灰

　　点击左下角粉煤灰参数，出现粉煤灰参数录入界面，总共需要录入按照国家标准检测的16 项指标参数，详见界面图，其中对比强度、活性指数、需水量比、比表面积和表观密度是必填项目，录入完成后点击保存按钮即可，如图 4-10 所示。

　　（4）硅灰

　　点击左下角硅灰参数，出现硅灰参数录入界面，总共需要录入按照国家标准检测的 15

图 4-9　矿渣粉参数录入界面

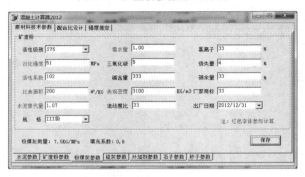

图 4-10　粉煤灰参数录入界面

项指标参数，详见界面图，其中对比强度、活性指数、需水量比、比表面积和表观密度是必填项目，录入完成后点击保存按钮即可，如图 4-11 所示。

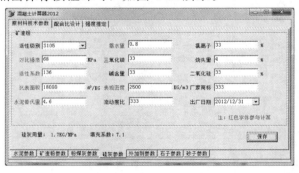

图 4-11　硅灰参数录入界面

（5）外加剂

点击左下角外加剂参数，出现外加剂参数录入界面，总共需要录入按照国家标准检测的 11 项指标参数，详见界面图，其中减水率和推荐掺量是必填项目，录入完成后点击保存按钮即可，如图 4-12 所示。

（6）石子

点击左下角石子参数，出现石子参数录入界面，总共需要录入按照国家标准检测的 14 项指标参数，详见界面图，其中空隙率、吸水率、堆积密度和表观密度是必填项目，录入完成后点击保存按钮即可，如图 4-13 所示。

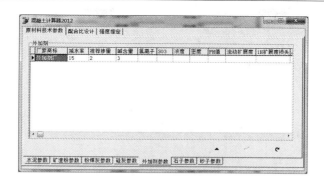

图 4-12　外加剂参数录入界面

图 4-13　石子参数录入界面

（7）砂子

点击左下角砂子参数，出现砂子参数录入界面，总共需要录入按照国家标准检测的 12 项指标参数，详见界面图，其中含水率、含石率和紧密堆积密度是必填项目，录入完成后点击保存按钮即可，如图 4-14 所示。

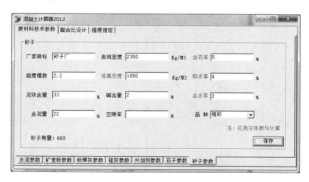

图 4-14　砂子参数录入界面

5. 配合比的设计计算

点击左上角"配合比设计"按钮，出现配合比设计参数录入界面，总共需要录入用户提出的 8 项技术参数，其中设计强度等级、坍落度、抗渗等级、抗冻等级和胶凝材料比例是必填项目，如图 4-15 所示。

录入完成后点击计算按钮即可得到配合比计算结果界面，如图 4-16 所示。

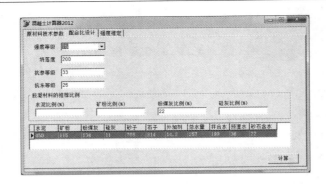

图 4-15　配合比设计界面

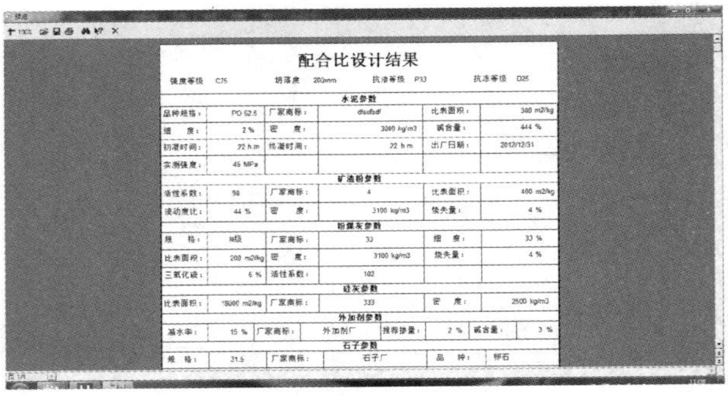

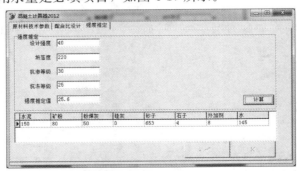

图 4-16　配合比计算结果界面

6. 混凝土强度的推定计算

点击左上角"强度推定"按钮，出现强度推定参数录入界面，总共需要录入用户提出的 12 项技术参数，其中设计强度等级、坍落度、抗渗等级、抗冻等级、胶凝材料用量、砂石用量、外加剂用量和用水量是必填项目，如图 4-17 所示。

图 4-17　强度推定界面

录入完成后点击计算按钮即可得到强度计算结果界面，如图 4-18 所示。

自 2000 年编制了计算软件以来，我们采用该理论模型和软件进行配合比设计配制的 C10～C100 高性能混凝土、大体积混凝土、防辐射混凝土、纤维防裂混凝土和自密实混凝土已经成功在中国国家大剧院、鸟巢、水立方、国家体育馆、首都机场三号航站楼、京津城际铁路、老山自行车馆、五棵松文化体育中心、杭州湾跨海大桥、山东海阳核电站、石济客专、营口港、南水北调和西气东输等重点工程，验证了多组分混凝土强度理论数学模型的正

图 4-18　强度计算结果界面

确性和结合混凝土体积组成石子填充模型用于混凝土配合比设计编制的软件的实用性，取得了良好的技术效果，表 4-3 为北京双桥地铁和京沈高速连接段施工过程中采用多组分混凝土理论和本计算软件配制的部分混凝土生产检验数据。

表 4-3　采用多组分混凝土理论和本计算软件配制的混凝土生产检验数据

混　凝　土　强　度　统　计																
强度等级	配　合　比								各　龄　期　强　度（MPa）							
	C	K	F	S	G	Y	W_{2+3}	W_1	3d	7d	14d	21d	28d	31d	35d	56d	90d
C20	181	51	86	952	913	7. 95	88	94	18	31	39	43	45	46	46	49.3	49.5
C30	236	60	79	1019	786	7. 5	54	150	16	29	34	38	39	42	45	44.6	49.4
C40	271	79	72	952	744	8. 44	88	118	24	38	48	50	50	56	55	58	59.5
C50	306	99	89	1019	575	9. 88	54	129	39	45	56	66	65	62	64	72.8	77.1
C50	306	99	89	1019	575	7. 9	54	149	33	47	52	60	66	62	66	69.1	77.1
C60	371	144	39	1019	484	9. 97	54	139	37	56	64	68	76	75	78	79.4	81.6
C60	403	117	53	1029	404	9. 74	95	108	40	54	—	—	69	73	72	—	69.7
C60	363	117	53	1029	470	9. 06	95	107	37	48	—	—	60	73	67	—	68.8

通过以上数据可以发现，水灰比决定强度的观点不是通用的，用标准稠度用水量对应的水胶比配制混凝土可以实现混凝土拌合物工作性、强度的协调统一，适用于配制工作强度等级的混凝土。

第五章　混凝土的生产供应

第一节　生　产

预拌混凝土企业的生产过程主要由材料储备、上料计量、投料搅拌和出料四部分组成。

一、材料的储备

（一）水泥和掺合料

预拌混凝土企业，一般均采用散装的水泥和掺合料，由罐车运送，通过高压气泵直接打入料仓。由于水泥和掺合料均为极细的粉状材料，具有巨大的表面积，吸湿能力极强。因此，水泥和掺合料应储存于密闭的混凝土储仓或钢制储罐内，以防受水分和潮湿空气的影响。

（二）砂、石的储备

砂、石通常存放于露天堆场。为了保证集料的质量及使用方便，原材料堆场地坪应采用混凝土地面，且有良好的排水功能。

（三）水和外加剂的储存

通常，水采用混凝土结构的水池储存。如为地下水池应有良好的防渗能力，防止污水（包括雨水和其他水）的渗入或流入。

外加剂常采用混凝土结构的储仓或钢制储罐。应能防止其他流态物质（包括水）的进入，同时还应有良好的防止蒸发和结晶的措施。

二、上料计量

（一）水泥和掺合料

水泥和掺合料的上料常采用螺旋输送机。在称量时，有的采用各自单独计量，也可以采用叠加法计量。为了减少计量误差，应准确估计落料差数。为了防止误投，可将掺合料计量斗配置适当些，不宜过大。

（二）砂、石

砂、石的上料通常采用皮带运输机运送。称量时，采用分别计量的较多。为了提高配料速度和生产能力，不影响下一盘的计量，可在计量斗和搅拌机间设中间存料斗。

（三）水和外加剂

水和外加剂的计量应按质量计。若采用体积计量，应对水和外加剂进行准确的密度测试与体积换算，以便保证投料的实际数量（质量）。由于水与外加剂的加入量相差较为悬殊，故以分别计量为好。计量后应将外加剂置入水中，与水同时投入搅拌机。

（四）计量允许偏差

根据《预拌混凝土》（GB/T 14902—2012）的规定，原材料的计量允许偏差不应超过表5-1规定的范围。

表 5-1　预拌混凝土原材料计量允许偏差　　　　单位：%

原材料品种	水泥	集料	水	外加剂	掺合料
每盘计量允许偏差	±2	±3	±2	±2	±2
累计计量允许偏差[a]	±1	±2	±1	±1	±1

a　累计计量允许偏差，是指每一运输车中各盘混凝土的每种材料计量和的偏差。该项指标仅适用于采用微机控制的搅拌站。

三、投料搅拌

为了保证混凝土的质量，应按要求调整投料顺序和搅拌时间。投料一般先是集料，再是粉料（水泥及掺合料），最后是液体料（水及外加剂）。冬期搅拌混凝土的合理投料顺序应与材料加热条件相适应，一般是先投入集料和加热的水，搅拌一定时间、水温降低到40℃时，再投入水泥，继续搅拌到规定时间，避免水泥假凝。

四、出料

经过充分搅拌后即可出料。为了加快生产速度，可使搅拌机下的储存料斗具有储存1～2盘的能力。

第二节　预拌混凝土的供应

预拌混凝土搅拌站的混凝土供应程序，一般分为：接受需方订货申请→下达生产任务→投入生产→出厂检验→运输→交货等过程。一般的预拌混凝土企业的供应过程如图5-1所示。

在供货时试验室应向需方提供：

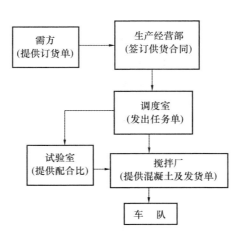

图 5-1　预拌混凝土的供应程序

（1）混凝土开盘鉴定证明（3 份）。

（2）原材料检验报告。

（3）混凝土配合比设计报告。

一、接受需方订货申请

生产经营部门与需方签订预拌混凝土供销合同后，在需方用货前应填写"预拌混凝土订货单"，"预拌混凝土订货单"的格式见表 5-2。

表 5-2 预拌混凝土订货单

订货日期： 年 月 日 　　　　　　　　　　　　　　　　　　　　　　编号：

订货单位	（加盖印章）			联系人	姓名				
					电话				
施工单位				联系人	姓名				
					电话				
工程名称				交货地点					
浇筑部位				浇筑方法	泵送（ ） 非泵送（ ）				
技术要求				标记					
品种（1）	强度等级	C		坍落度	mm	石最大粒径	mm	其他性能要求	供货时间	时分
	数量	m³								
品种（2）	强度等级	C			mm		mm			时分
	数量	m³								
混凝土强度评定方法				备注					

在需方用货前，应填写"预拌混凝土订货单"。填写时应内容齐全，不漏项。并要加盖订货单位印章。这种做法主要是为了使供方了解需方的要求。同时也会防止发生供货错误。生产经营部门接到"预拌混凝土订货单"后应立即通知生产调度。但是，由于这种做法既麻烦又不容易操作，这道手续往往被省略，而是由需方通过电话的方式直接通知搅拌站生产调度。

当需方对混凝土有特殊要求时，搅拌站应提前派技术人员与施工单位人员联系了解工程有关情况，以便提前做好生产准备。

二、签发"混凝土生产任务单"

生产调度部门收到"混凝土订货单"或得到需方的用货通知后，应及时签发"混凝土生产任务单"，"混凝土生产任务单"的格式见表 5-3。

表 5-3 混凝土生产任务单

年 月 日 　　　　　　　　　　　　　　　　　　　　　　　　　　　编号：

工程名称				施工单位	
浇筑部位				联系人	
混凝土标记				特殊要求	
强度等级	C	数量	m³	石子规格	mm
施工方法	泵送（ ）、非泵送（ ）			坍落度	mm
送货地点				开盘时间	时 分开盘

签发人： 　　　　　　　签收人：

"混凝土生产任务单"既是调度向有关部门下达生产任务的命令，也是有关部门在预拌混凝土生产之前组织生产的依据。

"混凝土生产任务单"是生产经营部门依据需方的"预拌混凝土订货单"或其他形式的通知签发给技术质量部门（质量检验科、试验室等）、生产部门（搅拌车间）及运输部门（车队）的一种生产命令（通常一式四份）。"混凝土生产任务单"的内容应包括施工单位及联系人、工程名称、浇筑部位、混凝土的品种、强度等级、坍落度及特殊性能要求、石子规格、需用的方量数、施工方法、交货地点和开盘时间等内容。生产任务单的填写要准确、清楚、齐全。"混凝土生产任务单"的签发要及时，任务要明确，交货地点要清楚，开盘时间要准确。

三、生产前的准备工作

各有关部门收到生产任务单后，应立即做好各项生产准备工作。

（一）技术部门的生产前准备工作

1. 确定混凝土拌合物的出厂坍落度

生产技术部门（试验室）应首先了解需方对混凝土拌合物坍落度的要求；然后，根据当时的天气条件、交货地点的距离、工程结构的特点、施工方法及供货速度等情况确定混凝土拌合物的坍落度，估计坍落度损失，并以此确定混凝土拌合物的出厂坍落度。

2. 调整并确定混凝土的配合比

生产前，应根据厂内现有原材料情况对原有配合比通过试配进行必要的调整，以便防止材料的性能波动对原配合比的混凝土性能产生较大的改变。这些改变主要影响拌合物的和易性，因此，要对原配合比做适当的调整。

3. 原材料

（1）水泥和掺合料

水泥和掺合料的品种、等级、生产厂家甚至不同的生产批次，其细度、凝结时间、强度都有所不同。因此，将会影响混凝土拌合物的用水量、坍落度及坍落度损失以及混凝土强度。当厂内现有水泥与试配时所采用的水泥不同时，应对配合比进行必要的调整。

（2）集料的级配

在实际生产中，由于材料供应条件的不同，砂石集料的级配常发生改变。级配的改变会改变所拌制混凝土拌合物的和易性。级配的改变，主要表现为其空隙率的改变。当粗集料的级配发生变化，可采用调整砂率的方法来解决，使粗细集料混合后的堆积密度增大，并且越大越好。若砂的级配发生改变，则可在保证原设计水胶比不变的情况下调整水泥浆的用量。

集料的级配可以采取一定的措施来改善，最常见的方法就是采用两种不同级配或不同粗细的集料通过筛分析试验进行掺配，使掺配后的级配满足原级配要求，甚至还可能优于原级配。

（3）砂的粗细

在生产中，砂粗细的变化也是经常发生的。砂粗细的变化主要影响混凝土拌合物的和易性。当砂偏细时，会使混凝土拌合物变稠，坍落度变小。此时可采用增加减水剂用量的措施，提高流动性，或者适当的降低砂率。若砂偏粗，会使混凝土拌合物变稀，坍落度提高，且保水性变差，此时，可适当的提高砂率。

砂的细度模数的调整也可以采用两种不同模数的砂进行掺配的方法来实现。

4. 签发"混凝土配合比通知单"

技术质量部门依据"混凝土生产任务单"的各项要求，经过对原有配合比的试配和调整，符合要求后即可向生产部门（搅拌车间）签发"混凝土配合比通知单"，"混凝土配合比通知单"的格式见表 5-4。

表 5-4　混凝土配合比通知单

年　月　日　　　　　　　　　　　　　　　　　　　　　　　　　　　　　　编号：

工程名称		任务单编号	
浇筑部位		混凝土标记	
强度等级		坍落度	

混凝土配合比　　　　　　　　　　　　配合比编号：

材料称名	水泥	砂	石子		掺合料		外加剂		水
			1	2	1	2	1	2	
品种规格									
配合比									
每 m³ 混凝土用量（kg）									

混凝土生产配合比

实测含水率									
每 m³ 混凝土用量（kg）									
其他说明									

批准：　　　　　　　审核：　　　　　　试验员：

"混凝土配合比通知单"的填写要项目齐全、准确无误。其内容应包括工程名称、浇筑部位、混凝土的性能要求（强度、坍落度及特殊性能要求）、原配合比设计编号、各种原材料的品种规格及配合比。

"混凝土配合比通知单"上还应根据砂石集料的实测含水率给出生产时的每立方米混凝土各种原材料的投料量。

签发时，应做好交接手续。有些搅拌站为了使混凝土配合比准确无误的输入生产控制电脑，采取由试验人员进行输入操作的办法，也有的搅拌站采取由电脑操作员输入，试验人员核实的办法。

5. 准备各种技术文件

在生产前，质量技术部门要准备好应提供给需方的各种技术文件。这些文件包括：预拌混凝土出厂质量证明书、混凝土配合比报告单和其他技术要求文件。

（1）预拌混凝土出厂质量证明书

预拌混凝土出厂质量证明书应包括出厂合格证编号、合同编号、供方、需方、供货日期、工程名称、浇筑部位、供货量、混凝土标记、强度及性能要求指标、原材料的品种规格、原材料的生产合格证号及复试单编号、混凝土配合比编号、交货坍落度等内容，预拌混凝土出厂质量证明书格式见表5-5。

表5-5　预拌混凝土出厂质量证明书

年　月　日　　　　　　　　　　　　　　　　　　　　　　　　　编号：

供方		需方				
工程名称及浇筑部位			合同编号			
混凝土标记			供应数量			
强度等级			其他性能要求			

混凝土原材料质量证明

材料名称	水泥	砂	石子	水	掺合料		外加剂	
					1	2	1	2
品种规格								
产地及厂家								
合格证号								
复试单编号								
配合比编号								
交货坍落度								

搅拌站技术负责人：　　　　　　　　　　　　搅拌站（盖章）

（2）混凝土配合比报告单

混凝土配合比报告单的格式见表5-6。

表5-6　混凝土配合比报告单

年　月　日　　　　　　　　　　　　　　　　　　　　　　　　　编号：

工程名称		强度等级	
浇筑部位		坍落度	
浇混土标记		性能要求	

混凝土配合比　　　　　　配合比编号：

材料名称	水泥	砂	石子		掺合料		外加剂		水
			1	2	1	2	1	2	
产地及生产厂家									
品种及规格									
合格证编号									
配合比									
每 m³ 混凝土用量（kg）									
备注									

批准：　　　　　　审核：　　　　　　试验：

（3）其他技术要求文件

混凝土碱含量报告、氯离子、含气量报告等。

（二）生产部门在生产前的准备工作

生产部门在生产前应做好原材料、机械设备及人员的准备工作。

1. 原材料的组织

生产部门接到生产任务单后应根据生产任务的要求，了解所需原材料的品种、规格及现有储备量是否能满足生产任务的要求。当某种材料不能满足要求时，应及时向材料部门反映，以便及时组织货源。若所需材料不能及时供应时，应立即与技术部门联系通过技术手段解决。

2. 机械设备的检查与试运转

在生产前，应做好上料系统、计量系统及搅拌机的检查。检查上料系统能否正常运转，有无顶、卡及皮带跑偏现象。计量系统能否准确称量；空载时，计量显示仪能否对零；各称量斗内是否存有余料或积水，如有余料或积水应及时排除。对搅拌机进行空运转检查。

3. 人员安排

根据任务情况及任务量的大小，合理安排生产操作人员。

（三）运输车队在生产前的准备工作

运输车队在接到生产任务后的准备工作主要是选择行车路线、选派驾驶员以及办理相关手续。

1. 选择行车路线

运输车队在接到生产任务后，首先应明确供货地点并选择最佳的行驶路线，应使距离最短、路况通畅，确保在最短的时间内将混凝土运送到工地。并应在确定路线后，对选定路线进行必要的察看。了解道路的宽阔程度、平坦与否、是否有限高的涵洞及其他障碍物、限载的桥梁等情况，并应将路况事先通知驾驶员。

2. 选派驾驶员

运输车队应根据生产任务量、混凝土供应速度、送货地点及交通状况，确定搅拌运输车的数量，并选派适当的驾驶人员。

3. 办理相关手续

在城市里，往往对一些车辆的行驶有限时路段、禁行路段，为了更好的完成供应任务，应在生产前到有关部门办理市区通行手续。

四、预拌混凝土的生产与供应中应注意的问题

当生产调度接到需方需用预拌混凝土信息后可组织有关人员察看工地，以便了解现场情况，更好地指挥生产。当生产调度接到需方浇筑混凝土的准确时间（即交货时间）后，应立即确定开机时间，并通知有关部门进入生产状态。

到货时间＝开机时间＋行程时间

（一）生产部门（搅拌车间）

（1）在生产过程中，操作人员应认真核查上料时原材料的品种、规格，认定上料是否正确，以防误投。

（2）应随时注意观察计量情况，若出现异常现象立即检查调整。

（3）应检查搅拌机空转是否正常，下料程序和搅拌时间是否按规定进行。

（4）在生产过程中，应对机械设备的运转情况、原材料的上料情况进行巡查。

（5）对每一盘混凝土的出料情况应予目测，如拌合物的和易性和坍落度发生异常现象应及时分析其原因，必要时应由质量技术部门进行解决。

（二）质量技术部门（试验室）

（1）质量技术部门在开始生产后，应首先做好预拌混凝土的出厂检验，其内容为坍落度和强度。

为了保证出厂的混凝土拌合物满足施工的要求（交货时坍落度的要求），应对出厂的第一、二、三盘混凝土拌合物的和易性和稠度进行目测，必要时应进行实测。同时，抽取试样，制作出厂检验试件。

在生产过程中，还应进行必要的巡视，随时掌握出厂预拌混凝土的坍落度情况。

（2）在生产过程中，试验人员应随时了解集料含水量的变化情况，并及时调整生产配合比。

（3）质量技术部门应选派试验人员到现场配合或指导需方有关人员做好交货检验，进行抽样、坍落度测试、试件制作、养护及试验工作。

（三）运输车队

（1）搅拌运输车在装料前应将筒内的积水或其他杂物排尽。

（2）搅拌运输车在发货时应随车向需方提供"混凝土配合比报告单"、"预拌混凝土出厂质量证明书"及其他有关技术文件。某些地区还要求提供混凝土原材料质量合格证及复试报告单。

此外，预拌混凝土出厂时还应向需方签发"预拌混凝土发货单"，作为交货及结算的凭证和依据。"预拌混凝土发货单"的内容应包括工程名称、浇筑部位、合同编号、交货地点、混凝土标记、强度等级、坍落度、其他性能要求、生产时间、到达时间、运输车号及司机姓名、本车供应量和累计数量。其格式见表5-7。交货时应做好交接手续。

表5-7　预拌混凝土发货单

年　月　日　　　　　　　　　　　　　　　　　　　　　编号：

工程名称			合同编号		
交货地点			浇筑部位		
混凝土标记			出厂时间		时　分
强度等级		坍落度	其他性能要求		
运输车号		司机姓名	到达时间		时　分
本车供应量	m³		累计数量		m³

发货人：　　　　　　　收货人：

五、生产过程中的协调工作

生产调度部门在生产过程中要做好以下几项协调工作。

（一）协调供应速度

生产调度部门在生产过程中，必须做到使预拌混凝土的供应速度与需方的浇筑速度相协调。这就需要掌握施工工程的浇筑部位、作业面大小、水平及垂直运输方式及速度、振捣难易等情况。因为这些情况决定了需用混凝土的速度。为了避免产生混凝土供不应求，甚至停工待料，又避免混凝土搅拌运输车的等候时间过长，以致影响混凝土的性能，应合理安排运输车的数量及供货速度。

（二）现场信息反馈

了解现场信息是协调混凝土供应速度的依据。由于在施工过程中常会发生一些不可预见的情况影响混凝土的浇筑速度，这就要求调度人员及时了解现场情况，并立即将情况通知预拌混凝土生产部门，以便掌握生产速度及供货速度。

（三）预拌混凝土质量的反馈

在预拌混凝土供应过程中，当出现天气的影响、停放时间过长所引起的或出厂时未能发现的质量事故问题（如和易性差、较严重离析或坍落度损失过大）时，应尽早反馈给质量技术部门予以处理。

（四）施工现场的工作配合

供应预拌混凝土时，要配合需方做好以下工作：

（1）混凝土运送时间应符合《预拌混凝土》（GB/T 14902—2012）的规定生产企业在运送预拌混凝土时应要求需方及时接收。

（2）应监督施工单位严禁向运输车内的混凝土任意加水，配合需方做好交货检验工作。

（3）应积极配合需方做好混凝土浇筑。浇筑结束前，应对混凝土的最后需要量（俗称"尾数"）做出正确估计，以免造成混凝土的浪费。

第三节　质量控制方法

一、原材料控制方法

（一）管理的一般规定

（1）材料部门对原材料厂家的考察、评价和原材料采购。

（2）原材料进厂后，材料部门按规定的批量进行取样、填写原材料检测委托书和索要质量证明文件（检测报告和合格证）及样品一同交试验室检验。

（3）试验室对送检原材料进行检验并记录和出具检测报告，交质量部和材料部，将样品见证封存、标识和建立样品台账。

（4）材料部门根据检测结果处置原材料：合格接受，进行地磅检斤计量，加盖三方印章，开具票据和记录，指定地点卸料正确入仓、标识、贮存和防护，对材料进行盘点，开具每日原材料情况和统计盘存表通报给各生产、技术和质量部门；不合格做退货处理，如确实急需且可降级使用的，由技术部门提出处置方案，经质量部门确定和批准方可接受。

（二）其他相关规定

1. 水泥

（1）水泥应符合国家标准《通用硅酸盐水泥》（GB 175—2007）的要求。

（2）为了确保混凝土质量的稳定，应使用回转窑厂生产的质量合格的散装水泥，并应相对固定1～2个水泥供应厂家。

（3）水泥应按规范要求逐批检验。如果不能确定该水泥是否为同批水泥时，每进厂一次应检验一次。每次必须检验其安定性、凝结时间和强度指标，合格后方可使用。

（4）对于经常使用的水泥应根据生产情况有足够的库存，并应做好明显的标识。

（5）凡是准备使用的非常用水泥，必须提前 10d 以上到厂，以便取样检验和进行配合比的调整，并应存储于专用仓罐内，同时做好明显标识。

（6）为了满足工程需要，应提前了解工程特点及要求，并应同用户协商使用适当的水泥品种及等级。

（7）存放期超过 3 个月的通用水泥（快硬硅酸盐水泥为 1 个月），使用前应重新检验。使用时应按水泥的实测强度相应调整配合比。

（8）水泥的入仓管理：水泥入仓必须有专人负责管理，水泥仓进料口应加盖上锁。入仓时应对运输单、名称、品种、规格、厂家等进行核对，做好入仓记录，并随时向生产操作部门、质检部门提供信息，质检部门应对原材料情况随时监视、检查。

（9）质量检查员应对每工作班应不少于一次的水泥存放、使用情况进行检查，以避免混合、混用等情况的发生。

2. 集料

（1）砂、石质量应符合《建设用砂》（GB/T 14684—2011）、《建设用卵石、碎石》（GB/T 14685—2011）、《普通混凝土用砂、石质量及检验方法标准》（JGJ 52—2006）的规定。

（2）进厂砂、石应附有出厂合格证和检验报告，并至少每半年提供一次由行业主管部门认可的检验单位出具的抽样检验报告。

（3）对批量稳定进厂的砂、石至少每周检验一次。如进料有所变动，应每进场一次，检验一次，并应按变动后的参数调整混凝土的配合比。

（4）每次检验项目：砂应检验含泥量、泥块含量和颗粒级配；石子应检验含泥量、泥块含量、颗粒级配和针片状颗粒含量，必要时还应检验其他项目。

（5）对海砂，还应按批检验其氯盐含量，检验结果应符合有关标准的规定。

（6）砂、石应按不同品种、规格分别堆放，不得混杂，并做好标识。砂、石分库应有利于生产灵活使用。

（7）在装卸及存放砂、石时，应采取措施，使砂、石颗粒级配均匀，保持洁净。

（8）进厂砂、石应保持洁净，严禁混入影响混凝土性能的有害物质。堆场前应严禁其他车辆停放或通过。应定期对砂、石库前进行清理。

（9）为稳定产品质量，砂、石均应按不同规格设置堆场，并有足够的储备，不宜现用现进。

（10）泵送混凝土用砂宜采用中砂，通过 0.315mm 筛孔的砂应不少于 15%。石子宜采用最大粒径等于或小于 31.5mm 碎石，且连续级配，其针片状颗粒含量不宜大于 10%。

（11）冬期生产，拌制混凝土所采用的砂、石应清洁，不得含有冰、雪、冻块及其他易冻裂物质。

（12）砂、石料仓上面应安装金属网筛（或其他设施），避免大颗粒石子或杂物进入计量仓内。

（13）质量检查员应对每工作班不少于一次的砂、石的存放、使用情况进行检查，对质量有怀疑时，应取样检验。冬期生产时，应检查砂、石料中冻块是否已清除。

3. 外加剂

（1）对每车泵送剂进厂进行取样和试验，检验外加剂与水泥的适应性，指导生产。

（2）存放期超过三个月的外加剂，使用前应进行复验，并按复验结果使用。

（3）冬期生产时，液体外加剂的贮存应有保温加热搅拌措施。防冻剂的选择，必须能满足突然降温和可能出现最低气温的情况下使用。

（4）不同厂家、品种、型号的外加剂复合使用时，应注意其相容性及对混凝土性能的影响，使用前应进行试验，满足要求方可使用。

（5）外加剂进厂时，如发现重要技术指标不详或与配合比外加剂品种、型号不符，应拒收。

（6）质量检查员应对每工作班进厂的外加剂品种、贮存、保温等情况进行检查核实。特别是裸露管路、阀门受冻后会影响生产使用。

4. 粉煤灰及矿物掺合料

（1）用于混凝土中的粉煤灰应符合《用于水泥和混凝土中的粉煤灰》（GB/T 1596—2005）的要求。

（2）用于混凝土中的矿物掺合料应符合《高强高性能混凝土用矿物外加剂》（GB/T 18736—2002）的要求。

（3）粉煤灰及矿物掺合料进厂时，应按不同厂家、不同品种分别存储在专用仓罐内，做好明显标识。严防与水泥混装，并应防止受潮。

（4）粉煤灰及矿物掺合料进厂应按不同厂家、不同品种分别进行进厂检验。每进厂一次，检验一次。检验项目应包括：细度（比表面积）、需水量比、烧失量、三氧化硫含量及含水量。

（5）必须使用Ⅰ级或Ⅱ级粉煤灰，其掺量应根据原材料、工程特点通过配合比试验确定。

（6）选用的掺合料，应使混凝土达到预定改善性能的要求或在满足性能要求的前提下取代水泥，其掺量应通过试验确定，其取代水泥的最大取代量应符合有关标准的规定。

5. 拌合用水

冬期生产时，水加热温度应符合《建筑工程冬期施工规程》（JGJ/T 104—2011）规定，水加热可采用水箱内蒸汽加热、蒸汽（热水）排管循环加热、电加热等方式，加热水使用的水箱或水池应予保温。对拌合水加热要求水温准确、供应及时，有足够的热水量，保证先后用水温度一致。

（三）原材料审查不合格的控制处置

不合格做退货处理，如确实急需且可降级使用的，由技术部门提出处置方案，经质量部门确定和批准方可接受。

1. 审查依据

（1）标准规范。

（2）公司制度和规程。

（3）具体要求。

（4）销售合同。

2. 审查内容与方法

（1）审查涉及原材料控制的各项程序的完整性及各环节的相符合性，是否有遗漏项。主要包括：质量证明文件（合格证或出厂检测报告）；取样；检验批次；样品存放、标识及记录台账；委托书、检验记录、台账及报告及发放台账；相关的设备管理台账及使用、维修、检定记录；不合格品的处置记录；原材料入库贮存、堆放和防护；原材料存放标识；原材料统计报表；资料整理存档。

（2）审查涉及原材料控制的各项程序的正确性，包括各项表格记录的正确性和工作操作的正确性。审查各种表格的填写：表述用语是否清楚和规范，计算是否有误，数值精确度是否符合标准，数值结果的合理性，依据标准和其他依据是否正确，填写的各项内容和条款是否符合标准，批准、校核签字人是否具备相应的资格，等等。应审查的记录表格有：审查具体工作操作是否符合相关标准，厂家仪器使用说明以及企业制定的制度规程。

（3）审查涉及原材料控制的各项程序的真实性，杜绝造假。措施包括：查看记录是否有涂改、伪造；编号顺序与日期时间一致；查看相关的设备设备存储和打印记录；查看工作记录与实物的符合性，如试验记录与试验试块是否相符；查看各环节间的相符合性，如委托与报告是否相符。

（4）采取目测结合抽样检验的方式检查原材料的质量，对不合格品及时进行处理。

（5）根据合同评审确定的原材料需量对原材料准备情况和数量等保障能力进行审查。

（6）根据审查结果，进行评价，对不合格项采取纠正和预防措施，同时以报告形式上报总经理，对不合格项的直接责任部门和个人按情节轻重给予处罚，按期根据各部门质量考核目标进行考评。

二、混凝土配合比的控制与管理

（一）配合比的设计及确定

（1）配合比设计的原则和过程应严格遵照国家行业标准《普通混凝土配合比设计规程》（JGJ 55—2011）的有关规定，根据混凝土强度、工作性、耐久性要求进行配合比设计。

（2）原材料的选择，应根据工程上的设计强度等级、工程所处环境条件及耐久性要求、结构构件的条件、施工方法及施工工艺条件等情况进行。

（3）配制强度应根据设计要求的强度等级及本单位的生产管理水平来确定。

（4）混凝土的坍落度应根据工程特点、施工方法、运送距离及时间、天气情况、混凝土的浇筑速度以及需方的要求来确定。

（二）配合比的控制

（1）在实际生产中，必须根据砂子的实际紧密堆积密度、含石率和含水率，石子的实际堆积密度、空隙率和吸水率相应的调整混凝土配合比设计值中的用水量和集料用量，并确定出实际生产使用的生产配合比。

（2）在生产过程中，如原材料质量较稳定，不得随意改变配合比。

（3）在生产过程中，要随时掌握混凝土的质量波动情况，并根据混凝土的质量波动情况进行分析，对配合比进行必要的调整，以保证所生产的混凝土稳定保持在所要求的质量水平。

（4）当出现下列情况之一时，应重新进行配合比设计：

1）当水泥、外加剂、掺合料的品种或质量有显著变化时，应重新进行配合比设计。

2）该配合比的混凝土生产间断半年以上，再度使用时应重新进行配合比设计。

3）使用单位对混凝土的性能有特殊要求时，应重新进行配合比设计。

4）经统计计算评定，标准差值有较大变化时，应重新进行配合比设计。

（三）配合比的管理和使用

（1）预拌混凝土生产企业试验室是企业的技术管理核心，负责配合比的设计工作。

（2）配合比是保证混凝土各项经济技术指标的前提条件，是混凝土配料的唯一依据。配合比应根据原材料性能及对混凝土的技术要求进行计算，并经试验室试配试验，再进行调整后确定，试验室应建立相应的配合比设计管理制度和人员的管理制度，以确保混凝土配合比的设计质量。

（3）配合比的发放使用应按下列程序进行：

1）开盘前质检人员，持配合比申请单到试验室申请配合比。

2）试验室根据申请书的要求，根据《普通混凝土配合比设计规程》（JGJ 55—2011）等的有关标准规范进行配合比设计。配合比设计报告分别用于存档、发放工地和生产混凝土。

3）质检人员根据合同要求和配合比申请单的要求，对研发的配合比进行核对，确认无误后，方可领取。

（4）由于预拌混凝土生产企业是专业生产混凝土的单位，为了适应不同工程、不同的混凝土品种、不同的季节、不同的运输距离、不同的浇筑方式以及不同的原材料等变化，预拌混凝土生产企业应储备一系列符合合同、标准、生产、运输、施工等各方面要求的混凝土配合比。

（5）当配合比在使用过程中，质检人员发现混凝土坍落度等技术指标与配合比要求有出入时，质检人员可根据材料情况，在不改变原配合比的情况下进行相应的调整，如混凝土仍不能达到要求时，应由试验室技术人员对混凝土的适用性进行鉴别并调整，调整后按所得比例重新发放配合比，原配合比由质检员负责回收交试验室作废。

（6）当生产大体积混凝土、高强混凝土等有特殊要求的混凝土时，配合比要经企业技术负责人审批后才能发放使用。

（7）当混凝土生产企业作为分承包商与其他搅拌站联合生产混凝土时，按主承包商下发的配合比生产，但配合比必须经过试配。经试配满足生产时，配合比转抄下发；经试配不能满足生产时，上报企业技术负责人，并与主承包商联系，由主承包商对配合比进行调整，并承担质量责任。

三、混凝土生产过程控制方法

（一）计量过程控制方法

（1）每个工作班前，应对设备进行零点校验。

（2）计量设定值应严格按照"混凝土配合比通知单"的要求设定并应有人复核。用于计量的设备（装置）每季度不少于一次，由企业计量部门进行静态计量校验，当生产大方量混凝土、停产1个月以上重新生产或出现异常时，也应进行静态计量校核。

（3）平时应加强计量控制系统的检查、防护与保养，寒冷季节，计量控制系统应有保温措施。

（4）质量控制应检查计量设备的标定，检查其有效期和有效性；计量零点校验和计量设定值；静态计量校验，检查其校验周期和有效性。

（5）计量允许误差不得超过《预拌混凝土》（GB/T 14902—2012）的规定。

（二）搅拌时间及质量控制方法

（1）为了保证拌制的混凝土拌合物的均匀性符合标准规定，应保证足够的搅拌时间。

（2）搅拌站应采用符合规定的搅拌机进行搅拌，且每盘搅拌时间（从全部材料投完算起）不得低于 30s。

（3）在制备 C50 以上强度等级的混凝土或采用引气剂、膨胀剂、防水剂时以及采用翻斗车运送混凝土时，应适当延长搅拌时间。

（4）混凝土的搅拌时间，每一工作班至少应抽查两次。

（5）搅拌质量的好坏要看混凝土拌合物是否能满足预拌混凝土的性能要求。因此，混凝土搅拌结束后，应及时进行混凝土拌合物的性能检测。

（6）混凝土拌合物的稠度应在搅拌地点和浇筑地点分别取样检测（即出厂坍落度检验和交货坍落度检验）。每一工作班不应少于一次。

（7）在检测混凝土坍落度的同时，应观察混凝土拌合物的黏聚性和保水性。

（8）在需要时应对混凝土拌合物的其他质量指标进行检测。

（三）投料顺序控制方法

先是集料，再是粉料（水泥及掺合料），最后是液体料（水及外加剂）。冬期搅拌混凝土的合理投料顺序应与材料加热条件相适应，一般是先投入集料和加热的水，搅拌一定时间、水温降低到 40℃时，再投入水泥，继续搅拌到规定时间，避免水泥假凝。

（四）混凝土出厂及发货控制方法

（1）出厂坍落度检测超出允许偏差时，配合比应进行调整，并有调整记录。坍落度大于 220mm 时，应按规定增加坍落扩展度的检测。

（2）发货单应与混凝土生产任务单相一致。

（3）发货单内容填写应齐全、正确，尤其要正确填写混凝土标记。

（4）发货单同时作为该车混凝土的标识。

（五）混凝土运送控制方法

（1）在预拌混凝土运送工序中，应控制混凝土运到浇筑地点时不分层、不离析，保持组分均匀，并能保证施工所必需的稠度。

（2）当运送坍落度小于 80mm 的混凝土拌合物时，宜采用翻斗车运送，并应保证不漏浆，装卸顺畅，应有覆盖设施。冬期有保温措施，夏季气温超过 40℃时有隔热措施。

（3）按《预拌混凝土》（GB/T 14902—2012）的规定，预拌混凝土应采用规定的搅拌运输车运送。

（4）搅拌运输车在装料前应将筒内积水排净，在运送过程中严禁向运输车内的混凝土任意加水，以免影响混凝土的稠度和强度。

（5）运送到浇筑地点后，为了防止运送过程中对搅拌料均匀性的影响，在卸料前应快速搅拌 1~2min。若需卸料前掺入外加剂时，加入后也应快速进行搅拌。其搅拌时间应由试验确定。

（6）混凝土的运送频率，应能保证混凝土施工（或泵送）的连续性。既要保证供货及时，又要防止多台车在施工现场同时等待。

（7）预拌混凝土的运送时间，即从混凝土由搅拌机卸入运输车开始至该运输车开始卸料为止的时间（包括运送途中时间和等待浇筑时间）。应满足合同规定或其他规定。

（8）预拌混凝土拌合物运送至浇筑地点时的温度，最高不宜超过 35℃，最低不宜低于 5℃。

（六）交货及交货检验控制方法

（1）混凝土到达施工现场，施工现场接收人员应记录混凝土到达时间及混凝土浇筑完毕时间。

（2）供需监理三方人员应共同参加，进行混凝土交货检验，检测混凝土和易性、坍落度、含气量和混凝土温度（有要求时），并留置强度试块。

（3）混凝土交货检验合格，需方签字认可。

（4）检验批次、取样方法应符合《预拌混凝土》（GB/T 14902—2012）的规定。

（5）用于交货检验的混凝土试样应在交货地点采取（当混凝土的供应方提供混凝土输送泵并负责输送混凝土时，应在输送泵的出料口取样；由混凝土使用方或需方提供混凝土输送泵时，应在混凝土运输车的出取样）。取样前，应中、高速旋转拌筒，使混凝土拌合均匀。

四、夏期与冬期混凝土质量控制

（一）夏期混凝土质量控制

在夏季高温季节，混凝土常出现单位用水量增加、引入含气量下降、泌水减少、缓凝时间难以控制、抹面困难、坍落度损失大、泵送浇筑困难、大体积混凝土浇筑温升快、最高温度高或来不及振捣、表面抹面困难等现象。因此，应做好如下工作：

（1）夏季配合比设计应合理选用低热水泥、掺加矿物掺合料、缓凝剂等。

（2）加强对外加剂与水泥适应性的检测力度，除外加剂车检外，对水泥也应加强检测和观察，特别是温度。

（3）延长混凝土凝结时间，拌合物最高温度不宜超过 35℃，否则应采取降温隔热措施（贮水池加冰、砂、石料洒水降温等措施）。

（4）如果因混凝土坍落度损失无法满足浇筑要求，可采用预湿集料技术或者二次添加外加剂的方法，但要严格控制掺量，以防由于外加剂的掺量过大而造成混凝土不凝固现象。同时，必须加强施工现场混凝土的质量控制，严禁任何随意加水的行为。

（5）加强工地控制和交货检验。

（二）冬期混凝土质量控制

冬期混凝土生产质量控制应执行《建筑工程冬期施工规程》（JGJ/T 104—2011）的规定。

一般城市或地区在冬季过程中主要采取综合蓄热法施工，即掺外加剂的混凝土浇筑后，利用原材料加热及水泥水化热的热量，通过适当保温，延缓混凝土冷却，使混凝土降温到零度或设计规定温度而达到预期要求强度的施工方法。预拌混凝土生产企业为保证混凝土在浇筑后达到受冻临界强度，应使用含早强和防冻组分的复合外加剂，并保证一定的混凝土出机温度。

为此，应做好以下准备工作：

（1）做好原材料加热工作。技术部门应根据热工计算结果，提出所要求的水温。一般采用蓄水罐交换方式加热拌合水，必要时还可对砂、石等集料进行加热，一般采用热床加热方式或采用封闭仓存放的方式保证集料的温度。在冬期施工期间还要做好大气温度和混凝土出机强度及浇筑温度的监测工作，随时进行适当调整，以保证混凝土符合入模的要求。

（2）在冬期施工前要做好外加剂的选型工作，根据实际情况选择合适的、质量可靠稳定的防冻剂，以满足混凝土的生产和保证质量。

（3）在日最低气温为 $-5\sim0℃$，混凝土采用塑料薄膜和保温材料覆盖养护时，可采用早强剂或早强减水剂；在日最低气温为 $-10℃\sim-5℃$、$-15℃\sim-10℃$、$-20℃\sim-15℃$，采用塑料薄膜和保温材料覆盖养护时，宜分别采用规定温度为 $-5℃$、$-10℃$、$-15℃$ 的防冻剂。

（4）选用硅酸盐水泥、普通硅酸盐水泥，水泥用量不宜低于 $300kg/m^3$，重要承重结构、薄壁结构的混凝土水泥用量可增加 10%，大体积混凝土的最少水泥用量应根据实际情况而定。强度等级不大于 C15 的混凝土，其水泥用量最小可不受此限制。

（5）含引气组分的防冻剂混凝土的砂率，比不掺外加剂普通混凝土的砂率可降低 $2\%\sim3\%$。

（6）掺用含有早强、减水和泵送剂的复合型防冻剂，要保证混凝土在达到受冻临界强度前不受冻害，质检人员要认真检查配合比设计试验资料。抽查配合比的输入情况，要严格核查原材料的品种和数量，特别要注意原材料仓的编号和仓内原材料的品种、规格及型号，并注意集料表层冻层、冻块是否已清除。

（7）每盘混凝土各组成材料计量精度应符合《预拌混凝土》（GB/T 14902—2012）的要求。搅拌时间应比常温延长 50%。质检人员应对每工作班生产过程及生产运行记录进行检查，特别要注意粉状外加剂（袋装）添加剂量是否准确。

（8）混凝土拌合物出机温度不得低于 $10℃$。每次生产开盘时，应对第一盘混凝土进行鉴定检验，由技术、生产、质检人员共同对混凝土的基本性能，如坍落度、和易性、出机温度等进行检定，同时留置混凝土试块。发现有偏差时，应由技术人员与质检人员共同进行调整。

（9）试验室每工作班不少于两次对砂子的堆积密度、含石率和含水率及石子的堆积密度、表观密度和吸水率进行检测，并对配合比进行调整，严禁非技术人员对混凝土配合比的调整、更改。

（10）质检人员在批量生产时，每工作班不应少于四次对混凝土拌合物性能及生产运行记录抽查。

（11）运输车罐体应有保温罩。质检人员应对每工作班混凝土运输车进行不少于两次检查或抽查，确定其车内是否有存水或其他杂物，保温罩是否牢固。

（12）首次生产供应的混凝土应派专人跟车到交货地点，积极配合或督促做好交货检验工作，如有质量问题应及时反馈搅拌站，对存在问题进行调整，确保混凝土入模温度等符合规范要求。

五、机械设备管理

机械设备的价值主要在使用阶段，这个阶段是决定设备寿命周期长短的主要环节。任何机械设备都有一定的使用范围和特定的使用条件，只有满足了其使用范围及条件，才能使设备有较长的使用寿命。预拌混凝土的生产、运输、施工对预拌混凝土设备的使用都有一定的要求和规定，尤其是泵送混凝土，如果不正确掌握泵送技术，不了解泵送条件和使用范围，必然导致泵送失败。此外，搅拌楼（站）的计量要求，搅拌车的运送时间等，都要求正确使用预拌混凝土设备，才能保证安全生产。

预拌混凝土设备所处工作条件恶劣易产生故障隐患，如松动、磨损、漏泄等。这些设备的隐患如不及时处理，一方面不能正常工作，如混凝土密封件磨损后则泵送压力会迅速下降，从而不能进行一定距离内的泵送；另一方面将导致严重事故，如"三车"的制动元件磨损后若不及时调整修复则有可能造成安全事故。做好机械设备的维修保养工作，认真贯彻设备管理十字作业方针，即清洁、润滑、调整、紧固、防腐，及时处理发生的问题，防患于未然，提高机械的完好率，从而保证机械的正常发挥，生产的正常进行。

六、质量检查员职责

（一）进场材料的检查

质量检查员每台班至少应对进场原材料检查二次，即接班时和进料过程中或交接班前的一段时间。

对原材料进行以下项目的检查：

（1）砂、石：主要目测项目为含泥、粒径、级配、分仓、堆集；取样送试验室测试的项目，其中砂子包括紧密堆积密度、含石率和含水率，石子包括堆积密度、空隙率和吸水率。

（2）水泥和掺合料：仓号、储量、品种、标识。

（3）外加剂：品种、规格、包装、质量、堆集、数量、标识。

在检查原材料时如发现问题，应立即阻止、汇报、记录。

（二）混凝土开盘检查

（1）核查开盘鉴定的范围是否正确，内容是否完整，是否符合要求。

（2）核查标准养护试件的试验报告，验证配合比。

（3）核查开盘鉴定是否填写正确、完整，参加鉴定单位签字手续是否齐全。

（三）过程检查

开盘后质检员对操作工的操作每台班要进行四次抽查：

（1）计量是否准确。

（2）材料的品种规格使用的是否正确。

（3）搅拌时间是否符合规定要求。

罐车在接混凝土之前，质量检查员应对罐车内是否有遗留存水负责进行抽查，抽查量应不小于本台班车次的30%，并进行记录。质量检查员除开盘时要做坍落度试验外，每台班还应根据实际车次，每十车抽取一次，以观察坍落度变化情况，并进行记录。

质量检查员除开盘后到工地跟踪检查混凝土可泵性外，每台班还应根据实际车次，每十车到工地观察一次，并进行记录，检查项目为目测混凝土坍落度、坍落度损失情况，可泵性能等。在必要时，如要求测试混凝土出机温度和入模温度时，除在开盘鉴定首测外，每台班还应至少测试各两次，并进行记录。为达到要求的出机温度或入模温度，还应负责采取必要措施以控制混凝土温度，如控制水温等。

在遇有雨天、雪天或炎热夏季、干燥春季时，要随时根据砂、石含水情况进行施工配合比的调整，并以获得标准坍落度为准进行调整，而不允许改变原配合比，如不能达到标准要求应立即汇报，并请试验室技术人员或其他技术负责人进行调整，并进行记录。

质量检查员除在开盘鉴定时将所加外加剂的品种、规格、数量、掺加方法、堆集地点、标识进行交底外，还应每台班至少抽查三次，并进行记录。

在生产过程中，如发现有不合格混凝土时，应立即查明原因，逐级上报，并进行处理和记录。如发现不合格工序时，应立即检查原因，逐级汇报，并进行处理。

质量检查员负责按规范规定监督检查试块工的取样、制作、拆模、养护等工作。在应急情况下，需经与情况相适应的管理人员和有相适的手续、批示，签字负责后，方可进行应急情况的临时处理，并进行记录和监督检查，事后是否完成补办手续。

（四）交接班制度

质量检查员在混凝土连续施工时要执行交接班制，质量检查记录要每台班一张，并填写好必要的交接班事宜及注意事项，以达到下一班明了上一班的生产情况和下一班应继续完成的有关项目，以保持工作的连续性。

为了保证工作的连续性及保证在生产过程中的不空岗，在下一班质检员未到场时，上一班质检员不得离场，并及时向有关人员及领导汇报。

（五）质量记录

质量检查员应做的质量检查记录项目如下：

（1）开盘鉴定记录。

（2）质量检查记录。

（3）罐车遗留水情况记录。

（4）不合格混凝土、不合格材料、不合格工序检查记录。

以上各项检查记录，每月整理好后，由本部门主管人审阅后，在下月十日前，交技术站长，由技术站长负责审阅，并负责保存备查。

第四节　混凝土拌合物工作性调整

一、混凝土拌合物工作性

混凝土拌合物的质量取决于和易性和匀质性，它应满足混合、输送、浇筑的要求。工作性能定义为得到完全密实产物所需的功能。混凝土的流变学行为可以用流变学术语：水泥浆的塑性和黏－弹性描述。工作性的情况决定混凝土能否使用。混凝土必须满足所需的工作性要求，工作性好的混凝土不应该产生过度的泌水或离析。工作性应包括：流动性，填充性，黏聚性和振实性。影响工作性的因素包括：用水量、浆体和集料用量，水泥浆的塑性，集料的最大尺寸和它们的形状和表面特性。掺外加剂，如塑化剂和引气剂可以改善工作性。工作性的主要测量方法：

（1）黏稠度。

（2）坍落度和坍落扩散度。

所有这些工作性试验，它们之间没有可比性。到目前为止没有理想的试验工作性的方法混凝土拌合物工作性要素的分析高性能混凝土的工作性，现代混凝土施工工艺的要求，即：

（1）大坍落度及坍落度损失小。

（2）泌水小，抗离析，均匀性好。

（3）可泵性好。

（4）填充性好。

只有将多组分混凝土配合比设计与泵送剂配方设计相结合就能取得最佳技术效果。高性能混凝土工作性要素的分析可以认为是泵送剂配方设计时，应解决以下三个主要矛盾：

（1）大坍落度与坍落度损失的矛盾。

（2）变形能力与抗离析性的矛盾。

（3）流动性与黏聚性的矛盾。

二、泌水、离析和"滞后泌水"

在混凝土拌合物放置时，固相的塑性沉降使水泥浆上浮，非耐久性材料所形成的薄弱层包括冲淡的水泥浆和一些细集料。如果泌水是由于水的渗透引起的，不会产生不好的效果，如此"正常泌水"是无害的。因为水分蒸发使有效的水和水胶比降低，最终使水移向表面层。这即是泌水。在贫水泥的混合物中，水的迁移将一些小粒子带到表面层。泌水可能引起强度增加。

增加水泥用量和添加外加剂，如火山灰或引气剂可使泌水的总量适当减少。可用测量泌水率和泌水量表示泌水特性，在混凝土的表面产生泌水时会引起"塑性收缩"。在拌合物运送时候可能使一些粗集料从混合物中分离出来，造成混凝土拌合物质量不均匀，这即是离析。在一些例证中发现，离析可能导致产品的缺陷和蜂巢状开放孔产生。离析可能产生在输送、振捣或浇筑操作过程中。离析的主要因素是混合物中颗粒尺度和相对密度不同。用提高坍落度、减少水泥用量或增加集料的最大粒径和数量将增加离析的趋向。集料正确的级配和操作可以使这一问题得到控制。

混凝土是多相聚集体，混凝土拌合物的工作性很大程度上取决于混合物的均匀性和稳定性。如果混合物产生相分离，就会使材料组成不均匀，最终导致材料结构缺陷或结构破坏。如果混凝土拌合物的保水性、黏聚性和稳定性不足以抵抗重力和其他外力（如振动、泵压等）的作用，就会产生泌水、离析和板结。

（一）高性能混凝土的泌水和离析

1. 高性能混凝土产生离析的主要原因

配制高性能混凝土时流动性与黏聚性失去平衡，当黏聚性低时混合物在重力或其他外力作用下产生相分离，破坏了材料组成的均匀性和稳定性，因而导致离析。通常泌水是离析的前奏，离析必然导致分层（板结），在此情况下存在堵泵的危险性。但是少量泌水对防止混凝土表面裂缝产生有利，特别是夏期施工时。高性能混凝土产生离析的主要原因：

（1）砂石比例不合理使混合物保水性降低，或砂中含＞5mm的豆石使实际砂率降低。

（2）胶凝材料用量少于 250kg/m³，或浆体体积少于石子的空隙体积。

（3）石子级配不好，或采用单一粒级石子。

（4）用水量偏大使混合物黏聚性降低。

（5）泵送剂减水率过高或者超掺量，并含易泌水组分。

查明混凝土产生泌水和离析的原因后，通过调整高性能混凝土的配合比和泵送剂的掺量和成分完全可以解决这一问题。

2. 高性能混凝土砂子体积与拌合物抗离析性的关系

（1）砂子体积正好填充满石子的空隙时，拌合物具有好的工作性。

（2）砂子体积没有填充满石子的空隙时，不泌水、但黏聚性小、和易性较差。

（3）砂子体积填充满石子的空隙有剩余时，保水性差、易泌水。

（4）砂子体积远远不能填充满石子的空隙时，严重泌水、离析、分层（板结）。

3. "泌水—离析—分层"现象的解决方法

（1）砂子体积正好填充满石子的空隙时，拌合物具有好的工作性，不需要调整。

（2）砂子体积没有填充满石子的空隙时，不泌水、但黏聚性小、和易性较差，需要增加砂子用量。

（3）砂子体积填充满石子的空隙有剩余时，保水性差、易泌水，需要减少砂子用量；

（4）砂子体积远远不能填充满石子的空隙率时，严重泌水、离析、分层（板结），需要增加砂子用量。

4. 防止泌水和离析的措施

（1）石子级配合理，单一粒级的石子应提高砂率 $3\% \sim 5\%$。

（2）引气可减小泌水，特别是用卵石配制低强度等级混凝土时。

（3）掺增稠剂可提高拌合物的黏聚性和保水性，防止泌水和离析。

（4）合理的砂率能保证好的工作性和强度，高性能混凝土产生泌水的主要原因是砂率偏低。

（5）掺粉煤灰，特别是配制强度等级高性能混凝土时粉煤灰掺量可大于 20%，从而提高其保水性。

（6）减少用水量或泵送剂的掺量，从而减小游离水量，提高拌合物的黏聚性。

以上措施应针对具体情况分析产生泌水的原因，采取一种或综合方法。

（二）滞后泌水现象

高性能混凝土试配试验时混合物工作性没问题，即初始坍落度、坍落度损失的控制、泌水率比和抗离析性等都符合要求，但是，在施工时混凝土浇筑后，当时不泌水，而经过 $1 \sim 2h$ 后产生大面积泌水，这种现象称为滞后泌水。产生滞后泌水的原因可能与矿物细掺料的吸水平衡有关。

通常矿物细掺料为多孔性粒子(吸水率高)，混合物加水搅拌时粒子开始大量吸水(过饱和吸水 W)，放置一定时间$(1 \sim 2h)$逐渐达到吸水平衡(W_1)，同时释放出自由水(W_2)。

$$W_2 = W - W_1$$

式中 W——细掺料的初始吸水量（kg）；

$\quad\quad W_1$——细掺料的平衡吸水量（kg）；

$\quad\quad W_2$——吸水平衡后放出的水量（kg）。

在此情况下 W_2 的作用：

（1）若拌合物的保水性差，释放出的自由水 W_2 将导致混凝土滞后泌水；

（2）若拌合物的保水性好，释放出的自由水 W_2 将使拌合物的坍落度提高 $10 \sim 20mm$。当粉煤灰掺量大于 18% 配制高性能混凝土时，有时发生经时（60min）坍落度大于初始坍落度（$10 \sim 20mm$）的情况。

高性能混凝土滞后泌水并不是普遍现象，是在一定条件下产生的。除了上述吸水平衡的原因之外，由于泵送剂缓凝作用过强使拌合物长时间保持大流动状态也是造成滞后泌水的原因。如果产生了滞后泌水，其解决方法是适当提高砂率和减小粉煤灰掺量。

三、混凝土拌合物的填充性能

混凝土拌合物的填充能力是评价混凝土工作性的一项指标。它不仅评价流动中混凝土的变形能力，而且也是评价抗离析性的重要依据。

通常变形能力与抗离析性是相互矛盾的，变形能力的提高导致抗离析能力减小。近年来外加剂的研究带来了新型混凝土，如 HPC、自密实混凝土和水下混凝土，它们具有与普通混凝土不同的特性，具有很好的填充能力。

混凝土拌合物在流动中没有障碍物的条件下，可以用坍落度和坍落流动值表示混凝土的工作度，但是在模板中有复杂钢筋的条件下浇筑混凝土（要求不振捣自流平）时，坍落度和流动值就不能直接表示工作度。这样，必须用填充性这一指标来定量评价混凝土的工作性。

混凝土拌合物的填充能力取决于其变形能力和抗离析性。在低坍落度时，混凝土拌合物的填充能力主要由变形能力控制，而高坍落度时主要由抗离析性控制。

掺高效减水剂和缓凝剂复合的外加剂虽然能提高变形能力，解决大流动性混凝土坍落度损失问题，但是抗离析性没有改善，无法解决变形能力与抗离析性之间的矛盾。要解决这一矛盾，提高工作性，必须掺用增稠剂（或称稳定剂）。

增稠剂是一类能显著增加水的黏度的物质，它们是天然和合成的水溶性高分子化合物，如纤维素衍生物、聚丙烯酸钠、聚丙烯酰胺、聚乙烯醇、藻朊酸钠等。例如，只要有 3% 的甲基纤维素就可以将水的黏度增加 1 万倍。使用增稠剂的目的在于提高分散介质的黏度，增加分散体系的稳定性，减少分层和离析。增稠剂作为外加剂掺入混凝土中，提高了水的黏度，从而影响混凝土拌合物的流变性质。通过矿渣浆剪切试验，研究抗剪力与纤维素增稠剂掺量之间的关系表明，少量增稠剂能减小抗剪力，但掺量大时抗剪力反而提高。增稠剂的掺量为矿渣粉质量的 0.2% 时，抗剪力为最小。

在配制自密实高性能混凝土时，由于无需振捣，因此要拌合物具有好的填充性能，只有拌合物的流动性（或变形能力）与抗离析性处于平衡时填充性能最好。

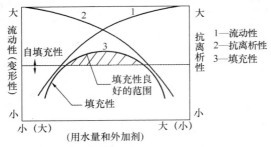

图 5-2　流动性和抗离析与配合比因素之间的关系

图 5-2 表示，混凝土拌合物的流动性和抗离析与配合比因素之间的关系。当用水量、外加剂掺量增大时，流动性增大，而抗离析性降低。通过调整用水量、砂率以及泵送剂的组成和掺量使流动性与抗离析性达到平衡，在此情况下拌合物的填充性最佳（曲线 3 的阴影范围）。

混凝土拌合物的填充性是采用增黏剂和高效减水剂的掺量调整的，图 5-2 中的阴影区是具有好的填充性范围。它们主要用于以下几个方面：

（1）改善集料在水泥浆中的悬浮性，提高建筑物整体的填充能力。产生稳定和均匀的力学性能，减少在嵌入钢筋下的结构缺陷，增加对钢筋的握裹力，减少深层建筑的顶筋效应。加强水化水泥浆和集料的结合，以提高混凝土的抗渗性。

（2）得到具有抗冲蚀性的流动性混凝土。增加水下混凝土的施工能力，降低混浊度，确保施工要求的力学性能。

（3）用于喷射混凝土，修补被破坏的建筑物，增加混凝土的抗下沉能力，便于厚楼层施工。这种特殊水泥灌浆料的流变性能适合于水下封堵大坝、海岸建筑物、大的基础或岩石的裂缝。可用于浇筑后张力管，这种构件要求具有高抵抗沉降和泌水，确保钢筋应力。

从以上分析可以看出，混凝土拌合物的工作性不仅决定混凝土能否使用，而且直接影响硬化混凝土的性能。工作性不好造成混凝土的某些缺陷如下：

（1）表面干缩裂缝：夏天施工表面失水。

（2）塑性收缩裂缝：缓凝时间长，长期保持大流动性状态。

（3）顶筋现象：离析使横向钢筋握裹力下降造成横向裂缝。

（4）强度分布不均匀：泌水、离析。

（5）蜂窝麻面：入泵坍落度太大、离析、填充性差。

（6）离散冲毁：流动性与黏聚性不平衡，增加黏聚性。

第五节　试验室管理

一、试验室职责

（1）试验室的工作要严格执行国家、部和地区颁布的有关建筑工程的法规、技术标准及试验方法、评定标准等规定，负责全站的原材料进货检验试验、鉴定，过程检验、最终检验的试验工作和技术准备和储备的各项试验工作。

（2）做好试验资料的管理，试验委托单，原始记录，试验报告等，分类建立台帐，并分别统一编号，一切原始数据不准更改，资料不准抽撤。

（3）对出具的试验结果、报告要认真填写，实事求是，字迹清楚，并有试验、计算、复核、负责人签字，加盖公章，对发出的结论负责。

（4）做好仪器设备的定期审定，定期保养制，以确保检测数据的可靠性和精确度。

（5）对混凝土要定期分析，做好月报、季报、年报，内容包括混凝土平均强度，标准偏差、变异系数等，报站领导及上级部门。

（6）参加开盘鉴定，对混凝土的质量进行正确评估，并负责进行混凝土的配合比调整，以达到生产要求。

（7）及时向使用单位提供完整可靠的原材料、试验报告单、混凝土配合比申请单、混凝土强度报告单、混凝土合格证的技术资料。

（8）原材料及混凝土情况异常要上报主任工程师，并及时通知有关部门。

（9）负责按规范规定要求及合同要求或合同评审结果及施工方案向材料股提供所需采购的各种原材料的质量技术要求和各项证明文件和资料。

二、试验室主任职责

（1）负责试验室的全面工作，试验项目的安排与接收新项目的交底，人员的调配与安排，配合比设计发放，混凝土强度分析、数理统计、原材料质量情况分析，进行适当的技术储备。

（2）监督和检查试验工作中执行操作规程试验方法及各项有关制度的情况。

（3）保证试验工作严格遵守国家、部和地区颁发的有关建筑工程法规、技术标准。

（4）对试验室出具的试验报告要认真审核对结论负责。

（5）负责建立健全试验室管理制度，保证试验工作的准确。

（6）参加和执行站内订立的有关技术政策与技术要求及规定，并直接对技术站长负责。

三、试验室资料管理内容

（1）试验委托单、委托试验台帐：要填写清楚试验项目、内容、要求日期及取样日期。

（2）试验原始记录：要认真填写，不得私自更改任何试验数据，保证原始数据的真实性和可靠性。

（3）试验报告单：要填写清楚试验结果，并存试验人、计算、复核、负责人签字盖章。

（4）试验台帐：要按顺序、统一编号，不得随便抽撤，要分类建立台帐。

四、试验资料控制程序

为保证各种试验的完整性，反映混凝土质量和各种原材料质量情况。应对所有的试验资料进行收集、管理、归档：

（1）试验人员根据规范要求，试验的结果要准确、认真。填写试验记录和报告单，试验资料子目填写齐全，字迹工整，不得有涂改，各种资料分门别类，统一编号，不得有空号。

（2）试块工负责送试块和各种试验单，试块工要认真填写试验单，并将送试的材料数量编号，各种试验单数量填写在送试登记台帐上，试验室有专人负责签收核实后签章。

（3）试验工当天试验出的报告单，当天送办公室审核整理，对抄复的试验单一周内送办公室审核、整理。

（4）质量检查员负责将混凝土开盘鉴定、混凝土质量检查记录和试块制作及施工记录收集核实后，每月按时传递到试验室，试验室人员签字后领取。

（5）生产经营股做好以下工作：

1）在签定合同后，应立即将合同传递到试验室。

2）混凝土生产中的水泥仓位使用记录单，应子目齐全，每月按时传递到试验室。

3）混凝土生产中的运输单应子目齐全，每月按时传递到试验室。

4）混凝土质量服务，回访记录内容，混凝土质量情况，生产安排服务质量，在每月按时将上月回访记录传递到试验室。以上资料用于单位工程。

（6）材料股负责将生产使用的各种水泥、外加剂的有关证明传递到试验室：

1）在水泥和外加剂使用之前，将厂家的资质证明，建筑材料使用认证书，传递到试验室。

2）水泥、外加剂进厂要有生产合格证和检验证书，材料股按规范要求，水泥每500t，外加剂每一生产批，向厂家索要，将及时传递到试验室。

（7）试验室负责向施工单位出示的试验单，待施工之日起28d后方可领取（不包括抗渗报告单）出示资料应包括：

1）混凝土配合比申请单。

2）混凝土28d试压强度报告单。

3）砂、石、水泥、粉煤灰和外加剂等原材试验报告单。

4）混凝土出厂合格证。

5）抗渗报告单。

施工单位领取以上资料要在资料领取单上签字，方可领取。

（8）混凝土质量汇总的月、季、年报表。内容包括：平均强度，标准离差，变异系数等，一式8份，一份用于试验室存档，6份上报公司中心试验室，一份上报站技术站长，报表每月按时上报，签字后领取。

（9）每季度、年的水泥质量汇总，包括：平均抗压、抗折强度、标准偏差、变异系数等，一式二份，一份用于试验室存档，一份按时上报站技术站长。

（10）各种试验台帐，原始记录，试验报告单的收集和整理，各种资料分门别类，统一编号：

1）砂、石、水泥、配合比、28d试压报告单，按日整理装订成册。

2）砂、石、水泥用于各工程试验单，混凝土抗渗记录、试验单，试验设备运转情况，按季整理并装订成册。

3）粉煤灰、砂、石、水泥试验原始记录，28d试压台帐，养护室温湿度记录，按季整理并装订成册。

4）单位工程按月整理，内容包括：

混凝土合同单、混凝土配合比申请单、砂、石、水泥、粉煤灰原材试验单、混凝土开盘鉴定记录、混凝土质量检查记录、混凝土试块制作记录、28d试压报告单、混凝土抗渗报告单、混凝土生产任务书、混凝土运输凭单、出厂合格证、质量回访记录。

5）混凝土试配资料，按水泥品种、外加剂分门别类，统一编号，三个点以上的配合比，画出线性关系。

6）砂、石、水泥每年进行质量汇总。

水泥汇总内容包括平均抗压强度、抗折强度、安定性、初凝时间、标准偏差、变异系数。

砂汇总内容包括细度模数、含泥量、含石率、紧密堆积密度、含水率、泥块含量、标准偏差、变异系数。

石汇总内容包括级配情况、堆积密度、表观密度、吸水率、含泥量、泥块含量、针片状含量、压碎值指标、标准偏差、变异系数。

五、试块工作业要求

试块工是为实现站质量目标，负责混凝土生产过程中试块取样、制作的真实可靠性和规范性的岗位，在工作中应遵循以下程序和要求：

（1）听从质检员的指挥与监督，做好各项工作。

（2）按时到岗，做好交接班工作，将本班中的情况和下班应注意的问题交接清楚，在下班人员来之前不得离岗。

（3）协助质检员完成开盘鉴定和抽样检查工作，并做好坍落度试验工作。

（4）冬期施工，做好试块制作间的定温保持和混凝土温度测试工作（室温应保持在15℃以上）。

（5）试压块的制作工作要求如下：

1）试块制作数量要求　每一份正式合同与正式配合比至少制作一组（包括防水混凝土抗渗试块）、连续供混凝土每100m³或每一台班至少制作一组试块、站技术领导或质检员认为有必要时，可制作正式或试验试压块、抗渗试块留置，防水混凝土每连续供500m³以下应制作一组试块，每增加 500m³ 增加一组（不足 500m³ 的也应以 500m³ 计）。

2）试块制作取样规定　每次所做一组试块必须从同一车内一次抽取、必须用刚出机搅拌均匀的混凝土，除有特殊需要，一般不准用罐尾的剩余混凝土制作试块，取样量必须大于使用量 20%～30%。

3）试块制作规定　试块制作前必须检查试模尺寸、方正是否符合标准要求，并调整、紧固试模，适量涂刷脱模剂（油类）。试块制作前，试块工必须会同质检员按配合比单核对混凝土品种强度等级，混凝土取样后，首先搅拌均匀后，方可入模，试样须分层依次入模，不准一次装满、振捣（机振）须 10s 以上，人工捣实须按规定分二层，每层 25 下依次捣实。整个制作过程中，视混凝土初凝情况，分三次抹平压光，正常情况（24±1）h 拆模，拆模必须拆卸螺栓、壁板，轻拿轻放，不得振动，不准扣倒。成品试压块要求平整光滑，见方误差对角线不准超过 2.5mm，不准有缺棱掉角出现。试块制作后，必须按规定顺序编号，不准漏跳号，必须按规定认真如实按填单规定标准填写各类单据（包括制作记录、试验单据、送交记录等），试块拆模后 12h 内及时送养护室养护。

（6）试块工在完成试块制作工作之后，及时清理，保持工具、试模、小车的清洁整齐，在试模拆模后，要及时清理干净并组装完好涂油，并进行检查试模的尺寸和方正等，以保持试模在下次正常使用，若发现有问题时，要及时汇报和更换修理。

（7）认真填写各种记录表格，并主动将工作中的异常情况及时向有关领导汇报。

（8）随时准备完成上级领导临时交办的任务。

六、试验工作业要求

试验工负责对各种原材料进场后的取样复试工作及过程检验、最终检验的各项试验工作，并对试验的全过程负有质量操作责任，在工作中应遵循以下程序和要求：

（1）进场后原材料的复验　试验工按《普通混凝土用砂、石质量及检验方法标准》（JGJ 52—2006）和《水泥取样方法》（GB/T 12573—2008）要求取样、登记、编号进行复验，发现复验不合格原材料应立即逐级上报。

1）水泥取样　同厂家、同品种、同强度等级、同批次的水泥，每 500t 为一批，不足者也按一批论，取样数量 12kg，分别取自不少于 3 个水泥车罐中。

2）砂取样　同一产地、同一规格、同一进场时间，每 400m³ 或 600t 为一验收批，砂取样数量为 22kg，在料堆上取样部位均匀分布，将表面铲除，由各部位抽取大致相等 8 份，搅拌均匀后用四分法缩分，根据搅拌站连续生产的特点，决定每星期至少做一次砂必试项目试验。

3）碎卵石取样　同一产地、同一规格、同一进场时间每 400m³ 或 600t 为一验收批，取样数量 40～80kg，在料堆上取样部位均匀分布，将表面铲除，在料堆顶部、中部、底部 5 个不同部位取得，根据搅拌站连续生产的特性，每星期至少做一次石必试项目的试验。

4）粉煤灰取样　以 200t 为一批，不足者按一批论，取样数量 10kg。

（2）对原材料进行以下项目试验：

1）水泥必试项目　水泥胶砂强度按照《水泥胶砂强度检验方法（ISO 法）》（GB/T 17671—1999）、安定性和凝结时间按照《水泥标准稠度用水量、凝结时间、安定性检验方法》（GB 1346—2011）做细度试验。

2）砂必试项目　见《普通混凝土用砂、石质量及检验方法标准》（JGJ 52—2006）。必试项目有筛分析试验、含泥量、泥块含量。每星期至少做二次测试砂含水率，必要时做表观密度和堆积密度、砂含石率等。

3）石必试项目　见《普通混凝土用砂、石质量及检验方法标准》（JGJ 52—2006）必试项目有筛分析试验、含泥量、泥块含量、针片状含量。做压碎值指标试验，测石含水率、表面密度和堆积密度等。

4）粉煤灰必试项目　见《用于水泥和混凝土中的粉煤灰》（GB 1596），必试项目有必试项目有细度、烧失量、需水量比。

5）外加剂必试项目　固体含量见《混凝土外加剂》（GB 8076—2008），减水率见《混凝土外加剂匀质性试验方法》（GB 8077—2012）、泌水率见《混凝土防冻剂》（JC 475—2004）、抗压强度比见《混凝土外加剂应用技术规范》（GB 50119—2013）、钢筋锈蚀见《混凝土膨胀剂》（GB 23439—2009）。

（3）各种原材料试验要按取样模式认真填写原始记录、试验报告单，字迹要清楚整齐，原始记录中的原始数据不得有更改，计算有误更改要加盖签章，各种试验资料顺序统一编号不得抽单一空号。

（4）试验工对原材料检验。当试验结果出现不合格时，要将试验结果立即逐级上报直至技术站长和相关股组。

（5）当质检员目测发现原材料不符合质量要求时，取样送试验室。试验工应及时按规范进行试验，出具试验报告，及时报站技术站长、材料股长，由质检员签字领取。

（6）各种材料试验必须由二人以上完成，一人负责试验，一人计算、记录数据，无上岗证人员无权单独作业，无权在试验单上签字，试验要严谨，严格按规范要求操作，试验完毕，将试验设备、器具擦拭干净，器具码放整齐，试验剩的原材料清理干净，做到完活脚下清。

（7）混凝土试配见《普通混凝土配合比设计规程》（JGJ 55—2011）。

1）材料　试配时应采用生产使用的材料，粗细集料的称量以干燥状态为准，如不用干料称量时应扣除含水量值，称量时一人对称一人复核，确保计量准确。

2）做法　搅拌方法尽量与生产使用的方法相同，每盘混凝土数量按规范《普通混凝土配合比设计规程》（JGJ 55—2011）中第 3.0.2 条规定，采用机械搅拌时，拌合量应不少于搅拌机额定搅拌量的 1/4。按计算出的配合比进行试拌，若拌得混凝土拌合物坍落度不能满足要求或黏聚性、保水性能不好，在保证有效水胶比不变的条件下，调整用水量或砂率，直到符合要求为止。

检验混凝土强度做法见《普通混凝土配合比设计规程》（JGJ 55—2011）中第 3.0.4 条规定。

制作混凝土强度试块见《普通混凝土配合比设计规程》（JGJ 55—2011）中第 3.0.5 条规定。

（8）混凝土强度试验：严格按操作规程进行试压，当天工作。当天完成，试验日期与试验单龄期相符，试块从养护室中取出后，应尽快试验，以免试件内部温度发生变化，对于混凝土强度等级＜C30 时，试块试压的加荷速度应保持在每秒 0.3～0.5N/mm²，混凝土强度等级≥C30 时，每秒 0.5～0.8 N/mm²，试块有异常的，停压报站主任工程师处理，不得自行解决。原始数据不得涂改，台帐要统一顺序编号，不得空号。

（9）混凝土抗渗试验，见《普通混凝土长期性能和耐久性能试验方法》（GB/T 50082—2009），严格按要求进行试验，试块养护 28d 龄期进行试验，但不得超过 90d 龄期，试验日期与试验单龄期相符，具体试验方法见《普通混凝土长期性能和耐久性能试验方法》（GB/T 50082—2009）中规定进行，认真填写试验记录，如出现异常、停压，报站主任工程师处理，并进行记录。

（10）养护室的试验环境应做好以下几点：

1）养护室要有专人负责浇水、测量、管理记录，并对其质量负责。

2）试块进养护室前须先登记，试验单子应齐全，并由试验工填好收到日期，并审查核对无误后，方可入内。

3）养护室温度控制在（20±2）℃，相对湿度大于90％，养护室温、湿度每天要记录二次，并签字负责。

4）养护室试块严禁用水直接喷淋，试块之间保持10～20mm间隙，码放要整齐，要保持养护室整洁。

5）在养护室发现问题时，要立即及时逐级上报，并进行记录。

（11）水泥试验环境应注意以下几项：

1）试验室温度为（20±5）℃，相对湿度大于50％。

2）水泥养护箱温度为（20±1）℃，相对湿度大于90％。

3）水泥养护池温度为（20±1）℃，每两周更换一次水。

4）以上各项工作的管理记录由主试人负责。

（12）试验人员每天要进行大气温度测量，上午、下午各一次，并有记录和测试人员负责。

七、试验人员严格按使用设备仪器的操作规定操作

（1）使用前应仔细检查设备是否完整无缺，零配件是否松动。

（2）使用仪器设备时要细心稳妥，不莽撞，以免影响试验精度，要保持仪器设备干净整洁。

（3）试验时如遇停电，应把所有机器设备关闭，使用完机械设备应拉闸断电，每天下班前，将试验室电源全部切断。

（4）所有试验设备应按说明书有关规定保养：

1）2000kN压力机、300kN压力机、3000kN压力机半年清理一次油箱，一年更换一次液压油，并有记录。

2）水泥胶砂搅拌机、净浆搅拌机调整搅叶与桶壁间隙每5个月一次。

（5）各种试验设备、仪器，按规定周期进行较准率定：

1）3000kN压力机、2000kN压力机、300kN压力机、水泥抗折仪、水泥胶砂搅拌机、水泥胶砂振动台、水泥净浆搅拌机、一平米振动台由相应检测单位一年检测一次，并存合格证和记录。

2）各种仪表、天平、台称由相应计量单位一年检测一次并有合格证。

（6）各种仪器设备出现电、机械故障，应立即上报，并与有关股组联系，积极进行修理解决。

（7）安全操作及防护注意以下几点：

1）严禁非操作人员动用试验设备，机器开动后，操作人员不得离开岗位。

2）操作时要二人同时进行，一人负责操作设备读数据，一人复核记录。

3）严禁乱动闸刀、开关及配电盘上接触器漏出部分以免触电，闸箱内严禁放各种杂物。

4）试验机用的油及试验用的机油、汽油、煤油不得乱放，要放在规定的地点。

5）工作时，女同志要注意戴好工作帽，注意把头发放在帽内。

6）机电设备使用完后，要拉闸断电，下班后要有专人再检查一遍。

第六节　混凝土预湿集料技术

一、技术背景

随着外加剂大量使用以及砂石料质量的不断劣化，减水剂在混凝土生产应用过程中出现了许多新问题。当砂石含量中泥量较高时，经常出现外加剂在做水泥净浆流动度试验时效果很好，但当用相同掺量配制混凝土时，混凝土拌合物流动性很差，或者干脆不流。对于使用聚羧酸系减水剂的厂家，这个问题特别突出。为了使混凝土拌合物满足泵送施工要求，有的单位将外加剂的掺量成倍增加，使混凝土的生产成本大大增高，影响混凝土生产企业的生产成本和直接经济效益。有的单位采用多加水的办法来解决混凝土拌合物流动性不足的问题，导致混凝土实际水胶比变大，严重影响混凝土的强度。

二、原理探索及试验研究

（一）试验研究

根据多年生产实践总结，笔者对砂子含泥量和石子吸水对外加剂的适应性，混凝土拌合物的工作性等技术指标进行对比试验，以便准确找到产生这种现象的原因。以 C30 混凝土为例进行分析，其中 1 号配比中砂子为饱和面干状态，含泥量为 2%，石子含泥量为 0.5%时，配制的混凝土坍落度为 220mm，1h 坍落度为 200mm；2 号配比中砂子为绝干状态，含泥量为 3%，石子含泥量为 0.5%，吸水率为 3%时，混凝土初始坍落度为 200mm，1h 坍落度为 80mm，经时损失很大；3 号配比中砂子为绝干状态，含泥量为 5%，石子含泥量为 0.5%，吸水率为 3%时，混凝土初始坍落度只有 120mm，1h 坍落度为 50mm，经时损失很大；4 号配比中砂子为干燥状态，含泥量为 3%，石子含泥量为 0.5%，吸水率为 5%时，混凝土初始坍落度只有 180mm，1h 坍落度为 30mm，经时损失很大；5 号配比中砂子为干燥状态，含泥量为 5%，石子含泥量为 0.5%，吸水率为 5%时，混凝土初始坍落度只有 80mm，1h 坍落度为 30mm，经时损失很大。试验数据见表 5-8。

表 5-8　试验数据

编号	胶凝材料（kg/m³）	砂子（kg/m³）	石子（kg/m³）	水（kg/m³）	缓凝减水剂（kg/m³）	初始坍落度（mm）	1h 坍落度（mm）	经时损失（mm）
1	350	700	980	175	7	220	200	20
2	350	700	980	175	7	200	80	120
3	350	700	980	175	7	120	50	70
4	350	700	980	175	7	180	30	150
5	350	700	980	175	7	80	30	50

（二）原因分析

1. 砂子含泥对外加剂适应性和拌合物工作性的影响

在以上试验的基础上，笔者对砂子含泥量影响外加剂掺量混凝土工作性的原因进行分析，根据数据分析与现场观察，砂子含泥量高对混凝土工作性的影响在混凝土拌合物初期就表现得非常明显，对减水剂的适应性也特别明显，造成混凝土初始坍落度小，坍落度经时损失大。在其他材料没有变化的情况下，砂子中的含泥量增加 35kg，由于含泥量实际是黏土质的细粉末，与胶凝材料具有相同的吸水性能，而在配合比设计时，没有考虑这些粉料的吸水问题，因此 35kg 的黏土粉需要等比例的需水量即 17.5kg 才能达到表面润湿，同时润湿之后的黏土质材料也需要等比例的外加剂达到同样的流动性，即 0.7kg 的外加剂。这就是相同配比的条件下，当外加剂和用水量不变时，含泥量由 2％ 提高到 5％ 以上时，混凝土初始流动性变差、坍落度经时损失变大、外加剂掺量成倍增加的根本原因。

2. 石子含泥及吸水对外加剂适应性和拌合物工作性的影响

在以上试验的基础上，笔者对石子含泥量及吸水影响外加剂掺量和混凝土工作性的原因进行分析，石子含泥对外加剂的适应性和混凝土拌合物工作性的影响与砂子相同。根据现场观察，石子吸水对外加剂适应性和混凝土工作性的影响主要表现在坍落度损失方面，配制的混凝土初始坍落度都不受影响，但是当混凝土从搅拌机中卸出时，几分钟之内就失去了流动性，并且石子的表面粘有很多砂浆的颗粒，加水之后仍然没有流动性，强度明显降低。

产生这种现象的原因主要是由于石子吸水引起的。当混凝土的原材料按比例投入搅拌机后，在搅拌机内快速旋转，水泥砂浆的搅拌过程就像洗衣机的甩干过程一样，砂浆在搅拌机内做切线运动，水分无法进入石子内部，流动性很好。一旦停止搅拌，混凝土拌合物处于静止状态，则水泥混合砂浆中的水分就像洗衣机甩干桶中甩出的水分再次渗入衣服一样，快速渗入石子的孔隙中，由于外加剂全部溶解到水里，石子吸收了多少水，外加剂也等比例地被吸收，造成砂浆中的拌合水量快速减少，混凝土拌合物很快失去流动性，同时外加剂在胶凝材料中的浓度也是快速降低。最终出现混凝土在搅拌过程中的流动性很好，初始坍落度很大，停止搅拌后几分钟之内混凝土拌合物完全失去流动性。在这次试验中，石子吸水 29.4kg，外加剂被浪费近六分之一。

（三）砂子含泥问题的解决思路

1. 单独加水思路

只保证工作性，不考虑强度的情况下，可以通过增加水的办法解决。加水的量分为两部分：一部分为润湿黏土所需水，可以根据配合比设计水胶比乘以黏土的质量求得，本试验中为 17.5kg；另一部分为黏土所需外加剂减水对应的水，本试验中外加剂为 0.35kg，减水剂减少的水量为 20％，即 17.5kg×20％＝3.5kg，合计加水 21kg。单独加水这种方法是施工现场经常采用的方法，由于成本低廉，操作随意，没有专业人员指导，经常导致混凝土强度不能满足设计要求。

2. 单独增加外加剂思路

为了保证混凝土用水量不变，且必须满足强度和工作性的要求，许多混凝土生产企业采用只增加外加剂的方法解决这一问题。这时增加外加剂量分为两部分：一部分是为了补充与胶凝材料同样质量的黏土所需的外加剂，本试验中取 0.7kg；另一部分为润湿黏土所需的水，使用减水剂通过减水实现，本试验中即减少拌合用水取 17.5kg，需要增加减水剂 1％掺量，即 3.5kg 外加剂，合计增加外加剂 4.2kg，成本为 10.6 元/m³。这种方法既保证了混凝土的强度，又实现了混凝土的工作性良好，但是成本较高，企业难以承受，同时在技术方面还存在混凝土浆体扒底，拌合物容易分层，泵送压力大等问题。

3. 加水同时掺加适量外加剂思路

为保证混凝土的强度，同时满足混凝土的施工性能，可以加水同时掺加适量外加剂的办法解决这个问题。加水的量为润湿黏土所需水，可以根据配合比设计水胶比乘以黏土的质量求得，本试验中为 17.5kg；外加剂掺加量用黏土的质量乘以外加剂的推荐掺量即可求得，本试验中为 0.35kg，成本为 1.75 元/m³。这种方法是混凝土生产企业技术人员可以采用的合理科学方法。

（四）石子含泥及吸水问题的解决思路

解决这一问题的根本思路，就是采用表面润湿的石子作为混凝土的粗集料，一方面可以减少石子吸水引起的混合砂浆失水，使混凝土增加流动性，另一方面减少石子吸水，还可以有效地提高外加剂在胶凝材料中的利用率，从而增加混凝土的流动性。

（五）外加剂与含泥量适应性问题解决的综合技术方案

1. 砂石料场冲洗方案

砂石作为混凝土的主要集料，占混凝土体积的比例很大，因此为了解决这一问题，就必须从实际出发在条件许可的情况下，可以采用建立砂石冲洗生产线的方案，确保冲洗后砂石的含泥量达到国家标准规定的范围。在冲洗的过程中，可以让砂石达到表面润湿状态，实现减少混凝土坍落度损失、节约减水剂用量、保证混凝土质量的目的。

2. 上料皮带头喷淋砂石方案

对于现有的混凝土搅拌站，由于场地的限制，大多数单位都无法建设砂石冲洗场。在多次现场调研和实践的基础上，笔者提出了混凝土预湿集料技术，即在混凝土搅拌站上料皮带头增加一个小喷头喷水的办法在生产前对砂石进行预湿，使砂石料所含泥和石粉充分润湿，内部孔隙充分吸水饱和，达到砂石料进入搅拌机时内部充分饱水和表面全部湿润的状态。从而达到外加剂用量最少、坍落度损失最小、混凝土强度最高、技术经济效果最佳的目的。

三、预湿集料技术

（一）技术方案及措施

集料预湿技术使混凝土的生产过程中，由于砂石已经达到了内部饱水和表面湿润，砂石料首先进入搅拌机，当胶凝材料进入搅拌机时，胶凝材料很快被粘结到润湿的砂石表面，外加剂和水分按设计比例进入了胶凝材料，在搅拌过程中，胶凝材料形成的浆体在搅拌机内做切线运动，很快变得均匀，实现了拌合物工作性良好，初始坍落度较大。当搅拌机停止运转时，混凝土拌合物处于静止状态，由于流动性胶凝材料浆体内部的水分密度与砂石料内部的水分的密度接近，因此渗透压接近平衡，砂石料及其所含的粉末料内的水分无法渗透到胶凝材料浆体中，胶凝材料浆体内的水分和外加剂无法渗透进入砂石以及及其所含的粉末料内部。由于胶凝材料浆体中的拌合水量等于配合比设计时确定的水量，外加剂的实际掺加量等于按胶凝材料设计的掺加量。实现混凝土初始坍落度合理，坍落度经时损失较小。

为了保证混凝土质量的稳定性，笔者提出采用预湿集料和调整砂率相结合的技术措施解决砂石含泥、石粉以及吸水导致的混凝土拌合物初始坍落度小、坍落度经时损失大以及外加剂掺量高的技术难题。针对搅拌站砂石料特定的条件，通过试验计算求出最佳砂率、胶凝材料达到标准稠度用水、润湿砂石用水，制作预湿集料喷淋专用设备用于生产，即可实现控制质量降低成本的目标。

在具体的操作过程中，笔者研究了在搅拌站砂石上料皮带头中间仓位置增加一套喷淋设备，使喷水过程和砂石的上料过程同步进行，以便节约时间，使砂石料进入搅拌机之前实现表面润湿和内部孔隙的饱水状态，在生产时外加剂和水分就全部用于胶凝材料的润湿以及工作性的改善，初始坍落度提高，坍落度经时损失减小。达到节约减水剂，保证工作性，预防坍落度经时损失且降低混凝土成本的目的。

（二）砂石参数的测定

为使砂石达到表面湿润状态，需要确定砂石预湿水量和最佳砂率，具体测定方法如下：

1. 石子物理参数的测定

（1）取一个体积为 10L 的容量桶，往里装满石子，晃动几下之后用尺子刮平桶口，称出其质量为 m_1，如图 5-3 所示；则石子的堆积密度 $\rho_{g堆积}$ 计算公式见式 5-1：

$$\rho_{g堆积} = 100 \times m_1 \tag{5-1}$$

式中　$\rho_{g堆积}$——石子（kg）；

　　　　m_1——石子质量（kg）。

（2）往装满石子的容量桶中缓慢加水至刚好完全浸泡石子为止，如图 5-4 所示，称重求得石子空隙率为 p，

根据石子的堆积密度和空隙率计算求得石子的表观密度 $\rho_{g表观}$ 计算公式见式 5-2：

$$\rho_{g表观} = \rho_{g堆积}/(1-p) \tag{5-2}$$

式中　$\rho_{g表观}$——石子的表观密度（kg/m³）；

　　　　$\rho_{g堆积}$——石子的堆积密度（kg/m³）；

　　　　p——石子的空隙率（％）。

图 5-3　称量石子质量

图 5-4　向容量桶中加水

（3）待 3～5min 后把水倒尽，称出其质量为 m_2，如图 5-5 和图 5-6 所示，求得石子的吸水率 m（%），计算公式见式 5-3：

$$m = \left[(m_2 - m_1)/m_1\right] \times 100 \tag{5-3}$$

式中　m_2——吸水后的石子质量（kg）；

　　　m_1——吸水前的石子质量（kg）。

图 5-5　倒出容量桶中的水　　　　　　　图 5-6　称量倒尽水后石子质量

2. 石子用量及预湿水量的确定

根据混凝土体积组成石子填充模型，计算过程不考虑砂子的孔隙率。用石子的堆积密度减去单方混凝土中胶凝材料所占的体积以及胶凝材料水化用水所占的体积对应的石子量，即可求得每立方混凝土石子的准确用量，则石子用量 G 计算公式见式 5-4：

$$G = \rho_{g堆积} - (V_C + V_F + V_K + V_{Si}) \cdot \rho_{g表观} - \left\{\left[(C + F\beta_F + K\beta_K + Si\beta_{Si}) \cdot (W/100)\right]/\rho_水\right\} \cdot \rho_{g表观}$$

$$\tag{5-4}$$

式中　　　　　　G——石子用量（kg）；

　　　　$\rho_{g堆积}$——石子堆积密度（kg/m³）；

　　　　$\rho_{g表观}$——石子表观密度（m²/kg）；

　　　　　　W——标准稠度用水量（kg）；

V_C、V_F、V_K、V_{Si}——水泥、粉煤灰、矿渣粉、硅灰所占的体积（m³）；

　C、F、K、Si——水泥、粉煤灰、矿渣粉、硅灰的用量（kg）；

　　β_F、β_k、β_{Si}——粉煤灰、矿渣粉、硅灰的用水量比（%）。

则 1m³ 混凝土中石子预湿水量 W_3 为单方石子用量乘以吸水率，计算公式见式 5-5。

$$W_3 = G \cdot \left[(m_2 - m_1)/m_1\right] \times 100 \tag{5-5}$$

式中　W_3——1m³ 混凝土中石子预湿水量（kg）；

　　　G——单方石子用量（kg）。

3. 砂子参数的测定

（1）取一个体积为 1L 的容量桶，往里装满砂子，下边用捣棒捣实，上部用脚踩实之后用尺子刮平桶口，称出质量为 m_1，如图 5-7 和图 5-8 所示，则砂子的堆积密度为：

$$\rho_{g堆积} = 1000 \times m_1 \tag{5-6}$$

图 5-7　尺子刮平桶口　　　　　　　　　图 5-8　称量砂子质量

（2）将砂子倒进 4.75mm 筛子筛分，称出筛子上部石子的质量为 m_3；求得砂子的含石率 $\rho_{石}$（%）：

$$\rho_{石} = (m_3/m_4) \times 100 \tag{5-7}$$

式中　m_3——4.75mm 筛上石子质量（kg）；

m_4——砂子质量（kg）。

（3）将砂子烘干，测出砂子的含水率。

4. 砂子用量及预湿用水量的确定

前边已经测得石子的空隙率 p，由于混凝土中的砂子完全填充于石子的空隙中，每立方米混凝土中砂子的准确用量为砂子的堆积密度乘以石子的空隙率，则砂子用量计算公式见式 5-8：

$$S = \rho_{s堆积} \cdot p \tag{5-8}$$

式中　S——砂用量（kg）；

$\rho_{s堆积}$——砂堆积密度（kg/m³）；

p——石子空隙率（%）。

根据水泥标准检验方法可知，混凝土搅拌站使用的水泥标准稠度用水量介于 27%～33% 之间，在不影响强度的条件下砂子的合理用水量为砂子质量的 5.7%～7.7%，在进行配合比调整时，由于以 6% 作为砂子用水量计算的基准，用 6% 乘以单方混凝土砂子用量即可求得砂子的准确用水量，而砂子的预湿水量可以用以下公式求得：

（1）$W_2 = S \times (6\% - 含水率)$

实际生产过程中计算最小预湿集料用水量时

（2）$W_{2min} = S \times (5.7\% - 含水率)$

实际生产过程中计算最大预湿集料用水量时

（3）$W_{2max} = S \times (7.7\% - 含水率)$

5. 预湿集料用水量计算

单方混凝土集料润湿用水量（$W_{润湿}$）等于粗（W_3）细（W_2）集料润湿用水量之和 $W_{润湿}$ 计算公式见式 5-9：

$$W_{润湿} = W_2 + W_3 \tag{5-9}$$

式中　$W_{润湿}$——单方混凝土集料润湿用水量（kg）；

W_2——细集料润湿用水量（kg）；

W_3——粗集料润湿用水量（kg）。

6. 胶凝材料拌合用水量的确定

（1）试验法

按照配合比设定的比例将各种胶凝材料混合成复合胶凝材料，采用测定水泥标准稠度用水量的方法，如图 5-9 所示，求得胶凝材料的标准稠度用水量 W，即可求得胶凝材料拌合所需水量 W_1 计算公式见式 5-10：

$$W_1 = W \cdot (B/100) \qquad (5\text{-}10)$$

式中　B——单方混凝土胶凝材料用量（kg）；

　　　W——胶凝材料的标准稠度用水量（kg）；

　　　W_1——单方混凝土胶凝材料拌合所需水量（kg）。

（2）计算法

根据各种胶凝材料的需水量系数和配合比设定的单方用量，用加权求和计算得到搅拌胶凝材料所需水量 W_1（式 4-25）。

同时求得搅拌胶凝材料的有效水胶比 W_1/B，计算（式 4-26）。

7. 总用水的确定

通过以上计算，混凝土搅拌胶凝材料所用水量为 W_1；

润湿砂子所需的水 W_2；

润湿石子所需的水 W_3；

混凝土总的用水量 W 计算（式 4-32）。

图 5-9　标准稠度用水量的测定

四、预湿集料技术的工艺设备安装图

（一）工艺设备安装

1. 工艺设备安装示意图

工艺设备安装示意如图 5-10 所示。

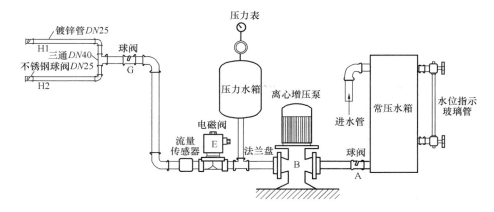

图 5-10　设备安装示意图

2. 工艺设备安装

（1）流量传感器可水平、垂直安装，垂直安装时流体方向必须向上，液体应充满管道，不得有气泡。安装时液体流动方向应与传感器外壳上指示流向的箭头方向一致。传感器上游端至少应有 20 倍公称直径长度的直管段，下游端与电磁阀安装距离应大于 0.5m 长度的直管段，内壁应光滑清洁，无凹痕、积垢等缺陷。传感器的管道轴心应与相邻管道轴心对准，连接密封用垫圈不得深入管道内腔。传感器、电磁阀应远离外界电场、磁场，必要时应采取有效的屏蔽措施，以避免外界干扰。

（2）流量传感器在开始使用时，应先将流量传感器内缓慢地充满液体，然后再开启出口阀门，严禁流量传感器处于无液体状态时受到高速流体的冲击。

（3）在安装流量传感器和电磁阀之前，首先清除管道内各种灰尘及杂物确保管道内壁光滑清洁，并安装过滤装置，电磁阀只能水平安装，不可倒置或垂直安装。

（4）输送水管采用内外镀锌，自常压水箱到压力水箱采用 ϕ50 管，自压力水箱经电磁阀、流量传感器到球阀 G 采用 ϕ40 管安装，安装参考图 5-10。

（二）流量控制器

1. 定量供水控制箱端子接线图

定量供水控制箱端子接线图如图 5-11 所示。

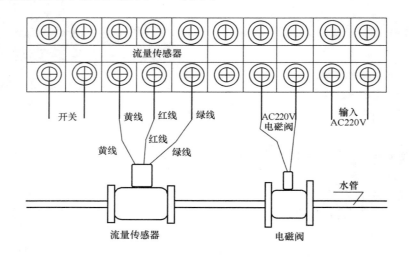

图 5-11　定量供水控制箱端子接线图

2. 流量控制器的使用

（1）供水量设定：在设定键拨码开关相应位置按技术参数"设定"键，移动"左"、"右"键和"＋"、"一"直到需要的设定值为止。

（2）检查流量传感器、电磁阀、220V 电源线、连线是否正确。电磁阀接线不分颜色，但流量传感器接线必须严格按导线颜色接线，否则会损坏传感器，导致控制器损坏不工作。

（3）"电源"按钮，必须确保接线完全无误后方可通电使用，按下右边第一个红色按钮"电源"灯亮，按钮自锁，再次按下"电源"按钮，电源关断，"电源"灯灭。

（4）"启动"按钮，按下"启动"按钮，电磁阀打开，开始供水直到水量达到设定水量时电磁阀自动关闭，一次供水完成。

（5）"停止"按钮，在供水过程中由于种种原因需要停水时，可按下"停止"按钮，电磁阀关闭；如需继续供水再次按下"启动"按钮，电磁阀又打开，又继续供水。

（6）"自动/手动"转换开关，选择"自动"方式时只需按下电源按钮，整个供水过程自动完成，不需任何人工操作。生产过程中出现意外和故障时可以按下"停止"按钮，中断供水，生产现场出现问题不要继续供水时，按下"复位"按钮，准备重新开始供水。转换开关，选择"手动"方式时，传送带开关不起作用，按下"启动"按钮，电磁阀打开，开始供水，直到水量达到设定值时电磁阀自动关闭，一次供水完成。"停止"按钮不受限制，任何情况下按下"停止"按钮都将关闭电磁阀。

3. 流量控制器主要技术

（1）供电电源：AC 220V±10%，50Hz。

（2）工作环境温度：10～40℃。

（3）工作环境湿度：≤80%。

（4）工作环境不应有强电场、磁场干扰及振动、冲击。

（5）流量传感器工作电压：DC12V。

（6）电磁阀作电压：交流 220V。

（7）供水设定范围：不限。

（8）供水设定分辨率：1kg。

4. 保养和维护

（1）流量传感器维护周期一般为半年，拆下清洗时请注意勿损伤测量腔内的零件，特别是叶轮（详见流量传感器使用说明书）。

（2）定量供水控制器主机内驱动电磁阀继电器一年更换一次。

（三）供水控制器

1. 压力控制原理图及接线说明

压力控制原理图及接线说明如图 5-12 所示。

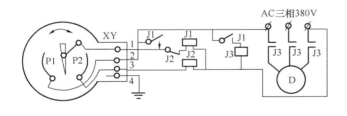 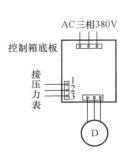

图 5-12　压力控制原理图及接线说明

XY—电接点压力表及出口接线座；J2—上止点中间继电器；P1—下止点；
J3—加压泵启动接触器；P2—上止点；D—加压泵电机；J1—下止点中间继电器

2. 压力控制器接线说明

（1）压力控制系统连接远传压力表、水泵电机和电源三部分。

（2）图 5-12 中 1、2、3 接线柱连接远传压力表。

（3）图 5-12 中 D 接线头连接水泵电机。

（4）图 5-12 中 AC 三相 380v 接线头连接工业供电电源。

（四）预湿集料喷淋装置详图

1. 喷淋设备安装位置图

喷淋水管安装于斜皮带末端下料切面上下指定部位，如图 5-13 所示。

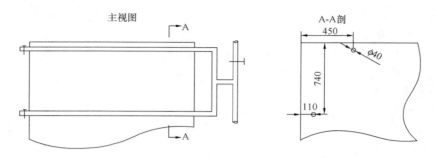

图 5-13　喷淋设备安装位置图

（1）喷水管道进水端由一个三通器件分成两路进入中间料仓。

（2）两根水管在深入中间料仓的部分：每根管上有平行的两排直径为 3mm 的孔，相邻孔间隔 30mm。两排平行孔形成角度约 25°～30°。

图 5-14　预湿集料入水管安装图

（3）两根水管的长度根据各搅拌站的实际操作空间确定。

图 5-14 为预湿集料入水管安装图。

五、经济效益

采用混凝土预湿集料技术生产混凝土后，降低了砂石进入中间仓时粉尘的数量，除尘设备寿命由 2 年可以延长到 4 年；混凝土出机坍落度和施工现场泵送坍落度较为稳定，可减少混凝土工作性的调整次数，减少混凝土退灰造成的损失占年混凝土产量的 1‰；搅拌机电流峰值大大降低 20A，可节省单方混凝土电耗 0.033kW·h；由于搅拌电流降低，搅拌叶片和衬板的生产磨损相比将有所减轻，可延长电机、搅拌叶片和衬板的使用寿命 1.5 年；混凝土拌合物预湿集料后可以节省混凝土外加剂 10%～25%，合 2kg；提高混凝土 28d 标准养护强度 2～3MPa 后，折合节约水泥 20kg。

表 5-9 为冀东水泥混凝土投资有限公司采用预湿集料技术生产混凝土综合经济效益计算。

表 5-9　预湿集料技术经济效益分析表（2011 年）

序号	项目名称	应用效果	单站效益	生产线或产量	年综合效益（万元）
1	降低粉尘	除尘设备寿命延长 2 年	7 万元/条·年	93 条	651
2	减少退灰	提高成品合格率 1‰	2.00 元/m³	971.6 万 m³/年	1943.2
3	节约电费	省电 0.033 千瓦时/m³	0.033 元/m³	971.6 万 m³/年	32.1
4	延长设备寿命	设备延长寿命 1.5 年	2.9 万元/条	93 条	269.7

续表

序号	项目名称	应用效果	单站效益	生产线或产量	年综合效益 （万元）
5	节约外加剂	降低单方外加剂用量2kg	4.15元/m³	971.6万m³/年	4032.1
6	提高强度	节约水泥20kg/m³	8元/m³	971.6万m³/年	7772.8
合计					14700.9

第七节　混凝土砂率调整计算软件的使用

一、技术背景

在混凝土生产过程中坍落度不稳定，造成工作性能不稳定和退货的现象较为普遍，同时造成客户满意度下降和生产成本上升。经过研究可知，这是由于砂石中含有黏土质粉料或石粉时，在生产混凝土时按照同样的水胶比，润湿这些粉料需要消耗一定量的水，为了使这些黏土质材料具有与胶凝材料同样的流动性，需要吸附一定量的外加剂。同时石子含有一定量的开口孔隙，集料进入搅拌机后快速旋转，砂浆中的水分在离心力的作用下无法进入石子内部，混凝土流动性很好，一旦搅拌机停止搅拌，石子的孔隙快速吸收了浆体中的水分，这时外加剂也按比例流入了石子的孔隙。这样使混凝土很快失去了流动性，表现为混凝土坍落度损失大。由于砂石中粉料与石子开口孔隙会造成水分和外加剂的双重消耗，在引起混凝土拌合物坍落度波动和损失的同时，增加了外加剂掺量，提高了原材料生产成本。

为了保证混凝土质量的稳定性，笔者提出采用预湿集料和调整砂率相结合的技术措施解决砂石含泥、石粉以及吸水导致的混凝土拌合物初始坍落度小、坍落度经时损失大以及外加剂掺量高的技术难题。针对搅拌站砂石料特定的条件，利用本计算软件，可以通过试验计算求出最佳砂率、胶凝材料达到标准稠度用水、润湿砂石用水，制作预湿集料喷淋专用设备用于生产，即可实现控制质量降低成本的目标。

二、适用范围及软件界面

（一）适用范围

当混凝土配合比主要参数已经确定时，混凝土拌合物质量仍然无法满足工作性要求，在这种条件下调整砂石合理比例的计算软件。

（二）软件图标

打开电脑，找到砂率调整计算软件图标，如图5-15所示。

（三）软件各界面

（1）点击软件图标，出现计算主界面为"砂子参数"界面，如图5-16所示。在此界面录入砂子参数。

（2）添加石子参数时点击"石子参数"按钮出现石子参数录入界面，如图5-17所示。

（3）添加混凝土混凝土原配合比参数时点击"混凝土原配合比"按钮出现混凝土原配合比录入界面，如图5-18所示。

图5-15　软件图标

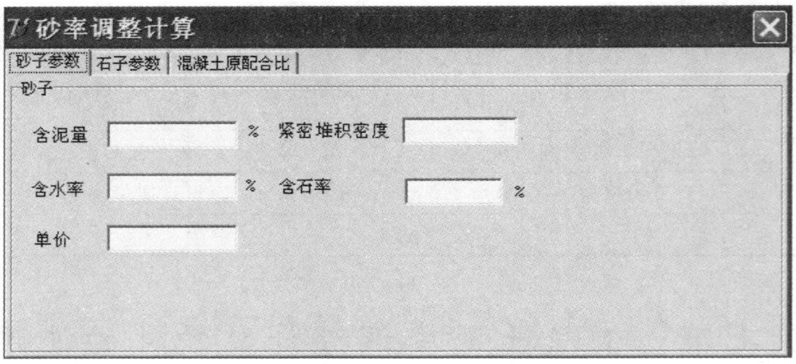

图 5-16　砂子参数界面

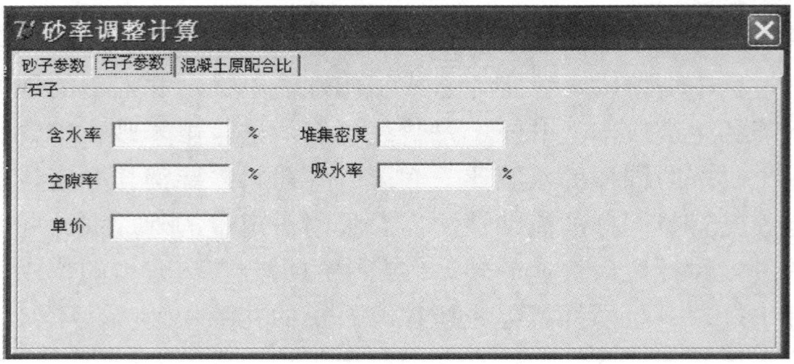

图 5-17　是指参数界面

图 5-18　混凝土原配合比界面

（4）录入完成后，点击计算按钮即得调整计算结果，界面如图 5-19 所示。

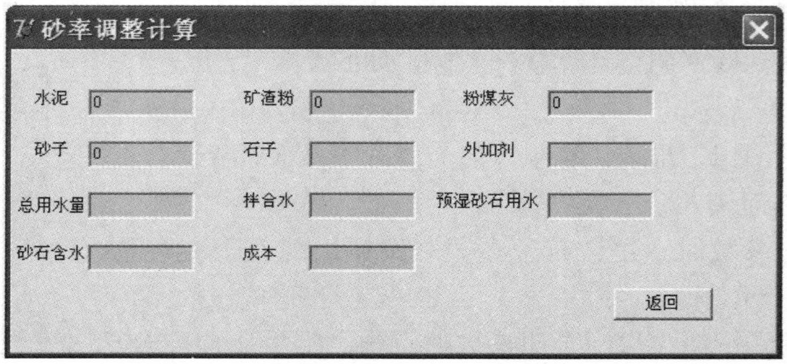

图 5-19　计算结果界面

三、砂子计算参数的获取方法

（一）砂子参数的测定

（1）取一个体积为 1L 的容量桶，往里装满砂子，下边用捣棒捣实，上部用脚踩实之后用尺子刮平桶口，称出其质量为 m_1，则砂子的堆积密度计算公式见式 5-6。

（2）将砂子倒进 4.75mm 筛子筛分，称出筛子上部石子的质量为 m_2；求得砂子的含石率计算公式见式 5-7。

（3）将砂子烘干，测出砂子的含水率。

（二）砂子用量及预湿用水量的确定

由于混凝土中的砂子完全填充于石子的空隙中（空隙率 p），每立方混凝土中砂子的准确用量为砂子的堆积密度乘以石子的空隙率，则砂子用量计算公式见式 5-8：

根据水泥标准检验方法可知，混凝土搅拌站使用的水泥标准稠度用水量介于 27％～33％之间，在不影响强度的条件下砂子的合理用水量为砂子质量的 5.7％～7.7％，笔者以 6％作为砂子用水量计算的基准，用 6％乘以单方混凝土砂子用量即可求得砂子的准确用水量，而砂子的预湿水量可以用式 5-11 求得：

$$W_2 = S \times (6\% - 含水率) \tag{5-11}$$

式中　S——砂子用量；

　　　W_2——砂子预湿水器。

四、石子计算参数的获取方法

（一）石子物理参数的测定

（1）取一个体积为 10L 的容量桶，往里装满石子，晃动几下之后用尺子刮平桶口，称出其质量为 m_1；则石子的堆积密度 $\rho_{g堆积}$ 计算公式见式 5-1：

（2）往装满石子的容量桶中缓慢加水至刚好完全浸泡石子为止，称重求得石子空隙率为 p，根据石子的堆积密度和空隙率计算求得石子的表观密度，计算公式见式 5-2：

（3）待 3～5min 后把水倒尽，称出其质量为 m_2，求得石子的吸水率，计算公式见式 5-3：

（二）石子用量及预湿水量的确定

根据混凝土体积组成石子填充模型，在计算的过程中，由于砂子的空隙率所占体积（160～180L）与混凝土拌合水（160～180L）和含气量（1％）之和在混凝土拌合物中占据的体积基本相同，因此计算过程不考虑砂子的空隙率和拌合水的体积。用石子的堆积密度减去单方混凝土中胶凝材料所占的体积对应的石子量，即可求得每立方米混凝土石子的准确用量，则石子用量计算公式见式 5-4：

则 1m³ 混凝土中石子预湿水量 W_3 为单方石子用量乘以吸水率，计算公式见式 5-5。

五、调整计算结果的获得

（一）胶凝材料拌合用水量的确定

1. 试验法

按照配合比设定的比例将各种胶凝材料混合成复合胶凝材料，采用测定水泥标准稠度用水量的方法求得胶凝材料的标准稠度用水量 W。即可求得胶凝材料拌合所需水量 W_1，计算公式见式 5-10。

2. 计算法

根据各种胶凝材料的需水量系数和配合比设定的单方用量，用加权求和计算得到搅拌胶凝材料所需水量 W_1，公式见式 4-25。

（二）预湿集料用水量计算

单方混凝土集料润湿用水量等于粗（W_3）细（W_2）集料润湿用水量之和 W 润湿计算公式见式 5-9：

（三）最佳砂率的确定

最佳砂率见式 5-12：

$$S_p = S/(S+G) \tag{5-12}$$

式中　S_p——最佳砂率；

　　　S——砂用量（kg）；

　　　G——石子用量（kg）。

六、应用实例

［例 5-1］已知砂子含泥 2%，紧密堆积密度 1450kg/m³，含水率 3%，含石率 8%，单价 55 元；石子含水率 0%，堆积密度 1650kg/m³，空隙率 45%，吸水率 1.5%，单价 45 元。

（1）录入砂子参数

打开软件，点击左上角"砂子参数"进入砂子参数录入界面，总共需要录入按照国家标准实际检测的 5 项指标参数，如图 5-20 所示。

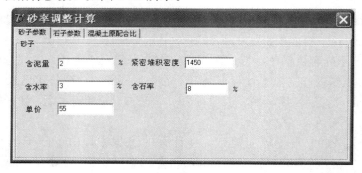

图 5-20　砂子参数录入

（2）录入石子参数

点击左上角"石子参数"进入石子参数录入界面，总共需要录入按照国家标准实际检测的 5 项指标参数，如图 5-21 所示。

（3）录入混凝土原配合比参数

点击左上角"混凝土原配合比"进入混凝土配合比及原材料参数录入界面，总共需要录入按照国家标准实际检测的 28 项指标参数，如图 5-22 所示。

（4）调整计算结果

点击左上角"砂率调整计算"按钮，然后点击右下角计算按钮，即得调整后具有合理砂

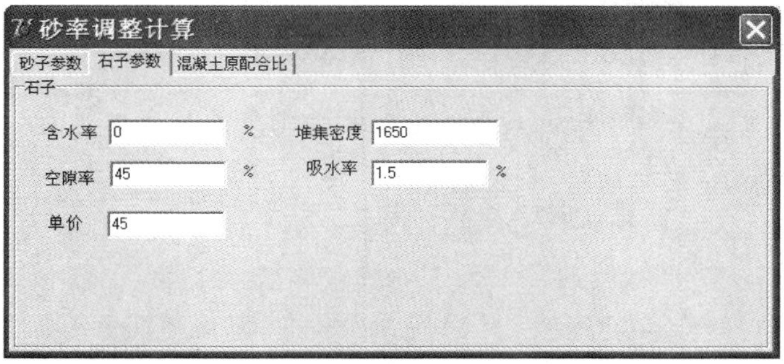

图 5-21 石子参数录入

图 5-22 混凝土原配合比参数录入

率的配合比，如图 5-23 所示。

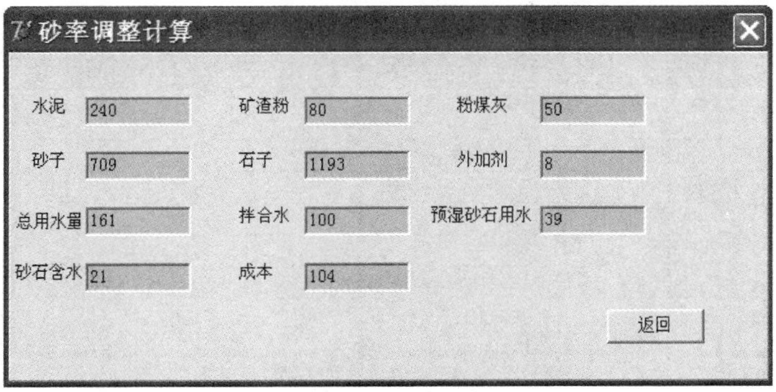

图 5-23 计算结果显示

[例 5-2] 已知砂子含泥 3%，紧密堆积密度 1350kg/m³，含水率 1%，含石率 20%，单价 50 元；石子含水率 0%，堆积密度 1550kg/m³，空隙率 43%，吸水率 1.8%，单价 40 元。

（1）录入砂子参数

打开软件，点击左上角"砂子参数"进入砂子参数录入界面，总共需要录入按照国家标准实际检测的 5 项指标参数，如图 5-24 所示。

（2）录入石子参数

点击左上角"石子参数"进入石子参数录入界面，总共需要录入按照国家标准实际检测的 5 项指标参数，如图 5-25 所示。

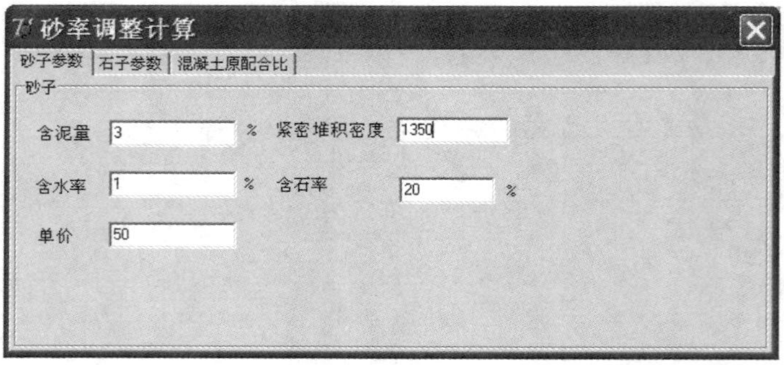

数字量化混凝土实用技术

图 5-24　砂子参数录入

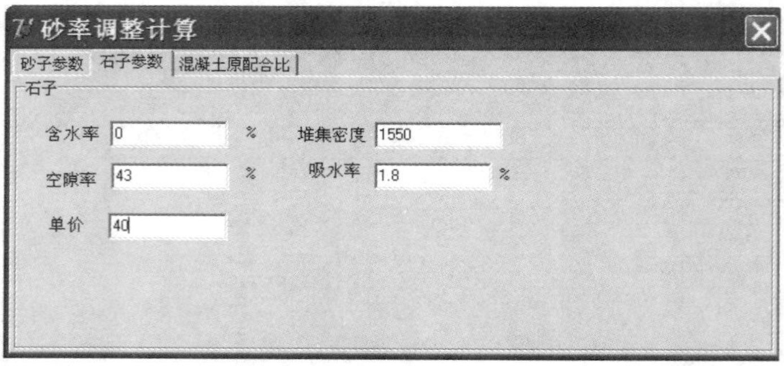

图 5-25　石子参数录入

（3）录入混凝土原配合比参数

点击左上角"混凝土原配合比"进入混凝土配合比及原材料参数录入界面，总共需要录入按照国家标准实际检测的 28 项指标参数，如图 5-26 所示。

图 5-26　混凝土原配合比录入

（4）调整计算结果

点击左上角"砂率调整计算"按钮，然后点击右下角计算按钮，即得调整后具有合理砂率的配合比，如图 5-27 所示。

［例 5-3］已知砂子含泥 5%，紧密堆积密度 1860kg/m³，含水率 2%，含石率 13%，单价 50 元；石子含水率 0%，堆积密度 1850kg/m³，空隙率 49%，吸水率 1.6%，单价 45 元。

（1）录入砂子参数

打开软件，点击左上角"砂子参数"进入砂子参数录入界面，总共需要录入按照国家标准实际检测的 5 项指标参数，如图 5-28 所示。

144

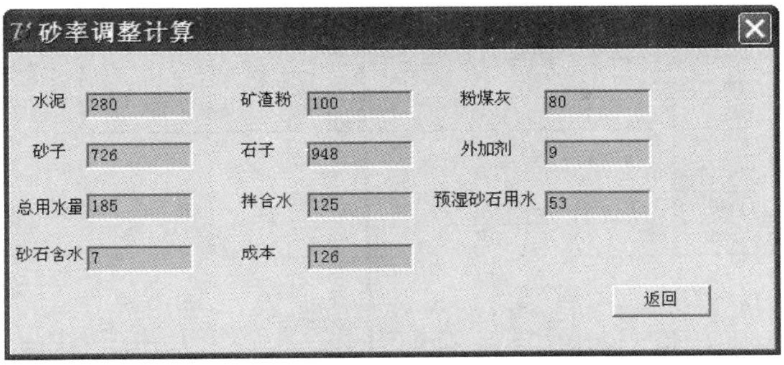

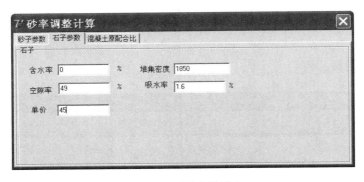

图 5-27　计算结果显示

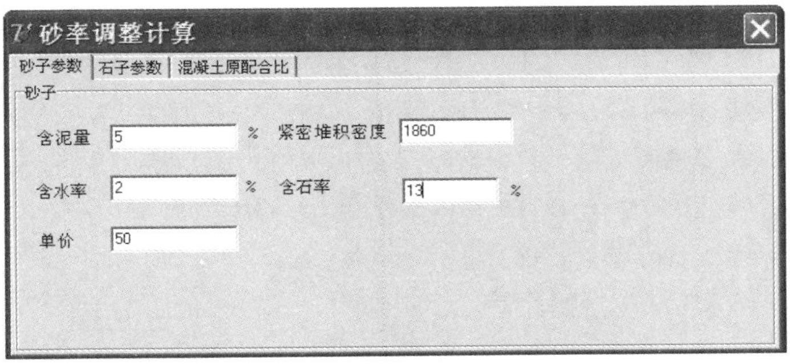

图 5-28　砂子参数录入

（2）录入石子参数

点击左上角"石子参数"进入石子参数录入界面，总共需要录入按照国家标准实际检测的 5 项指标参数，如图 5-29 所示。

图 5-29　石子参数录入

（3）录入混凝土原配合比参数

点击左上角"混凝土原配合比"进入混凝土配合比及原材料参数录入界面，总共需要录入按照国家标准实际检测的 28 项指标参数，如图 5-30 所示。

（4）调整计算结果

点击左上角"砂率调整计算"按钮，然后点击右下角计算按钮，即得调整后具有合理砂率的配合比，如图 5-31 所示。

图 5-30 混凝土原配合比参数录入

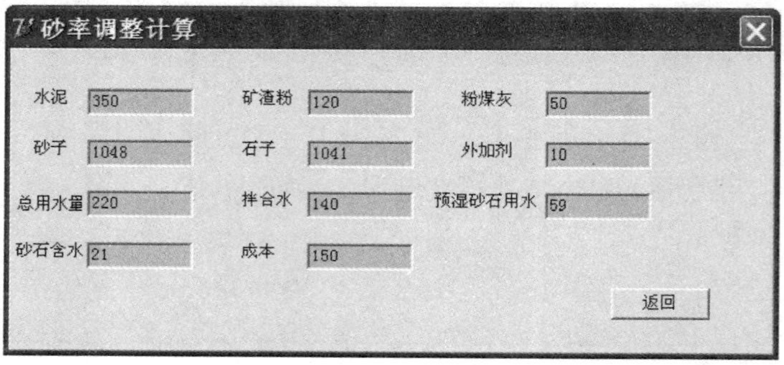

图 5-31 计算结果显示

[例 5-4] 已知砂子含泥 4%，紧密堆积密度 2050kg/m³，含水率 1.5%，含石率 8%，单价 50 元；石子含水率 4%，堆积密度 1780kg/m³，空隙率 40%，吸水率 2.3%，单价 45 元。

（1）录入砂子参数

打开软件，点击左上角"砂子参数"进入砂子参数录入界面，总共需要录入按照国家标准实际检测的 5 项指标参数，如图 5-32 所示。

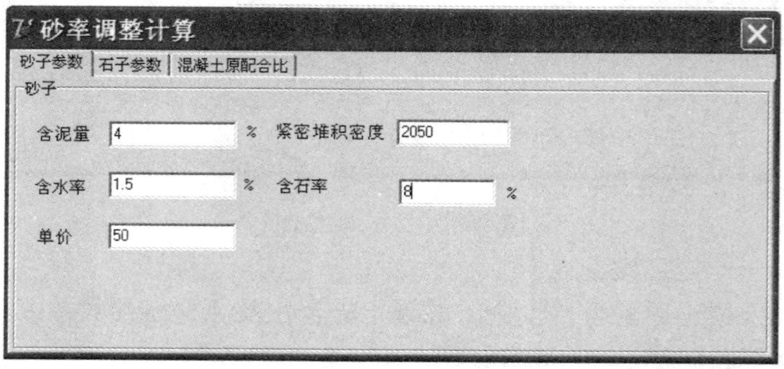

图 5-32 砂子参数录入

（2）录入石子参数

点击左上角"石子参数"进入石子参数录入界面，总共需要录入按照国家标准实际检测的 5 项指标参数，如图 5-33 所示。

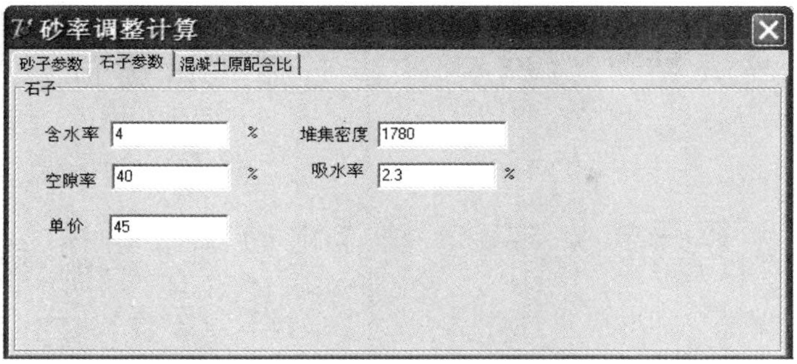

图 5-33　石子参数录入

（3）录入混凝土原配合比参数

点击左上角"混凝土原配合比"进入混凝土配合比及原材料参数录入界面，总共需要录入按照国家标准实际检测的 28 项指标参数，如图 5-34 所示。

图 5-34　混凝土原配合比录入

（4）调整计算结果

点击左上角"砂率调整计算"按钮，然后点击右下角计算按钮，即得调整后具有合理砂率的配合比，如图 5-35 所示。

图 5-35　计算结果显示

第六章 多组分混凝土施工常见问题

第一节 混凝土施工中的注意事项

一、订购和使用预拌混凝土的注意事项

为了加强混凝土结构工程施工质量的验收，保证工程质量，施工单位及有关单位必须严格执行国家现行有关标准《混凝土结构工程施工质量验收规范》（GB 50204—2015），《建筑工程施工质量验收统一标准》（GB 50300—2013）等相关标准的规定。

（1）供需双方签订合同后，订货单应阐明：

1）施工单位和工程名称。

2）浇筑部位和浇筑方式。

3）是否为特制品（强度等级＞C50，坍落度＞180mm，石子粒径＜20mm）。

4）特殊技术要求（抗渗或抗折等级）。

5）施工坍落度（SL＜90mm，误差为±20mm。SL＞100mm，误差为±30mm）。

6）混凝土中是否掺加其他材料（纤维、膨胀剂、防水剂等）。

7）大体积混凝土的要求（加冰或加冰水）。

8）严禁向搅拌车和泵车内的混凝土任意加水。

9）混凝土从加水至浇筑时间，如气温＞25℃超过 4h 或气温＜25℃超过 2h，需方应签单不得使用。

10）预拌混凝土的供货量计算，应由混凝土运输车实际装载量除以拌合物表观密度求得。

11）交货检验的取样试验工作可由供需双方协商确定承担单位，该承担单位应执行《预拌混凝土》（GB/T 14902—2012）中有关规定。

（2）凡有特殊技术要求或混凝土中掺加其他材料的混凝土应提前一个月以上通知供方，以便供方进行技术试配和技术交底及组织材料采购等生产前的准备工作。

（3）每次供货前，需方应提前 24～48h 通知供方，以便供方制订生产计划，组织原材料，安排运输车辆，技术部及时提供有关资料。

（4）供方车到达交货地点后应提交送货单和施工配合比，需方应检查送货单上的工程名称、浇筑部位、强度等级、坍落度和添加材料等，确认无误后方可浇筑到指定部位，并在送货单上签名验收。

（5）坍落度过大或和易性不符合要求时，可拒收或退货，坍落度小可由供方技术员用外加剂调至施工要求，严禁任意加水。

（6）需方应保证施工现场工况良好，确保路通、水通、电通，泵送发动机应放在合适位子以方便车辆进出和清洗，有利加快施工速度。

（7）供方应保证混凝土浇筑的连续进行，车辆应一机（泵送发动机）二等，供需双方应保持良好的沟通，做到既不压车，也不断料，断料的时间不宜超过 2h，否则应采取措施。

（8）凡有拆模张拉等要求的构件应做同条件养护试件，为保证质量宜多做几组试件。

二、使用预拌混凝土在施工时的要求

（一）模板和支模要求

（1）模板及其支架应根据工程结构形式、荷载大小、地基土类别、施工设备和材料供应等条件进行设计。模板及其支架应具有足够的承载能力、刚度和稳定性，能可靠地承受浇筑混凝土的质量、侧压力以及施工荷载。防止移位，甚至出现爆模现象。

（2）模板的拼缝要严密，不能有漏浆现象，以防影响外观。

（3）浇筑混凝土前，模板内的杂物应清理干净，并充分湿润模板，但不得积水。

（4）对跨度不小于 4m 的梁、板，其模板应按设计要求起拱；当设计无要求时，起拱高度宜为跨度的 1/1000～3/1000。

（5）底模拆除时的混凝土强度要求见表 6-1。

表 6-1　底模拆除时的混凝土强度要求

结构类型	结构跨度（m）	达到设计强度标准值的百分率（%）
板	≤2	≥50
	>2，≤8	≥75
梁、拱、壳	≤8	≥75
	>8	≥100
悬臂构件	—	≥100

（二）浇筑和振捣的要求

（1）在浇筑混凝土前应检查模板支撑、钢筋绑扎和保护层垫块是否符合要求，底模内不宜积水，以免影响混凝土的匀质性发生质量问题。选择合理的浇筑时间，避开大、中雨、高温和上下班高峰期。

（2）混凝土浇筑高度不宜超过 2m，否则宜采用串筒或溜槽，浇筑混凝土不宜使拌合料集中聚热，应组织人员分散布料，以免荷载集中破坏模板支撑或散热不利。

（3）在浇筑墙柱梁板时，应先浇筑强度等级高的墙和柱，浇筑完后再同时浇筑梁和板。墙柱浇筑完毕后，如出现浮浆时，应及时清理，以免出现断层。

（4）应根据振捣部位，合理选择振捣棒的频率和直径，振捣棒的移动间距不应大于其作用半径的 1.5 倍，振捣棒应快插慢拔，振捣时间根据坍落度不同，一般为 10～30s 直至翻浆出气泡，分层振捣时振捣棒应插入下层混凝土内 50mm 以上。当采用平板振动器时，其移动间距应保证振动器的平板能覆盖已振实部分的边缘。

（5）浇筑过程中不要过振，防止石子下沉，表面砂浆过多粉煤灰上浮，混凝土硬化后易出现表面塑性裂缝，也不要漏振或欠振，以防止产生蜂窝麻面，削弱混凝土强度。

（三）抹面和养护的要求

（1）在混凝土达到终凝前，应立即采取抹面、收浆、压实等措施，宜根据浆料及气候掌握火候，混凝土初凝前用木抹子立即进行二次抹面将水分浮浆赶走，堵住毛细孔，防止内部水分继续蒸发避免出现表面塑性裂缝。在混凝土达到终凝前，用木拍子来回搓压混凝土使其表面粗糙无浮浆，表面系数大的构件宜采用平板振动器或用收光机压实。

（2）混凝土硬化后应及时浇水养护至少保湿保水养护不少于7d，对掺有膨胀剂的大体积混凝土蓄水养护应不少于14d。根据气温对大体积混凝土应采取保温、保湿和温控措施。

（3）硬化后的混凝土也可以采用塑料布严密覆盖全部表面并应保持塑料布内有结露水。如混凝土表面不便浇水或覆盖塑料布时，可采用涂抹养护剂，防止混凝土内部水分蒸发。

（4）硬化后的混凝土强度小于1.2MPa严禁上人和堆积建筑材料，以免过早受到集中荷载造成开裂。

三、泵送混凝土用于特殊工程的注意事项

（一）人工挖孔桩

桩底或桩壁有渗水应尽量抽空，如遇涨潮水位高应采用快硬水泥混凝土现场拌制立即浇筑堵住水，再用坍落度为80~120mm的混凝土连续浇筑不能间歇，振捣棒的频率和直径根据桩径大小而定（≥ϕ1600需2根）；基坑周围应设抽水井尽量抽水降水位，如没设抽水井宜将工程桩改为水下桩为好（如渗水量≥1m³/h）；泵送混凝土通过漏斗下面串筒（ϕ250mm）下料，混凝土离出料口不得大于2m，并要连续浇筑，分层浇捣，分层高度约1~1.5m；每层振捣高度约500mm，振捣棒应快插慢拔，严防漏振、欠振、过振；混凝土浇筑应超过桩顶标高300~500mm，以保证凿除浮浆后，桩顶标高应符合设计要求。

（二）水下混凝土

属隐蔽工程，施工时应比设计提高一个强度等级，导管直径根据水下桩和连续墙的要求而定，一般为ϕ250~ϕ180mm，坍落度根据导管直径一般为180~220mm，扩展度≥400mm，混凝土的黏聚性要好，砂石比例合理，胶凝材料总量不少于400kg/m³；混凝土必须要连续浇筑不能间歇；导管插入混凝土中4~5m并不断用钩机转动导管；混凝土中应全部用缓凝剂以防出现故障；所用泥浆相对密度应不断测量符合浇筑要求。浇筑水下混凝土应委派专业施工队和有经验的人员解决施工中出现的各种质量问题（如导管进水、混凝土卡管、坍孔、断桩等）。

（三）大体积混凝土

混凝土结构物实体最小尺寸等于或大于1m，或预计会因水泥水化热引起混凝土内外温差过大而导致裂缝的混凝土称之为大体积混凝土。大体积混凝土多数为底板、剪刀墙（都有抗渗要求）、承台、核心筒、转换层大梁等构件。供料前，供需双方都应作好施工组织方案和技术交底，供方应派遣调度员和技术人员到现场了解泵机、泵管布置和浇捣程序，落实临时用电、用水和排水措施，并了解混凝土浇筑方式和钢筋配筋方案。供方在提供技术交底中除了采取尽可能降低水化热措施的施工配合比（采用中低热水泥、大掺量矿物掺合料、降低水泥用量、采用缓凝减水剂、保证和易性前提下降低用水量和砂率、增大石子粒径等）外，还应从施工方面提出应有足够的人力（振捣、抹面、养护分工明确），泵机应有遮阳设施，泵管宜少用90°的弯管，支管和软管并应覆盖湿麻包，浇筑可采用分层分块跳仓作业，摊铺厚度应根据振动器的作用深度及和易性确定，一般为300~500mm为宜，在前层混凝土初凝前将次层混凝土浇筑完。厚度≥1.2m应采取温控措施，在底板适当厚度铺设冷却循环水管但降温速率控制在3℃/d，内外温差控制在25℃，整个施工过程中应进行温控监测，经抹

面、收浆、压实硬化后的混凝土应及时采取保温、保湿养护不少于14d。据调查底板出现裂缝只占20%，而地下室外墙出现裂缝占80%。外墙混凝土浇筑完后浇水养护困难，一般3d后，放松模板两侧螺丝留几毫米缝隙以便灌水养护，养护到一定强度后再拆除模板，然后用草帘或麻袋围墙侧面保温保湿养护直至回填土。

第二节　聚羧酸系外加剂使用事故原因分析与预防措施

一、概述

聚羧酸系减水剂作为继萘系、密胺系、脂肪族系和氨基磺酸盐系之后研制生产成功的高性能减水剂，具有掺量少、减水率高、保坍性能好、与水泥适应性强、混凝土收缩小等特点，给初次使用者的感觉是该减水剂比前几代减水剂在使用时更方便、安全、高效，在近十年的应用中发现，该减水剂与其他减水剂一样，也有一定的局限性，其优点只是相对的，工程中总是遇到这样或那样的问题，而且大多是使用其他品种减水剂时所从未遇到的，如混凝土拌合物异常干涩、无法卸料，更甭提泵送了；或者混凝土拌合物分层严重、泌水量惊人等。另外，应用萘系减水剂所遇见的技术难题，通过近20年的研究工作已基本上从理论和实践方面得到解决，而应用聚羧酸系减水剂出现的问题正在发生，笔者经过研究已经找到正确的解决措施，鉴于此，笔者从聚羧酸系减水剂本身的性能特点及所产生事故入手，对比聚羧酸系与萘系的不同点，为安全高效地应用聚羧酸系减水剂提出建议。

二、普通混凝土供应实例

（一）混凝土坍落度偏大导致的板结事故

某道路绿化工程施工绿化带人行道，混凝土技术要求简单，申请坍落度180~200mm、强度等级C25，施工部位长约200m，宽约1.5m，厚约为0.1m，无布筋，表面平整度要求较低，上铺装饰砖。实际供应路面混凝土生产，现场施工人员反映混凝土闪凝，从罐车放到翻斗车状态正常，但无法从翻斗车卸入施工路面，凝固在车内。

1. 原因分析

（1）开盘时考虑到施工部位为路面且施工方式为自卸，砂率偏低，影响混凝土保水效果，浆体上泛严重。

（2）施工采用翻斗车向里倒运的方式，申请及出厂坍落度偏大，混凝土经过土路的颠簸，分层严重，但混凝土并非施工人员所反映的闪凝，而是由于浆体上泛、砂石等集料下沉而导致的混凝土板结现象。

2. 预防措施

（1）调整外加剂掺量，并控制混凝土坍落度。

（2）调整砂石用量，增加混凝土保水性，满足施工要求。

（二）不同品牌外加剂的混用事故

施工某工程厂房楼层板，由于机械故障原因，供应过程中搅拌站更换生产线，但采用了两个不同厂家的高性能减水剂，次日施工方反映混凝土凝结时间与施工顺序颠倒，先施工部分尚未初凝，而后施工部分已无法收面，且后施工部分局部未凝，有泛白浆体。

1. 原因分析

（1）由于在供应过程中更换生产线，但未能统一原材料，尤其是外加剂，导致混凝土凝结时间差异较大，无法判断准确的收面时间，给工程外观造成影响。

（2）施工过程由于挪动泵送发动机导致压车现象，部分车次坍落度不能满足施工要求，现场人员采用泵送剂进行二次流化调整，掺量未能严格控制，且未能搅拌均匀，导致后施工部分局部未凝。

2. 预防措施

（1）不同外加剂厂家为保坍深度，缓凝成分也不同，凝结时间差异相对萘系更大，这也是聚羧酸系外加剂区别于萘系的特点之一。供应过程应保证原材料的稳定性及一致性，外加剂厂家供应外加剂时，性能指标最好能做到统一。

（2）混凝土状态不能满足施工要求，需要二次流化调整时，宜采用单纯的高效减水剂，避免引入过量缓凝成分，影响正常凝结时间，必须在搅拌充分均匀后，再放料施工。

（三）计量秤失控事故

计量失控，减水剂掺量偏大，导致混凝土状态异常。供应某房建工程C40混凝土过程中，施工单位反映浇筑后的混凝土跑浆严重，甚至无法振捣。现场施工员对后续几车放料观察后，都存在同样问题，退回站内处理。根据现场反应，质检员站内放料呈同样状态，推断是外加剂超量掺加。数月后，搅拌楼做防火改造，晚上生产时，再次发生类似情况，质检员将掺量由正常使用的1.5%降至0.9%，仍无法保证出机状态。

1. 原因分析

（1）第一次由于外加剂计量秤传感器老化，敏感度变得迟钝，导致外加剂计量增加，从而发生了混凝土状态异常的状况。

（2）第二次事故则由于搅拌楼外墙板改造过程中，无挡风保护，当晚间生产时起风，外加剂秤有轻微摇摆进而导致计量失控。

聚羧酸系与萘系外加剂在混凝土搅拌过程中的区别在于，当萘系外加剂超量掺加时，搅拌机电流表显示值明显偏小，出机混凝土则表现接近离析；而聚羧酸系外加剂超量掺加时，搅拌机电流表变化则不太明显，出机混凝土拌合物状态也正常，但观察1～2min后，就会出现明显跑浆及抓底状态。

2. 预防措施

（1）由于聚羧系外加剂减水率较高，必须保证计量精度，因此有必要增加计量秤的自检频率，根据产量定期更换计量秤传感器。

（2）加强聚羧酸系外加剂技术储备及针对性的学习，积累生产经验，掌握外加剂方面的知识，做到灵活应用。

三、高性能混凝土供应实例

（一）避免两种类型外加剂的混用

2009年某公司在供应某市政工程时，由于同时供应其他部位的高性能混凝土（灌注桩、承台、箱梁等）采用萘系外加剂，在供应箱梁则采用聚羧酸系外加剂配合比生产时，应将搅拌机、罐车彻底洗刷干净。否则，与残留萘系减水剂混合后，将导致混凝土工作性能极差。初始采用聚羧酸系外加剂供应时，出机混凝土坍落度均在210mm左右，但和易性及流动性差，到达施工现场后只有 100～120mm，而且几乎没有流动性，振捣时振动棒拔出后孔洞不易闭合。

1. 原因分析

（1）搅拌机及罐车洗刷不彻底。

（2）聚羧酸系与萘系为两种截然不同的外加剂，对比其性能不难发现萘系 pH 值在 9.5 左右，属碱性；而聚羧酸系外加剂 pH 值为 5.5 左右，属弱酸性，易发生反应。

2. 预防措施

（1）将状态异常的混凝土降级作临建使用。

（2）再次生产时，两种外加剂严格分开使用，生产时固定生产线、固定搅拌运输车及泵车，清洗干净。

（3）由于聚羧酸系外加剂的弱酸性，与铁制容器长期接触会发生反应，影响其质量，必须采用单独的聚乙烯塑料罐盛装，另需单独的 PVC 管道和计量装置。

（4）如果生产任务较为繁重时，为提高生产效率，全部采用萘系外加剂。

（二）坍落度控制

预制箱梁对于外观的要求较高。因此，混凝土质量的稳定，尤其是坍落度的稳定和均匀性，对于减少水纹、云斑、色差、孔洞、浮浆过厚等缺陷起到重要作用。

1. 原因分析

（1）聚羧酸系外加剂掺量少、减水率高，生产时对用水量极为敏感。当用水量有波动，如增减 3～5kg 时，导致坍落度变化显著、轻微泌水或无扩展度。

（2）计量有误差出现外加剂超量掺加情况，出机混凝土坍落度偏大，经过搅拌和运输到施工现场时，有轻微离析状况，检测其基本性能时，有泌水及板结等现象。作为试验用混凝土，浇筑时不易振捣，上部板结严重。拆模时有粘模现象，试验箱梁底部有明显水纹，内部侧面则有蜂窝现象，外观较差。

2. 预防措施

（1）增加集料含水率的检测频率。针对砂子含水率，建议每个工作班或连续供应过程中每两小时测一次，增加频率，保障用水量的准确度；石子方面，最好是直接干筛，本站在供应前期为保证石子质量，采用水洗 2～3 遍，存放一周晾干，但在实际生产过程中，大堆石子外部干燥，但内部仍然较湿，且不同层面含水也不均匀，对坍落度的稳定性影响较大。后改为直接干筛，效果较好。

（2）不授予操作员调整用水量权限。

（3）延长搅拌时间，保证搅拌均匀性。

（4）与外加剂厂家沟通协调，将外加剂掺量由设计的 1.2% 提高至 2.0%，减小相对误差，降低计量敏感度。

（5）升级生产控制系统的管理软件，更换传感器，保障计量精度。

（三）浇筑施工控制

华北地区夏季平均温度超过 25℃，最高气温超过 38℃，白天供应混凝土坍落度损失较大，导致施工操作时间变短，影响施工效果，外观差。

1. 原因分析

（1）气温高，砂石等集料经暴晒后温度更高，出机混凝土温度达到 30～35℃，加速了水化反应。

（2）工人高温作业影响施工效率，偶尔有箱梁混凝土浇筑收尾时，上部混凝土因失水过快，已无法振捣，造成蜂窝、麻面以及面层开裂等质量问题。

2. 预防措施

（1）针对混凝土夏季施工特点和诸多不利因素，与施工方沟通后，调整夏季预制箱梁混凝土浇筑时间，于每天早晨 6h 前和下午 8h 以后时段施工，以此控制混凝土温度，保证质量。

（2）施工工艺地改进，在箱梁外模侧面设置附着式振捣器，采用插入式振捣器与附着式振捣器相结合振捣方法，提高工作效率和振捣效果。

（3）提高外加剂的调试频率，考虑外加剂与水泥等主要胶凝材料及气温变化等因素的匹配，及时调整外加剂的配方，以满足施工性能为标准。

四、应用总结

聚羧酸系减水剂具有突出的优势和强大的生命力，但任何新生事物也都具有它的两面性，它的优点也是相对的，只有善于发挥它的优势，改进它的不足，正确认识应用它才能取得最大的效果。国内聚羧酸系减水剂采用时间不长，它的作用机理大多数人还没有完全掌握，对其的认识也需要一个过程，而且有关混凝土的知识不是来源于理论而是来自试验，但这些试验是在最基本的理论指导下进行的。笔者认为今后合理使用聚羧酸系减水剂的技术主要就是本书介绍的混凝土预湿集料技术，该技术从理论基础到实际应用提出了一套全新的思路，特别适合中国聚羧酸系减水剂应用的实际。

第三节　混凝土施工中的裂缝原因与防治

一、概述

混凝土凝结硬化的过程也是其缺陷形成的过程。在水泥石中间、水泥石和集料的界面中间就已经处处充满了微裂缝，而集料中也可能存在微裂缝，可以说"混凝土有裂缝是绝对的，无裂缝是相对的"。裂缝是固体材料中的某种不连续现象，是材料的一种缺陷，在某种程度上是人们可以接受的一种材料特征。这些在混凝土塑性阶段产生的原生裂缝是混凝土耐久性的隐患。混凝土裂缝问题是混凝土工程中带有一定普遍性的技术问题。不少混凝土整体结构的损坏往往是微观裂缝发展、延伸、贯穿的结果。混凝土裂缝的存在可能使混凝土结构构件承载能力降低，挠度增大，同时它也是侵蚀性介质向混凝土基体渗透、迁移的通道，严重影响混凝土结构的耐久性。因此裂缝形成机理及裂缝防治研究一直以来是混凝土工程领域的重要研究课题。

商品混凝土是指由水泥、集料、水以及根据需要掺入的外加剂和掺合料等组分按一定的比例，在搅拌站（楼）经计量、拌制后出售的，并采用运输车、在规定时间内运至使用地点的混凝土拌合物，亦称预拌混凝土。随着商品混凝土在建筑工程上的广泛应用，混凝土的开裂问题越来越受到人们的关注。使用单位普遍认为，与现拌混凝土相比，商品混凝土较容易出现裂缝。本节就商品混凝土产生早期裂缝的原因进行分析和探讨，同时建议采取针对性的措施防治和控制混凝土裂缝。

商品混凝土一般是高流态混凝土，以其快速高效、质量稳定、供应量大和不占用施工现场等特点得到了广泛的应用，但它的高流动性和可泵性也产生了如下一些负面作用：

（1）胶凝材料用量增加　胶凝材料在凝结硬化过程中体积要缩小，通常收缩率为万分之三。混凝土在硬化过程中的抗拉能力及钢筋与混凝土之间的握裹力均抵抗不了胶凝材料的收缩。所以，胶凝材料用量的增加也增大了裂缝出现的几率。

（2）砂率增加　一般高流态混凝土的砂率都在40％以上且集料粒径减小，这是混凝土泵送的要求。由于细集料的增多，减弱了混凝土之间的连接，裂缝的机会增多了。

（3）坍落度大　高流态混凝土的坍落度一般都在180mm以上，对于许多高层建筑，坍落度甚至要超过240mm。施工中发现，坍落度大、流动性大的混凝土比坍落度小、流动性小的混凝土更易出现裂缝。

（4）外加剂　商品混凝土中普遍掺有外加剂（减水剂、缓凝剂、保塑剂、防水剂等）。一般认为在混凝土中掺入适量的外加剂能减少单位用水量、减少水泥用量，使混凝土的收缩值降低，有利于减少裂缝。但最近的研究表明，在水泥用量和坍落度保持不变的前提下，市场上有近一半的外加剂（包括高效减水剂和各种防水剂）所配制混凝土的28d收缩率大于基准混凝土，最大的收缩率已接近于基准混凝土的1.5倍，而且质量波动非常大。外加剂的掺用可能是导致商品混凝土裂缝的重要原因。

与普通混凝土相比起来，商品混凝土的收缩及水化热增加。当混凝土构件受到外界约束时，就会产生较大的收缩应力，当其超过混凝土抗拉强度时，混凝土就会产生裂缝，尤其是在高层建筑地下室墙板等大体积混凝土构件中，当地下水位较高时，还会引起渗漏等问题。

由于这些特点，使商品混凝土出现开裂的可能性增大。再加上使用单位没有注意到这些特性变化，仍然以过去的经验来对商品混凝土结构进行配筋、施工和养护，这是商品混凝土普遍产生裂缝的最根本原因。

商品混凝土裂缝多发生在早期（一般发生在3d以前），这时大多数构筑物还没有承受荷载。商品混凝土成型后出现的早期裂缝，主要是由于混凝土在凝结和硬化过程中产生的收缩变形引起的。其中收缩可分为五大类：塑性收缩、干燥收缩、自收缩、热收缩和碳化收缩。其中前四种收缩对商品混凝土早期裂缝影响较大。

典型的商品混凝土早期裂缝有：

（1）大面积楼板产生的裂缝　一般发生在混凝土初凝前后，多发生在梁板交界处、厚度突变处和梁板钢筋上部，春夏和夏秋季节转换时最容易发生。

（2）大体积混凝土温度裂缝。

（3）地下室外墙裂缝　裂缝非常有规律，即在墙体长度方向等间距分布的垂直裂缝，裂缝宽度呈现橄榄状（中间宽，两头小）一般为贯穿性裂缝，且大多在拆模前就已形成。

（4）高速公路路面或高架桥面板成型后出现不规则的表面裂缝（纵向、横向等概率分布）。

二、商品混凝土早期裂缝成因分析

（一）结构设计方面的原因

商品混凝土在施工中出现开裂，人们往往把责任推向商品混凝土供应商和施工单位，而忽略了设计单位也有可能要负一定的责任。由于安全系数取得过高，而导致配筋过密、过粗，甚至出现结构设计不合理，从而导致混凝土的开裂。因此要避免商品混凝土在施工中出现危害裂缝，需要设计单位、施工单位、商品混凝土供应商三方面共同努力。

1. 结构温度伸缩缝间距

根据《混凝土结构设计规范》（GB 50010—2010），为避免结构由于温度收缩应力引起的开裂，采取伸缩的方法，伸缩缝允许间距为 30～55m（室内或土中长墙、剪力墙结构及框架结构），露天条件下为 20～30m。

2. 构造配筋

设计时注意构造配筋十分重要，它对结构抗裂影响很大。但目前国内外对此都不够重视。对连续式板不宜采用分离式配筋，应采用上下两层（包括受压区）连续式配筋；对转角处的楼板（受双向约束较大）宜配上下两层放射筋，孔洞位置配加强筋；对混凝土梁的腰部增配构造钢筋，直径为 8～14mm，间距约 200mm，视情况而定。

3. 混凝土结构形式与强度等级

在水平结构（如梁、板、墙等）中，尽量采用中低强度等级的混凝土（C25～C35），利用后期强度 R_{60}、R_{90} 验收。

泵送混凝土的迅速发展，由于流动性与和易性的要求，坍落度增加，水泥强度等级提高，水泥用量、用水量、砂率均增加，集料粒径减小，减水剂及其他外加剂的增加等诸因素的变化，导致混凝土的收缩及水化热作用都比以往预制装配工程结构和中低强度等级混凝土大量增加，收缩时间延长，已为大量试验所证实。在裂缝控制中决定混凝土抵抗力的是抗拉强度（极限拉伸），水泥用量及强度等级的增加，可明显提高抗压强度，但对抗拉强度（极限拉伸）的提高是较小的。

同时在结构设计方面，已从过去大量运用简支构件组合的静定体系发展为超静定框架和剪力墙体系，新结构体系的约束度显著增加，约束应力也相应增加。随着建设规模的日趋宏大，超长、超宽、超厚结构日趋增多，对结构的约束应力更是雪上加霜。混凝土高强化，缺乏考虑适用范围就推广到长墙、板梁、箱体等承受水平约束应力很高的结构中，导致过大的约束应力。

工程结构设计中应当特别注意混合结构的约束状态，尽可能降低结构的约束度（约束变形与自由变形之比）。各种砌块结构的抗裂性能较差，又由于砌体含水量较大导致收缩变形较大，与混凝土共同工作协调性不良，常引起严重开裂（特别在顶层楼板和墙体约束温度应力及填充框架变形裂缝）。在基岩或旧混凝土上常采用设滑动层的做法（放的设计原则）和设铰接节点的做法（微动节点）。在约束度很高的结构中，除合理选择材料强度等级外，必须加强构造配筋（抗的设计原则），提高抗裂能力。

平屋顶结构的设计，应注意加强屋面保温隔热措施，尽可能采用性能较好的保温材料、防水材料，有条件的地区可利用架空隔热板以减少太阳辐射引起的升温。变形作用引起的开裂多发区经常在高层建筑的地下室及地上 1、2 层（强约束区）以及顶层（温差及收缩激烈波动区），所以要加强这些区域的构造设计。

钢筋保护层厚度过薄，对于耐久性不利；过厚会增加开裂宽度和开裂率，所以应根据耐久性要求的最小允许厚度确定，如 C25～C35 的混凝土结构，按 50 年设计寿命考虑，保护层厚度最小应为 25mm，混凝土强度等级≤C20 时为 35mm，混凝土强度等级≥C35 时取

15mm；遇有高湿环境时应加厚保护层；保护层厚度不均匀容易引起裂缝；楼板的二次浇筑层应注意其抗裂性。

（二）施工工艺方面的原因

混凝土在未凝结前，受到外力，可以有恢复作用；但初凝后，混凝土逐渐失去本身的流动性，出现裂缝恢复较难。

（1）泵送管道支撑对楼板的冲击和振动　楼板面积比较大时，泵送管道通常架设在模板上，由于泵送管道布置弯头较多，使泵送阻力增加，泵管输送混凝土时来回运动，影响到钢筋的周期振动，对初凝后的混凝土影响很大。长时间作用条件下在混凝土中会形成裂缝，裂缝方向性很强，与钢筋走向相同，呈方格状或等距离分布。

（2）底板模板刚度不足，受力变形亦会造成裂缝　此种情况，常见于胶合板模板，下部支撑杆布置较稀时，未浇筑前上人就可以感到模板刚度不够，脚抬起来模板就反弹。如果浇筑混凝土之后混凝土虽然凝固，但未能达到足够的强度时，此时上人作抹平、浇水或养护作业时，受上述荷载的作用，就会出现裂缝，此种裂缝呈不规则放射网状，裂缝集中处即是受外力集中的地方。

（3）浇筑混凝土并在混凝土初凝后，模板支撑下沉，多见于挑檐处，作立柱钢管过长，无水平支撑造成模板轻微下沉，混凝土拉裂裂缝多为沿墙方向分布，长度在2m左右。

（4）楼板中的电线穿线管固定不牢，混凝土凝结后即上人操作，使电线穿线管下压；将混凝土压裂，拆摸后可见裂缝走向与穿线管方向相同。

（三）混凝土原材料方面的原因

泵送商品混凝土对原材料供应有很高的技术要求。混凝土搅拌生产环境是相当恶劣的，处于高温、高湿、高粉尘、高振动的条件下，必须确保设备的稳定运行，称量装置的严格精确度，确保混凝土的质量。

由于泵送混凝土的流动性要求与抗裂的要求相互矛盾，故选取在满足泵送的坍落度下限的条件下尽可能降低用水量。目前国内搅拌站对砂石集料的含水率控制波动很大，影响了混凝土的用水量计算。利用较精确的含水率测定仪或传感器测出配料过程中的含水率，进行计算机处理，自动调整配料的用水量，对于控制混凝土的收缩和提高抗裂性是必要的。

砂石的含泥量对于混凝土的抗拉强度与收缩影响很大，我国对含泥量的规定较宽，实际施工中还经常超标。有的搅拌站，虽然检验资料合格，但在浇捣中发现大量泥块和杂质，引起结构严重开裂。砂石集料的粒径应当尽可能大一些，以达到减少收缩的目的。

搅拌站及施工单位都应根据结构强度需要和流动度的要求确定合理的坍落度，根据施工季节及运输距离选择适宜的出厂坍落度和送到浇筑地点的坍落度，并根据现场坍落度信息随时调整搅拌站用水量。

当单方用水量不变时，水和水泥的用量，即水泥浆量对于泵送状态及收缩都有显著影响。例如单方用水量不变，水泥浆量由20%增加到25%（水泥浆占混凝土总质量比），混凝土的收缩量增大20%；如果水泥浆增加到30%，则收缩增加45%。因此，在保证可泵性和单方用水量一定的条件下，应尽可能降低水泥浆量。

砂率过高意味着细集料多，粗集料少，仍然起到增加收缩的作用，对抗裂不利。砂石的吸水率应尽可能小一些，以利于降低收缩。

大体积混凝土中水泥品种的选择应根据混凝土特点，视其结构特点，以水化热控制或收缩控制。如以水化热控制可选用粉煤灰水泥、矿渣水泥及中热硅酸盐水泥；如以收缩控制，可选用普通硅酸盐水泥及粉煤灰水泥等。不要轻易采用早强水泥。

水泥的细度越细，混凝土越容易开裂。这是由于：①细度大的水泥水化快，产生较大的水的消耗，易引起混凝土的自干燥收缩；②水泥细度细，则使毛细管细化，较细的毛细管失水时将产生较大的张力；③细颗粒容易水化充分，产生更多的易于干燥收缩的凝胶和其他水化物。粗颗粒的减少，减少了稳定体积的未水化颗粒，因而影响到混凝土的长期性能。

为了降低用水量，保证泵送流动度，应选择对收缩变形有利的减水剂。相对中低强度等级的混凝土可选用普通减水剂，夏季宜选用缓凝型，而冬季可选用普通型。

粉煤灰是泵送混凝土的重要组成部分。由于粉煤灰的火山灰活性效应及填充效应，具有优良性质的粉煤灰（不低于Ⅱ级），在一定掺量下（水泥质量的 15%～20%），混凝土强度还有所增加（包括早期强度），密实度增加，收缩变形有所减少，泌水量下降，坍落度损失减少。通过合理的配合比设计，减少水泥浆量，提高混凝土可泵性的良好效果，特别是可明显的延缓水化热峰值的出现，降低温度峰值。

（四）环境因素

混凝土的裂缝与环境条件（施工期和施工后）有很大关系。施工过程中应注意温湿度的变化，采取有效措施控制高温、低温冲击和激烈干燥冲击，此时，应力状态接近弹性应力状态，混凝土应力松弛效应无法发挥出来，特别注意浇筑后经过一定时期养护的混凝土仍然需要保护（维护），不宜长期裸露。

注意与气象站的密切联系（降温及降雨预报），不得在雨中浇筑混凝土，否则将严重地改变实际用水量。结构施工验收后投入使用，由于环境变化（如生产使用条件、房屋装修改变条件），承受了新的温度、湿度、振动（包括相邻振动）、化学腐蚀及荷载变化影响等，都可能引起后期开裂。

三、商品混凝土施工中的裂缝预防

充分的养护是保证混凝土强度等特性能正常发挥和防止裂缝的重要措施之一。多年来，对商品混凝土的养护习惯上采取二次收面或薄膜养护等方法。当商品混凝土凝结时间相对较长、气温较高、湿度较小、风速较大时，混凝土拌合物的表面失水较快，若只采取搓毛，就会在收缩应力的作用下产生许多干燥裂缝，在这种情况下，进行二次或三次搓毛、压面，也仅能闭合部分裂缝，不能根治裂缝，相反有时还会增加裂缝的宽度、深度。若只采取薄膜养护，当气温较高时，局部起鼓薄膜下面形成了高温层，混凝土拌合物的水分蒸发得很快，造成混凝土表面失水，也会导致混凝土表面产生许多干缩裂缝。因此混凝土早期裂缝的控制必须采取综合措施，从材料、配比和施工等多方面来防治，主要措施有：

（1）商品混凝土公司在满足可泵性、和易性的前提下，尽量减小出机坍落度、降低砂率、严格控制集料的含泥量、掺加粉煤灰等混合材。配制大体积混凝土宜使用低水化热水泥（如矿渣水泥），掺加膨胀剂，更重要的是施工单位要设置测温装置，同时采取保温措施，如采用塑料薄膜和草袋覆盖，以确保内外温差小于 25℃。

（2）由于混凝土加入泵送剂后，缓凝时间长，如按常规操作，待混凝土初凝后，再用抹子压光的老办法，表面水分已在 5～6h 内挥发，裂缝也已形成。为此，可以在振捣完成后，边收浆抹面，同时立即覆盖塑料薄膜，可将塑料薄膜卷成卷，采用后退法施工。由于塑料膜不透气，水分不易蒸发，即使有空隙也会形成高湿度、小空间，对混凝土养护是有利的。但因塑料膜质轻，易被风吹开，故应有重物压边，防止吹开。

（3）降低集料的温度。粗细集料分别降低 $10℃$，可使混凝土的温度分别降低 $0.50℃$ 和 $0.25℃$。粗细集料可用搭棚遮阳，从底部取料的方法降温。粗集料预冷可分浸水法、喷洒冷水法等。但施工时要测准含水量，做出施工配合比，使混凝土中的含水量符合设计的要求，来保证混凝土的强度，减小混凝土结构的裂缝。

（4）降低拌合水的温度。拌合水用量不大，它的比热却很大。若能降低拌合水的温度，对混凝土的降温效果是显著的。一般拌合水降低 $10℃$，混凝土可以降低 $2.5℃$。地下水和自来水的温度比地表水的温度低，应优先采用。

（5）浇筑时间安排在低温季节或夜间。在低温季节浇筑混凝土，不仅能降低入仓温度，也可以降低水化热温升。因此，对于防裂要求高且易裂的结构物最好在低温季节施工。在高温季节施工，日光直射下的混凝土入仓温度比日平均气温高 $5℃$ 左右，而在夜间浇筑，则入仓温度和日平均气温大体相同。因而，应把重要部位安排在夜间施工，会取得较理想的结果。

（6）减小混凝土温度回升：缩短混凝土的运输时间；加快混凝土的入仓速度；缩短混凝土的暴晒时间；混凝土运输工具应有隔热遮阳措施；采用喷水雾的方法降低仓面四周的气温等。

（7）做好模板支撑与钢筋安装。模板支撑体系的计算需经施工单位技术负责人及监理工程师审核，模板安装需牢固、稳定，在采用复合木模板的部位应加密支撑，起拱需按规定及相关经验。拆模依据同条件拆模试块强度，且要注意保护混凝土构件。钢筋安装严格按图纸，绑扎牢固，间距正确，钢筋及面筋固定架起。

（8）合理布置混凝土输送管，输送管支架干支撑在模板上，以消除对模板的扰动。

（9）混凝土浇筑初期，一般要在表面洒水覆盖或用塑料薄膜覆盖，保持混凝土表面始终处于潮湿状态，其目的是防止混凝土表面裂缝。但是试验结果表明，延长初期潮湿养护时间仅能推迟干缩的开始，并不能减小早期的干缩。但养护到混凝土的抗拉强度大于干缩应力时，就可以不必再进行潮湿养护。

（10）混凝土在终凝前可压实抹压。预拌混凝土在凝固时总是先形成表面的一层硬壳，如有裂缝，在混凝土表面就开始出现，而表面硬壳下的混凝土仍未硬化，此时，用木搓拍打压实裂缝处混凝土，也是消除混凝土开裂的有效办法。其机理是破坏混凝土中水泥收缩的应力。这个办法在实际使用中效果良好。但要掌握好时机，不能待混凝土表面已经坚硬，裂缝发展已经很深的时候来做。

（11）模板拆除得越早，混凝土抵抗温度裂缝的能力越差。拆模的时间最好选择在一天中气温最高的中午。尽量减小混凝土构件表面与外界的温差，以提高混凝土的抗裂性能。

（12）增加抗裂钢筋网，在板中钢筋稀疏的部位增加部分抗裂钢筋、钢丝等，也可以减少混凝土的裂缝。

（13）施工缝需正确留设及处理，施工中要注意缝口垂直模板，清理干净，先刷一道水泥浆后再浇捣混凝土经保证新旧混凝土充分结合。新浇的楼板上荷载，夏天约 $20h$ 后，冬天约 $25h$ 后；同时要文明施工，切不可使模板、钢筋撞击楼板，混凝土抹平后至少 $24h$ 内禁止上人在混凝土表面走动或搬动物品。

上面是在对相当数量工程实例的调查之后总结出来的，如果采取了上述措施，大部分早期裂缝都是可以避免的。

四、商品混凝土裂缝的常见处理方法

（一）裂缝的控制

在大量的工程实践中，总结得出了裂缝有害程度的标准。这个标准是根据使用条件决定的，目前世界各国的规定不完全一致，但大致相同。根据国内外试验资料分析，混凝土结构物裂缝宽度一般应控制在以下范围：

（1）无侵蚀介质，无抗渗要求，控制在 0.3mm。

（2）轻微侵蚀，无抗渗性要求，控制在 0.2mm。

（3）严重侵蚀，有抗渗性要求，控制在 0.1mm。

实际上，各国都通过规范对裂缝的宽度作出相应的规定，表 6-2 和表 6-3 分别是中国和美国对裂缝的有关规定。

表 6-2　中国钢筋混凝土结构构件最大裂缝宽度允许值

项次	结构所处环境条件	最大裂缝允许值（mm）
1	（1）屋架、托架的受拉构件； （2）烟囱、用以贮存松散体的筒仓； （3）处于液体压力下而无专门保护措施的构件	0.2
2	处于正常条件下的构件	0.3

表 6-3　美国混凝土学会 224 委员会对裂缝宽度的限值

环境	最大裂缝允许值（mm）
干燥环境，有保护层	0.4
潮湿环境，土壤中	0.3
冻结环境（加防冻剂）	0.18
海水环境	0.15
贮水构筑物	0.1

混凝土的裂缝按产生的时间可分为硬化前裂缝、硬化过程裂缝和完全硬化后裂缝。按引起裂缝产生的原因把混凝土裂缝分为两大类：

第一大类，由第一类外荷载引起的裂缝，包括按照常规计算的主要应力引起的"荷载裂缝"，以及由结构次应力引起的"荷载次应力裂缝"，两者通称为结构性裂缝（受力裂缝）。

第二大类，由第二类荷载即变形变化引起的裂缝，包括温度、湿度、收缩和膨胀、不均匀沉降等因素引起的裂缝，也称非结构性裂缝。

一般情况下，工业与民用建筑在由变形变化引起裂缝的工程中，超静定结构占多数，如刚架、特构、组合结构等。这类结构在承载能力方面有较大的安全度，有良好的韧性，能适应较大的变形而不致出现倒塌性破坏，所以，在处理质量问题时，可根据裂缝出现后应力衰减的情况，适当放宽控制范围。

（二）裂缝的一般修补方法及材料

在修补混凝土裂缝之前应全面考虑与之相关的各种影响因素，仔细研究产生裂缝的原因，对仍处于发展中的裂缝，要估计其发展的最终状态。工程上有些裂缝在发现时还很短且

不深，但若其处于不稳定时期，随时间的推移可能会发展成危害大的裂缝，造成很大危害。因此，对发展的裂缝应分别研究其危害性，确定其处理方案（包括修补方案和修补材料）。

裂缝的一般修补方法有以下几种：

1. 表面涂抹法

该法适用于修补稳定裂缝，可根据结构的使用要求选择涂抹用的材料，材料必须具有密封性、不透水性和耐候性，其变形性能应与被修补的混凝土性能相近。常用的表面修补材料有环氧树脂、丙烯酸橡胶。较大的裂缝可以用水泥砂浆、防水快凝砂浆涂抹。这一方法施工简单，示意图如图 6-1 所示。

2. 表面贴补法

该法是用胶粘剂把橡皮或其他止水材料贴在裂缝部位的混凝土面上，达到密封裂缝、防止渗漏的目的。止水材料有橡皮、氯丁胶皮、塑料带、紫铜片、高分子土工防水材料等。

3. 填充法（嵌缝法）

此法一般用于修补水平面上较宽的裂缝（＞0.3mm）。根据裂缝的情况，可直接向缝内灌入不同黏度的树脂。宽度小于 0.3mm 的裂缝则应开成 V 型或 U 型槽（图 6-2），洗去浮灰，先涂上一层界面处理剂或低黏度的树脂，以增加其填充料与混凝土的粘结力。

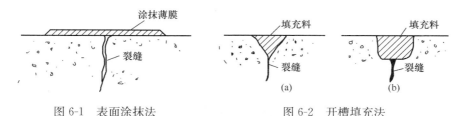

图 6-1 表面涂抹法　　　　图 6-2 开槽填充法
　　　　　　　　　　　　　　（a）V 型槽；（b）U 型槽

4. 缝合法（锚固法）

该法是以缝合钉沿混凝土裂缝隔一定距离将裂缝锚紧（图 6-3）。该法多用于混凝土及钢筋混凝土的补强加固，以恢复结构承载力为目的来修补工程，同时，可锁住活缝，使建筑物不再出现新的破坏。

5. 预应力锚固法

此法为混凝土结构的补强加固法。沿与裂缝相垂直的方向配置以钢筋或锚杆，然后拉紧，使钢筋中产生预应力，最后锚紧（图 6-4）。该法适用于混凝土结构的加固。

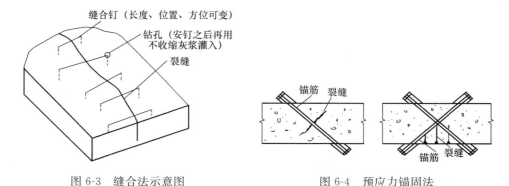

图 6-3 缝合法示意图　　　　图 6-4 预应力锚固法

此外，裂缝的修补还有绷带法和活动接头法等。

（三）混凝土裂缝的灌浆修补

混凝土裂缝灌浆分化学灌浆和水泥灌浆两种，一般混凝土裂缝多采用化学灌浆，对宽度较大的裂缝则采用水泥灌浆。

1. 浆材选择

裂缝灌浆材料的选择主要根据以下几个因素综合考虑。

（1）灌浆处理

主要有两个目的：一是补强加固；二是防渗堵漏。补强加固要求浆液固化后有较高的强度，能恢复混凝土结构的整体性。一般选择环氧化树脂、甲基丙烯酸酯、聚酯树脂、聚氨酯等化学浆材，较宽裂缝的处理则选择水泥浆材。防渗堵漏要求浆材抗渗性能好，而不一定要求有高强度，可选用水溶性聚氨酯（Lw）、丙烯酰胺、丙烯酸盐和水泥、水玻璃。如果要提高结构的刚度或达到其他特殊要求，则要与结构加固等综合措施相结合。

（2）浆材可灌性

所选浆材必须能够灌入裂缝，充填饱满。化学浆要考虑黏度低，可灌性好，低温固化性能好，粘结强度高。有水裂缝还要求浆液有好的亲水性能等。原则上宽缝灌水泥浆，细缝灌化学浆。

（3）耐久性

选用材料在使用环境条件下性能稳定，不易起化学反应，不易被侵蚀或溶蚀破坏；所选材料应与混凝土有足够高的粘结强度，不易脱开。原则上活缝的处理不能选用普通环氧浆材和水泥浆材等脆性材料，而应选用能适应裂缝伸缩变形的材料（如弹性环氧、弹性聚氨酯等），以保持其持久效果；有水裂缝的处理还可选择有弹性、能吸水膨胀的材料。

2. 水泥浆材

水泥浆适用于稳定裂缝——较宽的死缝的灌浆处理，不适用于活缝或伸缩缝的处理。水泥是粒状材料，可灌性受到粒径的限制。参照岩石裂缝灌浆，混凝土裂缝灌浆见式 6-1：

$$N_R = B/D_{95} \tag{6-1}$$

式中　N_R——灌浆系数；

$\quad\quad B$——裂缝宽度（mm）；

$\quad\quad D_{95}$——浆液粒径（mm）。

当 N_R 大于 5 时，粒状水泥浆易灌入；N_R 小于 2 时，不可能灌入。

一般，$D_{95} = 0.08mm$，则可以灌入 0.4mm 以上的裂缝，实际上，一般混凝土裂缝修补多采用化学灌浆，只有裂缝宽度达 3～5mm 以上时才考虑水泥灌浆。

为获得密实、高强、耐久性好的水泥石，应尽可能使用标准稠度的水泥浆，水泥浆的浓度可根据裂缝的宽度和设备条件确定。水胶比可以从 1∶3 开始到 0.5∶1 或更浓稠。为获得好的灌浆效果，还可以在浆中加入微膨胀剂、硅灰、减水剂或其他添加剂，以改善水泥浆的性能，特别是耐久性。

3. 化学浆材

化学浆是一种真溶液，渗透性能好。化学浆的品种较多，环氧树脂浆是混凝土裂缝处理中用得最多的材料，此外还有甲基丙烯酸酯、氨基甲酸酯、硅橡胶，有水裂缝的防水灌浆处理还有水溶性氨基甲酸酯、丙烯酰胺、丙烯酸盐和水玻璃。

（1）环氧树脂浆

环氧树脂浆是最常用的补强材料，其优点是黏结强度高，收缩小，耐久性好。环氧树脂的品种很多，一般环氧树脂浆固化体仍是脆性材料，只能用于稳定裂缝的灌浆处理，活缝的处理需用弹性环氧树脂。

（2）甲基丙烯酸酯（甲凝）

甲基丙烯酸酯是我国独创的一种化学浆材。该材料是在有机玻璃配方基础上加入增韧剂、阻聚剂和引发剂改性配制而成的，克服了工程应用中怕氧、怕水的缺点。其黏度低，可灌性好，负温条件下能固化，粘结强度高，能灌入很细的混凝土裂缝，对质量不好的混凝土有浸渍作用。但这一材料的刺激性气味浓，收缩性较大。

（3）氨基甲酸酯（氰凝）

该材料遇水才发生化学反应，生成泡沫状凝胶和二氧化碳气体，具有很强的二次扩散渗透能力，特别适用于有水裂缝的处理。

（4）丙烯酰胺和丙烯酸盐

丙烯酰胺也称丙凝，是以丙烯酰胺为主剂，加入交联剂、引发剂、促进剂和水配制而成的水溶液浆材，灌入裂缝后生成水凝胶。该材料黏度低，可灌性好，凝胶时间易控制，生成的凝胶有一定弹性，但强度不高，只适用于有水裂缝的灌浆堵漏。虽然其凝固体无毒，但浆材的单体有毒，与皮肤接触时易吸收，产生积累性中毒。为解决这种材料的毒性问题，我国开发了丙烯酸盐浆材，这是一种低毒性或基本无毒性的材料，最常用的是用于婴儿纸尿裤的吸水树脂。

五、裂缝灌浆技术

裂缝灌浆施工包括钻孔埋管、嵌缝止浆、压水（压气）检查、灌浆和效果检查等几道主要工序。

1. 钻孔埋管

是压力灌浆施工的第一步。钻孔可用机钻、风钻、电钻等，孔位可以是骑缝孔或斜钻孔两种，孔径根据具体条件确定，不宜过大，孔距则根据裂缝的开度而定，在 50～150cm 之间。太浅的孔可以不钻孔而贴压浆盒，或凿 V 形槽，作表面嵌缝处理。埋管前应仔细清洗孔壁，并根据裂缝走向、串通情况埋管。

2. 嵌缝止浆

裂缝灌浆前一般都要嵌缝止浆，沿裂缝凿 V 型槽进行表面嵌缝处理，以防止压力灌浆时灌液流失。嵌缝材料一般用环氧灰浆（或砂浆）、聚氨酯嵌缝膏、丙乳砂浆、水泥砂浆等。

3. 压水（或压气）检查

目的是检查嵌缝表面是否有漏水（或漏气）现象，灌浆后也需进行检查，以确定裂缝是否充填饱满。

4. 灌浆

是裂缝灌浆的关键环节，不仅应选择合适的浆材，还要特别重视灌浆工艺。灌浆包括双液法和单液法，凝胶时间短的浆液选用双液法，凝胶时间较长的一般采用单液法；灌浆压力一般为 0.2～0.6MPa。垂直裂缝注浆一般从下往上，水平裂缝则从一端向另一端，或从中间向两边灌注。需说明的是，裂缝灌浆应选择时间，一般宜在冬季气温最低、裂缝开度最大时。

5. 效果检查

检查灌浆效果可采用压水试验、气密性试验，也可采用钻芯取样或用超声法检验灌浆的密实性。

由于实际混凝土裂缝的状况以及裂缝对结构物的影响程度各不相同，工程中往往采用诸如灌浆与表面处理、灌浆与结构加固等综合处理措施。

六、环氧树脂砂浆填充法补救裂缝

（1）用水和高压气枪吹洗干净楼板面，用红铅笔沿缝长方向全部做好标记。

（2）在裂缝上采用人工凿出 V 型槽，槽上口宽 30～40mm、槽深 20～30mm。凿槽时必须小心轻凿，不能凿伤钢筋和预埋管线，更不能采用切割机切割。

（3）在使用环氧树脂砂浆前，必须将混凝土表面处灰尘、浮渣及松散层等清洗干净，露出混凝土本体，并用热风机将接触面吹干。如果天气较冷，可先用热风机将接触面预热，然后用油灰刀把环氧树脂砂浆刮抹在裂缝表面，分层抹补，刮抹方向要统一，不能来回刮，如果凿后缝太大，可分几次抹补。

（4）环氧树脂砂浆施工后必须用薄膜覆盖养护，养护期间严禁在其上部踩踏或堆放东西。

（5）材料选择

1）环氧树脂　选择分析纯的 6101 型环氧树脂。

2）固化剂、增塑剂　低分子 651 聚酰胺。

3）稀释剂　二甲苯（丙酮）。

4）砂　天然中细砂，过 0.16mm 方孔筛。

（6）施工注意事项

1）一定对缝槽表面进行认真、仔细的清理，使表面没有浮土、油污并保持表面干燥。

2）环氧树脂砂浆的施工：温度为 15～30℃，相对湿度不宜大于 80%。施工环境温度小于 10℃时，宜采用加热保温措施，配制好的砂浆应在 30min 内用完；环氧树脂砂浆施工后 1～2d 凝固；施工后须覆盖薄膜保养，养护时间应不低于 7d；养护期间严禁在其上面踩踏或堆放材料物品。

3）所用砂子一定要烘干。

4）如果分次修复，则应相隔 24h。

5）凿槽深度不能超过 30mm。

6）为避免其他负面影响，每条裂缝必须当天凿后，当天补。

（7）安全措施

1）施工人员上岗工作应戴好安全帽、防护手套、穿好防护鞋。

2）凿除混凝土和进行化学灌浆时应加强现场通风。

3）应有专门的技术管理人员保管化学灌浆材料和配制化学灌浆液。

4）在进行聚氨酯灌浆时，操作人员应戴好防护眼镜以防止浆液溅入眼睛。

（8）劳动组织

1）以小型施工队为主，通常由 3～4 名施工人员组成。其中需配备 1 名中等专业技术人员，进行灌浆材料的保管和配制。

2）所有施工人员要求专职，熟悉操作。

七、毛细管微泵开裂机理原理及裂缝控制

（一）毛细管微泵开裂机理

笔者经过长期研究发现，当混凝土拌合物经过振捣密实后经过一次抹压，在混凝土表面形成上部弯曲的毛细管，混凝土内部水分沿毛细管上升至表面，由于表面张力的作用以很小的液滴存在，当环境温度较高或有风吹过时，水滴掉下或蒸发，混凝土内部水分沿毛细管上升，补充到正好有半滴悬而不掉的位置，依次循环，混凝土中的毛细管就如同一个微型水泵一样，将混凝土内部的水分源源不断地带走，导致塑性混凝土在内压力的拉伸下开裂，如图6-5所示，由计算可知开裂强度为3.5MPa，由表面张力计算公式 $P = 2\sigma/R$（P 为毛细管压力，MPa；σ 为表面张力，MPa；R 为曲率半径，mm）可知：水泥细度为280m^2 毛细管压力为1.8MPa，水泥细度为330m^2 毛细管压力为2.4MPa，水泥细度为380m^2 毛细管压力为3.6MPa，水泥细度为400m^2 毛细管压力为4.5MPa，因此笔者建议水泥的细度控制在330m^2 最有利于裂缝控制，提出在混凝土初凝之前进行及时的抹压，破坏毛细管结构，使塑性混凝土表面封堵，阻止水分上升，及时在混凝土上表面进行覆盖，减少水分的蒸发，便可以消除塑性混凝土引起的裂缝。

（二）自由水（汽）上浮消泡机理模型

笔者经过多年现场观察研究发现，混凝土在拆模后表面气泡的形成，其一是含气量较大的混凝土在成型时由于振动不到位而没有排除残留于混凝土内部气泡，这些气泡位于紧贴模板部位时形成开口泡，这种气泡是规则的圆形泡；另一种是混凝土在浇筑成型时，由于振捣不到位或水分在上浮过程中受到阻碍而停留在混凝土中，待混凝土硬化后，由于这些水分蒸发留下的孔洞，一般为不规则的椭圆形。根据以上分析，在混凝土结构施工过程中，为了减少紧贴模板的外侧气泡，需要加强振捣，适当延长振捣时间，使混凝土内部的自由水分充分上浮，使混凝土拌合物内部的气泡尽可能破裂溢出。也可以通过预先插入紧贴模板内表面的薄板向上拉伸，使水分和气体上升时混凝土中的浆体饱满地填充在模板表面，确保拆模后混凝土外表面的致密和美观。

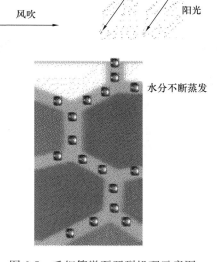

风吹 →　　阳光

水分不断蒸发

图 6-5　毛细管微泵开裂机理示意图

（三）及时抹压时间计算公式

通过现场观察总结，笔者建立了水泥初凝时间、环境温度和混凝土出机时间等因素与及时抹压破坏毛细管微泵防止裂缝最佳时间之间的数学关系式见式6-2：

$$T_m = T_{co} + (T_{co} - T_s)(t - t_0)/t_0 \tag{6-2}$$

式中　T_m——最佳抹压时间（h）；

T_{co}——水泥初凝时间（h）；

T_s——混凝土以加水搅拌至初步收面完毕所用时间（h）；

t——施工现场温度（℃）；

t_0——标准温度（20℃）。

及时充分湿养护时间的确定是在最佳时间及时抹压后，必须立即对混凝土进行及时充分的湿养护，以避免没有破坏的毛细管引起混凝土再次失水产生裂缝。只有这样，才能保证混凝土早期发育良好，提高硬化混凝土的质量，为混凝土耐久性的提高打下早期质量基础。

1. 混凝土湿养护要素

根据毛细管微泵开裂机理，混凝土湿养护成功的三大要素：

（1）湿养护开始前，混凝土表面进行及时的二次抹压使多数毛细管被封闭。

（2）湿养护开始时，混凝土表面保持相对湿度，确保毛细管水分不蒸发。

（3）湿养护过程中（早期硬化过程中），混凝土不出现失水缺陷，确保毛细管开口一侧始终处于饱水状态。

笔者同时必须明确，混凝土本体一旦失水，其表面或内部就存在缺陷和裂缝，湿养护要求从振实抹平至湿养护结束的整个早期硬化过程，混凝土都不出现失水。

2. 湿养护的关键时间

以往现场搅拌的普通混凝土，是在混凝土终凝后才开始湿养护的，一般不覆盖，每天浇水约2～5次。只要不出现可见裂缝，就认为湿养护满足要求。即使出现少量裂缝，只要裂缝对结构无害，也不是很介意。只有在裂缝出现较多，或较长、较宽时，才被认为养护不够，采取的措施一般也是增加浇水次数。近年来频频发生的混凝土早期开裂现象，向这种传统的湿养护方法发出了挑战。从塑性混凝土毛细管微泵开裂机理的观点来看，传统湿养护方法，既不够及时也不够充分的，由于毛细管微泵的作用，混凝土内部必然存在大量的不可见裂缝，导致抗渗性能降低。

根据试验资料和生产资料，商品混凝土的7d强度约为28d强度的60％～85％，一般为72％左右。规范要求湿养护7d，是合理的。最好能保持7d不失水。在这7d中，时间越靠前，混凝土越容易失水，越容易形成裂缝，防止失水也越重要。3d强度约为28d强度的35％～60％，一般为48％左右，所以前3d防止失水尤为关键。前3d若不失水，之后继续浇水保湿至7d，工程实例表明，效果已很不错。而第一天，则又为关键前3d中的关键。如果第一天失水过多，所造成的裂缝可能以后都很难弥补。有的工程第一天不注意保养，第二天才蓄水养护，结果板面还是开裂了；分析其原因，第一天已经有裂缝产生。也有的工程，同配比不同部位的抗渗混凝土分次施工，每次抽样送检的试件抗渗等级都很高，偶尔一次由于特殊原因造成疏忽，第一天没有保养，试件露天下放置一天后，第二天脱模浸水，结果最高抗渗压力只有0.3MPa。这说明第一天的不养护致使粗大的裂缝已经形成。但养护良好的搅拌站生产抽样试件依然达到高抗渗。还有很多的工程实例也都表明，第一天及时充分的湿养护，无论是对于混凝土的抗裂性还是抗渗性，都至关重要。工程实际的结果与笔者的生产试验结果是一致的。

综上所述，在进行最佳时间抹压后，要实现饱水湿养护7d，关键前3d，最关键第一天。不管用什么方式保养，都要达到不失水的目的。在不失水的前提下，再考虑是否需要保温等其他辅助措施。这一原则被一些施工单位坚持，对工程实际的防渗抗裂效果十分显著。

3. 及时充分湿养护的要求

（1）及时的要求

所谓及时，即完成混凝土表面的及时抹压使多数毛细管被封闭后立即进行混凝土的湿养护，使混凝土表面保持相对湿度，确保毛细管水分不蒸发，混凝土表面的裂缝就能得到有效控制。

（2）充分的要求

所谓充分，即湿养护的整个过程中，确保毛细管开口一侧始终处于饱水状态，混凝土表面和体内都不失水。

由此可见，如果笔者对混凝土表面进行最佳时间及时的抹压，破坏毛细管微泵，控制塑性混凝土失水，也就控制了混凝土的不可见裂缝。同样条件下，湿养护越及时充分混凝土的防裂效果就越好。

八、大体积混凝土开裂的预防

工程师在重荷载结构设计中，常采用高强混凝土。由于这种混凝土的强度比较高，因此，与采用传统混凝土的相比，其构件的尺寸就较小。大体积混凝土的水化热（无论是否采用高强混凝土）及其产生的温升，都会导致热膨胀和收缩问题。如不对其进行监测，混凝土中的温差膨胀，会使其内部的拉应力超过其抗拉强度，导致混凝土开裂。本书用工程实例介绍对大体积高强混凝土基础进行温差监控的方法。

（一）大体积混凝土基础

美国田纳西流域管理局对其管辖区内的烧煤发电厂安装优先催化还原设备，其中有一个结构装置位于阿拉巴马州东北部。新设备要求大体积混凝土基础承受其巨大的重力和瞬间荷载。基础由四个巨大的承台和相连的地梁组成。承台面积 $2.7m^2$，厚 2.4m，地梁宽 1.2m，深 1.2m，基础混凝土的 28d 强度为 C40（40MPa）。标准的能满足项目设计规范的拌合物是：1000kg 石灰石集料，350kg 符合 ASTM C150 规范的波特兰 II 型水泥，以及 47kg（符合 ASTM C618 规范）的 F 级粉煤灰。

ACI 207. 1R 对大体积混凝土的定义是："任何体积的混凝土，其三维尺寸大到足以需考虑测定其水泥水化产生的热量，及其伴随的体积变化会导致最细微的开裂。"ACI 207 接着指出，巨大的拉应力和应变，可能会随着大体积混凝土中，温度升降引起的体积变化，而进一步发展。

本项目的基础，钢筋密布，四周均设约束钢筋。但是，这些钢筋不能保证混凝土不开裂，更不能防止混凝土产生热量。这些采用高强混凝土的基础，如果暴露在寒冷气候中进行养护，必然会由于基础中央和外露表面之间的巨大温差，而问题多多。但是，如果混凝土的最大温差得以控制，大体积混凝土基础的散热均匀，避免出现基础中的温差，这些问题都是可以避免的。被选择用于本项目的方法，就是尽量减少温差和降低混凝土最高温度，从而防止混凝土的开裂及其潜在的内部损伤。

（二）测量设备及监测方法

当混凝土的外表面温度持续下降时（由于散热），会随着大体积混凝土内部持续升温

（由于水化），使温度裂缝的可能性增加。此外，由于拌合物的配合比设计，水泥用量以及浇筑规模的大小，都会使混凝土内部的温度，轻易地超过最高安全极限温度70℃。该极限温度的设定，正是来自当前混凝土行业施工实践所关注的，与延迟钙矾石反应有关的，混凝土长期耐久性问题。外界（周围气温）温度与混凝土内部温度有巨大的差异（这种状况在实际施工中相当严重），如果外界温度进一步降低，外侧的混凝土就会阻止不断升温的内部混凝土的热膨胀，其结果就会导致混凝土毁损。

本项目的基础是在11月份浇筑的，当时的室外平均温度在4～10℃之间。特别是两个位于北面的承台，有三面外露在空气环境中，并在浇筑时，会遭受寒流。而两个位于南面的承台及地梁，由于局部埋在土中与地平面相平，且只有朝北一面外露，因此，遭受极端温差的可能性较小。

最初，避免温差膨胀和收缩问题的计划是：采用现有标准规定的保温毯给混凝土保温，尽量减少温差。把基础混凝土水化过程中产生的热散去，预计需14d。由于钢结构吊装进度很紧，因此，承包商很重视对基础进行14d保温养护。他们决定在混凝土内放置热电偶，用来确定何时混凝土内部温度，已下降到足以掀去保温毯。这是一种简单的监测温度的方案，可提供混凝土中最高内部温度的数据资料。

把热电偶放置在东北和西南方向上的承台内部（以代表混凝土的中心温度），也把热电偶放置在同样的承台外表面中央，（以代表混凝土的表面温度），深度离模板表面50mm。对西南方向上的承台进行温度测量，用以判断土地对混凝土温度变化和冷却的影响程度。

若出现特殊降温不切实际的场合，以及出现必须使用高强拌合物的场合，为了控制开裂，波特兰水泥协会的"混凝土拌合物的设计和控制"规范认为的良好技术是：①连续一次性浇筑全部分项混凝土工程；②避免来自邻近混凝土构件的外部约束；③通过防止混凝土内部和外层过高的温差，控制内部温度变化。本项目的基础，就采用连续一次性浇筑。并且不受到邻近混凝土构件的约束。

（三）具体措施的落实

内部的水化热会引起升温，为了预测基础内部的峰值升温，我们采用了两种原始文件资料作为参考依据，即波特兰水泥协会文件和ACI 207.2R规范。引起峰值升温的因素包括：混凝土的初始温度，周围环境温度，拌合物的配合比（胶凝材料总量），混凝土构件的尺寸及其用钢量。

在炎热气候条件下，最常用的是：采用冷却水或采用部分取代用水量的冰块，对混凝土进行降温。其他还有采用水喷淋集料，或把液态氮注入新拌混凝土等降温方法。

基础混凝土的初始温度估计在16℃左右，其依据是：搅拌站测得的集料和其他材料的温度。混凝土生产商表示，用特殊的方法把混凝土冷却到16℃以下，会增加生产成本。该混凝土初始温度，加上预计的混凝土升温，然后，对混凝土是否会超过极限温度70℃进行预测。

ACI 207.1R第5.3节可用来近似算出，无冷却损失的混凝土最高升温。对于该工程项目采用的强度为40MPa的混凝土，根据ACI 207.2R的方程式，预估的混凝土绝热升温为60℃（即无任何散热损失）。

根据经验公式，可对采用350kg水泥，47kg粉煤灰，相当于23.5kg水泥进行计算（一般都以1/2粉煤灰的质量当做产生水化热的水泥质量），预估出混凝土的最高升温约59℃

（无冷却措施）。

把较高的峰值温度 60℃，加上混凝土浇筑时的初始温度 16℃，近似得出混凝土的最高温度 77℃（无任何冷却损失）。预计混凝土通过正常外露，或在大气中的冷却，其内部的最高温度在 68～70℃之间。因此，不必加冰块降低混凝土的初始温度。

为了控制表面裂缝，内外温差一般不要超过 20℃。采用石灰石集料的混凝土，其最大温差应限制在 31℃。用于本工程项目的混凝土，其温差可能会超过这极限温度，因此，应采用隔热保温毯来降低温差，直至通过散热，使其内部温度与周围环境温度相同为止。本项目选择的混凝土内外极限温差是 28℃。

本项目选择采用双层保温毯，可防止混凝土表面快速冷却。混凝土浇筑后，就立刻将保温毯覆盖在所有外露的混凝土表面和木模板表面。采用热电偶测出混凝土内部和外表面的温差。估计需 14d，才能使混凝土基础的内部温度降至周围环境温度（28℃）。定期对热电偶进行监测，以便确认何时可把覆盖的保温毯掀掉。

在严寒气候条件下，基础周围地下的土壤，是降低散热的良好保温材料。但是，外露的混凝土，必须采用保温毯进行保温。

（四）环境温度在 28℃内

承包商采用热电偶，定期监测混凝土的温度，并且在混凝土的内部温度达到周围环境温度 28℃时，把保温毯掀掉。笔者观察到，当基础被局部埋在土层下时，诸如位于西南方向上的基础，与东北方向上的承台相比，混凝土的内部和外表温度都下降得较快。其原因就在于：土壤是良好的保温材料。地梁的温差不明显，其原因是：梁宽仅 1.2m，而承台宽 2.7m。浇筑后第 10 天，东北方向承台的混凝土内部温度为 27℃，基本与期望的平均环境温度 28℃持平，这时，保温毯就掀掉了。在基础模板拆除后，外露的基础混凝土表面，没看到任何裂缝。几周后，仍无任何表面裂缝。

（五）极限温差

表面裂缝，不但会影响到混凝土结构的美观，而且还会使其寿命受损。虽然，表面裂缝很小，但是，还是会令工程师、承包商和业主担心不已。内部裂缝和太高的混凝土温度，同样会产生问题，并更为令人担心。因为，如果会产生延迟钙矾石反应，会对混凝土的整体性，带来许多不可预见的影响。在混凝土结构设计中，由于高强度混凝土的使用日益普遍，因此，设计人员必须了解，并采用业主推荐的方法，以避免产生类似的裂缝和高温问题。

热电偶或其他测温装置，是一种用于确定温差的方法。在严寒气候条件下，混凝土表面保温，可以最大限度地减小大体积混凝土在养护过程中散热时内外温差，而且表面保温，对内部最高温度几乎没有影响。依靠土壤散热有助于降低最高温度，同时又能使混凝土的外部温度保持在内部温度可接受的范围内。与使用保温毯给外露混凝土保温相比，土壤能更好地使大体积混凝土的温差大幅度降低。

使用业主编制的技术指南，可算出和核查混凝土的最高温度，以防止混凝土过热，产生内部破坏。但应采用相关规定，如根据项目规定的强度要求，修正拌合物的胶凝材料用量，降低初始浇筑温度，或提供内部降温手段，避免混凝土出现高温。

第四节　商品混凝土质量纠纷特点及风险评定

一、概述

目前全国各城市商品混凝土已饱和，伴随着商品混凝土的发展，混凝土出现的各种问题也层出不穷。而问题的出现，不可避免地会造成纠纷。如何公正的对待混凝土出现的各种问题，正确认识问题的起源，有效地解决问题，对于混凝土企业来说十分关键。

混凝土企业常见纠纷有两类，一类是非技术纠纷，包括合同纠纷、债务纠纷、劳资纠纷等、方量纠纷等；一类是技术纠纷，包括裂缝（60％以上）、强度（20％左右）、其他症状（20％）。

混凝土企业纠纷是由于商品混凝土的生产单位与施工、养护单位分离，不可避免地涉及有关质量的责任问题。

商品混凝土是一种特殊的商品，其有别于一般商品的特点是：

（1）该商品出厂时以及交付货物时的物理形态不是该商品的最终物理形态。

（2）该商品有随时间的推移逐步凝固的特性。商品混凝土在出厂后的一定时间里，黏稠度会逐步增加，并逐渐开始凝固，这就要求必须在技术规范规定的时间内送到现场，送到现场后必须及时进行浇筑，否则将造成质量事故，并造成损失。

（3）对于商品混凝土出现的质量问题，不仅卖方有可能负有相应的质量责任，买方同时也有可能负有一定的质量责任。《预拌混凝土》（GB/T 14902—2012）中明确规定，预拌混凝土的责任不包括运送到交货地点后的混凝土浇筑、振捣及养护。

（4）在标准养护期满后的一定时期内，混凝土的强度还会逐步增强。混凝土的标准养护期是28d，28d后就可拆除模板，但是，一般情况下，在此之后的一定时间内，混凝土的强度还会逐步有所增强。大掺量粉煤灰高性能混凝土28d后强度还有很大的增长。

二、技术纠纷

混凝土裂缝随着泵送法施工、外加剂应用和混凝土强度等级的提高，裂缝数量日益增多，开裂时间大大提前，质量纠纷不断增加。

近年来建筑物裂缝问题的投诉量呈快速上升趋势，修补用工和费用也逐年上升。全国各地的混凝土裂缝问题也非常严峻，据初步调查，每年由于裂缝问题导致的质量事故或质量纠纷等近千项，占质量事故的60％以上。由此产生的检测、加固或重建费用十分巨大，有的单项工程损失高达几百万，并严重影响工期。有的质量纠纷一拖半年，有的甚至长达三年之久。混凝土裂缝是影响耐久性的关键因素，裂缝导致的最严重后果是极大地降低混凝土结构的耐久性。其最基本的原理是，无论强度多高，混凝土多致密，一旦混凝土出现裂缝，对外界腐蚀介质来说就成为无障碍通道。

施工单位根据设计要求购买相应强度等级的混凝土，不同强度等级的混凝土其性能、强度不同，如果达不到相应的强度要求，那么将直接影响工程的质量。所以，无论是买方和卖方对强度问题都非常重视。实践中，有些混凝土的强度离设计要求相差太多，那么就需要拆除这些不合格的部位，重新浇筑，这样就会造成严重的损失。

（一）造成商品混凝土质量问题的原因及责任

1. 主要原材料质量不合格

有些商品混凝土强度出现问题，是因为混凝土公司购买的水泥、掺合料、砂石料等原材料不合格造成的，在实践中，这类质量问题中以水泥不合格的情况居多。有些水泥供应商供应的水泥与合同约定的质量不符，或是在约定标准的水泥中掺杂低强度等级的水泥。

2. 配合比不符合规范要求

有些情况下商品混凝土质量问题是因为混凝土公司的配合比不符合规范造成的。不同等级的混凝土需要有不同的配合比，混凝土公司在生产中必须严格控制配合比，以使其科学合理。不能一个配合比走天下。

3. 外加剂质量不合格或添加不合理

生产外加剂的厂家很多，良莠不齐。有些外加剂厂家的产品质量不合格，会直接造成混凝土的强度不合格。

4. 未及时浇筑

有些情况下，混凝土出厂后未及时浇筑，直接导致出现强度不合格的严重质量问题。未及时浇筑主要有两种原因：一是运输时间过长造成未及时浇筑，二是运到现场之后，因买方现场指挥安排不合理造成不能及时浇筑或对于浇筑时混凝土的坍落度已经明显不适合浇筑而买方仍然浇筑的。

5. 买方在施工现场加水或添加其他材料

有些施工单位为了加快现场混凝土浇筑的速度，在泵送浇筑时往混凝土中加水，对混凝土进行稀释。这样做虽然提高了浇筑速度，但是却不能保证混凝土的质量。

6. 买方不按规范施工和养护

此种情况在实践中比较普遍。很多情况下，卖方提供的混凝土是标准养护试件是合格的，强度实验报告都是合格的，但是，实际验收时同条件养护混凝土试件的强度却不合格。买方在施工时没有按照规范施工。

7. 买方现场搅拌发生的质量问题

很多施工单位为了节约成本以及一些零散部位施工方便，在施工现场自行搅拌一部分混凝土。因施工现场的条件有限，施工单位又不能保证所进原材料的质量，同时，施工单位也无法科学的严格的控制配合比，且现场操作人员都不是专业人员，所以，极易发生质量问题。

8. 为抢工期造成的质量问题

有些工程因其有一定的特殊性，时间紧迫，根据有关主管部门以及甲方的要求不按正常程序、工艺施工，由此造成混凝土强度质量问题。

（二）避免和处理纠纷

全面地了解商品混凝土的特性及质量问题的种类、造成质量问题的原因等，有利于查明事实、分清是非、正确的区分造成质量问题的责任，以有效地保护自己的合法权益。

1. 首先尽量避免

混凝土企业应尽量避免出现质量问题，这需要从原材料把关、配合比实施以及混凝土制备与输送过程中的质量控制几个方面严格要求自己，不能仅凭经验或参照别人的做法。通过严格的质量控制，把质量问题尽可能减小到最低。

2. 认真分清责任

一旦工程出了质量问题，一般都会把责任推向混凝土企业，这就需要混凝土企业能够认真分析质量事故的原因，如果是因混凝土出厂质量而引起的，当然需要承担责任。而对于那些不属于混凝土企业承担的质量事故，要学会保护自己的权益。而对于如何分清各单位在建筑中出现问题的责任，要对与混凝土相关的国家标准、规范和技术规程理解透彻，并根据施工现场情况和经验分析，找出事故产生的原因，才能达到解决问题、化解纠纷、减少损失的目的。

三、方量纠纷

混凝土供应后，供需双方发生方量的不认可，往往是供方的数量大于需方的数量，这种现象习惯被称为混凝土的"亏方"。一旦出现亏方情况，供需双方矛盾产生，给对方带来不同程度的损失。对施工企业来说用量增加，超出预算，造成混凝土材料成本的提高。而混凝土企业可能需要承担超出部分的费用，蒙受损失，同时，背负"缺斤短两"的商业欺诈名声，影响公司声誉。

（一）亏方产生的原因

1. 基准方量的确定不一致

结算的基准有两个：

（1）图纸结算——以施工图纸的理论体积计算量为基准。

按图纸结算对需方有利，建筑单位拥有专业的技术人员计算构件的体积，混凝土公司则没有。图纸变更部分，不一定计算在内。如按图纸计算量，也应按竣工图为依据，但竣工图远滞后于混凝土供应，操作性差。

（2）供货单体积计算——以混凝土公司搅拌运输车为供货单位，每车均带发货单。

按供货单结算对供方有利，运输车是否装载与实际相符的混凝土，施工单位负责签收的人员也无法知晓。

2. 有关规范或标准针对方量和偏差的规定不统一

《建设工程工程量清单计价规范》（GB 50500—2013）中工程量计算规则规定，按设计图示尺寸以体积计算，不扣除构件内钢筋、预埋铁件及 $0.3m^3$ 以内的孔洞所占面积。

交通部《沿海港口水工建筑工程定额》规定每 $10m^3$ 灌注桩混凝土预算耗用 $10.20\sim12.72m^3$，偏差为 $2\%\sim27.2\%$；地下连续墙主体为 $12.00m^3$，偏差为 20%，陆上现浇混凝土工程为 $10.20\sim10.30m^3$，偏差为 $2\%\sim3\%$。水上现浇混凝土工程为 $10.30\sim10.40m^3$，偏差为 $3\%\sim4\%$；水上灌注桩为 $12.02m^3$，偏差为 20.2%。

《预拌混凝土》（GB/T 14902—2012）中规定，预拌混凝土供货量以体积计，以 m^3 为计算单位。预拌混凝土的体积的计算，应由运输车实际装载量除以混凝土拌合物表观密度求得。预拌混凝土供货量应以运输车的发货单位总量计算，如需要以工程实际量（不扣除混凝土结构中钢筋所占体积的计算方法）进行复核时，其误差应不超过 2%。

可见相关标准对混凝土体积的计算方法，包括钢筋和孔洞等的取舍基本一致，但对偏差的取值不统一。地下部位偏差超过 20%；地上部位偏差在 1.5% 以上。

标准不统一，造成供方执行《预拌混凝土》（GB/T 14902—2012），需方执行预算基价。

（二）亏方形成的原因及解决办法

1. 标准原因

标准各不相同，但供方都是混凝土企业，面对各种各样的标准依据，将无所适从。

建议在编制行业预算基价时，充分征求混凝土生产单位和施工单位的意见，确定一致认可的体积用量偏差。

在目前的条件下，建议在签订合同时，明确偏差的具体数值或规定引用的标准。

2. 供方原因

（1）混凝土表观密度测定有误

混凝土配合比确定的同时，没有测试混凝土的表观密度。建议不论是用假定表观密度法还是绝对体积法计算配合比，都需要实测表观密度，对配合比进行校正。

（2）混凝土出厂资料有误

混凝土公司在供货时，提供给施工单位：预拌混凝土出厂质量证明书、配合比通知单及其他报告。若没有对配合比进行校正，可能施工单位将配合比通知单上的各种原材料相加得到的数值作为表观密度，然后去除搅拌车装载净重，这样就会造成计算的方量错误，形成纸面上的亏方。

（3）计量不准确

配料系统计量不准确，引起混凝土亏方。建议混凝土企业定期进行计量系统的检查和校准。如出现问题，及时校正。出厂时整车过磅，通过软件控制显示方量和偏差，确认足量后方可出厂。

（4）损耗量

搅拌运输车无法卸干净，造成方量不足。一般来说，气温越高、坍落度越小、强度等级越高、运距越远，混凝土滞留在罐体内的量就越多。建议增加冲洗搅拌运输车的频次，记录空载的质量，保证出厂过磅时的数据准确。

（5）人为因素

机操工：个人疏忽，实际装车量与发货单上的方量不相符。

司机偷卖：可安装 GPS 系统进行监控。

3. 需方原因

（1）图纸结算不准确

技术人员计算图纸量有错误，与混凝土公司实际供应的数量产生偏差，应重新计算，并复核。

（2）工程图纸以外的部位耗用

除图纸外，施工现场还有一些使用混凝土的部位，如塔吊基础、地坪、停车场、临时路面等。建议混凝土公司的司机、现场派驻的人员在发货单上给予注明，施工单位的签收人员签字认可，便于追溯。

（3）施工因素

工程实体的底板、墙体、顶板等在浇筑后出现跑模和胀模现象。

（4）施工现场损耗

现场的撒漏和浪费，如剪力墙、基础连续梁等尺寸窄的部位，浇筑时很容易撒漏。

从可操作性和公平交易的角度看，建议以混凝土公司的发货单位进行结算，在供货过程中，可抽查一定数量的车次，偏差之外再协商解决。在当前的管理水平下，预算定额规定的偏差值不能满足实际需要。有统计数据标明：实际工程的偏差值接近 5%，建议在修订时充分征求有关单位的意见。

供需双方管理水平有待提高。管理环节和控制措施应逐步完善，堵塞漏洞。技术人员加强业务学习，规范操作，避免因技术性的错误而引起不必要的纠纷。

供需双方均应增强法律意识，通过合同明确约定。一旦出现问题，尽快解决，避免造成更大的损失。

在供需双方合作之前，应充分考虑关于方量的确认问题，本着诚信合作的原则，共同为建设工程服务。一旦发现问题，各自查找自身的问题，并予以消除。

总之，对亏方问题应尽量避免，及时处理，通过技术途径维护自身的利益。

第五节　混凝土质量问题案例分析

[案例 6-1] 水泥用量偏多，混凝土产生自收缩裂缝

某工程，工程部位剪力墙，墙厚 400mm，设计强度 C40。拆模后发现墙面出现竖向裂缝，裂缝形状和间距非常有规律，约每隔 1.5～1.8m 一条竖向裂缝，裂缝两头尖，中间宽成枣核形，缝两头不到顶，缝最宽处约 0.2～0.3mm。个别裂缝为贯通裂缝。混凝土强度均满足要求。

1. 分析原因

（1）混凝土配合比中的水泥用量偏大，混凝土自收缩产生拉裂。

（2）设计箍筋少，间距大。

（3）混凝土养护不到位，养护时间少。

2. 预防措施

（1）混凝土配合比应在满足强度的前提下尽量减少水泥用量，保证和易性的前提下尽量多掺矿物掺合料。

（2）为控制因混凝土收缩和温度变化较大而产生的裂缝，墙体中水平分布筋除满足强度计算外，其配筋率不宜小于 0.4%，钢筋间距不宜大于 100mm，墙体宜双排配置分布钢筋。

（3）加强养护，当强度达到 1N/mm² 时（约 3d）放松模板，继续养护到可以以拆模，加强混凝土的湿养护预防干缩引起裂缝加大。

[案例 6-2] 某工程送检的试块强度出现三种情况，合格、不合格、无法评定（作废），经评定判为不合格。

1. 分析原因

（1）施工单位采用混凝土试模不合格，有的试模尺寸误差太大，有的试模变形，有的试模太轻等。

（2）混凝土取样量太少且没代表性（应从搅拌车浇筑到 1/4～3/4 中取样），取后没搅匀就装。

（3）试件制作粗糙，硬化后没抹面造成试块受压面积加大，插捣不均匀，拆模后有的试块石子下沉，有的试块缺棱掉角，有的试块又密实又重。

（4）试块养护不当，工地没有标准养护室，试块放在水中放几天就取出也不保温保湿，

特别是气温低于 20℃ 又没湿度，对强度增长非常不利；这样的试块经压力机一压问题就暴露了。

2. 预防措施

（1）施工单位应派技术员参加省办的上岗证培训班。

（2）认真学习国家现行有关规范。

（3）更换不合格的试模。

（4）有条件的设立标准养护室，没条件的可委托供需双方认可的质检单位。

［案例 6-3］某工程五层楼板 C30 混凝土坍落度为 180mm。施工季节为 11 月某晚上，混凝土浇筑时风力达 5、6 级，气候干燥。第二天五层楼板出现了大面积裂缝，裂缝不规则似龟裂，裂缝宽度为 1～2mm 不等，裂缝长达 600～700mm，混凝土强度符合要求。

1. 分析原因

（1）施工时由于风大，气候干燥，混凝土边振捣边终凝来不及抹面已出现开裂又没对已硬泛白的混凝土立即进行浇水养护，也没采取任何措施对混凝土保湿养护。致使混凝土表面急剧失水产生干缩裂缝，纯属典型的干缩裂缝。

（2）裂缝集中最多的地方是由于过振造成浮浆最多的地方，通长裂缝是由于振捣时施工人员踩踏了负弯矩筋，致使石子落在钢筋下面，起了顶筋作用，造成沿钢筋通长裂缝。

2. 预防措施

（1）应加强施工方对预拌混凝土的认识，预拌混凝土和现场搅拌混凝土是不一样的。预拌混凝土的浇筑、振捣、抹压、保湿养护等工序，最关键的是养护。不同的工程部位和不同的气候养护方法是不同的。

（2）风大、干燥气候施工时应在施工部位制造人工湿度，用手捏住塑料管顶部，往空中喷淋细雾，造成雾化，增大空气中的湿度。

（3）搅拌站配合比中的外加剂应增加缓凝成分，延长施工抹面时间。

（4）对已硬化混凝土立即用塑料薄膜覆盖，全部抹压后保湿养护不少于 7d。

［案例 6-4］某工程采用泵送水下灌注桩，在施工过程中不断出现以下四种情况：①钢筋笼上升；②桩身夹泥断桩；③导管被卡在混凝土中；④造成坍孔。

1. 分析原因

（1）钢筋笼上升的原因是由于混凝土表面接近钢筋笼底口以下 1～3m 时，混凝土的灌注速度加快，使混凝土下落冲出导管向上反冲，其顶托力大于钢筋笼的重力。

（2）桩身夹泥断桩的原因是由于清孔不彻底，或灌注时间过长，首批混凝土已凝固，流动性差，而续桩时的混凝土冲破顶层而上升，因而也会在两层混凝土中夹有泥浆渣土或造成断桩；

（3）导管被卡在混凝土中的原因是由于机械发生故障或其他原因使混凝土在导管内停留时间过长，或灌注时间持续过久，最初灌注的混凝土已初凝，增大了导管内的混凝土下落的阻力，混凝土被堵在管内。

（4）坍孔的原因是由于护筒底脚周围漏水，孔内水位降低；孔内水位差减少，不能保持静水压力；由于护筒周围堆放重物或机械振动等。

2. 预防措施

（1）为防止钢筋笼上升，当导管口低于钢筋笼 1～3m 之间，且混凝土表面在钢筋笼上下 1m 之间时，应放慢混凝土灌注速度。

（2）还应从钢筋笼自身的结构及定位方式上考虑，适当减少钢筋笼下端的箍筋数量也可以减少混凝土向上的顶托力。

（3）钢筋笼上端焊在护筒上可以承受部分顶托力，具有防止其上升的作用。

（4）在孔底设置直径不少于主筋的 1～2 道加强环形筋，并以适当数量牵引钢筋笼底部。

（5）为防止断桩，混凝土中最好掺用高效缓凝减水剂，凝结时间长可采取补救措施，减水率高，物料黏聚性好且流动性大，对判定为断桩，但桩身的夹泥大于设计规定值或局部混凝土有蜂窝、松散、裹浆等情况，应采取压浆补强方法处理。

（6）为防止混凝土在导管中卡管，灌注前应检查混凝土拌合物的工作性（坍落度是否过小，流动性差，离析泌水）导管接缝处是否漏水，导管提升不要过猛，检查测深是否出错。

（7）灌注前应仔细地检查灌注机械，并准备备用机械，发生故障时应立刻调换备用机械，同时采取措施，加速混凝土灌注速度。

（8）发生坍孔后，应查明原因，采取相应措施，如保持水头或加大龙头，移去重物消除机械振动等。凡出现任一质量事故，首先应将进入导管内的水和沉淀土用吸泥机和抽水泵吸出泥和水，如导管内混凝土已初凝堵管，此时应将导管拔出，重新安设钻机，利用较小的钻头将钢筋笼内的混凝土钻挖吸出。

第七章　导光混凝土及其施工工艺

一、概述

导光混凝土是一种新型装饰功能混凝土。它的功能就是通过在混凝土中引入导光纤维，实现混凝土的导光性能，并保证结构强度不被削弱，具有显著的建筑节能、装饰效果。本章综合介绍国内外生产导光混凝土技术成果，还提供了两种导光混凝土的工业化生产工艺，导光混凝土与智能建筑相结合，可以促进建筑可持续发展，满足低碳生活的发展趋势。

混凝土是现代社会的基础材料。它是由胶凝材料、粗、细集料和水按一定比例配制，经搅拌振捣成型，在一定条件下养护而成的人造石材。在过去很长的一段时间，混凝土不但作为结构材料，还用作维护、装饰材料等。然而混凝土本身不透光，所以在混凝土建筑里必须大量使用人造光源照明，加大了建筑能耗，并给使用者带来压抑、沉闷的感觉。在建筑人文关怀越来越受到关注的今天，改善混凝土的光线穿透能力被提上日程。

1992 年，笔者在沈阳建筑工程学院读大学时，物理教研室李保俊教授就地下隧道工程的采光问题进行了混凝土导光技术的研究并成功应用于军事工程，解决了长期在地下工作的技术人员由于没有接受阳光而引起的皮肤病问题，我很幸运地参与了本项工作。工程使用的导光混凝土采用预先埋设光导纤维的工艺，最大厚度为 1m，透光率达到了 90%。在李保俊教授的指导下笔者从事了导光混凝土透光系数的测试工作，在此期间笔者对混凝土的透光原理、施工工艺以及应用技术有了一个比较系统的认识。由于造价较高，透光混凝土只在军事掩体中使用，没有在民用项目中推广。截至 2009 年，中国北京宝贵石艺科技有限公司、北京榆树庄构件有限公司、北京灵感科技发展有限公司等单位也生产出了导光混凝土产品。

2007 年，德国 BFT 杂志介绍了这种产品，并在德国 BAUMA 展览展出，如图 7-1 所示，引起了世界各地建筑师、结构师的广泛关注。德国人在亚琛建立了生产此类产品的工厂，利用塑料块或掺入镁的试验来达到混凝土导光的要求，但到目前为止都没有成功。

图 7-1　导光混凝土砌块

二、导光混凝土组成

导光混凝土是玻璃光导纤维和细集料混凝土结合的产物，导光混凝土采用上千根端光纤维在混凝土两导光面以矩阵的方式平行放置，埋入混凝土道床中，能让光线从混凝土的一端传入，从另一端传出，光线并不会损失，甚至光线的色彩也不会走样。当这些含有端光纤维的砌块置于光源之前，就能导光。导光混凝土不管在自然光还是人造光下，都能发挥作用。如树木的影子可以显现在墙的内侧，类似银幕或扫描器。当人站在这种混凝土墙壁前面，而光从他后面投射到墙上时，在另一侧就可以清晰地看到人影，这种特殊观感使混凝土墙体的厚度、质量消失了，而且让人们联想到空气和阳光。

（一）光纤

端光纤维是一种利用光在玻璃或塑料制成的纤维中全反射原理而达成的光传导工具。前香港中文大学校长高锟和 George A. Hockham 首先提出光纤可以用于通讯传输的设想，高锟教授因此获得 2009 年诺贝尔物理学奖。后来又造出一种透明度很高、粗细像蜘蛛丝一样的玻璃丝——玻璃纤维，当光线以合适的角度射入玻璃纤维时，光就沿着弯弯曲曲的玻璃纤维前进。由于这种纤维能够用来传输光线，所以称它为光导纤维。光纤分无机的和有机的两类：无机的是由光学玻璃或高纯度石英玻璃制作的，透过率高，光的传输（传递）距离长；有机的是塑料光纤，价格便宜，但其透光率低，一般只能用在玩具上。

导光混凝土采用的光纤是玻璃端光纤维。这种纤维与传统复合材料制作工艺不同，每根光纤由一根用氧化硅和锗原料通过蒸汽沉积工艺制成的预制棒拉成，该棒直径在 1～7mm，按需要裁切成适当长度，光纤棒两端需打光磨平。然后在拉好的光纤上包覆涂层，以防漏光。光纤的直径范围在 2～200μm，值得注意的是，应选择不同的直径的纤维搭配，才能创造更艺术的导光效果。

（二）胶凝材料

普通纤维不具有耐碱性，而硅酸盐水泥的 pH 值在 13 左右，对光导纤维的侵蚀性很大。采用预埋法制作导光混凝土，建议选用低碱度的硫酸盐水泥。这种水泥早强快硬，降低对纤维的侵蚀。对于后挖法制作导光混凝土，混凝土与光纤不密切接触，对水泥种类可以放宽。导光混凝土墙能做到 2m 厚，理论上说，这种材料能使 18m 的光没有衰减，且其导光性能与 30cm 厚的普通混凝土墙不相上下。

三、导光混凝土的制作工艺

导光混凝土有两条施工方法，即后挖法和预埋法。

（一）后挖法

先制作导光混凝土构件，再将文字或图形绘制在水泥混凝土制品上，也可在水泥混凝土制品上已模塑出需要的文字、图形，然后按所需的文字图形打孔，再植入已准备好的光纤

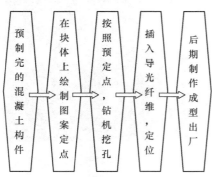

图 7-2　导光混凝土后挖法施工流程图

棒，即可制作成带有光亮图形的导光水泥混凝土制品，这就是"后挖法"的施工要点，如图 7-2 所示。北京灵感科技发展有限公司在 2010 年制作了 1000mm ×1000mm×10mm 的广告牌代替 LED，将传统的混凝土与现代电子技术紧密结合，以后挖法在混凝土中植入了光纤棒。由于该水泥混凝土内置 LED 的彩灯，将不同色彩的灯光从光纤棒的入射端射入，经高折射率的光纤棒的反复折射至光的出射端射出，从而使该水泥混凝土装饰制品成为彩色光的显示器。后挖法工序简便，光纤棒位置能够得到保证，

保证光点在混凝土中的期望分布。在导光混凝土经工业化生产后，打孔工艺的成本将显著得到降低。

（二）预埋法

预埋法类似于钢筋混凝土施工，施工时在块体上预先绘制好文字、图案位置，将复板贴

在块体后，通过钻孔设备按图案打孔。再将复板定位到已组装好的模板上，穿入已准备的光纤棒，如图 7-3 所示，将带着光纤棒的块体放入成型模内，再浇注免振捣的水泥净浆或水泥细砂浆，待其硬化具有一定强度后，再经锯切露出光纤棒的光点形成的图形，就成为导光的装饰水泥混凝土制品。2010 年，北京灵感科技发展有限公司以及沈阳荣威科技有限公司即采用此方法生产导光混凝土，生产的产品规格有 1000mm ×1000mm×10mm、1000mm ×1000mm×20mm、1000mm ×1000mm×50mm，在产品投产验收现场，得到以中国工程院院士孙伟教授为组长的专家们的高度赞扬。

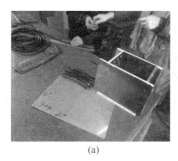 

(a) (b)

图 7-3　导光混凝土生产模具

（a）模具侧视图；（b）模具俯视图

如果进入工厂化批量生产导光，需要采用导光混凝土快速生产模块，以一透光混凝土单元为例，包含：光传导单元，每一光传导单元具有入光端及出光端；一个侧模，直立设置并具有复数个定位部彼此间隔成于该侧模；复数个底模，彼此平行并列设置，其中每一个底模具有复数个孔洞，供光传导单元穿过孔洞后布设于相邻的二底模间，底模具有一翼部架设于定位部；以及至少一个边模，沿光传导单元环绕设置于底模的周边，与底模共同形成灌浆槽，其中，当混凝土浆料充填于灌浆槽并待之干燥，透光混凝土单元成型于灌浆槽，且入光端及出光端分别暴露于透光混凝土单元之外。

也有学者将导光混凝土与建筑智能化相结合，如大连理工大学欧进萍团队 2009 年申请了此方面的专利——光纤智能透明混凝土及其制备方法，并对其物理力学性能测试做了系统的工作，如图 7-4 所示。基于大直径塑料光纤良好的透光性能、延性以及柔韧性和光纤传感

(a) (b)

图 7-4　导光混凝土及其压碎形态

（a）破碎导光混凝土剖面图；（b）破碎导光混凝土断面图

器良好的感知特性等优点，将一定量的大直径塑料光纤和光纤传感探头（光纤光栅或光纤）布设于普通混凝土结构中实现混凝土的透光性和感知性，在实验中采用预埋大直径塑料光纤和传感元件，实现导光性、智能化的目的。

四、导光混凝土的应用前景

将这种能传输光线的光纤铺在混凝土基体内制成砌块，光纤在砌块内体积占 4％，所以它的价格和普通混凝土相差不多。目前上海世博园意大利馆、匈牙利佩齐大学展览厅门厅（图 7-5）、美国华盛顿国家建筑博物馆、科威特警察学院、瑞典斯德哥尔摩 Stureplan 广场等工程已经采用了此项技术。

图 7-5　匈牙利佩齐大学展览厅门厅

端光纤维能很好地透射出不同波段的可见光和红外光，大大节约了普通照明损耗。这种墙体本身具有很高的欣赏价值，在旅馆、饭店、别墅等有装饰要求的建筑中具有很大的应用潜力，可用于园林装饰、曲面波浪型材，为建筑师的艺术想象和创作提供了可能性。光纤可以随机分布，可铺成某种格栅状，构成不同纹理和色彩的几何图案。

导光混凝土可以根据各种装饰结构要求制成各种砌块、墙板、预制砖、地下照明的透光地板石材。同时光纤对混凝土强度无显著影响，也可用于结构材料中。导光混凝土具有良好的绝热性，如附加了隔热材料，也可用于室内火灾逃生、夜间导向等特殊领域。

第八章 碱矿渣水泥混凝土

一、碱矿渣水泥混凝土研究现状

前苏联是世界上开发和研究碱矿渣水泥混凝土最早、产量最高、应用最普及的国家，从 1962 年开始批量生产，到 1995 年为止，前苏联已经在各种建筑工程中累计现场搅拌使用了 300 万 m^3 碱矿渣水泥混凝土，从 1985 年以来，现场搅拌碱矿渣水泥混凝土的年产量一直保持在 30 万 m^3。特别是在第二届前苏联碱矿渣混凝土学术讨论以后，碱矿渣水泥混凝土获得了迅速的推广应用，现在其应用范围几乎可以与硅酸盐水泥混凝土相提并论。1989 年，前苏联利别兹克市全部使用现场搅拌碱矿渣水泥混凝土成功地建成了高 22 层的住宅楼，这标志着土木建筑工程中碱矿渣水泥混凝土已完全可以取代硅酸盐水泥混凝土。

在国内，以重庆建筑工程学院（现并入重庆大学）、安徽水利学院、南京化工学院（现南京工业大学）及上海建材学院（现并入同济大学）、河海大学都对碱矿渣水泥及混凝土的水化机制、原理及应用进行了多年的研究并取得了一定进展，认为碱矿渣水泥混凝土的宏观结构与普通硅酸盐水泥混凝土基本相同，但其微观结构则有很大的差异。其特点是碱矿渣水泥混凝土的结构致密、孔隙率低，且孔隙多为封闭的微孔，水泥石与集料的粘结十分牢固，水化产物中除了 $CaO—SiO_2—H_2O$ 系统的水化物（沸石），碱矿渣水泥混凝土的这些结构特征赋予了它优越的物理力学性能，使之集高强、快硬、高抗渗、高抗冻、低水化热、高耐久性于一身，它的性能是目前大量使用的硅酸盐水泥所无法实现的，特别是碱矿渣水泥混凝土受荷载破坏时，断裂面发生在水泥石和集料中，很少发生在它们的界面上，因此在物理力学性能及耐久性指标方面碱矿渣水泥混凝土具备承重结构材料的应用条件。

在开发应用方面，武汉钢铁公司科研所于 20 世纪 80 年代初利用自产的碱矿渣水泥在试验室配制出了高强度等级碱矿渣水泥混凝土。1986 年南京水利科学研究院也开发和研究了这一材料，并将碱矿渣水泥混凝土现场搅拌应用于工程抢修和快速施工、高抗腐蚀等各种特殊要求的混凝土工程，取得了理想的成果。1996 年重庆建筑工程学院（现并入重庆大学）在试验室研制成功了碱矿渣水泥流态混凝土，可以做到初始坍落度 $180\sim220mm$，坍落度 2h 内无损失，3h 内损失很小，应当说这为碱矿渣水泥混凝土的发展又做出了一次不可估量的贡献，但是他们只是在试验室里配制出了一部分小样品，没有进行工业化试生产。

20 世纪 80 年代以来，预拌混凝土在国内迅速发展，碱矿渣水泥混凝土由于快凝快硬流变性能差的特点，使这项技术在预拌混凝土施工中一直无法应用。笔者研究的泵送碱矿渣水泥混凝土是对国内外已有研究成果的继续和深入发展，在原有理论和实践的基础上，研制开发了碱矿渣水泥混凝土专用激发剂、缓凝剂、流化剂和稳定剂，实现了对碱矿渣水泥混凝土拌合物工作性能的有效控制，在现场施工过程中调整初凝 $6\sim8h$，终凝 $8\sim12h$，坍落度初始值 $200\sim210mm$，5h 后保留值 $180\sim210mm$。2000 年 8 月，笔者利用碱矿渣水泥混凝土在 15 层高的国家林业局武警森林指挥部办公楼和 33 层高的北京市丰台区靛厂新村住宅楼的实际使用，经过 15 年的跟踪研究，其使用效果良好。

二、原材料

碱矿渣水泥的主要原材料为矿渣、粉煤灰、激发剂、流化剂、缓凝剂和稳定剂等。各组分之间的合理组合与匹配，以及与缓凝剂的相似相溶，是制备出微观结构布局合理、流动度和强度均最优的胶凝材料和混凝土的前提，同时对胶凝材料本身的用水量、凝结时间、保水性、强度、收缩性、水化热都产生不同程度的影响。因此，我们必须对各种原材料的成分、物理力学性能指标，以及它们之间的组成和配比进行优化试验研究。

（一）矿渣粉

本研究使用的矿渣粉，其主要性能指标见表8-1。

表8-1　矿渣化学成分表　　　　　　　　　　　　　　　　（%）

成分	SiO_2	Al_2O_3	Fe_2O_3	CaO	MgO	K_2O	Na_2O	TiO_2
首钢矿渣	33.56	11.40	0.33	40.39	11.20	0.57	0.57	1.34
鞍钢矿渣	35.80	13.40	0.47	41.20	10.70	0.32	0.41	0.95
本钢矿渣	32.40	12.50	0.53	43.2	8.70	0.44	0.51	1.0
凌钢矿渣	38.70	11.50	0.90	41.2	7.80	0.51	0.47	2.1
抚钢矿渣	32.40	10.95	0.85	40.27	10.70	0.90	0.35	1.3

（二）粉煤灰

本研究所用粉煤灰产地及各项技术指标分别见表8-2和表8-3。

表8-2　粉煤灰化学成分表　　　　　　　　　　　　　　　　（%）

成分 产地	SiO_2	Al_2O_3	Fe_2O_3	CaO	MgO	K_2O	Na_2O	TiO_2	MnO_2	Loss
北京东郊粉煤灰	51.96	32.61	5.61	2.61	0.63	0.78	0.17	1.12	0.06	3.46
元宝山粉煤灰	58.64	19.70	9.56	4.42	2.08	2.64	0.87	0.91	0.09	0.80
沈海粉煤灰	56.40	26.50	7.82	3.05	0.66	0.12	0.37	1.25	0.30	3.53
鞍钢热电粉煤灰	56.30	27.50	9.32	2.51	0.55	1.71	0.39	0.92	0.07	0.73
辽宁电厂粉煤灰	57.20	26.35	8.75	2.06	0.17	1.22	0.57	0.17	0.13	3.38
锦州电厂粉煤灰	48.90	36.51	7.64	2.53	0.95	1.03	0.72	1.05	0.01	0.66
阜新电厂粉煤灰	47.65	29.32	6.59	1.09	0.93	1.51	0.02	1.07	0.50	1.32

表8-3　粉煤灰技术指标

技术指标	元宝山 粉煤灰	北京东郊 粉煤灰	沈海 粉煤灰	鞍钢热电 粉煤灰	辽宁电厂 粉煤灰	锦州电厂 粉煤灰	阜新电厂 粉煤灰	分级标准	
								Ⅰ级	Ⅱ级
细度（0.045mm 方孔筛筛余，%）	6.0	18.0	6.0	5.4	5.0	7.2	16	12	20
需水量比（%）	94	103	98	97	93	97	102	95	105
烧失量（%）	0.89	3.46	3.53	0.73	3.38	0.66	1.32	5	8
含水量（%）	7.0	1.0	0.6	0.5	0.47	0.90	1.6	1	1
SO_3（%）	0.68	6.96	0.72	0.65	0.41	0.51	1.20	3	3
活性率（%）	19.71	14.6	18.21	19.20	18.4	17.2	15.6	—	—
28d胶砂强度比（%）	96.0	78.2	94.0	97.20	98.0	93.0	81.5	≮75	≮62

（三）激发剂

采用三种材料复合使用，其中水玻璃硅酸钠、硅酸钾和火碱，含量分别为 98%、98% 和 99%；硅酸钠和硅酸钾的模数分别为 1.03，1.8，2.6 三种工业用品；缓凝剂采用白糖、硝酸钡和苯酚复合配制的。

三、碱矿渣水泥技术参数

（一）强度

碱矿渣水泥主要成分为矿渣粉、粉煤灰和激发剂。矿渣粉是碱矿渣水泥的主要成分，它具有很大的潜在反应活性，当细度超过 $400m^2/kg$ 时，能够在碱性激发剂的作用下，在表面形成许多硅酸根离子，它们与钙离子一起溶于水，由于离子的扩散速度不一，因此在达到一定的浓度后在矿渣粉表面会形成低富硅层或在附近形成低 C/S 比的 C-S-H 层，随着激发作用由表及里，C-S-H 层剥离，向液相空间转移，促进了胶体的大量形成，为浆体叠合形成沸石类水化产物创造条件。

粉煤灰的结构活性比矿渣要低一些，玻璃体也少，但在高的碱性环境中，粉煤灰可以产生稳定增长的后期强度，同时粉煤灰能改善混凝土施工性能和力学性能，减少混凝土需水量，避免混凝土拌合物的离析、泌水，改善工作性，减少坍落度损失；掺粉煤灰还可以减少碱矿渣水泥混凝土的自收缩和干燥收缩，提高混凝土后期强度增长率和抗化学侵蚀能力等。

激发剂在碱矿渣水泥水化过程中的激发作用主要是破坏硅氧网络，使矿渣结晶体、玻璃体发生解体，参与水化反应。

激发剂中的 $R_2O \cdot nSiO_2$ 水解后形成 ROH 和含水硅胶，含水硅胶结合溶液中的 Ca^{2+} 与 OH^- 形成 C-S-H，溶液 pH 值变化反过来又促进外加剂进一步水解，从而形成有利于水泥强度的 C-S-H 凝胶体。

缓凝剂则是通过无机盐离子对 C-S-H 胶体双电层的排斥和吸引控制水化反应速度，从而达到缓凝的目的。

通过对碱矿渣水泥原材料的选择、缓凝剂的复配以及对碱矿渣水泥各项物理力学性能指标的测定，采用碱性矿渣磨细到 $400m^2/kg$，模数 2.4 的水玻璃，含量 96% 的工业产品火碱，经过调配后可以配制出高强碱矿渣水泥；采用白糖和硝酸钡复合的方法可以复配出完全满足泵送要求的碱矿渣水泥专用缓凝剂和流化剂，并且可以根据需求随时调整凝结时间。采用以上几种原材料，在常规的生产条件下，就可制备出满足泵送施工要求的碱矿渣水泥。碱矿渣水泥标准稠度用水量低，只有 17%～21%，在测试其强度时应参考复合硅酸盐水泥、硫铝酸盐水泥、铁铝酸盐水泥等的规定。强度检验按胶砂流动度在 125～135mm 时的水胶比加水试验。掺不同碱度的矿渣水泥见表 8-4。

表 8-4 掺不同碱度碱矿渣水泥

碱度	矿渣粉（%）	硅酸钠（%）	火碱（%）	初凝时间（min）	终凝时间（min）	强度（MPa）			
						抗压		抗折	
						7d	28d	7d	28d
0.79	90	5	5	48	96	36.5	50.1	8.8	9.7
0.85	90	5	5	47	90	42.7	58.3	8.9	11.2

碱度	矿渣粉（％）	硅酸钠（％）	火碱（％）	初凝时间（min）	终凝时间（min）	强度（MPa）			
						抗压		抗折	
						7d	28d	7d	28d
0.90	90	5	5	45	92	41.9	53.7	8.7	11.7
1.00	90	5	5	49	97	52.5	63.4	9.3	11.5
1.02	90	5	5	48	95	60.7	79.6	9.6	11.0
1.15	90	5	5	48	90	59.5	85.4	9.2	11.5
1.20	90	5	5	47	90	82.5	95.0	9.9	11.7

由表 8-4 可知，当采用相同量的矿渣粉、激发剂时，对酸性矿渣的激发效果较差，对碱性矿渣的激发效果较好，其强度最大差将近一倍。因此，制作碱矿渣水泥宜采用 $M_0 \geqslant 1.0$ 的碱性矿渣。对凝结时间而言，激发剂对矿渣的酸碱性影响不太大，对抗折强度的影响不大。

（二）凝结时间

从现行商品混凝土施工的技术操作规程出发，碱矿渣水泥配制的泵送混凝土应当具备如下特征才能更好地适应施工的需要：混凝土适当缓凝，以便有充足的时间来完成混凝土的搅拌、运输、浇筑、振实和抹面等施工工序；终凝要快，以便尽可能早地开始混凝土工程的养护工作并为及早拆摸奠定基础；随后的硬化过程要快，使混凝土能尽早达到设计强度，以期工程提前投入使用。从高强碱矿渣水泥凝结硬化过程特征来说，对后两点要求可自动满足，关键是如何解决初凝时间过快的问题，其强度还不能受影响，需要特制一种合适的化学外加剂，使它能与矿渣离子表层作用生成在碱性环境中较稳定的反应产物膜，以阻止矿渣粒子与碱组分发生强烈反应，从而达到延缓初凝的目的。但随着碱矿渣反应过程的进行，这种反应产物膜能被水泥的水化反应所破坏，而对随后的凝结硬化不产生显著的影响。为此，在进行了大量的探索和试验工作后经优选，认为现在建筑工地对施工用泵送混凝土的初凝时间一般为 4～6h，特别是在夏季施工时要求比这更长一些。因此，从实用角度考虑，BF（苯酚）的掺量宜控制在 0.05％～0.10％ 之间，FQ（硝酸钡＋水玻璃）的掺量宜控制在 0.10％～0.15％ 之间；在冬期施工优选硝酸钡，在夏期施工优选苯酚。碱矿渣水泥的凝结时间与强度见表 8-5。

表 8-5　碱矿渣水泥的凝结时间与强度

序号	缓凝剂（％）	初凝时间（h：min）	终凝时间（h：min）	强度（MPa）			
				抗压		抗折	
				7d	28d	7d	28d
1	0.00	0：30	1：30	75.4	89.8	9.1	11.5
2	苯酚 0.05	3：00	4：30	43.2	72.1	8.5	10.3
3	苯酚 0.10	5：15	7：20	38.5	69.7	7.6	9.8
4	苯酚 0.15	7：20	9：25	40.2	63.5	9.0	11.2
5	硝酸钡 0.10	3：10	5：05	59.4	82.1	9.7	11.3
6	硝酸钡 0.15	4：05	6：10	54.5	81.2	9.6	10.7

由表 8-5 可知，掺加苯酚缓凝剂对碱矿渣水泥 7d 强度降低较多，对 28d 强度有一定影响；掺加硝酸钡缓凝剂对 7d 强度有影响，对 28d 强度影响不大。因此，可以得出这样的结论：对碱矿渣水泥可以采用硝酸钡缓凝剂为缓凝成分配制混凝土，以便改善混凝土的缓凝效果和满足工程设计的要求。

四、碱矿渣水泥混凝土的配制

碱矿渣水泥混凝土具有早强、快硬、高耐久性的优点。为了充分利用这些优势，国内外许多专家都曾致力于碱矿渣水泥混凝土的发展。但是由于碱矿渣水泥混凝土自身凝结时间过快、坍落度损失大，使之在近十年商品混凝土的发展中无法展现自身的优越性。特别是近几年高强、高性能混凝土在高层建筑中的应用，C80 混凝土已经应用于建筑工程。在此基础上，国内外有许多专家都把配制 C80 以上的高性能混凝土作为新的研究课题。采用硅酸盐水泥，通过掺加硅灰和高效减水剂的办法，虽然能在特定条件下配制出 100MPa 的混凝土，但由于施工条件的限制，在现实的泵送过程中，这些需要特殊工艺控制的配制方案由于其复杂的技术要求，而不具备可操作性。在这种条件下，用常规的手段配制 100MPa 以上的混凝土就显得非常有价值、有意义。而碱矿渣水泥混凝土本身就具有很高的强度，在不使用任何特殊的技术措施时便可配制出 100MPa 以上的混凝土。因此，在此基础上将缓凝时间及流动性指标进行必要的技术措施处理后，只要这两项指标达到泵送混凝土的要求，完全可以在没有附加条件的情况下，配制出 C10～C100 的高性能碱矿渣水泥混凝土。

（一）混凝土拌合物技术要求

（1）坍落度：190～230mm，4～6h 后保留值 190～210mm。

（2）表观密度：2400～2500kg/m³。

（3）含气量：≤1%。

（4）有效水胶比：0.15～0.35。

（5）混凝土初凝时间：5～8h。

（二）混凝土性能要求

（1）立方体抗压强度在 20～160MPa 之间。

（2）抗冻性指标达到 D100。

（3）抗渗性指标 P≥20。

（4）钢筋无锈蚀。

（5）混凝土收缩值小于普通混凝土的标准要求。

（三）混凝土配合比计算举例

［例 8-1］

设计要求：C30 混凝土坍落度 $T=240$mm，抗渗等级 P20，抗冻等级 D100。

原材料参数：碱矿渣水泥 $R_{28}=89$MPa，细度 0.08mm 方孔筛筛余 3%，标准稠度需水量 $W=19$kg

矿渣粉的比表面积：$S_K=400$m²/kg

矿渣粉的密度：$\rho_K=2.4\times10^3$kg/m³

矿渣粉需水量比：$\beta_K=1.0$

矿渣粉活性系数：$\alpha_2=1.0$

粉煤灰的比表面积：$S_F = 150 \text{m}^2/\text{kg}$

粉煤灰的密度：$\rho_F = 1.8 \times 10^3 \text{kg/m}^3$

粉煤灰需水量比：$\beta_F = 1.0$

粉煤灰活性系数：$\alpha_1 = 0.3$

碱矿渣水泥密度：$\rho_{C0} = 2.4 \times 10^3 \text{kg/m}^3$

砂子：紧密堆积密度 1970kg/m^3，含石率 11%，含水率 2%

石子：堆积密度 1650kg/m^3，空隙率 38.5%，吸水率 1.5%，表观密度 2682kg/m^3

（1）配制强度的确定（混凝土的设计强度等级小于 C60 时）

将 $f_{cu,k} = 30 \text{MPa}$、$\sigma = 4 \text{MPa}$ 代入式 4-11：

$$f_{cu,0} = 30 + 1.645 \times 4$$
$$= 36.58 \text{（MPa）}$$

（2）水泥强度 σ 的计算

由于配制设计强度等级的混凝土选用的水泥是确定的，在基准混凝土配比计算时，取水泥为唯一胶凝材料，则 σ 的取值等于水泥标准砂浆的理论强度值 σ，计算如下：

1）水泥在标准胶砂中体积比的计算是将水泥密度 $\rho_{C0} = 2.4 \times 10^3 \text{kg/m}^3$、标准砂密度 $\rho_{S0} = 2700 \text{kg/m}^3$、拌合水密度 $\rho_{w0} = 1000 \text{kg/m}^3$ 及已知数（C_0、S_0、W_0）代入式 1-1：

$$V_{C0} = (450/2400)/(450/2400 + 1350/2700 + 225/1000)$$
$$= 0.188/(0.188 + 0.500 + 0.225)$$
$$= 0.188/0.913$$
$$= 0.206$$

2）水泥标准稠度浆体强度计算是将水泥实测强度值 $R_{28} = 89 \text{MPa}$、$V_{c0} = 0.206$ 代入式 1-2：

$$\sigma = 89/0.206$$
$$= 432 \text{（MPa）}$$

（3）水泥基准用量的确定

标准稠度水泥浆的表观密度值计算是将 $W = 19 \text{kg}$、$\rho_{C0} = 2400 \text{kg/m}^3$ 代入式 1-3：

$$\rho_0 = 2400 \times (1 + 19/100)/[1 + 2400 \times (19/100000)]$$
$$= 1961 \text{（kg）}$$

每兆帕混凝土对应的水泥浆质量的计算是将 $\rho_0 = 1961 \text{kg}$、$\sigma = 432 \text{MPa}$ 代入式 1-4：

$$C = 1961/432$$
$$= 4.5 \text{（kg/MPa）}$$

将配制强度 $f_{cu,0} = 36.58 \text{MPa}$、$C = 4.5 \text{kg/MPa}$ 代入式 4-12 中，基准水泥用量 C_{01} 为：

$$C_{01} = 4.5 \times 36.58$$
$$= 164 \text{（kg）}$$

（4）胶凝材料的分配

由于本设计中 C30 混凝土计算值 C_{01} 小于 300kg，用一部分低活性的粉煤灰替换碱矿渣水泥，不考虑填充效应。可以由式 4-13 和式 4-14 求得：

$$164 = 1 \times C + 0.3 \times F$$
$$300 = C + F$$

计算求得：水泥用量 $C=106$kg，粉煤灰用量 $F=194$kg。

（5）外加剂及用水量的确定

1）胶凝材料需水量的确定 通过以上计算求得水泥和粉煤灰的准确用量后，按照胶凝材料的需水量比（$K=0$、$Si=0$）代入式 4-25，计算得到搅拌胶凝材料所需水量 W_1：

$$W_1 = （106+194×1.0）×（19/100）$$
$$=300×0.19$$
$$=57（kg）$$

同时代入式 4-26，求得搅拌胶凝材料的有效水胶比 W_1/B：

$$W_1/B=57/（106+194）$$
$$=57/300$$
$$=0.19$$

2）外加剂用量的确定 采用水胶比为 0.19，以推荐掺量 0.45%（1.35kg）进行外加剂的最佳掺量试验，本设计使用硝酸钡缓凝剂，净浆流动扩展度达到 240mm，1h 保留值为 235mm，与设计坍落度为 240mm 一致，可以保证拌合物不离析、不泌水。

（6）砂子用量及用水量的确定

1）砂子用量的确定 石子的空隙率 $p=38.5\%$，由于混凝土中的砂子完全填充于石子的空隙中，每立方米混凝土中砂子的准确用量为砂子的紧密堆积密度 $\rho_s=1970$kg/m³ 乘以石子的空隙率 38.5%，则砂子用量为（见式 4-27）：

$$S=1970×38.5\%$$
$$=758（kg）$$

由于砂子含石率为 11%，含水率为 2%，砂子施工配合比用量为：

$$S_0=[S/（1-11\%）]/（1-2\%）$$
$$=（758/89\%）/98\%$$
$$=870（kg）$$

2）砂子润湿用水量的确定 本设计用的砂子含水率为 2%，故吸水率取下限值为 5.7%$-2\%=3.7\%$，上限值为 7.7%$-2\%=5.7\%$，代入式 4-28 和式 4-29：

$$W_{2min}=870×3.7\%$$
$$=32（kg）$$
$$W_{2max}=870×5.7\%$$
$$=50（kg）$$

（7）石子用量及用水量的确定

1）石子用量的确定 用石子的堆积密度 1650kg/m³ 扣除胶凝材料的体积以及胶凝材料水化用水的体积 57/1000=0.057（m³）对应的石子，即可求得每立方米混凝土石子的准确用量（$K=0$、$Si=0$），则石子用量为（见式 4-30）：

$$G=1650-（106/2400+194/1800）×2682-（57/1000）×2682$$
$$=1650-0.151×2682-0.057×2682$$
$$=1092（kg）$$

考虑砂子的含石率，混凝土施工配合比中石子的用量为：

$$G_0=G-S_0×含石率$$

$$= 1092 - 870 \times 11\%$$
$$= 996(\text{kg})$$

2）石子润湿用水量的确定　石子吸水率 1.5%，用石子用量乘以吸水率即可求得润湿石子的水量（见式 4-31）：

$$W_3 = G_0 \times \text{吸水率}$$
$$= 996 \times 1.5\%$$
$$= 15(\text{kg})$$

（8）总用水量的确定

通过以上计算，可得

胶凝材料所需的用水量：$W_1 = (106 + 194 \times 1.0) \times (19/100)$
$$= 57 （\text{kg}）$$

润湿砂子所需的用水量：$W_2 = 32 \sim 50\text{kg}$

润湿石子所需的用水量：$W_3 = 15\text{kg}$

混凝土总的用水量：$W = W_1 + W_2 + W_3$
$$= 101 \sim 119 （\text{kg}）$$

（9）C30 混凝土配合比设计计算结果（表 8-6）。

表 8-6　C30 混凝土配合比设计计算结果　　　　　　　　　　　　　　单位：kg

材料名称	水泥	粉煤灰	砂子	石子	外加剂	砂子用水量	石子用水量	胶凝材料用水量
单方用量	106	194	870	996	1.35	32～50	15	57

［例 8-2］

设计要求：C60 混凝土坍落度 $T = 240\text{mm}$，抗渗等级 P15，抗冻等级 D100

原材料参数：碱矿渣水泥 $R_C = 89\text{MPa}$，细度 0.08mm 方孔筛筛余 3%，标准稠度需水量 $W = 19\text{kg}$

粉煤灰的比表面积：$S_F = 150\text{m}^2/\text{kg}$

粉煤灰的密度：$\rho_F = 1.8 \times 10^3 \text{kg/m}^3$

粉煤灰需水量比：$\beta_F = 1.0$

水泥活性系数：$\alpha_1 = 1.0$

粉煤灰活性系数：$\alpha_2 = 0.5$

砂子：紧密堆积密度 1970kg/m³，含石率 11%，含水率 2%

石子：堆积密度 1650kg/m³，空隙率 38.5%，吸水率 1.5%，表观密度 2682kg/m³

（1）配制强度的确定（混凝土的设计强度等级等于 C60 时）

将 $f_{cu,k} = 60\text{MPa}$、$\sigma = 4\text{MPa}$ 代入式 4-11：

$$f_{cu,0} = 60 + 1.645 \times 4$$
$$= 66.5(\text{MPa})$$

（2）水泥强度 σ 的计算

由于配制设计强度等级的混凝土选用的水泥是确定的，在基准混凝土配比计算时，取水泥为唯一胶凝材料，则 σ 的取值等于水泥标准砂浆的理论强度值 σ，计算如下：

1）水泥在标准胶砂中体积比的计算是将水泥密度 $\rho_{C0} = 2.4 \times 10^3 \text{kg/m}^3$、标准砂密度 ρ_{S0} $= 2700 \text{kg/m}^3$、拌合水密度 $\rho_{w0} = 1000 \text{kg/m}^3$ 及已知数据（C_0、S_0、W_0）代入式1-1：

$$V_{C0} = (450/2400)/(450/2400 + 1350/2700 + 225/1000)$$
$$= 0.188/(0.188 + 0.500 + 0.225)$$
$$= 0.188/0.913$$
$$= 0.206$$

2）水泥标准调度浆体强度的计算是将水泥实测强度值 $R_{28} = 89 \text{MPa}$、$V_{C0} = 0.206$ 代入式 1-2：

$$\sigma = 89/0.206$$
$$= 432 (\text{MPa})$$

3）水泥基准用量的确定

标准稠度水泥浆的表观密度值计算是将 $W = 19 \text{kg}$、$\rho_{C0} = 2.4 \times 1000 \text{kg/m}^3$ 代入式 1-3：

$$\rho_0 = 2400 \times (1 + 19/100)/[1 + 2400 \times (19/100000)]$$
$$= 1961 (\text{kg})$$

每兆帕混凝土对应的水泥浆质量的计算是将 $\rho_0 = 1961 \text{kg}$、$\sigma = 432 \text{MPa}$ 代入式1-4：

$$C = 1961/432$$
$$= 4.5 (\text{kg/MPa})$$

将 $C = 4.5 \text{kg/MPa}$、$f_{cu,0} = 66.5 \text{MPa}$ 代入式 4-12 中，混凝土基准水泥用量 C_{01} 为：

$$C_{01} = 4.5 \times 66.5$$
$$= 299 (\text{kg})$$

（4）胶凝材料的分配

由于本设计中 C60 混凝土配比计算 C_{01} 接近 300kg。为了降低水化热，除碱矿渣水泥外的胶凝材料由活性较低的粉煤灰代替，不考虑填充效应。预先设定 $X_C = 80\%$、$X_F = 20\%$ 时，计算出碱矿渣水泥、粉煤灰对应的基准水泥用量：

$$C_{0c} = C_{01} \cdot X_C$$
$$= 299 \times 80\%$$
$$= 239 (\text{kg})$$

$$C_{0F} = C_{01} \cdot X_F$$
$$= 299 \times 20\%$$
$$= 60 (\text{kg})$$

再用对应的水泥用量除以胶凝材料对应的活性系数 α_1 和 α_2，即可求得准确的水泥和粉煤灰用量 C、F，计算式见式 4-17 和式 4-18，代入已知数据：

$$C = C_{0c}/\alpha_1$$
$$= 239/1.0$$
$$= 239 (\text{kg})$$

$$F = C_{0F}/\alpha_2$$

$$= 60/0.5$$
$$= 120(\text{kg})$$

计算求得碱矿渣水泥用量 $C=239\text{kg}$，粉煤灰用量 $F=120\text{kg}$。

（5）外加剂及用水量的确定

1）胶凝材料需水量的确定　通过以上计算求得水泥和粉煤灰的准确用量后，按照胶凝材料的需水量比（$R=0$、$Si=0$）代入式4-25，计算得到搅拌胶凝材料所需水量 W_1：

$$W_1 = (239+120\times1.0)\times(19/100)$$
$$= 359\times0.19$$
$$= 68(\text{kg})$$

同时代入式4-26，求得搅拌胶凝材料的有效水胶比。

$$W_1/B = 68/(239+120)$$
$$= 68/359$$
$$= 0.189$$

2）外加剂用量的确定　采用水胶比为0.189，以推荐掺量0.45%（1.61kg）进行外加剂的最佳掺量试验，本设计使用硝酸钡缓凝剂，净浆流动扩展度达到250mm，1h保留值为245mm，与设计坍落度为240mm一致，可以保证拌合物不离析、不泌水。

（6）砂子用量的确定

1）砂子用量及用水量的确定　石子的空隙率 $p=38.5\%$，由于混凝土中的砂子完全填充于石子的空隙中，每立方米混凝土中砂子的准确用量为砂子的紧密堆积密度 1970kg/m^3 乘以石子的空隙率38.5%，则砂子用量为（见式4-27）：

$$S = 1970\times38.5\%$$
$$= 758(\text{kg})$$

由于砂子含石率为11%，含水率为2%，砂子施工配合比用量为：

$$S_0 = [S/(1-11\%)]/(1-2\%)$$
$$= (768/89\%)/98\%$$
$$= 870(\text{kg})$$

2）砂子润湿用水量的确定　本设计用的砂子含水率为2%，故吸水率取下限值为5.7%－2%＝3.7%，上限值为7.7%－2%＝5.7%，代入式4-28和式4-29：

$$W_{2min} = 870\times3.7\%$$
$$= 32(\text{kg})$$
$$W_{2max} = 870\times5.7\%$$
$$= 50(\text{kg})$$

7）石子用量及用水量的确定

1）石子用量的确定　用石子的堆积密度 1650kg/m^3 扣除胶凝材料的体积以及胶凝材料水化用水的体积 $68/1000=0.068$（m^3）对应的石子，即可求得每立方米混凝土石子的准确用量（$K=0$，$Si=0$），则石子用量为（见式4-30）：

$$G = 1650-(239/2400+120/1800)\times2682-(68/1000)\times2682$$
$$= 1650-0.166\times2682-0.068\times2682$$
$$= 1020(\text{kg})$$

考虑砂子的含石率，混凝土施工配合比中石子的用量为：

$$G_0 = 1020 - 870 \times 11\%$$
$$= 924(kg)$$

2）石子润湿用水量的确定　石子吸水率 1.5%，用石子用量乘以吸水率即可求得润湿石子的水量（见式4-31）：

$$W_3 = 924 \times 1.5\%$$
$$= 14(kg)$$

（8）总用水量的确定

通过以上计算，可得

胶凝材料所需的用水量：$W_1 = 68kg$

润湿砂子所需的用水量：$W_2 = 32 \sim 50kg$

润湿石子所需的用水量：$W_3 = 14kg$

混凝土总的用水量：$W = W_1 + W_2 + W_3$
$$= 114 \sim 129 (kg)$$

（9）C60 混凝土配合比设计计算结果（表8-7）

表 8-7　C60 混凝土配合比设计计算结果　　　　　　　　单位：kg

材料名称	碱矿渣水泥	粉煤灰	砂子	石子	外加剂	砂子用水量	石子用水量	胶凝材料用水量
单方用量	239	120	870	924	1.61	32~50	14	68

[例 8-3]

设计要求：C80 混凝土坍落度 $T = 230mm$，抗渗等级 P15，抗冻等级 D300。

原材料参数：碱矿渣水泥 $R_{28} = 89MPa$，细度 0.08mm 方孔筛筛余 3%，标准调度需水量 $W = 19kg$

矿渣粉和粉煤灰的比表面积：$S_K = 400m^2/kg$，$S_F = 150m^2/kg$

矿渣水泥和粉煤灰的密度：$\rho_{c0} = 2.4 \times 10^3 kg/m^3$，$\rho_F = 1.8 \times 10^3 kg/m^3$

粉煤灰需水量比：$\beta_F = 1.0$

水泥活性系数：$\alpha_1 = 1.0$

粉煤灰活性系数：$\alpha_2 = 0.5$

砂子：紧密堆积密度 1970kg/m³，含石率 11%，含水率 2%

石子：堆积密度 1650kg/m³，空隙率 38.5%，吸水率 1.5%，表观密度 2682kg/m³

（1）配制强度的确定（混凝土的设计强度等级为C80）

因采用非统计验收，故将配别强度取设计等级的 115%、设计强度取 $f_{cu,k} = 80MPa$ 代入下式：

$$f_{cu,0} = f_{cu,k} \times 115\%$$
$$= 80 \times 115\%$$
$$= 92(MPa)$$

（2）水泥强度 σ 的计算

由于配制设计强度等级的混凝土选用的水泥是确定的，在基准混凝土配比计算时，取水泥为唯一胶凝材料，则 σ 的取值等于水泥标准砂浆的理论强度值 σ，计算如下：

1）水泥在标准胶砂中体积比的计算是将水泥密度 $\rho_{C0}=2.4\times10^3\,kg/m^3$、标准砂密度 ρ_{S0} $=2700\,kg/m^3$、拌合水密度 $\rho_W=1000\,kg/m^3$ 及已知数据（C_0、S_0、W_0）代入式1-1：

$$V_{C0}=(450/2400)/(450/2400+1350/2700+225/1000)$$
$$=0.188/(0.188+0.500+0.225)$$
$$=0.188/0.913$$
$$=0.206$$

2）水泥标准稠度浆体强度的计算是将水泥实测强度值 $R_{28}=89\,MPa$、$V_{C0}=0.206$ 代入式1-2：

$$\sigma=89/0.206$$
$$=432(MPa)$$

（3）水泥基准用量的确定

标准稠度水泥浆的表观密度值计算是将 $W=19\,kg$、$\rho_{C0}=2.4\times10^3\,kg/m^3$ 代入式1-3：

$$\rho_0=2400\times(1+19/100)/[1+2400\times(19/100000)]$$
$$=1961(kg)$$

每兆帕混凝土对应的水泥浆体质量的计算是将 $\rho_0=1961\,kg$、$\sigma=432\,MPa$ 代入式1-4：

$$C=1961/432$$
$$=4.5(kg/MPa)$$

将 $C=4.5\,kg/MPa$、$f_{cu,0}=92\,MPa$ 代入式4-12中，混凝土基准水泥用量 C_{01} 为：

$$C_{01}=4.5\times92$$
$$=414(kg)$$

（4）胶凝材料的分配

由于本设计中 C80 混凝土配比计算 C_{01} 大于 300kg，为了降低水化热，除碱矿渣水泥外的胶凝材料由活性较低的粉煤灰代替，不考虑填充效应。

本设计中填充效应的作用小于反应活性，因此在胶凝材料分配过程中只考虑反应活性。预先设定 $X_C=80\%$、$X_F=20\%$ 时，计算出碱矿渣水泥、粉煤灰对应的基准水泥用量：

$$C_{0c}=C_{01}\cdot X_c$$
$$=414\times80\%$$
$$=331\ (kg)$$
$$C_{0F}=C_{0i}\cdot X_F$$
$$=414\times20\%$$
$$=83\ (kg)$$

再用对应的水泥用量分别除以胶凝材料对应的活性系数 α_1 和 α_2，即可求得准确的水泥和粉煤灰用量：

$$C=C_{0c}/\alpha_1$$
$$=331/1.0$$
$$=331\ (kg)$$
$$F=C_{0F}/\alpha_2$$
$$=83/0.5$$

$$=166（kg）$$

计算求得：碱矿渣水泥用量 $C=331kg$，粉煤灰用量 $F=166kg$。

（5）外加剂及用水量的确定

1）胶凝材料需水量的确定 通过以上计算求得水泥和粉煤灰的准确用量后，按照胶凝材料的需水量比（$K=0$、$Si=0$）代入式4-25，计算得到搅拌胶凝材料所需水量 W_1：

$$W_1=（331+166×1.0）×（19/100）$$
$$=497×0.19$$
$$=94（kg）$$

同时代入式4-26，求得搅拌胶凝材料的有效水胶比 W_1/B：

$$W_1/B\ 94/（331+166）$$
$$=94/497$$
$$=0.19$$

2）外加剂用量的确定 采用水胶比为 0.19，以推荐掺量 0.45%（2.2kg）进行外加剂的最佳掺量试验，净浆流动扩展度达到 280mm，1h 保留值为 275mm，大于设计坍落度 240mm，这样就可以保证配制的混凝土拌合物不离析、不泌水。

（6）砂子用量及用水量的确定

1）砂子用量的确定 石子的空隙率 $p=38.5%$，由于混凝土中的砂子完全填充于石子的空隙中，每立方米混凝土中砂子的准确用量为砂子的紧密堆积密度 1970kg/m³ 乘以石子的空隙率 38.5%，则砂子用量为（见式4-27）：

$$S=1970×38.5%$$
$$=758（kg）$$

由于砂子含石率为 11%，含水率为 2%，砂子施工配合比用量为：

$$S_0=[S/（1-11%）]/（1-2%）$$
$$=（768/89%）/98%$$
$$=870（kg）$$

2）砂子润湿用水量的确定 本设计用的砂子含水率为 2%，故吸水率取下限值为 5.7% $-2%=3.7%$，上限值为 7.7%$-2%=5.7%$，代入式4-28 和式4-29：

$$W_{2min}=870×3.7%$$
$$=32（kg）$$
$$W_{2max}=870×5.7%$$
$$=50（kg）$$

7）石子用量及用水量的确定

1）石子用量的确定 用石子的堆积密度 1650kg/m³ 扣除胶凝材料的体积以及胶凝材料水化用水的体积 94/1000＝（94m³）对应的石子，即可求得每立方米混凝土石子的准确用量（$K=0$、$Si=0$），则石子用量为（见式4-30）：

$$G=1650-（331/2400+166/1800）×2682-（94/1000）×2682$$
$$=1650-0.230×2682-0.094×2682$$
$$=782（kg）$$

考虑砂子的含石率，混凝土施工配合比中石子的用量为：

$$G_0 = G - S_0 \times 含石率$$
$$= 782 - 870 \times 11\%$$
$$= 686(\text{kg})$$

2) 石子润湿用水量的确定 石子吸水率 1.5%，用石子用量乘以吸水率即可求得润湿石子的水量（见式 4-31）：

$$W_3 = G_0 \times 吸水率$$
$$= 686 \times 1.5\%$$
$$= 10(\text{kg})$$

（8）总用水量的确定

通过以上计算，可得

胶凝材料所需的用水量：$W_1 = 94\text{kg}$

润湿砂子所需的用水量：$W_2 = 32 \sim 50\text{kg}$

润湿石子所需的用水量：$W_3 = 10\text{kg}$

混凝土总的用水量：$W = W_1 + W_2 + W_3$
$$= 136 \sim 151 （\text{kg}）$$

（9）C80 混凝土配合比设计计算结果（表 8-8）

表 8-8　**C80 混凝土配合比设计计算结果**　　　　　单位：kg

材料名称	碱矿渣水泥	粉煤灰	砂子	石子	外加剂	砂子用水量	石子用水量	胶凝材料用水量
单方用量	331	166	870	686	2.2	32~50	10	94

［例 8-4］

设计要求：C120 混凝土坍落度 $T = 220\text{mm}$，抗渗等级 P15，抗冻等级 D300

原材料参数：碱矿渣水泥 $R_{28} = 89\text{MPa}$，细度 0.08mm 方孔筛筛余 3%，标准稠度需水量 $W = 19\text{kg}$

矿渣粉和硅灰的比表面积：$S_K = 400\text{m}^2/\text{kg}$，$S_{Si} = 20000\text{m}^2/\text{kg}$

矿渣粉和硅灰的密度：$\rho_K = 2.4 \times 10^3\text{kg/m}^3$，$\rho_{Si} = 2.4 \times 10^3\text{kg/m}^3$

碱矿渣水泥的密度：$\rho_{C0} = 2.4 \times 10^3\text{kg/m}^3$

硅灰需水量比：$\beta_{Si} = 1.0$

矿渣粉需水量比：$\beta_K = 1.0$

硅灰填充系数：$u_{Si} = 7.1$

水泥、矿渣粉活性系数：$\alpha_1 = 1.0$　$\alpha_2 = 1.0$

砂子：紧密堆积密度 1970kg/m³，含石率 11%，含水率 2%

石子：堆积密度 1650kg/m³，空隙率 38.5%，吸水率 1.5%，表观密度 2682kg/m³

（1）配制强度的确定（混凝土的设计强度等级等于 C120）

因采用非统计验收，故将配制强度取设计等级的 115%、设计强度取 $f_{cu,k} = 120\text{MPa}$ 代入下式：

$$f_{cu,0} = f_{cu,k} \times 115\%$$
$$= 120 \times 115\%$$

$$= 138（MPa）$$

（2）水泥标准稠度浆体强度 σ 的计算

由于配制设计强度等级的混凝土选用的水泥是确定的，在基准混凝土配比计算时，取水泥为唯一胶凝材料，则 σ 的取值等于水泥标准砂浆的理论强度值 σ，计算如下：

1）水泥在标准胶砂中体积比的计算，将水泥密度 $\rho_{C0} = 2.4 \times 10^3 \text{kg/m}^3$、标准砂密度 $\rho_{S0} = 2700 \text{kg/m}^3$，拌合水密度 $\rho_w = 1000 \text{kg/m}^3$ 及已知数据（C_0、S_0、W_0）代入式 1-1：

$$V_{C0} = （450/2400）/（450/2400 + 1350/2700 + 225/1000）$$
$$= 0.188/（0.188 + 0.500 + 0.225）$$
$$= 0.188/0.913$$
$$= 0.206$$

2）水泥标准利用度浆体强度的计算是将水泥实测强度值 $R_{28} = 89\text{MPa}$、$V_{C0} = 0.206$，代入式 1-2：

$$\sigma = 89/0.206$$
$$= 432（MPa）$$

（3）水泥基准用量的确定

标准稠度水泥浆的表观密度值计算是将 $W = 19\text{kg}$、$\rho_{C0} = 24 \times 10^3 \text{kg/m}^3$ 代入式 1-3：

$$\rho_0 = 2400 \times （1 + 19/100）/[（1 + 2400 \times 19/100000）]$$
$$= 1961（kg）$$

每兆帕混凝土对应的水泥浆质量的计算是将 $\rho_0 = 1961\text{kg}$、$\sigma = 432\text{MPa}$ 代入式 1-4：

$$C = 1961/432$$
$$= 4.5（kg/MPa）$$

将 $C = 4.5\text{kg/MPa}$、$f_{cu,0} = 138\text{MPa}$ 代入式 4-12 中，混凝土基准水泥用量 C_{01} 为：

$$C_{01} = 4.5 \times 138$$
$$= 621（kg/m^3）$$

（4）胶凝材料的分配

由于本设计中 C120 混凝土配比计算 C_{01} 大于 300kg，为了降低水化热，除碱矿渣水泥外的胶凝材料由填充系数较高的硅灰代替，因此在胶凝材料分配过程中只考虑填充效应。预先设定 $X_C = 70\%$、$X_F = 30\%$ 时，计算出碱矿渣水泥对应的基准水泥用量：

$$C_{0c} = C_{01} \cdot X_c$$
$$= 621 \times 70\%$$
$$= 435（kg）$$

硅灰对应的基准水泥用量：

$$C_{Si} = C_{01} \cdot X_F$$
$$= 621 \times 30\%$$
$$= 186（kg）$$

再用对应的水泥用量分别除以胶凝材料对应的活性系数 α_1 和填充系数 u_{Si}，即可求得准确的碱矿渣水泥和硅灰用量：

$$C = C_{0c}$$
$$= 435/1.0$$
$$= 435（kg）$$

$$Si = C_{Si}/u_{Si}$$
$$= 186/7.1$$
$$= 26(\text{kg})$$

计算求得：碱矿渣水泥用量 $C=435\text{kg}$，硅灰用量 $Si=26\text{kg}$。

（5）外加剂及用水量的确定

1）胶凝材料需水量的确定　通过以上计算求得水泥和硅灰的准确用量后，按照胶凝材料的需水量比（$K=0$）代入式 4-25 计算得到搅拌胶凝材料所需水量 W_1：

$$W_1 = (435 + 26 \times 1.0) \times (19/100)$$
$$= 461 \times 0.19$$
$$= 88(\text{kg})$$

同时代入式 4-26，求得搅拌胶凝材料的有效水胶比 W_1/B：

$$W_1/B = 88/(435+26)$$
$$= 88/461$$
$$= 0.191$$

2）外加剂用量的确定　采用水胶比为 0.191，以推荐掺量 0.45%（2.07kg）进行外加剂的最佳掺量试验，净浆流动扩展度达到 275mm，1h 保留值为 270mm，大于设计坍落度 240mm，这样就可以保证配制的混凝土拌合物不离析、不泌水。

（6）砂子用量及用水量的确定

1）砂子用量的确定　石子的空隙率 $p=38.5\%$，每立方米混凝土中砂子的准确用量为砂子的紧密堆积密度 1970kg/m³ 乘以石子的空隙率 38.5%，则砂子用量为（见式 4-27）：

$$S = 1970 \times 38.5\%$$
$$= 758 \ (\text{kg})$$

由于砂子含石率为 11%，含水率为 2%，砂子施工配合比用量为：

$$S_0 = [S/(1-11\%)]/(1-2\%)$$
$$= (768/89\%)/98\%$$
$$= 870(\text{kg})$$

2）砂子润湿用水量的确定　本设计用的砂子含水率为 2%，故吸水率取下限值为 5.7%$-2\%=3.7\%$，上限值为 7.7%$-2\%=5.7\%$，代入式 4-28 和式 4-29：

$$W_{2\text{min}} = 870 \times 3.7\%$$
$$= 32(\text{kg})$$
$$W_{2\text{max}} = 870 \times 5.7\%$$
$$= 50(\text{kg})$$

（7）石子用量及用水量的确定

1）石子用量的确定　用石子的堆积密度 1650kg/m³ 扣除胶凝材料的体积以及胶凝材料水化用水的体积 88/1000$=0.088$（m³）对应的石子，即可求得每立方米混凝土石子的准确用量（$F=0$、$K=0$），则石子用量为（见式 4-30）：

$$G = 1650 - (435/2400 + 26/2400) \times 2682 - (88/1000) \times 2682$$
$$= 1650 - 0.192 \times 2682 - 0.088 \times 2682$$
$$= 899(\text{kg})$$

考虑砂子的含石率，混凝土施工配合比中石子的用量为：

$$G_0 = G - S_0 \times 含石率$$
$$= 899 - 870 \times 11\%$$
$$= 803(kg)$$

2）石子润湿用水量的确定　石子吸水率 1.5%，用石子用量乘以吸水率即可求得润湿石子的水量（见式 4-31）：

$$W_3 = G_0 \times 吸水率$$
$$= 803 \times 1.5\%$$
$$= 12(kg)$$

（8）总用水量的确定

通过以上计算，可得

胶凝材料所需的用水量：$W_1 = 88kg$

润湿砂子所需的用水量：$W_2 = 32 \sim 50kg$

润湿石子所需的用水量：$W_3 = 12kg$

混凝土总的用水量：$W = W_1 + W_2 + W_3$
$$= 132 \sim 150 \ (kg)$$

（9）C120 混凝土配合比设计计算结果（表 8-9）

表 8-9　C120 混凝土配合比设计计算结果　　　　　　单位：kg

材料名称	碱矿渣水泥	硅灰	砂子	石子	外加剂	砂子用水量	石子用水量	胶凝材料用水量
单方用量	435	26	870	803	2.07	32～50	12	88

五、混凝土试配及性能测试

（一）技术原理

碱矿渣水泥混凝土配制的技术路线是采用高强度的碱矿渣水泥、适当强度的石子和洁净的中砂、合适的缓凝剂、流化剂，按一定比例加水混合均匀，用混凝土搅拌运输车运输，泵送施工，浇筑成型，然后检测其各项技术指标。

其工作原理就是用前苏联学者提出的低需水量水泥配制混凝土的方法，即先假定用通用水泥配制相同坍落度的混凝土求得一个用水量，然后认为混凝土单方用水量与胶凝材料标准稠度用水量成正比，根据低需水量水泥与通用水泥的标准稠度用水量比，确定低需水量水泥配制混凝土的单方用水量。水泥用量的确定则完全是按照通用水泥混凝土的强度公式确定水胶比后进行的。本研究碱矿渣水泥标准稠度用水量只有 $17\% \sim 21\%$，由于碱矿渣水泥及混凝土研制的目的是用于高性能混凝土，我们必须充分利用碱矿渣水泥低水胶比的优势。

（二）性能测试

1. 工作性及力学性能

根据以上原理和技术要求，笔者在试验室试配了从 C10～C120 各个强度等级的混凝土，使用的配合比及混凝土拌合物特征、混凝土试块强度指标见表 8-10。

表 8-10　碱矿渣水泥配制的混凝土特性

强度等级	T_0 (mm)	T_1 (mm)	T_2 (mm)	T_3 (mm)	T_4 (mm)	T_5 (mm)	抗压强度（MPa）		
							3d	7d	28d
C10	230	230	230	230	230	220	8.9	23.9	25.4
C20	230	230	230	230	230	220	12.7	26.1	29.3
C30	230	230	230	230	230	210	13.0	29.2	35.6
C40	220	220	220	220	220	210	20.7	30.5	48.9
C45	220	220	220	220	220	210	26.3	35.2	54.7
C50	220	220	220	220	220	200	29.4	43.5	62.8
C60	240	240	210	210	210	200	31.6	42.8	68.3
C70	240	240	210	210	210	190	35.6	65.1	79.9
C80	240	240	230	210	200	190	41.2	69.4	81.1
C100	240	240	230	210	200	190	75.3	108.6	123.5
C120	240	240	230	210	200	180	85.4	120.8	137.5

　　由表 8-10 可知，采用前面研制的碱矿渣水泥可以配制出符合本研究技术要求的碱矿渣水泥混凝土，其中坍落度保留值、强度等级均可达到甚至超过硅酸盐水泥混凝土。

2. 混凝土耐久性

　　碱矿渣水泥混凝土作为一种碱矿渣水泥混凝土，用激发剂和水淬渣作为胶结材制成的碱矿渣水泥混凝土不但可以达到很高的强度，耐久性极好，可以大大提高钢筋混凝土建筑物的使用寿命，满足现在以及未来建筑物对混凝土高强高性能高耐久的要求。

（1）抗冻性

　　笔者对 C30、C40、C50、C60 四组碱矿渣水泥混凝土试块进行抗冻性试验，经辽宁省人防研究所检测，各组试件均无缺棱掉角现象，质量损失很小，强度损失很小，表面无起砂或疏松现象，说明混凝土尚未受冻害，见表 8-11。

表 8-11　50 次冻融试验结果

项　　目	无熟料水泥混凝土强度等级			
	C30	C40	C50	C60
冻前质量（kg）	2.43	2.45	2.47	2.54
冻后质量（kg）	2.41	2.42	2.46	2.23
对比强度（MPa）	48.3	51.2	60.2	70.2
50 次冻融后强度（MPa）	49.1	52.1	61.1	70.9
质量损失（%）	0.8	1.2	0.58	1.2
强度损失（%）	0	0	0	0

（2）抗渗性

　　混凝土的耐久性与其抗渗性有着密切的关系。抗渗性不良的混凝土，水分及各种侵蚀介质就渗入内部，导致腐蚀或冻融破坏，对于钢筋混凝土构件，还容易引起钢筋的锈蚀，特别是对于承受高水压的混凝土工程和预应力构件，混凝土的抗渗性尤为重要。笔者制作了一组抗渗试件，进行抗渗试验，结果见表8-12。

表8-12　碱矿渣水泥混凝土抗渗试验结果

编号	抗压强度（MPa）	抗渗压力（MPa）	抗渗等级 P	试验情况说明	渗水高度（mm）
1	26.5	3.5	>34	有一试件渗水	10
2	52.4	4.0	>39	无试件渗水	2
3	58.5	4.0	>39	无试件渗水	2
4	99.0	4.0	>39	无试件渗水	1

由表8-12可知，碱矿渣水泥混凝土的抗渗等级在P34以上，大大超过了普通水泥混凝土抗渗等级P2～P12的数据，说明碱矿渣水泥混凝土有极为优异的抗渗性。

（3）抗碳化性能

空气中二氧化碳的气体很稀薄，混凝土长期受到二氧化碳作用会产生碳化，性能逐渐变化，表现在两个方面：一是混凝土碱度降低，从而影响护筋性；二是在许多情况下直接导致混凝土强度降低。对混凝土进行湿度（70±5）%，CO_2浓度（20±3）%条件下的人工碳化试验，结果见表8-13。

表8-13　碱矿渣水泥混凝土碳化试验

编号	碳化前强度（MPa）	3d		7d		14d		28d		
		抗压强度（MPa）	碳化深度（mm）	抗压强度（MPa）	碳化深度（mm）	抗压强度（MPa）	碳化深度（mm）	抗压强度（MPa）	变化率（%）	碳化深度（mm）
1	43.0	46.0	12.3	45.7	16.5	45.5	20.6	45.8	+6.5	27.6
2	54.0	57.0	8.8	54.2	13.5	54.2	19.4	57.4	+6.3	23.8
3	73.6	77.2	2.0	80.6	4.9	75.3	8.3	82.9	+11.4	8.4
4	82.4	86.3	1.8	88.7	2.0	88.3	2.0	88.8	+7.7	2.0

从表8-13可知，随着混凝土强度的提高，碳化速度慢，碳化深度变小。这是因为高强的碱矿渣水泥混凝土结构致密，CO_2进入混凝土内部慢，且高强的碱矿渣水泥混凝土碱度也较高。所以无论是从强度变化的角度还是从保护钢筋的角度，碱矿渣水泥混凝土都可以满足，并且比硅酸盐混凝土优越。

（4）对钢筋的保护性能

针对碱矿渣水泥混凝土的护筋性，采用浸、烘循环方法加速碱矿渣水泥混凝土中钢筋锈蚀的方法进行了研究。成型40mm×40mm×160mm试件，成型时埋入φ6mm×100mm清洗好的光面钢筋，浸、烘循环48～75次后，测出碱矿渣水泥混凝土的pH值。试验表明，该试件具有足够的碱度（pH=11.93～12.34），同时由于自身结构的致密及优异的抗渗性，使碱矿渣水泥混凝土的护筋性良好，具体测试结果见表8-14。

表 8-14　碱矿渣水泥混凝土的护筋性试验

编号	强度（MPa）	pH 值	循环次数	试验前重（g）	试验后重（g）	失重（g）	失重率（%）
1	100.7	12.34	75	25.7782	25.7721	0.0061	0.024
2	86.9	12.24	75	26.1245	26.1198	0.0047	0.018
3	69.0	12.29	75	23.8101	23.8017	0.0084	0.035
4	59.4	11.93	75	26.9286	26.9214	0.0072	0.027
5	21.8	11.97	75	26.0241	26.0158	0.0083	0.032
6	35.3	12.17	48	20.2894	20.2828	0.0066	0.033
7	36.8	12.29	48	22.7938	22.7855	0.0087	0.037

　　经过多次浸、烘试验后，试件中的钢筋光亮如初，基本上未受到锈蚀，由表 8-14 中数据可知，失重率极低，这表明碱矿渣水泥混凝土具有优良的护筋性。

　　（5）碱-集料反应

　　碱矿渣水泥混凝土中，由于碱含量大大超过了普通硅酸盐水泥中的碱含量（$Na_2O+0.658K_2O$）不大于 0.6% 的规定，当集料中含有活性离子时，会不会引起混凝土的碱-集料反应，这是人们十分关注的问题。众所周知，磨细的矿渣、火山灰活性掺合料又是硅酸盐水泥碱-集料反应的良好抑制剂，在硅酸盐水泥中掺入 20%～30% 磨细的矿渣，即能有效地抑制此种反应。当硅酸盐水泥中矿渣掺量超过 75% 时则水泥中无论含有多少碱，都不会引起膨胀破坏，碱矿渣水泥混凝土中，矿渣含量达 85%～90%，总碱以 R_2O 计小于 3%，且所有碱组分全部参加反应，生成不溶性的凝胶体，没有游离状态的碱和富余的碱存在，凝胶体也不再产生颗粒反应，所以不会发生碱-集料反应。

　　综上所述，碱矿渣水泥混凝土不会发生碱-集料反应，其根本原因就是碱矿渣水泥混凝土中的碱几乎全部参与了水化反应，富集于孔隙中的碱极少，能引起碱-集料反应的有害碱含量要远小于所加的碱量，在实践中用挤压法和溶出法进行进一步研究测得的结果也证明了这一点，另一方面碱矿渣水泥混凝土致密的结构和优异的抗渗性限制了自由水分进入混凝土的途径，因此使碱-集料发生的条件（潮湿的工作环境）也不能达到，使碱-集料反应几乎不能发生。

六、工程应用

（一）靛厂新村住宅楼工程

　　靛厂新村住宅楼工程位于北京市丰台区卢沟桥乡靛厂村，其中 A2、A3 号楼为多层住宅。该工程基础底板、地下室外墙、地下室顶板等部位采用 C20～C50 的碱矿渣水泥混凝土，此工程 2000 年 8 月开始生产的混凝土初始坍落度为 230mm，由于当天正赶上堵车，当碱矿渣预拌泵送混凝土由搅拌运输车运输到达施工现场时已经有 4h，然后在现场静置 1h，测量坍落度保留值仍为 200mm，碱矿渣水泥混凝土泵送正常，不离析，不泌水，黏聚性好。负责现场施工的监理和甲方技术人员非常满意。拆模后混凝土色泽均匀，外观密实度好，没有气泡，而且光洁度远远优于普通混凝土。其中 C50 标养试件的 28d 强度为 51.9～

62.2MPa，抗渗指标满足设计要求。

（二）武警森林指挥部办公楼工程

武警森林指挥部办公楼工程位于海淀区板井，该工程剪力墙混凝土施工时使用C20～C60碱矿渣水泥混凝土，2000年10月开始生产的混凝土初始坍落度230mm；扩展度480mm，运输过程无损失，工作性能优异，和易性好，水化热低，体积稳定性好，易于振捣。C60碱矿渣水泥混凝土28d强度达到70MPa左右，拆模后观察，混凝土结构表面光洁、密实，无裂缝和蜂窝麻面，颜色纯，外观质量良好。

七、本章总结

鉴于水泥生产的能耗和对环境的污染，以及传统混凝土凝结后性能差的现状，在建材行业提出绿色、环保和可持续发展战略已多年。本产品以工业废渣矿渣为主要原材料，完全取代水泥并且根据需要掺加一定量的粉煤灰，不仅可以减少水泥生产向大气排放的二氧化碳，节省资源，而且可以大量消耗工业废料，为减少建材行业造成的环境污染，充分利用工业三废，生产出耐久性优异的高性能绿色混凝土创出了一条新路。

采用碱矿渣水泥及混凝土生产技术，简化了传统工艺生产高性能混凝土六大要素必备的复杂系统，有利于商品混凝土的施工和现场质量控制。特别是在配制高强超高强混凝土时，采用碱矿渣水泥及混凝土，无需任何特殊措施即可制得100～150MPa的超高强混凝土。因此推广和应用碱矿渣水泥及混凝土是混凝土可持续发展的一条途径，具有明显的社会效益、经济效益和环境效益。

第九章 C100高性能混凝土

一、技术背景

我国现代建筑物的高层化、大跨化、轻量化以及使用环境的严酷化，使建筑工程中所使用混凝土的强度等级逐渐增高，品质也日趋完善。世界各国已在海洋深处建造大型的结构物，在辽阔的海面上建造巨大的工作平台，在城市里建造垂直城市（超高层大厦），也建造了跨越大江、深谷、海峡的大跨度桥梁，穿越海峡的海底隧道，现代化的高速铁路，以及各种大型的地下建筑物及井巷工程，等等。最近二十年来，我国建造的大跨桥梁的跨度已经达到600m，高层建筑物的高度达到900m，而钢筋混凝土的超高层建筑已经达100层以上。所有这些新奇建筑和巨型工程都使用了高强高性能混凝土。C60以上等级的混凝土已经成为经常使用的混凝土，我国的国家大剧院、广州塔和天津117工程都使用了C100高强高性能混凝土，我国生产的混凝土已经实现了垂直泵送高度400m以上的实际施工，为完善高强高性能混凝土生产应用积累了丰富的经验。

最近十多年来，随着各种地方性标志建筑、大型比赛场馆、港口码头、机场、高速铁路和高速公路的快速发展，带动了中国混凝土技术的快速发展。由于高性能外加剂、高强度等级水泥和掺合料的广泛应用，为普通工艺条件下制备高强高性能混凝土提供了有利的技术条件。在国内，像北京奥运场馆鸟巢、水立方，以及五棵松体育馆、老山自行车馆、首都机场三号航站楼、中央电视台、沈阳奥体中心和天津奥体中心都采用了高强度等级的高性能混凝土。上海世博会以及广州亚运会都建设了大量的比赛场馆和会议中心，最典型的有杭州湾跨海大桥和广州塔，在这些工程的设计中，较多地出现了C50～C100高性能混凝土。为了推广成功的经验，普及高强高性能混凝土技术，下面将C100高性能混凝土的相关技术作一些总结和介绍。

二、原材料

（一）水泥

国家大剧院工程项目使用的几种水泥的主要技术数据见表9-1。

表9-1 几种水泥技术数据

水 泥 品 种	细度（%）	标准稠度（%）	抗折强度（MPa）		抗压强度（MPa）	
			3d	28d	3d	28d
鹿泉鼎鑫 P·O 42.5	1.2	27.2	6.5	9.8	35.5	58.7
琉璃河 P·O 42.5	1.2	28.0	6.1	8.2	26.8	52.2
冀东盾石 P·O 42.5	1.6	27.0	5.8	9.4	24.9	54.1
启新马牌 P·O 42.5	2.2	27.6	5.4	8.5	26.2	51.6
北京京都 P·O 42.5	0.8	27.5	6.2	9.5	35.1	56.0

经过对比，本研究初步确定从京都牌、鼎鑫牌和盾石牌三种水泥中选择活性高、质量性能稳定的 P·O 42.5 水泥。分别采用这三种不同的水泥、同一种外加剂的三种不同掺量进行流动度对比试验，试验结果如图 9-1 所示。

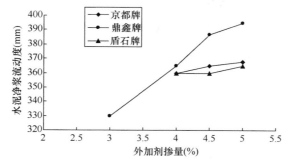

图 9-1　同一种外加剂不同掺量对水泥净浆流动度的影响

根据对比试验结果，选用鹿泉鼎鑫 P·O 42.5 水泥，其性能见表 9-2。

表 9-2　鹿泉鼎鑫 P·O 42.5 水泥性能

化学成分	含量	物理性能		
C_3A（%）	15.2	烧失量（%）		2.02
		标准稠度（%）		27.0
R_2O（%）	0.84	凝结时间 （h：min）	初凝	2：10
			终凝	4：35
Cl^-（%）	0.0004	抗折强度 （MPa）	3d	6.5
			28d	9.8
SO_3（%）	2.56	抗压强度 （MPa）	3d	35.5
C_4AF（%）	9.3		28d	57

（二）集料

1. 细集料

细集料采用洁净的中砂，细度模数为 2.6～3.0，性能指标见表 9-3。

表 9-3　砂的性能指标

细度模数	表观密度 （kg/m³）	堆积密度 （kg/m³）	含泥量 （%）	泥块含量 （%）
2.8	2650	1550	0.4	0

2. 粗集料

粗集料采用质地坚硬、级配良好、界面条件较好的机制碎石，针片状含量低，石子的粒径为 5～25mm，性能指标见表 9-4。

表 9-4　碎石的性能指标

公称粒径 （mm）	表观密度 （kg/m³）	紧密堆积密度 （kg/m³）	含泥量 （%）	针片状含量 （%）	压碎指标 （%）	空隙率 （%）
5～25	2630	1850	0.3	5.6	6.3	48

（三）矿物掺合料

根据高强高性能混凝土的研究成果，采用以下几种矿物掺合料，按一定的比例复合后用于配制高性能混凝土。

1. 矿渣粉

采用首钢产粒化高炉矿渣粉，物理力学性能指标及化学成分见表 9-5 和表 9-6。

表 9-5　粒化高炉矿渣粉的物理力学性能指标

项　　目		级　　别			实测值
		S105	S95	S75	95
密度（g/cm³）	不小于		2.8		3.1
比表面积（m²/kg）	不小于		350		400
活性指数（%）	7d 不小于	95	75	55	98
	28d 不小于	105	95	75	103
流动度比（%）	不小于	85	90	95	90
含水量（%）	不大于		1.0		1.0
三氧化硫（%）	不大于		4.0		2.0
氯离子（%）	不大于		0.02		无
烧失量（%）	不大于		3.0		1.0

表 9-6　粒化高炉矿渣粉的化学成分

化学成分	SiO_2	Al_2O_3	Fe_2O_3	CaO	MgO	K_2O	Na_2O	TiO_2
含量（%）	33.56	11.4	0.33	40.39	11.20	0.57	0.57	1.34

2. 粉煤灰

粉煤灰能改善混凝土施工性能和力学性能，减少混凝土需水量，避免混凝土拌合物的离析、泌水，改善工作性，减少坍落度损失。粉煤灰各项技术指标见表 9-7。

表 9-7　粉煤灰技术指标

技术指标	分级标准		元宝山 粉煤灰	北京东郊 粉煤灰	蓟县 粉煤灰	高井 粉煤灰
	Ⅰ级	Ⅱ级				
细度（0.045mm 方孔筛筛余，%）	12	20	6.0	18.0	5.0	5.4
需水量比（%）	95	105	94	103	92	97
烧失量（%）	5	8	1.89	3.46	1.65	1.73
三氧化硫（%）	3	3	0.68	0.96	0.72	0.65

3. 硅灰

硅灰的主要性能指标见表 9-8。

表 9-8　硅灰的性能指标

项　　目		指　　标	实测值
比表面积（m²/kg）	不小于	18000	20000
SiO_2（%）	不小于	85	94

4. 复合掺合料

配制高性能混凝土，依靠单一品种的掺合料无法满足要求，因此选择两种或两种以上掺合料复合的方案。本试验选用的复合掺合料由矿渣粉、硅灰和粉煤灰三种复合配成，性能指标见表 9-9。

表 9-9　复合掺合料的性能指标

项　　目		级　　别			实测值
		F105	F95	F75	
比表面积（m²/kg）	不小于	350			620
细度（0.045mm 方孔筛筛余,%）	不大于	10			3.0
活性指数(%)	7d　不小于	90	70	50	130
	28d　不小于	105	95	75	128
流动度比（%）	不小于	85	90	95	95
三氧化硫（%）	不大于	3.0			1.7
烧失量（%）	不大于	5.0			2.0
碱含量（%）		—			0.64

（四）外加剂

高性能混凝土要求合理的低水胶比，因此选用高效减水剂是实现高强度和高耐久性必不可少的技术措施之一。

采用同一种水泥（鼎鑫 P·O 42.5）分别对萘系减水剂（W1）、聚羧酸系减水剂（W2）和蜜胺系列减水剂（W3），进行流动度对比试验。试验表明，W1 最佳掺量为 2%、W2 最佳掺量为 5%、W3 最佳掺量为 4%，如图 9-2 所示。

经过对萘系减水剂（W1）、蜜胺系列减水剂（W3）和聚羧酸系减水剂（W2）试验结果的对比，选用聚羧酸系

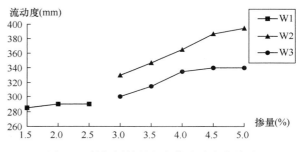

图 9-2　外加剂掺量与净浆流动度的关系

减水剂（W2）具有无氯、低碱、高效等特点，能非常明显地改善混凝土和易性及黏聚性，提高混凝土的密实性和耐久性等，技术指标见表 9-10。

表 9-10　聚羧酸系减水剂（W2）的技术指标

减水率（%）	31.2	
碱含量（%）	0.37	
相对密度（20℃）	1.04	
pH 值	7.1	
固含量（%）	20	
对钢筋锈蚀	无	
抗压强度比（%）	标准值	本品值
1d	≥140	165
3d	≥130	—
7d	≥125	130
28d	≥120	130

三、配合比设计及试验

（一）配合比设计

［例 9-1］

设计要求：采用常规生产工艺，利用北京地区常用砂、石和 P·O 42.5 水泥，选择适宜的外加剂和掺合料，配制 C100 泵送混凝土，性能指标要求如下：

配制强度： $f_{cu,28} \geqslant 115MPa$

坍落度： $T = 250mm$

2h 内混凝土坍落度损失： $\leqslant 10\%$

抗渗等级： P15

抗冻等级： D300

P·O 42.5 水泥，$R_{28} = 57MPa$，细度 0.08mm 方孔筛筛余 3%，标准稠度需水量 $W = 27kg$

胶凝材料的比表面积：$S_{C0} = 320m^2/kg$，$S_K = 400m^2/kg$，$S_{Si} = 20000m^2/kg$，$S_F = 150m^2/kg$

胶凝材料的密度：$\rho_{C0} = 3.0 \times 10^3 kg/m^3$，$\rho_K = 2.4 \times 10^3 kg/m^3$，$\rho_{Si} = 2.2 \times 10^3 kg/m^3$

矿渣粉和硅灰的需水量比：$\beta_k = 1.0$，$\beta_{Si} = 1.0$

矿渣粉的活性系数：$\alpha_2 = 0.8$

硅灰填充系数：$u_4 = 7.1$

外加剂减水率：$n = 25\%$

砂子：干砂紧密堆积密度 1660kg/m³，含石率 4%

石子：堆积密度 1650kg/m³，空隙率 43%，吸水率 1.8%，表观密度 2895kg/m³

（1）配制强度的确定

因采用非统计验收，故将配制强度取设计等级的 115%、设计强度取 $f_{cu,k} = 100MPa$ 代入下式：

$$f_{cu,0} = f_{cu,k} \times 115\%$$
$$= 100 \times 115\%$$
$$= 115 \ (MPa)$$

（2）水泥强度 σ 的计算

由于配制设计强度等级的混凝土选用的水泥是确定的，在基准混凝土配比计算时，取水泥为唯一胶凝材料，则 σ 的取值等于水泥标准砂浆的理论强度值 σ，计算如下：

1）水泥在标准胶砂中体积比的计算是将水泥密度 $\rho_{C0} = 3.0 \times 10^3 kg/m^3$、标准砂密度 $\rho_{S0} = 2700kg/m^3$、拌合水密度 $\rho_{W0} = 1000kg/m^3$ 及已知数据（C_0、S_0、W_0）代入式 1-1：

$$V_{C0} = (450/3000)/(450/3000 + 1350/2700 + 225/1000)$$
$$= 0.15/(0.150 + 0.500 + 0.225)$$
$$= 0.15/0.875$$
$$= 0.171$$

2）水泥标准稠度浆体强度的计算是将水泥实测强度值 $R_{28} = 57MPa$、$V_{C0} = 0.171$ 代入式 1-2：

$$\sigma = 57/0.171$$
$$= 333（MPa）$$

（3）水泥基准用量的确定

标准稠度水泥浆体的表观密度值计算是将 $W = 27kg$、$\rho_{C0} = 3.0 \times 10^3 kg/m^3$ 代入式 1-3：

$$\rho_0 = 3000 \times (1 + 27/100)/[1 + 3000 \times (27/100000)]$$
$$= 2105（kg）$$

每兆帕混凝土对应的水泥浆体质量的计算是将 $\rho_0 = 2105kg$、$\sigma = 333MPa$ 代入式 1-4：

$$C = 2105/333$$
$$= 6.3（kg/MPa）$$

将 $C = 6.3kg/MPa$、$f_{cu,0} = 115MPa$ 代入式 4-12 中，混凝土基准水泥用量 C_{01} 为：

$$C_{01} = 6.3 \times 115$$
$$= 725（kg）$$

（4）胶凝材料的分配

本计算方法确定将水泥的量对应于水泥标准检验的比例控制在 450kg，采用矿渣粉主要考虑活性系数，使用硅灰主要考虑填充效应，胶凝材料总量控制在 600kg 左右。当技术效果最佳时具体计算由式 4-20～式 4-22 求得。

联立式 4-20～式 4-22 可以准确求得：矿渣粉用量 K、硅灰用量 Si。

但是在实际生产过程中，为了考虑成本和操作方便，笔者建议先确定水泥 $C = 450kg$、矿渣粉代替水泥 $C_{0K} = 100kg$，其余的水泥用硅灰代替，则本设计中硅灰对应的基准水泥用量：

$$C_{Si} = C_{01} - C_{0C} - C_{0K}$$
$$= 725 - 450 - 100$$
$$= 175（kg）$$

再用对应的水泥用量分别除以胶凝材料对应的活性系数 α_2 和填充系数 u_4，即可求得准确的矿渣粉 K 和硅灰 Si 的用量，计算为（见式 4-19 和式 4-20）：

$$K = C_{0K}/\alpha_2$$
$$= 100/0.8$$
$$= 125（kg）$$
$$Si = C_{Si}/u_4$$
$$= 175/7.1$$
$$= 25（kg）$$

计算求得：硅灰用量 $Si = 25kg$，矿渣粉用量 $K = 125kg$。

（5）外加剂及用水量的确定

1）胶凝材料需水量的确定　通过以上计算求得硅灰和矿渣粉的准确用量后，按照胶凝材料的需水量比（$F = 0$）代入式 4-25，计算得到搅拌胶凝材料所需水量 W_1：

$$W_1 = (450 + 125 \times 1.0 + 25 \times 1.0) \times (27/100)$$

$$= (450 + 125 + 25) \times 0.27$$

$$= 162 (\text{kg})$$

同时代入式 4-26，求得搅拌胶凝材料的有效水胶比 W_1/B：

$$W_1/B = 162/(450 + 125 + 25)$$

$$= 162/600$$

$$= 0.27$$

2）外加剂用量的确定　采用水胶比为 0.27，以推荐掺量 2% 进行外加剂的最佳掺量试验，本设计使用聚羧酸系减水剂，净浆流动扩展度达到 280mm，1h 保留值为 275mm，大于设计坍落度 240mm。因此调整净浆流动扩展度为 250mm，1h 保留值为 245mm，最后确定以 1.8%（10.8kg）作为最终的设计值，这样就可以保证配制的混凝土拌合物不离析、不泌水。

（6）砂子用量及用水量的确定

1）砂子用量的确定　石子的空隙率 $p=43\%$，由于混凝土中的砂子完全填充于石子的空隙中，每立方米混凝土中砂子的准确用量为砂子的紧密堆积密度 1660kg/m³ 乘以石子的空隙率 43%，则砂子用量为（见式 4-27）：

$$S = 1660 \times 43\%$$

$$= 714 （\text{kg}）$$

由于砂子含石率为 4%，砂子施工配合比用量为：

$$S_0 = S/(1 - 4\%)$$

$$= 714/96\%$$

$$= 744 (\text{kg})$$

2）砂子润湿用水量的确定　本设计用的砂子为干砂，故吸水率取下限值为 5.7%，上限值为 7.7%，代入式 4-28 和式 4-29：

$$W_{2min} = 744 \times 5.7\%$$

$$= 42 (\text{kg})$$

$$W_{2max} = 744 \times 7.7\%$$

$$= 57 (\text{kg})$$

（7）石子用量及用水量的确定

1）石子用量的确定　用石子的堆积密度 1650kg/m³ 扣除胶凝材料的体积以及胶凝材料水化用水的体积 162/1000＝0.162（m³）对应的石子，即可求得每立方米混凝土石子的准确用量，则石子用量为（见式 4-30）：

$$G = 1650 - (450/3000 + 125/2400 + 25/2200) \times 2895 - (162/1000) \times 2895$$

$$= 1650 - 0.213 \times 2895 - 0.162 \times 2895$$

$$= 564 (\text{kg})$$

考虑砂子的含石率，混凝土施工配合比中石子的用量为：

$$G_0 = G - S_0 \times 含石率$$
$$= 564 - 744 \times 4\%$$
$$= 534(kg)$$

2）石子润湿用水量的确定　石子吸水率为1.8%，用石子用量乘以吸水率即可求得润湿石子用水量（见式4-31）：

$$W_3 = 534 \times 1.8\%$$
$$= 10 \ (kg)$$

（8）总用水量的确定

通过以上计算，可得

胶凝材料所需的用水量：$W_1 = 162$kg

润湿砂子所需的用水量：$W_2 = 42 \sim 57$kg

润湿石子所需的用水量：$W_3 = 10$kg

混凝土总的用水量：$W = W_1 + W_2 + W_3$
$$= 214 \sim 229 \ (kg)$$

（9）C100混凝土配合比设计计算结果（表9-11）。

表9-11　C100混凝土配合比设计计算结果　　　　　单位：kg

材料名称	水泥	硅灰	矿渣粉	砂子	石子	外加剂	砂子用水量	石子用水量	胶凝材料用水量
单方用量	450	25	125	744	534	10.8	42~57	10	162

（二）混凝土拌合物性能试验

为了满足设计和施工性能，C100高性能混凝土除具有足够高的强度以外，还应具有良好的流动性和一定时间的保持性，笔者对混凝土拌合物进行了坍落度、排空时间和5h内的坍落度损失试验，试验数据见表9-12和图9-3所示。试验结果表明：C100混凝土在5h之内坍落度损失在20mm以内，排空时间在10~15s以内，具有大的流动性；混凝土拌合物含气量低于1.0%，密实度好，因此C100混凝土具有良好的工作性。

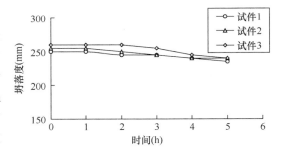

图9-3　混凝土坍落度随时间损失图

表9-12　C100混凝土拌合物工作性能

混凝土 强度等级	T_0 （mm）	T_1 （mm）	T_2 （mm）	T_3 （mm）	T_4 （mm）	T_5 （mm）	排空时间 （s）	含气量 （%）
C100	250	250	245	245	240	235	12	0.50
C100	255	255	250	245	240	240	15	0.56
C100	260	260	260	255	245	240	10	0.74

（三）力学性能试验

1. 抗压强度

笔者按照已确定的配合比重复进行了 14 组立方体抗压强度的试验，验证该配合比的稳定性。试验结果见表 9-13。

表 9-13　C100 混凝土的抗压强度

序号	抗压强度（MPa）				序号	抗压强度（MPa）			
	3d	7d	28d	60d		3d	7d	28d	60d
1	50.6	105.8	127.8	128.0	8	48.2	105.8	123.0	128.9
2	61.5	103.5	120.8	122.0	9	62.1	99.4	119.6	127.1
3	70.2	104.5	126.6	130.0	10	57.2	101.3	118.5	123.6
4	60.0	105.6	120.8	126.2	11	59.0	101.4	125.9	128.2
5	65.7	80.1	120.9	122.1	12	53.3	98.6	113.1	115.5
6	49.9	97.5	117.6	124.5	13	60.1	102.6	125.7	110.9
7	60.0	101.0	120.9	121.0	14	58.0	98.2	129.8	129.0

从试验结果可以看出，采用以上原材料和配合比配制出的高性能混凝土，其 28d 抗压强度能稳定地达到 115MPa 以上。

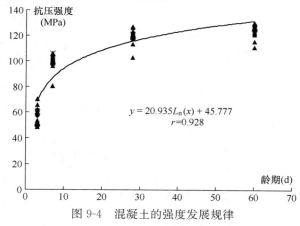

图 9-4　混凝土的强度发展规律

$$y = 20.935 L_n(x) + 45.777$$
$$r = 0.928$$

分别将高性能混凝土 3d、7d、28d、60d 立方体抗压强度试验，数据在坐标图中描出，并进行强度曲线回归，如图 9-4 所示。回归曲线相关系数为 0.928，表明试验结果具有良好的相关性。从试验的结果可以看出：混凝土在 28d 前（尤其是 7d 前）强度增长较为迅速、明显；28d 以后，强度仍会继续增长，但比以前增长得较为缓慢。

2. 其他力学性能

为了进一步研究高性能混凝土的其他力学性能，笔者还进行了抗折、轴心抗压、劈裂抗拉等强度试验，其结果列于表 9-14。试验结果表明，随着混凝土抗压强度的提高，混凝土抗折强度、轴心抗压强度、劈裂抗拉强度也随之提高。C100 混凝土轴压比为 0.77，与普通混凝土的较为接近；拉压比达到 6.1%，比普通混凝土略低，但规律是一致的；静弹性模量高于《高强高性能混凝土结构设计与施工指南》（2002 版）中给出的数值。

表 9-14　C100 混凝土力学性能数据

项目 龄期	立方体抗压强度 f_{cu}（MPa）	轴心抗压强度 f_{cc}（MPa）	劈裂抗拉强度 f_t（MPa）	抗折强度 f_{ts}（MPa）	静弹性模量（MPa）	比值（%）		
						f_{cc}/f_{cu}	f_t/f_{cu}	f_{ts}/f_{cu}
30d	115.4	88.1	7.02	11.0	56700	77.3	6.1	9.5
		90.2	7.10					
平均值		89.2	7.06					

（四）耐久性

1. 收缩性能

混凝土的收缩性能是指混凝土在规定温度、湿度条件下，不受外力作用引起的长度变化。笔者成型了 100mm×100mm×515mm 的高性能混凝土试件 2 组，为了测定混凝土的早期收缩，分别在水中养护 1d 和 3d；再放在温度（20±3）℃，相对湿度（60±5）% 的恒温恒湿室测量其长度变化，试验数据如表 9-15 和图 9-5 所示。

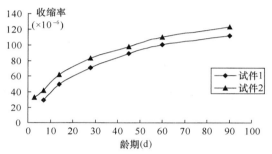

图 9-5　C100 混凝土的收缩曲线

表 9-15　C100 混凝土的收缩试验数据

试件编号	收缩率（×10⁻⁶）							备　注
	3d	7d	14d	28d	45d	60d	90d	
1	—	30	50	71	89	101	112	水中养护 3d
2	33	42	62	83	98	110	123	水中养护 1d

由于 C100 混凝土掺入了大量优质的矿物掺合料，提高了混凝土的密实性，使混凝土在实现高强度的同时，具有良好的体积稳定性。

2. 抗渗性能

混凝土的抗渗性能是反映混凝土耐久性的重要指标之一。为了验证 C100 混凝土的抗渗性能，按照标准试验方法进行抗渗性试验。试验表明，由于高性能混凝土具有良好的密实性，抗渗等级可达到 P35 以上，适合于地下工程结构和自防水结构混凝土。

3. 抗冻性能

混凝土的抗冻性是指其在饱和状态下遭受冰冻时，抵抗冰冻破坏的能力，它是评定混凝土耐久性的重要指标，以抗冻等级表示。笔者成型了 100mm×100mm×400mm 的高性能混凝土试件进行了快冻法试验，试验数据见表 9-16。

试验结果表明，由于 C100 混凝土水胶比小、强度高、结构致密，所以抗冻融性能好。经过 500 次冻融循环后，失重率为 0，相对动弹模仍保持 92.7%，远远优于普通混凝土。因此，高性能混凝土具有良好的耐久性能。可以预言，这种高性能混凝土结构的使用寿命可达 100 年以上。

表 9-16　C100 高强混凝土冻融试验数据

D350 次冻融后				D400 次冻融后				D500 次冻融后			
相对动弹模（%）	平均（%）	失重率（%）	平均（%）	相对动弹模（%）	平均（%）	失重率（%）	平均（%）	相对动弹模（%）	平均（%）	失重率（%）	平均（%）
93.8		0.00		93.2		0.00		92.4		0.00	
93.7	93.8	0.00	0.00	93.1	93.3	0.00	0.00	92.6	92.7	0.00	0.00
93.9		0.00		93.6		0.00		93.1		0.00	

4. 氯离子扩散试验

混凝土中孔溶液的 pH＞10 时，如果钢筋表面的孔溶液中氯离子浓度超过某一定值，就会破坏钢筋表面的钝化膜，使钢筋局部活化形成阳极区。钢筋一旦失钝，氯离子的存在就会使筋局部酸化，导致锈蚀速率加快。因为 $FeCl_2$ 的水解性强，氯离子能长期反复地起作用，从而增大孔溶液的导电率和电腐蚀电流。所以，氯离子的渗透性对于混凝土的耐久性极为重要。

笔者对高性能混凝土进行了氯离子扩散试验，并和 C30 普通混凝土进行了对比。试验结果见表 9-17。

表 9-17　C100 混凝土的离子渗透试验数据

强度等级	氯离子扩散系数（$\times 10^{-8} cm^2/s$）			
	1	2	3	平均值
C30	2.47	2.83	2.83	2.71
C100	1.13	0.87	1.03	1.01

试验数据表明，C100 高性能混凝的氯离子扩散系数明显低于 C30 普通混凝土。

5. 混凝土的碳化试验

空气中的 CO_2 不断向混凝土内部扩散，且溶于毛细孔的孔隙水中呈弱酸性；溶于水的 CO_2 与水泥碱性水化物 $Ca(OH)_2$ 发生反应，生成不溶于水的 $CaCO_3$，使混凝土孔溶液的 pH 值降低，这种现象称为中性化，又称碳化。当混凝土的 pH＜10 时，钢筋的钝化膜被破坏，钢筋要发生锈蚀。钢筋生锈后的体积要比原来钢筋的体积膨胀 2.5 倍，因此会导致混凝土开裂，与钢筋的粘结力降低，混凝土保护层剥落，钢筋断面发生缺损，严重影响混凝土结构的耐久性。

本试验成型了四组 C100 混凝土试件，按照规定龄期放入 CO_2 浓度（20±3）%、温度（20±5）℃、相对湿度（70±5）% 的碳化箱中加速碳化，测得 3d、7d、14d、28d 混凝土的碳化深度均为零，试验数据见表 9-18。试验结果证明 C100 混凝土的密实性好，具有较高的抗碳化能力。

表 9-18　C100 混凝土的碳化试验数据

碳化龄期（d）	碳化深度（mm）	碳化龄期（d）	碳化深度（mm）	碳化龄期（d）	碳化深度（mm）	碳化龄期（d）	碳化深度（mm）
3	0.0	7	0.0	14	0.0	28	0.0
3	0.0	7	0.0	14	0.0	28	0.0
3	0.0	7	0.0	14	0.0	28	0.0
3	0.0	7	0.0	14	0.0	28	0.0

6. 微观孔结构分析

采用压汞法对混凝土结构进行微观孔结构分析，试验结果表明，C100 混凝土的总孔隙率为 6.94%，其中半径 $r>100nm$ 的孔为 1.43%；半径 r 在 50～100nm 的孔为 0.27%；半径 r 在 10～50nm 的孔为 1.14%；$r<10nm$ 的孔为 4.10%，可以看出：总孔隙率低，且绝大多数孔的孔径 $r<100nm$ 属于无害孔，如图 9-6 所示。在混凝土的孔径分布中，一般认为 $r>100nm$ 的孔为有害孔，因此可以认为混凝土的孔结构分布合理，这是保证混凝土耐久性能的重要条件。

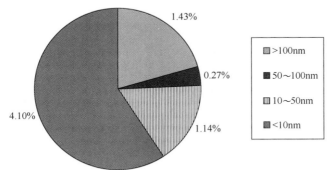

图 9-6　C100 高性能混凝土的孔结构

7. 电镜扫描分析

采用扫描电镜对高性能混凝土的内部形貌进行分析研究，在 1500 倍下拍摄照片观察，结果表明不论是水泥浆体部分或是水泥浆体与集料界面部分均极为致密；C-S-H 凝胶与钙矾石将试体中一切物质紧密粘结，构成一个密实的整体。

四、工程应用

（一）工程简介

国家大剧院工程位于北京市西城区兵部洼胡同 34 号，人民大会堂西侧，临近天安门广场、人民大会堂、中南海、长安街等重要建筑物与重要区域，为国家重点工程，由法国 AEROPOROTS DE PARIS 设计公司设计。该工程总占地面积 11.89 公顷，建筑面积为 19.45 万平方米，建筑总高 46.25m；主体结构从 −7.08m 起所有钢管柱截面尺寸分别为 $\phi500mm$、$\phi400mm$，其中部分钢管柱芯采用 C100 混凝土，对混凝土各项指标要求较高。

（二）施工及验收

1. 拌合物性能

对现场施工的高性能混凝土拌合物坍落度及其损失值、凝结时间、含气量等进行检测，结果见表 9-20。

表 9-20　高性能混凝土拌合物性能应用试验数据

混凝土强度等级	坍落度（mm）				扩展度（mm）	含气量（%）	排空时间（s）
	0	1h	4h	5h			
C100	250	245	240	220	620	1.0	13

2. 力学性能

C100 混凝土运输到施工现场后，同时留置了 3d、7d、28d、60d 的边长为 150mm 立方体试件，送指定检测机构进行抗压强度检测。根据检测报告提供的 28d 抗压强度数据进行统计分析评定，结果见表 9-21。

表 9-21 C100 混凝土强度评定

组数	抗压强度均值	均方差	验收函数 A	验收界限 B	结果
	μ_{fcu}（MPa）	S_{fcu}（MPa）	$\mu_{fcu} - \lambda_1 S_{fcu}$	$(0.90 \times f_{cu,k})$	A>B
21	117.9	6.75	106.8	90	
			$f_{cu,min}$	$(0.85 \times f_{cu,k})$	A>B
			107.3	85	
结论			强度合格		

3. 工程验收结论

2002 年 9 月至 11 月，C100 高性能混凝土在国家大剧院工程中得到实际应用。由于工程项目的特殊性和施工现场和周边环境的限制，高性能混凝土与普通混凝土相比，无论是在强度方面还是在运输和施工中都有一定的难度。经过合理选用胶凝材料和外加剂，使得混凝土初始坍落度为 220～240mm，扩展度 550～650mm，经过 4h，当预拌高性能混凝土由搅拌运输车运输到达施工现场时，坍落度保留值仍为 220～240mm，工作性能优异，和易性好，易于振捣，混凝土泵送正常，不离析，不泌水，黏聚性好。负责现场施工的监理和建设单位技术人员非常满意，并在现场取样留置试件养护至规定龄期分别送检，共留置 28d 试件 21 组，强度平均值 117.9MPa，最高值 129.8MPa，标准差 6.75MPa，根据《混凝土强度检查评定标准》（GBJ 107—1987）（现已废止）评定为合格。

五、经济效益和社会效益分析

（一）经济效益

高性能混凝土采用 P·O 42.5 普通硅酸盐水泥、洁净的中砂和质地坚硬、级配良好的碎石，主要技术是多组分混凝土理论及其配合比设计计算的方法，合理的使用了减水剂和掺合料，不采用特殊的原材料，也不改变常规施工工艺，其成本价格与市售商品混凝土价格相当，C100 混凝土代替 C40 混凝土，自重可减轻 40%，降低造价 16%；C100 代替 C35 混凝土，如质量不变，可节省钢材 40%，降低造价 14%，因此，经济效益明显。

（二）社会效益

采用传统工艺生产高性能混凝土，有利于预拌混凝土的施工和现场质量控制。特别是在配制高强超高强混凝土时，采用高性能混凝土，无需任何特殊设备即可制得 110～130MPa 的超高强混凝土。而且高性能混凝土刚度大、变形小、耐久性好，可承受恶劣环境的侵蚀，延长结构使用寿命，特别适合于大跨度的铁路、公路桥梁以及高层建筑的梁柱等。不但可以节约大量混凝土，而且还可以增加使用空间 10% 左右，具有明显的社会效益，因此，推广和应用高性能混凝土是混凝土可持续发展的一条途径。

第十章　轻集料泵送混凝土

一、技术背景

轻集料泵送混凝土是指混凝土中的粗、细集料全部由轻质集料来代替，采用胶凝材料、水、外加剂和矿物掺合料等配制而成的一种适于泵送施工的全轻集料混凝土。通常干表观密度为 600～1400kg/m³，强度等级为 LC7.5、LC10、LC15、LC20、LC30、LC40、LC50、LC60。在干燥状态下比普通混凝土轻 1～7 倍，是一种既承重又保温的材料。近年来，随着建筑设计理念的变革，轻集料混凝土因其轻质、隔音、防潮、保温、抗震和耐火等优良性能，在工程应用中的优势越来越受到重视。对于轻集料混凝土，由于集料易上浮且具有吸水性，尤其是在泵送压力下，粗、细集料都会进一步吸水，使混凝土泵送的实现较为困难，目前国家尚没有合适的方法来评价轻集料混凝土的可泵性。本章就轻集料混凝土的泵送技术及生产工艺进行了一系列的探索，为进一步的应用奠定了基础。

二、原材料的选择

（一）轻粗、细集料的选择

1. 密度的确定

轻粗、细集料采用同一材质或表观密度相近的材料，堆积密度 650～800kg/m³ 之间，空隙率在 40% 左右。

2. 采用压力吸水试验和漂浮率试验

应选择压力吸水率低、漂浮率小、最大粒径≤20mm 的轻粗集料，轻细集料宜采用细度模数不大于 3.8 的中粗轻砂。

轻粗集料主要为页岩陶粒，轻细集料主要为页岩陶砂。陶粒、陶砂质量分别按表 10-1 和表 10-2 进行控制。

表 10-1　页岩陶粒（轻粗集料）质量控制表

类型	级配	堆积密度（kg/m³）	1h 常压吸水率（%）	压力吸水率（含气量测定仪打压法）（%）	压力下吸水率增加值（%）	筒压强度（MPa）
碎石型	5～20mm	650～800	≤12.0	≤19.0	≤8.0	≥6.5

表 10-2　页岩陶砂（轻细集料）质量控制表

类型	细度模数	堆积密度（kg/m³）	1h 常压吸水率（%）	压力吸水率（含气量测定仪打压法）（%）	压力下吸水率增加值（%）
页岩陶砂	3.0～3.8	650～800	≤12.0	≤19.0	≤8.0

（二）水泥

本研究使用的几种水泥的主要技术数据见表 10-3。

表 10-3 水泥技术数据

水 泥	品 种	细度（%）	标准稠度（%）	抗折强度（MPa）		抗压强度（MPa）	
				3d	28d	3d	28d
琉璃河	P·O 42.5	1.2	28.0	6.1	8.2	28.8	52.7
冀东	P·O 42.5	1.6	27.0	5.8	9.4	26.9	53.1
北京	P·O 42.5	0.8	27.5	6.2	9.5	35.1	57.0

（三）掺合料

1. 粉煤灰

对于保温轻集料混凝土，可以采用Ⅲ级及以上粉煤灰。加入粉煤灰能改善轻集料混凝土施工性能和力学性能、减少混凝土需水量、避免混凝土拌合物的离析、泌水，改善工作性，减少坍落度损失。本研究使用的粉煤灰各项技术指标见表 9-7。

2. 矿渣粉

采用首钢产粒化高炉矿渣粉，质量指标见表 10-4。

表 10-4 粒化高炉矿渣粉质量指标

项 目		级 别			实测值
		S105	S95	S75	95
密度（g/cm³）	不小于		2.8		3.1
比表面积（m²/kg）	不小于		350		420
活性指数（%）	7d 不小于	95	75	55	99
	28d 不小于	105	95	75	101
流动度比（%）	不小于	85	90	95	90
含水量（%）	不大于		1.0		1.0
三氧化硫（%）	不大于		4.0		2.0
氯离子（%）	不大于		0.02		无
烧失量（%）	不大于		3.0		1.0

（四）外加剂

选用聚羧酸系外加剂，降低水泥用量和用水量，增大混凝土稳定性和流动性。

三、配合比设计计算

（一）设计流程

轻集料泵送混凝土采用松散体积法进行配合比计算，具体方法采用多组分混凝土理论配合比设计计算公式，配合比设计参照建筑行业标准《轻集料混凝土技术规程》（JGJ 51—2002）进行。配合比设计流程如图 10-1 所示。

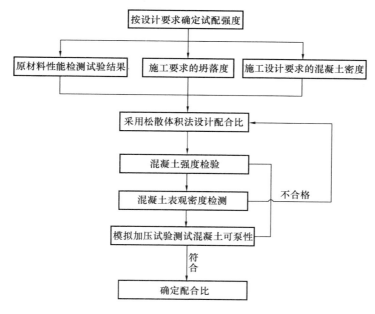

图 10-1　配合比设计流程图

（二）设计计算举例

[例 10-1]

设计要求：LC50 混凝土，坍落度 $T=240\mathrm{mm}$，抗渗等级 P12，抗冻等级 D100

原材料参数：P·O 42.5 水泥，$R_{28}=50\mathrm{MPa}$，细度 0.08mm 方孔筛筛余 3%，标准稠度需水量 $W=27\mathrm{kg}$

胶凝材料的比表面积：$S_{C0}=320\mathrm{m^2/kg}$，$S_K=400\mathrm{m^2/kg}$，$S_F=150\mathrm{m^2/kg}$

胶凝材料的密度：$\rho_{C0}=3.0\times10^3\mathrm{kg/m^3}$，$\rho_K=2.4\times10^3\mathrm{kg/m^3}$，$\rho_F=1.8\times10^3\mathrm{kg/m^3}$

胶凝材料的需水量比：$\beta_F=1.05$，$\beta_K=1.0$

胶凝材料的活性系数：$\alpha_1=1$，$\alpha_2=0.67$，$\alpha_3=0.8$

外加剂减水率：$n=15\%$

页岩陶砂：紧密堆积密度 $650\mathrm{kg/m^3}$，不含水

页岩陶粒：堆积密度 $650\mathrm{kg/m^3}$，空隙率 43%，表观密度 $1511\mathrm{kg/m^3}$

（1）配制强度的确定

将 $f_{cu,k}=50\mathrm{MPa}$、$\sigma=4\mathrm{MPa}$ 代入式 4-11 中：

$$f_{cu,0}=50+1.645\times4$$
$$=56.5\,(\mathrm{MPa})$$

（2）水泥强度 σ 的计算

由于配制设计强度等级的混凝土选用的水泥是确定的，在基准混凝土配比计算时，取水泥为唯一胶凝材料，则 σ 的取值等于水泥标准砂浆的理论强度值 σ，计算如下：

1）水泥在标准胶砂中体积比的计算是将水泥密度 $\rho_{C0}=3.0\times10^3\mathrm{kg/m^3}$、标准砂密度 $\rho_{S0}=2700\mathrm{kg/m^3}$、拌合水密度 $\rho_{w0}=1000\mathrm{kg/m^3}$ 及已知数据（C_0、S_0、W_0）代入式 1-1：

$$V_{C0}=(450/3000)/(450/3000+1350/2700+225/1000)$$

$$= 0.15/(0.150 + 0.500 + 0.225)$$
$$= 0.15/0.875$$
$$= 0.171$$

2）水泥标准稠度浆体强度的计算是将水泥实测强度值 $R_{28} = 50\mathrm{MPa}$、$V_{C0} = 0.171$，代入式 1-2：

$$\sigma = 50/0.171$$
$$= 292 \ (\mathrm{MPa})$$

（3）水泥基准用量的确定

根据多组分混凝土理论和配合比设计石子填充模型，标准稠度水泥浆体的表观密度值计算是将 $W = 27\mathrm{kg}$、$\rho_{C0} = 3.0 \times 10^3 \mathrm{kg/m^3}$ 代入式 1-3：

$$\rho_0 = 3000 \times (1 + 27/100)/[1 + 3000 \times (27/100000)]$$
$$= 2104(\mathrm{kg})$$

每兆帕混凝土对应的水泥浆体质量的计算是将 $\rho_0 = 2104\mathrm{kg}$、$\sigma = 292\mathrm{MPa}$ 代入式 1-4：

$$C = 2104/292$$
$$= 7.2 \ (\mathrm{kg/MPa})$$

将 $C = 7.2\mathrm{kg/MPa}$、$f_{\mathrm{cu,0}} = 56.5\mathrm{MPa}$ 代入式 4-12 中，混凝土基准水泥用量 C_{01} 为：

$$C_{01} = 7.2 \times 56.5$$
$$= 407(\mathrm{kg})$$

（4）胶凝材料的分配

由于 LC50 混凝土配合比计算值 C_{01} 为水泥，应选用矿渣粉和粉煤灰等活性掺合料替换部分水泥。本设计中填充效应的作用小于反应活性，因此在胶凝材料分配过程中只考虑反应活性。预先设定 $X_C = 70\%$、$X_F = 10\%$、$X_K = 20\%$ 时，计算出水泥、粉煤灰和矿渣粉对应的基准水泥用量：

$$C_{0c} = C_{01} \cdot X_c$$
$$= 407 \times 70\%$$
$$= 285(\mathrm{kg})$$
$$C_{0F} = C_{01} \cdot X_F$$
$$= 407 \times 10\%$$
$$= 41(\mathrm{kg})$$
$$C_{0K} = C_{01} \cdot X_K$$
$$= 407 \times 20\%$$
$$= 82(\mathrm{kg})$$

再用对应的水泥用量分别除以胶凝材料对应的活性系数 α_1、α_2 和 α_3，即可求得准确的水泥 C、粉煤灰 F 和矿渣粉 K 的用量，计算为（见式 4-17、式 4-18 和式 4-19）：

$$C = C_{0c}/\alpha_1$$
$$= 285/1$$
$$= 285(\mathrm{kg})$$
$$F = C_{0F}/\alpha_2$$

$$= 41/0.67$$
$$= 61(\text{kg})$$
$$K = C_{0K}/\alpha_3$$
$$= 82/0.8$$
$$= 103(\text{kg})$$

计算求得：水泥用量 $C=285\text{kg}$，粉煤灰用量 $F=61\text{kg}$，矿渣粉 $K=103\text{kg}$。

（5）外加剂及用水量的确定

1）胶凝材料需水量的确定　通过以上计算求得水泥、粉煤灰和矿渣粉的准确用量后，按照胶凝材料的需水量比（$Si=0$）代入式 4-25，计算得到搅拌胶凝材料所需水量 W_1：

$$W_1 = (285 + 61 \times 1.05 + 103 \times 1.0) \times (27/100)$$
$$= (285 + 64 + 103) \times 0.27$$
$$= 122(\text{kg})$$

同时代入式 4-26，求得搅拌胶凝材料的有效水胶比 W_1/B：

$$W_1/B = 122/(285 + 64 + 103)$$
$$= 122/452$$
$$= 0.270$$

2）外加剂用量的确定　采用水胶比为 0.270，以推荐掺量 2%（9.3kg）进行外加剂的最佳掺量试验，本设计使用聚羧酸系减水剂，净浆流动扩展度达到 250mm，1h 保留值为 245mm，与设计坍落度 240mm 一致，可以保证拌合物集料不上浮、浆体不离析、不泌水。通过以上方法对外加剂的调整，将轻集料泵送混凝土使用的胶凝材料、外加剂、水分与混凝土的工作性、强度紧密结合起来。

（6）页岩砂用量的确定

1）砂子用量的确定　页岩陶粒的空隙率 $p'=43\%$，由于混凝土中的页岩陶砂完全填充于陶粒的空隙中，每立方米混凝土中砂子的准确用量为页岩陶砂的紧密堆积密度 $\rho'_s = 650\text{kg/m}^3$ 乘以石子的空隙率 43%，则页岩陶砂用量 S' 计算为（见式 10-1）：

$$S' = \rho'_s \cdot p'$$
$$= 650 \times 43\%$$
$$= 280(\text{kg}) \tag{10-1}$$

由于页岩陶砂为干砂，页岩陶砂施工配合比用量为：

$$S_0 = S$$
$$= 280(\text{kg})$$

2）页岩砂子润湿用水量的确定　本设计用的页岩砂吸水率 19%，则页岩砂子润湿用水量 W_2 计算为（见式 10-2）：

$$W_2 = 19\%S$$
$$= 19\% \times 280 \tag{10-2}$$
$$= 53(\text{kg})$$

（7）页岩陶粒用量的确定

1）页岩陶粒用量用量的确定　根据混凝土体积组成石子填充模型，计算过程不考虑含气量和页岩砂的孔隙率。用页岩陶粒的堆积密度 $\rho_s' = 650 \mathrm{kg/m^3}$ 扣除胶凝材料的体积以及胶凝材料水化用水的体积 $122/1000 = 0.122$（$\mathrm{m^3}$）对应的陶粒，即可求得每立方米混凝土陶粒的准确用量，则陶粒用量 G 为（见式4-30）：

$$G = 650 - (285/3000 + 61/1800 + 103/2400) \times 1511 - (122/1000) \times 1511$$
$$= 650 - 0.172 \times 1511 - 0.122 \times 1511$$
$$= 206 (\mathrm{kg})$$

轻集料混凝土施工配合比中陶粒的用量 G_0 计算：

$$G_0 = G$$
$$= 206 (\mathrm{kg})$$

2）页岩陶粒润湿用水量的确定　页岩陶粒吸水率19%，用页岩陶粒用量乘以吸水率即可求得润湿陶粒的用水量 W_3（见式10-4）：

$$W_3 = G_0 \times 吸水率 \qquad (10\text{-}4)$$
$$= 206 \times 19\%$$
$$= 39 (\mathrm{kg})$$

（8）总用水量的确定

通过以上计算，可得

胶凝材料所需的用水量：$W_1 = 122 \mathrm{kg}$

润湿页岩陶砂所需的用水量：$W_2 = 53 \mathrm{kg}$

润湿页岩陶粒所需的用水量：$W_3 = 39 \mathrm{kg}$

混凝土总的用水量：$W = W_1 + W_2 + W_3$
$$= 214 (\mathrm{kg})$$

（9）LC50 轻集料混凝土配合比设计计算结果（表10-5）。

表 10-5　LC50 轻集料混凝土配合比设计计算结果　　　　　　单位：kg

材料名称	水泥	粉煤灰	矿渣粉	页岩陶砂	页岩陶粒	外加剂	页岩陶砂用水量	页岩陶粒用水量	胶凝材料用水量
单方用量	285	61	103	280	182	9.3	53	39	122

四、轻集料泵送混凝土的生产与施工

（一）配制轻集料泵送混凝土采取的技术措施

轻集料混凝土在泵送施工中最突出的问题是由于集料易上浮且具有吸水性，尤其是在泵送压力下粗、细集料都会进一步吸水，使混凝土流动性大幅度下降，从而造成泵送困难。目前国家标准及行业标准中尚没有合适的方法来评价轻集料混凝土的可泵性，习惯上仅以普通混凝土坍落度、流动性等方法来控制轻集料混凝土的可泵性，从而导致看似状态良好的轻集料混凝土不能泵送，这已成为困扰轻集料混凝土进一步推广应用的一大难题。

在实际生产施工过程中，可采取以下措施提高轻集料混凝土的和易性、可泵性：

（1）优选轻集料是配制良好可泵轻集料混凝土的重要环节。通过采用自行设计的压力吸水试验、漂浮率试验等优选轻粗、细集料，并在生产前进行充分预湿。轻粗、细集料进场后，分别堆放。设置预湿喷淋装置，对轻集料进行预湿。喷淋装置的布置应保证对轻集料进

行连续均匀的喷淋。为防止轻细集料被水冲走，对轻细集料喷淋应采用雾化喷淋。在混凝土生产应用前 1h 应停止喷淋。

（2）轻集料混凝土的离析程度受轻粗集料粒径、水泥砂浆黏度、水泥砂浆与轻粗集料的密度差等影响。通过掺加粉煤灰等措施，加大胶凝材料用量，提高混凝土拌合物黏聚性；采用粗细集料同材质、控制水泥砂浆与粗集料的密度差、调整砂率、减小轻集料粒径、优选聚羧酸系外加剂等技术措施，可以有效控制轻集料混凝土的离析，提高轻集料混凝土的稳定性。

（3）利用混凝土含气量测定仪，对预拌轻集料混凝土进行模拟加压试验来测试轻集料混凝土可泵性。用直读式含气量测定仪打压的方法间接地测出轻集料混凝土在一定压力后的状态，用于对混凝土进行生产过程控制和出厂检验，以判断轻集料混凝土的可泵性。此方法简单易行，试验时间不超过 5min，可操作性强、准确度较高。

（二）轻集料泵送混凝土的浇筑、成型及养护

（1）可泵轻集料混凝土的运输及泵送与普通混凝土相同，但混凝土入泵前，应再次进行模拟加压试验，试验合格的混凝土方允许入泵。

（2）轻集料混凝土入模，宜采用加串筒、斜槽或溜管等辅助工具，降低下料高度。

（3）振捣延续时间应以混凝土拌合物捣实和避免轻集料上浮为原则。振捣时间应根据拌合物稠度和振捣部位确定，宜为 10～30s。

（4）混凝土入泵前应高速旋转搅拌车罐体 1～2min，对混凝土进行二次拌合，以防止混凝土出现离析分层。浇筑过程中当出现陶粒露面时，应使用抹刀将露面陶粒压（拍）至浆面下，再加以抹平。

（5）轻集料混凝土浇筑成型后应及时覆盖，无需喷水养护。

（三）社会经济效益

此设计施工方法解决了轻集料混凝土泵送施工中堵泵、施工难度大的问题，使轻集料混凝土泵送得以实现，解决了轻集料混凝土商品化发展中的难点和关键问题，可极大地推动轻集料混凝土在建筑节能中的广泛应用，符合国家政策导向。

采用泵送轻集料混凝土，可以缩短工期，提高工作效率，减少劳动力，降低了施工成本。

五、工程应用

（一）国家奥林匹克新闻发布中心

国家奥林匹克新闻发布中心为 2008 年奥运重点项目，其中标高 70～105m 的十一层的楼板设计采用 LC60 轻集料泵送混凝土，本工程施工高度大，折算最高垂直泵送距离接近 120m，工程轻集料混凝土共分三次施工，经过混凝土搅拌站和施工单位精心组织施工，没有出现集料上浮和堵管的情况，混凝土泵送浇筑均非常顺利，混凝土输送泵操作员评价说"这种混凝土比普通混凝土都好泵"，混凝土设计干表观密度≤1400kg/m³，实测干表观密度 1180kg/m³，满足了设计要求，该工程目前已使用 8 年，效果良好。

（二）国家博物馆

国家博物馆工程为国庆 60 周年献礼工程，屋面板采用钢筋混凝土现浇板，上面做 200mm 的厚 LC15 全轻混凝土保温隔热层，共泵送混凝土 20000m³，该工程施工跨度大，最

远水平泵送距离接近 350m，泵管弯头最多时达 18 个。该工程轻集料混凝土保温层共分五次施工，北京城建混凝土公司和施工单位精心组织施工，轻集料混凝土泵送浇筑均非常顺利，混凝土设计干表观密度≤800kg/m³，实测干表观密度 650kg/m³，达到设计要求。

（三）应用总结

（1）轻集料泵送混凝土中原材料的选择非常重要，尤其是轻集料和外加剂。

（2）利用混凝土含气量测定仪进行轻集料泵送混凝土模拟泵送试验，能够更好地反映泵送状态下轻集料混凝土的可泵性。

（3）轻集料泵送混凝土施工过程中更应该注意后期压光抹面和覆盖养护。

第十一章　高强透水混凝土

一、技术背景

（一）存在的问题

近年来由于硬地面的数量不断增加，地下水的补给越来越少，严重影响我国城市水环境的平衡。沥青和混凝土硬地面一直被认为是地下水减少的直接原因。近年来国内有许多学者和专家呼吁在人行道、自行车道、公园和停车场使用透水混凝土，达到海绵城市的目标。为实现环保节能和可持续发展，在路面设计中均考虑使用绿色环保透水混凝土，用来增加雨水下透，提高土壤中水分上透，提高植被成活和生长的可能性，改善城市生存条件。

国内已经使用的透水混凝土砖都具有较好的透水性，但是由于强度比较低，主要铺设在人行步道，无法满足停车场对中等以上重型车辆的停放要求。城市铺设透水性混凝土路面不仅可补充地下水、减缓排水设施压力，还可以增强道路的安全性、舒适性，是生态环境建设和城市可持续发展的重要措施，是社会进步和技术进步的体现，在大型公园和停车场推广绿色环保透水混凝土地面，具有明显的技术经济效益和社会效益。

（二）国外研究状况

随着工业技术的发展和进步，环保、节能、利废可持续发展的理念已经深入人心，在寻求与自然协调、维护生态平衡和可持续发展的思想指导下，欧美、日本等一些发达国家开始研究开发透水性路面材料，并将其应用于广场、步行街、道路两侧和中央隔离带、公园内道路以及停车场等，增加了城市的透水、透气空间，对调节城市微气候、保持生态平衡起到了良好的效果。

日本近畿地区建设局利用 1987 年近畿技术事务所开发的无砂混凝土排水性路面进行了透水性路面的施工铺装。施工时间是 1993 年 6 月，地点是日本和殴山地区，并在施工通车后的 3 个月对路面的透水性、混凝土的老化性、路面温度及噪声量进行了追踪调查和评价。结果证明这种路面有利于雨水还原地下，降低路面温度和汽车产生的噪声。对由于粉尘和泥沙的堵塞，造成透水路面透水功能的下降，日本采用恢复透水能力的方法是：采用压力为 4～7MPa 的小型高压清洗机清洗路面，或采用高压清洗和真空吸附复合的方法恢复，这样可以使透水功能恢复到初期的 80％。

在美国，透水性混凝土一般不含细集料。美国的佛罗里达州、新墨西哥州和犹他州已将无细集料混凝土作路面面层材料用于停车区路段，大多数工程建在佛罗里达州。无细集料混凝土在该州得以广泛应用有 3 个原因：①由于地理位置的原因，佛罗里达州容易出现由暴雨引起的骤发洪水，无细集料混凝土路面可以有效地缓解这种过大的径流量；②州法规规定雨水需就地滞留并让其流回地下水系统中去；③普通混凝土上铺无细集料混凝土表层后，可少设雨水沟渠和蓄水设施，从而可极大提高其成本效益。1979 年在佛罗里达的萨拉索塔基督教堂修建了一个停车场。路面的无细集料混凝土由 I 型波特兰水泥，集料粒径范围 6～12.5mm，加入了引气剂拌合而成。同时为了增大集料间的粘结强度，在混合料中加入一种获专利的粘结添加剂——水基环氧聚乙烯基丙烯酸乳液，集料与水泥的比例保持为 3∶1。施工时混合料采用螺旋拌合机拌合，铺路机摊铺后，用钢轮压路机碾压。试验报告指出：混凝土 28d 抗压强度达到 26.2MPa；透水性为 94L/（m²·min），相当于透水系数 1.57mm/s。加了粘结添加剂的试验结果表明，28d 抗压和抗弯强度分别达到 27.6MPa 和 4.49MPa，与普通混凝土相差无几，给人以很大鼓舞。于是，决定用它修建 1.82 万 m² 的停车场和萨拉索塔大学长 1.6km 四车道的校园道路路面。20 世纪 80 年代，新泽西州和宾夕法尼亚州公路部门已计划推广应用无细集料混凝土路面。佛罗里达州推广的另一个无细集料混凝土项目称为"透水性混凝土"，它由单一粒径的粗集料、普通水泥和水配制而成，不需添外加剂。据一获批准生产该混凝土的公司介绍，这种混凝土拌合分两个阶段。首先，在高速旋转的搅拌机中制备水泥浆，然后在普通混凝土搅拌机中将水泥浆和粗集料拌合，成品混凝土坍落度为零，用摊铺机摊铺后再碾压，并用聚丙烯薄膜覆盖进行湿养护。到目前为止，在佛罗里达州的西部和东部沿海地区共修建了 53 座无细集料混凝土停车场。由于对无细集料混凝土的大量需求和这种路面结构的普及，该州在 1991 年专门成立一个"普通水泥透水协会"，这个协会可提供技术和材料销售服务。在新墨西哥州的盖洛普砂砾公司于 1990 年夏季在盖洛普的一个炼油厂附近修建了一个面积为 836m² 的路面，这个路面承受频繁的轻交通作用，经过三个冬季的冻融循环没有任何可见的破坏，且透水性一直保持良好。另一个工程是一幢办公楼的停车场，面积约 502m²，该停车场雨后不积水，冬天积雪融化后水流排入土基，至今没有发现任何因雪的冻融作用使路面材料品质变化而使路面破损现象。目前美国不少州已经规定并且试验在路面面层下设水泥混凝土透水基层以便迅速排水，加利福尼亚州、伊利诺伊州、俄克拉荷马州和威斯康星州都提出了有关普通水泥混凝土透水基层的标准技术规范。其材料组成为普通水泥、水、粗集料和少量作为细集料的砂。

在法国已广泛开展用多孔混凝土作路边排水和硬路肩的试验，相比之下美国开展的还不够广泛。法国大多数试验是在 des Poutset Chaussees 试验室完成的。1979—1981 年法国在戴高乐机场水泥混凝土路面结构中将 100mm 厚的多孔混凝土铺设于面板与水泥处治基层之间，以增加基层的排水功能。透水混凝土由 5～20mm 轧制碎石、少量砂（每立方米混凝土含 100～300kg）、普通矿渣水泥或火山灰矿渣水泥及饮用水拌制而成。为增加抗冻融能力，掺入引气剂。其水胶比在 0.36～0.55 之间。多孔混凝土的摊铺由两台边摊铺机和一台滑模摊铺机完成，碾压设备需根据摊铺层厚度及合适的密实度要求选用。在摊铺和碾压后，采用在表面罩一层乳液进行养护。Missoux 和 Merrien 两人用孔隙率为 15%～30% 的透水性混凝土做试验得出，其 28d 抗压强度一般在 14MPa 以下，渗透率分别为 2.1m³/（m²·s）和 2.9m³/（m²·s）。在法国，60% 的网球场是用透水性混凝土修建的。除此之外，透水性混凝土还用在护坡绿化地带，对河道两岸的生态环境创造良好的生态环境。

透水性混凝土也是有缺陷的，如在英国，一些工程师利用无细集料混凝土的排水特性，采用整层摊铺的办法，在诺丁汉郡铺筑了一段长 183m 的复合式路面。其结构为：面层为 50mm 厚无细集料混凝土；面层下层为正常密度普通混凝土层，厚度为 203mm，并用单层金属网加强；基层由 50mm 粒径的级配干燥石灰石组成，厚度为 203mm，其上还覆盖一层防水聚乙烯薄膜。开始这段试验路段工作性能良好，然而 10 年后，试验路被认为是失败的。

某些因素（如冻融循环和水力抽吸，或这两者的结合）构成路面破坏的可能原因，加之该路段位于农村，大量农用机具的行走，使无细集料混凝土的孔隙率被尘土填塞，路面积水，最终导致表面松散剥落。这些问题在英国并不是个别的现象，在其他国家也出现过，冻融破坏和孔隙的封堵是透水性混凝土应用中的难点。

总体来说，以日本、美国为代表的国家是世界上透水混凝土路面材料研究与应用较为先进的国家和地区，其配合比设计思路仍然以无砂多孔混凝土为主，试验研究和应用集中在 20 世纪末，近年来由于受经济形势的影响，透水混凝土的研究、施工及建设相对处于停滞状态。

（三）国内研究状况

与国外在上世纪中后期蓬勃开展的透水混凝土铺装材料的研究情况相比，国内对透水混凝土铺装材料的研究明显不足，应用技术水平也较低。这和我国作为一个混凝土应用大国的地位极为不相称。这种情况也不适应世界环境保护可持续发展的趋势。

原中国建筑材料科学研究院在原国家建筑材料工业局的资助下，于 1993 年开始进行"透水混凝土与透水性混凝土路面砖的研究"，1995 年开始在试点工程中应用，得到用户好评。1998 年通过部级鉴定（建材鉴字［1998］第 27 号），专家委员会一致认为"透水性混凝土路面砖的技术性能达到国际先进水平"。在北京、上海、山东、山西等地进行了推广应用，受到市政工程设计与建设部门的青睐。原中国建筑材料科学研究院水泥新材所的王武祥对透水混凝土砖做了较多的研究，取得了一定的成果。他对透水混凝土砖的透水机理、种类、强度和透水性及经济效益进行了研究和分析。其透水混凝土的抗压强度为 5～20MPa，抗折强度为 1～4MPa，孔隙率 5％～30％，透水系数为 1.0～15.0mm/s。清华大学的杨静、蒋国梁等专家采用小粒径集料、矿物细掺料和有机增强剂等方法，提高透水混凝土道路材料的强度，研制出了力学性能符合建材行业标准的要求，同时具有良好透水性的混凝土道路材料。东南大学的高建明等专家对植被型透水混凝土进行了研究，长安大学的郑木莲等专家对透水混凝土的排水施工等进行了较多的研究。研究的重点仍然以混凝土透水砖为主体，强度仍然以 20MPa 以下为主。

但是，国内对可用于重型车辆通行和停放的透水混凝土的配合比设计方法、成型工艺以及透水系数的确定方面的研究还不够，对透水混凝土的生态环保效益的研究也十分欠缺。而这些问题的解决对透水混凝土材料的应用和推广是十分有利的。本研究将把重点放在透水系数的确定、配合比设计方法的建立以及贯通开口孔隙的成型。

二、原材料

透水混凝土作为一种地面材料，使用量极大，因此在原材料的选择方面必须以当地容易取得为目标，尽量少选或者不选运距远、价格高的材料。

（一）水泥

水泥作为透水混凝土的主要粘结材料，能够在粗细集料周围形成水泥混合砂浆膜层，有效地提高透水混凝土的强度。可在保证最佳用水量的前提下，适当增加水泥用量，但水泥用量过大会使浆体增多、孔隙率减少、降低透水性。同时水泥用量受集料粒径的影响，如果集料的粒径较小，集料的比表面积较大，则应适当增加水泥用量。为了提高透水混凝土的强度，本研究采用北水 P·O 42.5 水泥，质量稳定、活性高，属于低碱水泥，供应能力可靠，属于国家体育场和奥运村工程指定水泥，各种性能优越。水泥的参数指标见表 11-1。

表 11-1　水泥基本性能

物 理 检 验			化学分析		
项目	国家标准	检验结果	项目	国家标准	检验结果
细度（0.08mm）	<10%	0.8%	Loss	≤5.0%	3.22%
凝结时间 初凝	≥45min	2h30min	MgO	≤5.0%	3.01%
凝结时间 终凝	≤10h	3h40min	SO₃	≤3.5%	2.40%

强度（MPa） 抗折	3d	28d	3d	28d	碱含量	≤0.6%	0.53%
	≥3.5	≥6.5	5.3	8.9			

强度（MPa） 抗压	3d	28d	3d	28d
	≥16.0	≥42.5	29.8	54.5

（二）粗集料

粗集料作为混凝土的骨架，起到非常重要的作用，在粗集料相互接触而形成的双凹粘结面上，水泥浆厚度越厚，粘结点越多，粘结就越牢固。就强度而言，人工碎石和单一粒径的集料皆不利于相互粘结。但是对于透水而言，人工碎石和单一粒径的孔隙率大，有利于透水。由于粒径较小时比表面积较大，粘结强度度高，会增加配制混凝土的水泥用量；粒径较大时不利于界面粘结，虽然节省水泥，但影响混凝土的强度。同时，粗集料的含泥量越低，粘结强度越高。所以，采用卵石集料还是碎石集料要根据设计要求或者施工要求而定，尽量达到强度和透水的统一性。本研究选用 10～20mm 和 5～10mm 的碎石，级配良好、质地坚硬、界面条件较好，针片状含量低。集料的各类性能指标见表 11-2，放射性指标见表 11-3。

表 11-2　石子基本性能

产地	规格（mm）	表观密度（kg/m³）	堆积密度（kg/m³）	含泥量（%）	针片状颗粒含量（%）	压碎指标（%）
河北Ⅰ	5～10	2676	1500	0.5	5.4	6.7
河北Ⅱ	10～20	2576	1450	0.5	4.8	6.0

表 11-3　放射性指标

样品名称	内照射指数（I_{Ra}）	外照射指数（I_{Ra}）
石子	0.1	0.6
无机非金属建筑主体材料放射性指标限量	≤1.0	≤1.0

（三）细集料

传统无砂大孔透水混凝土没有使用细集料，在定量预留开口孔透水混凝土的研究中使用细集料，目的在于当混凝土配合比其他组分不变时，使用细集料增加了粗集料相互接触而形成的双凹粘结面之间的水泥混合砂浆总量，扩大粗集料之间的粘结面积，减少了粗集料粘结部位的结构缺陷，既保证混凝土透水又提高强度，同时提高了混凝土的抗冻融性能，改善了耐久性。对于细集料，模数越小，比表面积越大，界面粘结越牢固，但水泥用量增加。细集料的模数越大，比表面积越小，则不利于界面粘结。细集料的含泥量越低，粘结强度越高。这样在高强度透水混凝土配制中掺加细集料，既保留了开口孔隙，确保透水系数不降低，又扩大了粘结面积实现了透水混凝土的高强化。

本研究选用洁净的中砂，细度模数为 2.6～3.0，性能见表 11-4。

表 11-4 砂的技术指标

细度模数	表观密度（kg/m³）	堆积密度（kg/m³）	含泥量（%）	泥块含量（%）
2.7	2650	1550	0.4	0

（四）掺合料

为了降低水化热，预防透水混凝土原始缺陷产生，提高透水混凝土的粘结强度，在透水混凝土配制过程中选用矿物掺合料。当使用高炉矿渣粉和硅灰时可以明显提高混凝土拌合物的黏度，特别有利于施工，因此在胶凝材料的选择过程中，当混凝土拌合物黏度要求较高时，可适量选用矿粉和硅灰。当配比设计计算过程中胶凝材料总量较少时，适当加入粉煤灰，以保证浆体能够包裹粗集料。

1. 矿渣粉

本研究采用首钢产粒化高炉矿渣粉，其物理力学性能指标及化学成分见表 11-5 和表 11-6。

表 11-5 矿渣的物理力学性能指标

项目		级别			实测值
		S105	S95	S75	
密度（g/cm³）	不小于		2.8		3.1
比表面积（m²/kg）	不小于		350		420
活性指数（%）	7d 不小于	95	75	55	98
	28d 不小于	105	95	75	102
流动度比（%）	不小于	85	90	95	91
烧失量（%）	不大于		3.0		1.0
氯离子（%）			—		0.01

表 11-6 矿渣粉的化学成分

化学成分	SiO_2	Al_2O_3	Fe_2O_3	CaO	MgO	K_2O	Na_2O	TiO_2
含量（%）	33.56	11.40	0.33	40.39	11.20	0.57	0.57	1.34

2. 粉煤灰

粉煤灰能改善混凝土施工性能和力学性能，减少混凝土需水量，避免混凝土拌合物的离析、泌水，改善工作性，减少坍落度损失。本研究使用的粉煤灰各项技术指标见表 9-7。

（五）外加剂

透水混凝土施工时坍落度要求较小，为了改善工作性，外加剂是提高强度和改善耐久性必不可少的组分。可根据环境温度、运输距离以及现场状况掺加外加剂。用于调整混凝土的凝结时间、增加稠度以及提高透水混凝土的强度。外加剂的用量以水泥和集料不离析、浆体能包裹住集料最佳。复合外加剂主要由胶粉、早强剂和减水剂等组成，用来提高水泥混合砂浆与集料的界面粘结强度。

本研究拟采用的外加剂相关性能指标见表 11-7。

表 11-7 外加剂基本性能

产地	规格	氨含量（%）	碱含量（%）	减水率（%）	抗压强度比（%）		压力泌水率比（%）
					7d	28d	
标准	—	≤0.10	2.79	—	≥85	≥85	≤95
北京	JF-9	0	0.0	24	127	114	41

（六）颜料

面层彩色透水混凝土采用粉状染色剂，颜色主要为红色、绿色、黄色、黑色和灰色。染色剂主要材质为氧化铁，确保环保无污染，要选用同一厂家生产的同一批次产品，减少色差出现。

（七）混凝土配合比的碱、氯离子含量

严格控制进场原材的质量，要求厂家提供市技术监督局核定的检测报告，并严格按照厂家提供的检测报告计算混凝土配合比的碱、氯离子含量。控制混凝土的碱含量不大于 $3.0 \mathrm{kg/m^3}$，氯离子含量不超过现行国家标准《混凝土质量控制标准》（GB 50164—2011）中最大氯离子含量 0.2% 的规定。

（八）拌合及养护用水

采用自来水。

三、高强透水混凝土配合比设计

（一）设计计算理论

透水混凝土作为一种承压材料，其强度的形成大体可分为两部分：一部分是由粗集料形成的骨架提供，因为石子的强度大于混凝土的设计强度，因此透水混凝土在工作状态时集料都具有足够的强度；另一部分来源于硬化浆体和粗集料之间的界面粘结，粘结强度主要来源于水泥水化形成的 C-S-H 凝胶，活性较高的掺合料水化形成的凝胶，填充于孔隙中的超细矿物掺合料等组成。当透水性混凝土受到外力作用时，主要通过粗集料之间的胶结点传力，由于浆体胶结层很薄，浆体和粗集料界面之间的胶结面积很小，混凝土破坏时主要是集料颗粒之间的传力浆体破坏，从而使混凝土散裂，失去强度，所以在配合比设计时重点考虑粗集料之间的粘结面积、胶凝材料的水化强度和界面粘结强度。

根据多组分混凝土理论，笔者认为透水混凝土的强度与标准稠度水泥浆强度、胶凝材料填充强度贡献率和硬化密实浆体体积之间满足以下关系：

$$f = \sigma \cdot u \cdot m$$

式中 f——混凝土设计强度值，（MPa）；

σ——水泥理论强度值，由水泥实测强度求得，（MPa）；

u——胶凝材料填充强度贡献率，（%）；

m——硬化密实浆体体积比，（%）。

（二）高强透水混凝土配合比设计技术原理

根据前边所述高强度透水混凝土几何模型和强度理论，在透水混凝土配合比设计中主要确定集料、胶凝材料、增稠粉、水分和外加剂的用量。计算时，先用一个 10L 的筒测出单粒级石子的表观密度和空隙率。在配制高强度透水混凝土时，可以认为混凝土体积与粗集料堆积体积相同，石子的堆积密度数据就是配制 $1m^3$ 透水混凝土所用的粗集料用量。空隙率部分被区分成两部分：一部分由水泥混合砂浆填充；另一部分作为开口孔隙用来透水，胶凝材料、细集料、增稠粉、水分和外加剂的用量用总空隙率减去预留开口孔隙求得，这种设计方法叫做定量预留贯通开口设计法。

无砂大孔透水混凝土设计用于粘结粗集料的只有水泥浆，粘结面积很小，因此强度较低。当水泥浆体的量增加时，由于浆体较稀，在成型时由于振动和自重的作用流到粗集料的下侧，使混凝土的下侧空隙被浆体堵塞，虽然强度增加，但是由于形成底部封闭的半开口孔隙使透水系数下降。无砂大孔透水混凝土配合比设计主要以试验验证为主，在施工的长周期中，由于材料经常发生变化，试验次数跟不上，又没有理论量化数据和合理的工艺指导生产，所以出现以上矛盾。

为了克服以上矛盾，本研究在透水混凝土配合比设计时，定量预留满足透水所需的开口空隙。当采用较大单粒级石子时，根据强度要求准确计算水泥、掺合料、外加剂和水分的用量，再根据预留孔隙的大小用粗集料空隙率对应的体积数减去水泥、掺合料、外加剂、水分所占空隙体积和预留孔隙体积值，即可求得引入的细集料体积数。生产时采用二次投料工艺将它们拌制成水泥混合砂浆，使粗集料颗粒表面由一层黏度较大的水泥混合砂浆包裹（5～10mm）；成型时将内核含粗集料的颗粒碾压互相粘结起来，形成开口孔隙，在胶凝材料用量相同的情况下，既保证了透水开口孔隙又扩大了粗集料之间的有效粘结面积，增加了混凝土的强度。

当采用较小单粒级石子时，根据强度要求准确计算出水泥、掺合料、外加剂、水分的用量，根据预留孔隙的大小用粗集料总空隙率对应的体积数减去水泥、掺合料、外加剂、水分所占空隙体积和预留孔隙体积值，即可求得含增稠粉掺合料用量，生产时将它们一起拌制成水泥浆，使粗集料颗粒表面由一层黏稠度很大的水泥浆包裹（5～10mm），成型时将内核含粗集料的颗粒碾压互相粘结起来，形成开口孔隙，在其他条件相同的情况下，掺入适量增稠粉增加了浆体的黏稠度，减少了浆体在成型时的流动，增大了粗集料粘结点之间界面粘结力，这样既保留了混凝土的透水贯通开口孔隙又增大了粗集料之间的有效粘结力，增加了透水混凝土的强度。

（三）透水系数的确定

配制高强度透水混凝土的目的就是在雨天快速将雨水排出，防止地面积水。国内透水混凝土的计量单位很多，但是没有一个计量单位直接将混凝土的透水性与降雨量之间建立联系，结合我国各地的雨情，参考最大暴雨降水量记录为 1672mm，世界最大的暴雨降水量记录为 1870mm。笔者初步确定透水混凝土在暴雨红色预警信号时雨水能顺利排出，达到最大暴雨降水量时仍不积水为设计计算的技术依据。取我国最大暴雨降水量记录为 1672mm 降水在 30min～1h 完成，则降水速度为 0.46～0.93mm/s；取世界最大的暴雨记录降水量为 1870mm 在 30min～1h 完成，则降水速度为 0.52～1.04mm/s。从透水混凝土截面看，只有开口孔隙部分透水，因此混凝土开口孔内雨水的流动速度由降水速度除以孔隙率求得，单位为 mm/s，开口孔隙率不同的混凝土合理的透水速度也不同，具体计算数据见表 11-8。这样一方面可以保证大暴雨时雨水顺利通过，另一方面可以保证有路面污物堵塞部分开口孔隙时透水混凝土仍然能够正常工作。

表 11-8　降水速度、混凝土开口孔隙率、混凝土内水分流动速度计算表

空隙率	降水速度（mm/s）			
	0.46	0.52	0.93	1.04
	水分流动速度（mm/s）			
15%	3.1	3.5	6.2	6.9
18%	2.6	2.9	5.2	5.8
21%	2.2	2.5	4.4	5.0
24%	1.9	2.2	3.9	4.3
27%	1.7	1.9	3.4	3.9
30%	1.5	1.7	3.1	3.5
33%	1.4	1.6	2.8	3.2
36%	1.3	1.4	2.6	2.9

由表 11-8 可知，透水混凝土开口孔隙率在 15%～36% 时，满足特大暴雨顺利通过混凝土水流动速度介于 1.3～6.9mm/s 之间。笔者定义单位面积上水流过混凝土的速度为透水系数，单位取 mm/s。也就是说，当混凝土的强度满足地面交通承载能力时，只要实际测出的透水速度大于表 11-8 对应数据，均能满足特大暴雨时路面不积水的要求。这样就科学地在特大暴雨记录降水量、降水速度与混凝土的孔隙率、透水速度之间建立的量化关系，实现了透水混凝土透水功能与气象条件的协调统一，确定了合理的绿色环保透水混凝土透水系数指标范围。

（四）高强度透水混凝土配合比设计

1. 高强度透水混凝土技术要求

为了满足以上设计要求，确定高强度透水混凝土应当有合理的开口贯通孔隙满足透水功能，较高的强度满足载重消防车辆的通行和停放功能，同时还要有较好的耐久性。具体技术指标如下：

（1）强度等级 C25，能够承载消防救火车通过的压力。

（2）预留孔隙为 15%，保证开口孔隙对应透水总量大于降水总量。

（3）透水系数为 2.7～4.5mm/s，保证透水速度大于降水速度。

（4）抗冻融循环次数 ≥50，保证地面的正常使用寿命。

2. 原材料

采用 P·O 42.5 水泥，$R_{28}=45$MPa，细度 0.08mm 方孔筛筛余 3%，标准稠度需水量 $W=27$kg

水泥、矿渣粉和粉煤灰的比表面积：$S_{co}=320$m²/kg，$S_K=400$m²/kg，$S_F=150$m²/kg

水泥、矿渣粉和粉煤灰的密度：$\rho_{co}=3.0\times10^3$kg/m³，$\rho_K=2.4\times10^3$kg/m³，$\rho_F=1.8\times10^3$kg/m³

粉煤灰需水量比：$\beta_F=1.05$

矿渣粉需水量比：$\beta_K=1.0$

水泥活性系数：$\alpha_1=1$

粉煤灰活性系数：$\alpha_2 = 0.50$

矿渣粉活性系数：$\alpha_3 = 0.80$

砂子：紧密堆积密度 $\rho_s = 1660 \text{kg/m}^3$，干砂

石子：堆积密度 1450kg/m^3，空隙率 45%，吸水率 1.8%

3. 配合比设计

[例 11-1]

（1）配制强度的确定

将 $f_{cu,k} = 25 \text{MPa}$、$\sigma = 4 \text{MPa}$ 代入式 4-11 中：

$$f_{cu,0} = 25 + 1.645 \times 4$$
$$= 31.5 (\text{MPa})$$

（2）水泥强度 σ 的计算

水泥在标准胶砂中体积比的计算是将水泥密度 $\rho_{C0} = 3.0 \times 10^3 \text{kg/m}^3$、标准砂密度 $\rho_{s0} = 2700 \text{kg/m}^3$、拌合水密度 $\rho_{w0} = 1000 \text{kg/m}^3$ 及已知数据（C_0、S_0、W_0）代入式 1-1：

$$V_{C0} = (450/3000) / (450/3000 + 1350/2700 + 225/1000)$$
$$= 0.15 / (0.150 + 0.500 + 0.225)$$
$$= 0.15/0.875$$
$$= 0.171$$

水泥标准稠度浆体强度的计算是将水泥实测强度值 $R_{28} = 45 \text{MPa}$、$V_{c0} = 0.171$ 代入式 1-2：

$$\sigma = 45/0.171$$
$$= 263 (\text{MPa})$$

（3）水泥基准用量的确定

标准稠度水泥浆体的表观密度值计算是将 $W_0 = 27 \text{kg}$、$\rho_{C0} = 3.0 \times 10^3 \text{kg/m}^3$ 代入式 1-3：

$$\rho_0 = 3000 \times (1 + 27/100)/[1 + 3000 \times (27/100000)]$$
$$= 2105 (\text{kg})$$

每兆帕混凝土对应的水泥浆体质量的计算是将 $\rho_0 = 2105 \text{kg}$、$\sigma_0 = 263 \text{MPa}$ 代入式 1-4：

$$C = 2105/263$$
$$= 8 (\text{kg/MPa})$$

将 $C = 8 \text{kg/MPa}$、$f_{cu,0} = 31.5 \text{MPa}$ 代入式 4-12 中，混凝土基准水泥用量 C_{01} 为：

$$C_{01} = 8 \times 31.5$$
$$= 252 (\text{kg})$$

（4）胶凝材料的分配

由于 C25 透水混凝土配合比计算值 C_{01} 用量偏小，为了增加浆体量，本设计中填充效应的作用小于反应活性，因此在胶凝材料分配过程中只考虑反应活性。预先设定 $X_C = 60\%$、$X_F = 20\%$、$X_K = 20\%$ 时，计算出水泥、粉煤灰和砂渣粉对应的基准水泥用量：

$$C_{OC} = C_{01} \cdot X_C = 252 \times 60\%$$
$$= 151 (\text{kg})$$
$$C_{OF} = C_{01} \cdot X_F = 252 \times 20\%$$
$$= 50.4 (\text{kg})$$

$$C_{OK} = C_{01} \cdot X_k = 252 \times 20\%$$
$$= 50.4 \ (kg)$$

再用对应的水泥用量分别除以胶凝材料对应的活性系数 α_1、α_2 和 α_3，即可求得准确的水泥 C、粉煤 F 和矿渣粉 K 用量计算为（见式 4-17、式 4-18 和式 4-19）：

$$C = C_{0C}/\alpha_1 = 151/1$$
$$= 151 \ (kg)$$
$$F = C_{0F}/\alpha_2 = 50.4/0.50$$
$$= 101 \ (kg)$$
$$K = C_{0K}/\alpha_3 = 50.4/0.8$$
$$= 63 \ (kg)$$

计算求得：水泥用量 $C=151$kg，粉煤灰用量 $F=101$kg，矿渣粉用量 $K=63$kg。

（5）外加剂及用水量的确定

1）胶凝材料需水量的确定

通过以上计算求得水泥、粉煤灰和矿渣粉的准确用量后，按照胶凝材料的需水量比（$Si=0$）代入式 4-25，计算得到搅拌胶凝材料所需水量 W_1：

$$W_1 = (151 + 101 \times 1.05 + 63 \times 1.0) \times (27/100)$$
$$= 320 \times 0.27$$
$$= 86(kg)$$

同时代入式 4-26，求得搅拌胶凝材料的有效水胶比 W_1/B：

$$W_1/B = 86/(151 + 101 + 63)$$
$$= 86/315$$
$$= 0.27$$

2）外加剂用量的确定

① 减水剂：掺量为胶凝材料 $0.5\% \sim 1.5\%$。

② 早强剂：掺量为胶凝材料 $0.5\% \sim 1.0\%$。

③ 增稠剂：掺量为胶凝材料 $0.5\% \sim 3.0\%$。

④ 颜料：根据需要现场确定。

（6）石子用量及用水量的确定

1）粗集料单方用量的确定　根据透水混凝土所选用的石子的堆积密度 1450kg/m³，即得到粗集料单方用量 $G_0 = 1450$kg/m³。

2）石子润湿用水量的确定　石子吸水率为 1.8%，石子用量乘以用吸水率即可求得润湿石子的水量：

$$W_3 = 1450 \times 1.8\%$$
$$= 26 \ (kg)$$

（7）砂子用量及用水量的确定

1）砂子用量的确定　石子的空隙率 $p=45\%$，由于混凝土中的砂子体积等于石子的空隙所占体积减去胶凝材料浆体体积和透水预留空隙体积求得，则砂子用量计算公式如下：

$$S = [0.45 - (V_C + V_F + V_K + V_{W1} + V_A + V_{YL})] \cdot \rho_s$$
$$= [0.45 - (C/\rho_C + K/\rho_K + F/\rho_F + W_1/\rho_W + A/\rho_A + V_{YL})] \cdot \rho_s$$

$$= [0.45 - (151/3000 + 63/2400 + 101/1800 + 86/1000 + 9/1000 + 0.15)] \times 1660$$
$$= [0.45 - (0.0503 + 0.0263 + 0.0561 + 0.086 + 0.009 + 0.15)] \times 1660$$
$$= 0.0723 \times 1660$$
$$= 120 (kg)$$

2）砂子润湿用水量的确定　本设计用的砂子为干砂，故吸水率的取值下限为 5.7%，上限为 7.7%，代入式 4-28 和式 4-29：

$$W_{2min} = 120 \times 5.7\%$$
$$= 7 \ (kg)$$
$$W_{2max} = 120 \times 7.7\%$$
$$= 9 \ (kg)$$

由于砂石吸水率的变化，计算用水量在实际生产中要经常调整，而用水量直接决定有效水胶比，有效水胶比对透水混凝土的强度和透水性都有较大的影响。对确定的某一级配集料的水泥用量，有一最佳水胶比，此时透水混凝土才会具有最大的抗压强度。当水胶比小于这一最佳值时，水泥砂浆难以均匀地包裹所有的集料颗粒，工作性变差，达不到适当的密实度，不利于强度的提高；反之，如果水胶比过大，易产生离析，水泥浆会从集料颗粒上淌下，堵塞混凝土下部的开口孔隙，阻止水分通透，影响混凝土强度的均匀稳定性。在实际工作中常常根据现场情况来判定水胶比是否合适。具体方法就是取一些拌合好的拌合物进行观察，如果水泥砂浆在粗集料颗粒表面包裹均匀，没有水泥砂浆下滴现象，而且颗粒有类似金属的光泽，则说明水胶比较为合适。

8）总用水量的确定

胶凝材料所需的水量：$W_1 = 86kg$

润湿砂子所需的水量：$W_2 = 7 \sim 9kg$

润湿石子所需的水量：$W_3 = 26kg$

混凝土总的用水量：$W = W_1 + W_2 + W_3 = 119 \sim 121 \ (kg)$

（9）C25 高强透水混凝土配合比设计计算结果（表 11-9）

表 11-9　C25 高强透水混凝土配合比设计计算结果　　　　　　单位：kg

材料名称	水泥	粉煤灰	矿渣粉	砂子	石子	外加剂	砂子用水量	石子用水量	胶凝材料用水量
单方用量	151	101	63	120	1450	9	7～9	26	86

四、性能试验及结果分析

（一）掺细集料透水混凝土配合比的试验

在配比设计时经过定量计算掺入适量细集料的基础上，又根据试验数据分析砂率与透水混凝土性能的关系，确定细集料合理的掺量。

1. 试验用原材料

北京 P·O 42.5 水泥，10～20mm 碎石，模数 2.6 的中砂，复合外加剂，自来水。

2. 配合比计算

以相同的水泥用量、外加剂掺量为基础，设计配合比时定量预留开口孔隙。试验中采用相同的成型方式，试验配合比计算见表 11-10，试验数据见表 11-11。

表 11-10　1m³ 透水混凝土体积组成　　　　　　　　单位：dm³

序号	总孔隙	预留孔隙	水泥	水	外加剂	砂子
1	430	202.7	113	105	9.3	0
2	443	203.9	113	105	9.3	11.8
3	450	203.1	113	105	9.3	19.6
4	458	203.2	113	105	9.3	27.5
5	470	203.5	113	105	9.3	39.2
6	482	204.6	113	105	9.3	50.1
7	490	203.9	113	105	9.3	58.8
8	510	204.3	113	105	9.3	78.4

表 11-11　试验数据

序号	水泥 (kg/m³)	石子 (kg/m³)	砂子 (kg/m³)	水 (kg/m³)	外加剂 (kg/m³)	砂率 (%)	透水系数 (mm/s)	R_7 (MPa)	R_{28} (MPa)
1	350	1450	0	105	10	0	82	9.2	14.1
2	350	1420	30	105	10	2.0	83	11.5	17.2
3	350	1400	50	105	10	3.5	82	14.3	24.6
4	350	1380	70	105	10	5.0	75	18.9	33.5
5	350	1350	100	105	10	7.0	67	20.8	36.7
6	350	1320	130	105	10	9.0	68	23.5	43.3
7	350	1300	150	105	10	10.0	66	25.4	46.5
8	350	1250	200	105	10	14.0	61	27.3	47.1

3. 结果分析

从表 11-11 中的数据显示加入细集料，当砂率为 2.0% 时，对混凝土的强度和透水系数影响不大；当砂率为 3.5% 时，混凝土的强度显著变化；当砂率为 10% 时，混凝土内浆体与粗集料的粘结面积很大，强度与普通混凝土相当。

从上述试验结果可知，增加砂率，透水混凝土的强度增加，透水系数降低。

传统无砂大孔透水混凝土中没有细集料，透水性能好，但强度较低，适量的掺入细集料，在保证透水性能的基础上，提高了强度，为配制高强透水混凝土提供了新的思路，可以配制 C20～C40 透水混凝土。透水混凝土中掺加细集料，只能根据预留贯通开口孔隙率适量加入，不能盲目掺加。

（二）掺增稠粉配合比的试验

在配比设计时经过定量计算掺入适量增稠粉（含胶粉）的基础上，双依据试验数据分析增稠粉掺量与透水混凝土性能的关系，确定增稠粉的合理掺量。

1. 试验用原材料

北京 P·O 42.5 水泥，10～20mm 碎石，增稠粉（含胶粉），复合外加剂，自来水。

2. 配合比计算

以相同的水泥用量、外加剂掺量为基础，设计配合比时定量预留开口孔隙。试验中采用相同的成型方式，试验配合比计算见表 11-12，试验数据见表 11-13。

表 11-12　1m³透水混凝土体积组成　　　　　　　　单位：dm³

序号	总孔隙	预留孔隙	水泥	矿粉	增稠粉	水	外加剂
1	435	165.7	100	36	0	124	9.3
2	435	164.6	100	36	1.1	124	9.3
3	435	163.5	100	36	2.2	124	9.3
4	435	162.4	100	36	3.3	124	9.3
5	435	162.3	100	36	4.4	124	9.3
6	435	161.2	100	36	5.5	124	9.3
7	435	161.1	100	36	6.6	124	9.3
8	435	160.0	100	36	7.7	124	9.3

表 11-13　试验数据

序号	水泥 （kg/m³）	石子 （kg/m³）	矿粉 （kg/m³）	水 （kg/m³）	外加剂 （kg/m³）	增稠粉 （%）	透水系数 （mm/s）	R_7 （MPa）	R_{28} （MPa）
1	310	1440	90	124	10	0	78	7.9	13.4
2	310	1440	90	124	10	0.5	75	10.3	15.2
3	310	1440	90	124	10	1.0	79	15.7	25.1
4	310	1440	90	124	10	1.5	75	16.9	29.5
5	310	1440	90	124	10	2.0	77	18.9	32.8
6	310	1440	90	124	10	2.5	78	23.5	37.3
7	310	1440	90	124	10	3.0	76	24.9	36.5
8	310	1440	90	124	10	3.5	77	25.4	37.1

3. 结果分析

从表 11-13 中的数据可知，当增稠粉掺量为 0.5％时，对混凝土的强度和透水系数影响不大；当增稠粉掺量为 1.0％时，混凝土的强度有显著提高；当增稠粉掺量为 2.5％时，粗集料之间的粘结强度较高，配制的透水混凝土具有较高的强度；但是当增稠粉掺量由 2.5％增加到 3.5％时，透水混凝土的强度没有明显的提高，证明增稠粉的最佳掺量在 2.5％左右。

从上述试验结果可知：增加增稠粉，透水混凝土的强度增加，透水系数和孔隙率基本不变，并且增稠粉掺量为 1.0％～2.5％时，透水混凝土的强度随掺量增加而增加，当掺量超过 2.5％时，强度的提高不明显。

传统无砂大孔透水混凝土中没有增稠粉，透水性能好，但强度较低，适量的掺入增稠粉，在保证透水性能的基础上，增加了粗集料间的界面粘结强度，提高了混凝土的强度，可以配制 C20～C35 透水混凝土。在混凝土中掺加增稠粉，只能根据定量预留的开口孔隙率适量加入，当超过一定范围后，对透水性和孔隙率的影响不大，对混凝土提高强度不明显，在经济上不合理。

（三）施工推荐配合比

1. 掺加增稠粉透水混凝土配合比

增稠粉透水混凝土体积组成见表 11-14，配合比见表 11-15。

表 11-14　掺加增稠粉透水混凝土体积组成　　　　　　　单位：dm³/m³

序号	石子		水泥	矿粉	水	外加剂	增稠粉	预留孔隙
	体积	粒径（mm）						
1	566	6～8	100	34.6	125	10.3	4	160.1
2	547	10～20	100	34.6	120	10.3	4	184.1
3	528	16～25	100	34.6	115	10.3	4	208.1

表 11-15　掺加增稠粉透水混凝土配合比　　　　　　　单位：kg/m³

序号	石子		水泥	矿渣粉	拌合水	外加剂	增稠粉
	用量	粒径（mm）					
1	1500	5～10	310	90	125	12	10
2	1450	10～20	310	90	120	12	10
3	1400	16～25	310	90	115	12	10

注：以上配合比当各种原材料发生变化时可以根据质量进行调整，用水量可以根据石子吸水率及拌合物坍落度状况在生产时调整。

2. 掺加细集料透水混凝土配合比

（1）用水泥配制的掺加细集料透水混凝土

预留开孔混凝土体积组成见表 11-16，配合比见表 11-17。

表 11-16　预留开口孔混凝土体积组成　　　　　　　单位：dm³/m³

序号	石子		砂子	水泥	水	外加剂	预留孔隙
	体积	粒径（mm）					
1	566	5～10	23.5	135.5	120	10.8	144.2
2	547	10～20	23.5	135.5	120	10.8	163.2
3	528	16～25	23.5	135.5	115	10.8	187.2

表 11-17　预留开口孔混凝土配合比　　　　　　　单位：kg/m³

序号	石子		砂子	水泥	拌合水	外加剂
	用量	粒径（mm）				
1	1500	5～10	60	420	125	12.6
2	1450	10～20	60	420	120	12.6
3	1400	16～25	60	420	120	12.6

注：以上配合比当各种原材料发生变化时可以根据质量进行调整，用水量可以根据石子吸水率及拌合物坍落度状况在生产时调整。

（2）含掺合料的掺加细集料透水混凝土

预留开口孔混凝土体积组成见表 11-18，配合比见表 11-19。

表 11-18　预留开口孔混凝土体积组成　　　　　　单位：dm^3/m^3

序号	石子		砂子	水泥	矿粉	水	外加剂	预留孔隙
	体积	粒径（mm）						
1	566	5～10	23.5	103	27.5	120	10.5	149.5
2	548	10～20	23.5	103	27.5	120	10.5	191
3	528	16～25	23.5	103	27.5	115	10.5	216

表 11-19　预留开口孔混凝土配合比　　　　　　单位：kg/m^3

序号	石子		砂子	水泥	矿渣粉	拌合水	外加剂
	用量	粒径（mm）					
1	1500	5～10	60	320	80	120	12.6
2	1450	10～20	60	320	80	115	12.6
3	1400	16～25	60	320	80	110	12.6

注：以上配合比当各种原材料发生变化时可以根据质量进行调整，用水量可以根据石子吸水率及拌合物坍落度状况
在生产时调整。

五、工程应用

在以上研究的基础上，在试验室制作了透水混凝土试件送中国建筑材料科学研究总院进行检测。经测试，送检的透水混凝土试件用定水位法测得的透水系数达 76mm/s，抗压强度达 32 MPa、33.5MPa，孔隙率为 18％、21％，抗冻融循环 50 次，克服了无砂大孔透水混凝土强度不高、耐久性差的缺陷，达到研究设定的目标。

经过检测验证后，利用定量预留贯通开口孔隙设计法配制透水混凝土进行了小面积工程试验，混凝土强度在 28d 检测时达到 C25，经过几次降雨证明，雨水能迅速渗入地下，保持了土壤的湿度。该试验路面没有积水，夜间不反光，增加了路面的安全性和通行舒适性。使用后可以起到调节空间温度和湿度，改善城市热循环，缓解热岛效应的目的。透水混凝土的大孔隙率能降低车辆行驶时的路面噪声，创造舒适的交通环境。大量吸附城市污染物，减少扬尘污染，并且易于维护，空隙不会破损、不易堵塞。可以根据需要设计图案，充分与周围环境相结合，小面积工程试验非常成功。在小面积试验成功后，对奥林匹克森林公园南园、北园门区工程进行了施工共计 11.7 万平方米，当年工程竣工，经过了监理、业主、检监测部门的检测和验收，通过 8 年多的使用证明效果良好，得到了各界人士的好评。

图 11-1（1）～（4）为工程实例照片。

六、技术创新点

本项目技术的创新在于设计方法的科学性、控制指标的实用性，以及技术推广的可操作性。研究的高强度透水混凝土在奥林匹克森林公园得到了较大面积的成功应用，为国内大量推广该技术奠定了基础。本项目具有以下五个特点：

（1）科学地建立了降雨速度与混凝土的开口孔隙率和透水系数之间的对应关系，准确地解释了透水系数的科学内涵以及合理的取值范围。

（2）确认了透水混凝土的体积组成几何模型，阐述了无砂大孔透水混凝土强度与透水系

(1)   (2)

(3)   (4)

图 11-1　工程实例照片

数这一矛盾形成的根本原因。

（3）提出了定量预留开口孔隙方法设计混凝土透水的技术原理。实现了在配合比设计时直接定量预留贯通开口孔隙透水，保证了混凝土的透水性。

（4）提出提高透水混凝土强度的两种技术措施：一是在混凝土配合比其他组分不变的条件下，掺加少量细集料，扩大粗集料之间的粘结面积，增大粗集料之间粘结力，提高透水混凝土强度的机理及实施方法；二是在胶凝材料用量一定的条件下，添加适量增稠粉增大水泥浆黏稠度，使粗集料之间的粘结力变大，粘结强度提高，从而增加透水混凝土强度的机理及实施方法。从原理上解决了无砂大孔透水混凝土透水系数与强度之间的矛盾。

（5）搅拌过程提出水泥混合砂浆包裹石子工艺，实现胶凝材料和细集料能牢固地粘结在粗集料周围；在施工过程采用摊铺碾压工艺，减少了水泥砂浆的下沉，准确地塑造出贯通开口透水空隙。确保配制出透水系数大、强度高、耐久性优异的高强度透水混凝土。

七、经济效益和社会效益分析

（一）技术经济效益

采用定量预留开口孔隙设计法生产透水混凝土，既保证了混凝土的透水性又克服了传统无砂大孔透水混凝土强度低的不足，有利于透水混凝土的配合比设计、现场施工和质量控制。特别是在配制较高强度透水混凝土时，采用定量预留贯通开口孔隙法，无需任何特殊设备即可制得 10～45MPa 的透水混凝土。这种透水混凝土强度高、耐久性好，可承受恶劣环境的侵蚀，延长透水地面的使用寿命，特别适合于大面积的公园、居住小区以及公共设施的停车场所等。

按当时市场价格，每立方米透水砖含安装工时 600 元，并且透水砖强度只有 M7.5，采用预拌的预留开口孔隙透水混凝土进行整体施工，每立方米透水混凝土按照市场价 350 元计算，奥林匹克公园 200mm 地面铺装总共 11.7 万平方米，折合混凝土 2.34 万立方米，可以直接节约成本 585 万元，同时施工采用自卸车和摊铺机配合，大大提高了施工效率，保证了质量。

（二）社会环境效益

（1）增加城市露天地面透水透气面积，减轻集中降雨季节道路排水系统的负担。

（2）充分利用雨雪下渗，发挥透水性路基的蓄水功能，补充城区日益枯竭的地下水资源，增大地表相对湿度，保持土壤湿度，降低地表温度，调节城市气候，改善城市地表植物和土壤微生物的生存条件，缓解城市热岛效应，调整生态平衡。

（3）使用定量预留开口孔隙绿色环保透水混凝土铺设道路，可增加行走舒适性与安全性，吸收城市路面噪声，创造安静舒适的交通环境。

（4）定量预留开口孔隙透水混凝土大量预留的开口孔隙能够吸附城市污染物粉尘，减少扬尘污染。

（5）定量预留开口孔隙透水混凝土可以根据环境及功能需要设计图案、颜色，充分与周围环境相结合，便于大面积推广应用。

推广和应用透水混凝土是改善地下水环境，保持现代城市可持续发展的一条重要途径，具有明显的社会效益和环境效益。

第十二章 预拌现浇泡沫混凝土

一、预拌现浇泡沫混凝土介绍

(一) 技术背景

一直以来,中国市场上80%的保温材料都使用了在欧美已受限制或禁止的易燃材料,也正因为这些易燃的保温材料,南京中环国际广场、哈尔滨经纬双子星大厦、济南奥体中心、北京央视新址附属文化中心、上海胶州教师公寓和沈阳皇朝万鑫大厦等相继发生建筑外保温材料火灾,造成严重人员伤亡和财产损失,建筑易燃可燃外保温材料已成为一类新的火灾隐患。

美国、英国、荷兰、加拿大等欧美国家以及日本、韩国等亚洲国家,充分利用泡沫混凝土的良好特性,将它在建筑工程中的应用领域不断扩大,加快了工程进度,提高了工程质量。随着国家倡导的"环保节能型"建筑要求和建筑产业政策的逐步实施,泡沫混凝土以其良好的特性在我国得到快速发展和应用,年增长率约在8%以上,其中,尤其以现浇泡沫混凝土施工技术的应用最为突出。

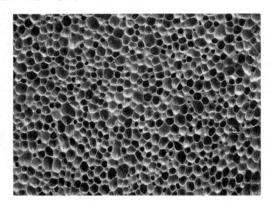

图 12-1 泡沫混凝土表面结构

现浇泡沫混凝土是用机械方法将泡沫剂充分发泡,再将泡沫加入到由水泥、集料(必要时掺入)、掺合料、外加剂和水制成的料浆中,经发泡机的泵送系统进行现场浇筑施工或模具成型,经自然养护所形成的一种含有大量封闭气孔的新型轻质保温材料,其表面结构如图12-1所示。它属于泡状绝热材料,突出特点是在混凝土内部形成封闭的泡沫孔,实现混凝土的轻质化和保温隔热化。

(二) 现浇泡沫混凝土的特点

1. 轻质高强

泡沫混凝土的密度小,常用泡沫混凝土的密度等级为280～1200kg/m³,相当于普通混凝土的1/2～1/10,抗压强度通常在0.2～7.5MPa之间,可根据建筑物设计要求生产出不同强度的泡沫混凝土产品。在建筑物的屋面、楼面、墙体、上翻梁填充等非承重部位使用该种材料,可显著降低建筑物自重,提高构件的承载能力。

2. 保温隔热

由于泡沫混凝土中含有大量封闭的细小孔隙,热工性能良好。密度等级在280～1200kg/m³范围的泡沫混凝土,导热系数为0.06～0.3W/(m·K)之间。采用泡沫混凝土作为建筑屋面、楼地面垫层及非承重填充材料,具有良好的保温节能效果。

3. 隔声性能佳

泡沫混凝土属多孔材料,具有良好的隔声性能,在建筑楼层、地下建筑顶层及其他领域，均可采用该材料作为隔声层。

4. 低弹抗震

泡沫混凝土的多孔性具有较低的弹性模量，对冲击荷载具有良好的吸收和分散作用。泡沫混凝土的轻质性，可有效降低建筑物 20％～40％ 的荷载，建筑物荷载越小，抗震能力越强。

5. 安全、防火、耐久性能佳

泡沫混凝土与建筑物基层材质相同，抗风压、耐冲击、耐候性好。泡沫混凝土为无机不燃材料，无论用于屋顶保温、地暖，还是室内垫层都不用担心防火问题。泡沫混凝土为水泥制品，性能稳定、寿命长，防潮、抗渗、整体性好，保质期在 50 年以上，与建筑主体寿命基本相同。

6. 生产便易，施工速度快

泡沫混凝土为水泥制品，所用水泥浆可现场搅拌，也可采用混凝土搅拌站集中搅拌并用混凝土运输车运送至施工场地，然后用专用泡沫混凝土设备发泡及泵送，即可在施工面直接浇筑成型，施工效率可达 35m³/台时，垂直输送高度可达 120m，既保证产品及施工质量、降低用工成本，又可大幅度缩短工期。

7. 原材料广泛

泡沫混凝土的主要原料为水泥、水、发泡剂，可添加矿渣粉、粉煤灰等矿物掺合料，也可添加砂、聚苯乙烯发泡颗粒、石粉作为集料等，原材料广泛，在任何地区都可以就地取材，现场生产，节约资源和成本。

（三）应用范围

泡沫混凝土生产工艺简单，产品质量可靠，应用技术不断发展，其现浇技术可应用在建筑工程的多个部位，工期短、效果好。应用范围如下：

（1）屋面保温层、找坡层一体化施工。

（2）楼层地暖或隔声垫层。

（3）地下室、桥梁、隧道等基坑填充及轻质混凝土填充。

（4）中高层建筑防火隔离带、框架结构非承重墙体、砌块。

（5）泡沫混凝土板外墙外保温、外墙内保温。

（6）工业管道保温、耐火炉窑现浇保温。

（7）轻质假山、盆景等景观工程。

二、现浇泡沫混凝土的关键技术及特点

（一）原材料选择与研制

1. 高性能复合发泡剂

目前国内常用的发泡剂有植物蛋白类、动物蛋白类及复合型发泡剂。传统的发泡剂制得的泡沫尺寸偏大、稳泡时间较短，严重影响水泥的水化而导致泡沫混凝土早期强度低，影响施工进度。本项目[*]在大量试验及现场应用的基础上，形成了特有的第四代复合型发泡剂，图 12-2 为该发泡剂现场发泡情况。

＊　本项目——本章指沈阳新世纪花园。

图 12-2　高性能复合发泡剂现场发泡

该发泡剂不再是单一的组分、单一的功能，而是多种功能组分的复合，如起泡、稳泡、早强、减缩等，尤其具有明显的早强作用，常温下 36h 自然养护后可上人。该发泡剂 pH 值在 7 左右，水中分散性好，产生的泡沫液膜坚韧、机械强度好，不易在浆体挤压下破灭或过度变形；泡沫稳定性好，液膜在浆体内长时间不易破裂，使泡沫水泥浆料终凝前保持封闭气孔状态，高压泵送 100m 以上不消泡，不塌落；发泡量大，每立方米泡沫数量高达数十亿个；泡径小且均匀，直径在 0.05～1mm 之间；以其生产的泡沫混凝土一壁三孔、孔壁光滑无破裂、气孔之间不相通、吸水率小于 5%；不使用甲醛、甲苯等有机溶剂，生产和使用中均不对环境产生污染。

2. 水泥

优先采用 P.O 42.5 普通硅酸盐水泥。这种水泥早期强度与后期强度均很高、水化热高、抗冻性好、抗渗性好，施工时泡沫混凝土的沉降值小，可在保持密度较小、保温性能好的前提下拥有较高的抗压强度，见表 12-1。

表 12-1　不同品种水泥生产的泡沫混凝土强度

水泥品种	水泥 3d 强度（MPa）	水泥 28d 强度（MPa）	泡沫混凝土干密度（kg/m³）	泡沫混凝土 28d 强度（MPa）
P.O 42.5	27.3	49.5	400	1.0
P.S 32.5	14.6	38.4	500	0.8

3. 轻集料

根据泡沫混凝土的使用部位及强度要求，可有选择地掺加轻集料。常用的轻集料依属性分为无机轻集料与有机轻集料两大类，技术特点及应用方向见表 12-2。其中，聚苯颗粒泡沫轻集料制成的混凝土为无机与有机双发泡体复合型保温材料，它在普通泡沫混凝土优点的基础上，充分利用双发泡复合型的特点，在保温隔声性、轻质高强性、抗冻耐久性等方面有更强的优势。

表 12-2　轻集料的分类与应用方向

类别	材料性质	主要品种	密度（kg/m³）	应用
无机轻集料	天然或人造的无机硅酸盐类多孔材料	浮石、火山渣、各种陶粒及矿渣等	1000～1900	填充、回填、上人屋面等
有机轻集料	天然或人造的有机高分子多孔材料	木屑、碳珠、聚苯乙烯泡沫轻集料	200～1000	填充、外墙保温、上人屋面等

4. 多功能复合外加剂

泡沫混凝土的保温性能依赖于孔的数量和结构，小而多的封闭孔是泡沫混凝土提高保温性能所必需的。但这也意味着孔壁厚度的减小，孔壁对多孔结构的支撑能力必然会下降，容易引起泡沫结构的崩塌。因此，干密度低的泡沫混凝土成型总是比干密度高的泡沫混凝土要困难一些。为解决这一难题，笔者研制了多功能复合外加剂，含有减水、早强、辅助成膜、保水等功能组分，大大提高了低干密度泡沫混凝土的成品率。

5. 防水剂

由于泡沫混凝土为无机多孔材料，吸水率一般较高。为了降低吸水率，可用外涂或内掺的方法添加防水剂。内掺防水剂一般为水溶性材料，外涂防水剂一般为有机硅防水乳液。

6. 纤维

为了提高泡沫混凝土的抗拉性能，减少收缩与开裂，必要时可适量掺加短纤维，如聚丙烯纤维、尼龙纤维等。

（二）配合比设计

按照工程对泡沫混凝土的强度、密度、热导率、浇筑稳定性等技术要求进行基本的配合比设计，确定水泥、掺合料、发泡剂、外加剂和水共 5 种基本材料用量，其设计过程如图12-3 所示。

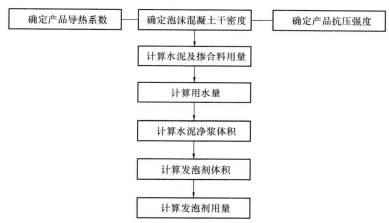

图 12-3　现浇泡沫混凝土配合比设计流程

按照图 12-3 所示配合比设计流程计算出试验室配合比，然后依据试验及生产实践进行调整，表 12-3～表 12-5 给出了实际工程中采用不同水泥用量、轻集料的泡沫混凝土配合比。

表 12-3　普通硅酸盐水泥泡沫混凝土配合比　　　　　单位：kg/m³

干密度级别	水泥用量	水	泡沫剂（按1:20加水稀释，发泡倍数为30计算）
300	250	125	1.41
400	333	166	1.29
500	417	208	1.17

表 12-4　硫铝酸盐水泥泡沫混凝土配合比　　　　　单位：kg/m³

干密度级别	水泥用量	水	泡沫剂（按1:20加水稀释，发泡倍数为30计算）
300	214	107	1.47
400	286	143	1.36
500	357	178	1.26

表 12-5　聚苯乙烯颗粒泡沫混凝土配合比　　　　　　　单位：kg/m³

干密度级别	普通硅酸盐水泥用量	水	泡沫剂（按 1：20 加水稀释，发泡倍数为 30 计算）	聚乙烯颗粒（kg/m³）
300	250	125	1.41	3
400	333	166	1.29	3
500	417	208	1.17	3

（三）技术特点及生产设备的选用

目前，一般的现浇泡沫混凝土生产都是在施工现场以袋装水泥及掺合料投入搅拌筒内，同时加入水，制成浆体，通过高压泵送同时带走水与发泡剂的稀释液发制成的泡沫而浇筑至指定部位的具有保温功能的特种轻质混凝土。

1. 过去现浇发泡混凝土缺点

（1）胶凝材料与水的计量只能通过袋数及肉眼观察稠度来估算，无法实现精准计量。

（2）胶凝材料在施工现场投料，形成大量粉尘，无环保措施，不符合现代绿色混凝土生产需要。

（3）胶凝材料在施工现场由大量工人操作，生产效率低下，对生产成本及管理有较大压力。

（4）发泡剂使用量通过每次操作前的试泡、观察，确定使用量，没有实时的计量。

2. 现在现浇发泡混凝土优点

针对传统的现浇发泡混凝土缺点，结合实际生产状况，在本项目生产过程中进行如下改进：

（1）发泡混凝土作为商品混凝土的一项特种产品，借助搅拌站资源，实现胶凝材料与水拌合，在搅拌站内形成准确计量配比的浆体，通过混凝土运输车运至施工现场，避免了计量不准、扬尘等缺点，并减少了劳动力消耗。

（2）对目前市场上的发泡机进行改造，原有适合搅拌浆料的上料筒、搅拌筒取消，代之以泵车受料斗装置。

（3）发泡剂的计量装置安装液体流量表，管路中浆体出料的速率与发泡剂输出量相对应，实现了发泡机实时计量目标。

以新型 FP-J100 型水泥发泡泵送机为基础改造后，如图 12-4 和图 12-5 所示。它体积小、质量轻，操作使用简便并采用先进的控制技术，配合混凝土搅拌站集中搅拌水泥浆及专用运输车运送水泥浆至施工现场，实现了原材料精准配置，大大提高了泡沫混凝土的生产速度，每小时产量可达 35m³。

图 12-4　泡沫混凝土发泡泵送设备　　　　图 12-5　浆体受料斗及袋装水泥上料器

三、现浇泡沫混凝土的生产

(一)生产工艺

泡沫混凝土的生产包括泡沫制备、泡沫混凝土混合料制备、浇筑成型、养护、检验等过程,其中重点工序为泡沫混凝土料浆的混合,应严格控制泡沫加入量与水胶比,并保证搅拌均匀、粉状原材料分散良好。发泡剂控制装置如图 12-6 所示,泡沫混凝土的生产基本工艺过程如图 12-7 所示。

(二)技术指标

采用本项目技术生产的现浇泡沫混凝土已成功用于多项保温及回填工程,泡沫混凝土的

图 12-6　发泡剂控制装置

各项技术指标完全符合《泡沫混凝土》JG/T 266—2011 标准要求,表 12-6、表 12-7 分别给出了普通泡沫混凝土、聚苯颗粒泡沫混凝土的技术指标,该指标为第三方检测机构试验结果,取样方式为现场取样。

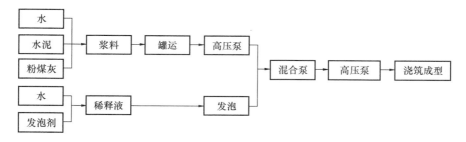

图 12-7　现浇泡沫混凝土生产的基本工艺流程

表 12-6　普通泡沫混凝土性能指标

性能 \ 型号	SMT-300	SMT-400	SMT-500	SMT-600	SMT-700	SMT-800	SMT-900
干密度等级	A03	A04	A05	A06	A07	A08	A09
干密度（kg/m³）	≤300	≤400	≤500	≤600	≤700	≤800	≤900
导热系数 W/(m·k)	≤0.08	≤0.10	≤0.12	≤0.14	≤0.18	≤0.21	≤0.24
抗压强度(MPa)	≥0.30	≥0.40	≥0.60	≥0.80	≥1.00	≥1.50	≥2.50
燃烧性能	不燃						

表 12-7　聚苯颗粒泡沫混凝土性能指标

性能 \ 型号	WMT-250	WMT-350	WMT-450	WMT-550	WMT-650	WMT-750	WMT-850
干密度等级	A03	A04	A05	A06	A07	A08	A09
干密度(kg/m³)	200~299	300~399	400~499	500~599	600~699	700~799	800~899
导热系数 W/(m·k)	≤0.055	≤0.060	≤0.080	≤0.100	≤0.12	≤0.15	≤0.20
抗压强度(MPa)	≥0.3	≥0.4	≥0.60	≥0.9	≥1.10	≥1.20	≥1.40
燃烧性能	A2 级						
抗冻性(%)	质量损失≤5、强度损失≤25						

四、泡沫混凝土现场施工及其他注意事项

（一）施工注意事项

现浇泡沫混凝土的施工过程一般由基层施工人员按设计或图纸要求定出厚度和高低点、浇水湿润、生产泡沫混凝土、按施工顺序浇筑成型、养护、检验和成品保护等环节组成，每个环节均应由相关技术人员严格把关，实现规范化操作，并应注意以下六点：

（1）泡沫混凝土混合料制备过程中必须严格控制用水量，不得随意增减，应充分搅拌均匀，不得出现大于1mm团聚颗粒。

（2）施工用水必须采用自来水，严禁含酸性物质的水掺入发泡剂中，以免产生化学反应，影响发泡剂的发泡效果。

（3）泡沫混凝土的施工环境气温宜在5℃以上，并应避免在雨天、烈日高温条件下施工。

（4）泡沫混凝土的流动性较大，当屋面的坡度大于2％，用泡沫混凝土进行找坡施工时必须采用模板辅助。

（5）泡沫混凝土施工必须在有专业知识的技术人员指导下进行，对每道工序严格把关，确保施工质量。

（6）泡沫混凝土及细石混凝土防水保护层内埋设的各种预埋件、预留孔（水管、排水孔等），应在浇筑混凝土前做好，严禁在保护层上凿孔打洞，不得在保护层内埋设管线。

（二）其他注意事项

1. 机具管理

（1）泡沫混凝土施工所使用的机具如泡沫混凝土发泡机、水管、水泵、铁锹、卷尺、线绳、水桶等。运至施工现场后，应由专业电工进行检测、调试、确定无故障后，方可进行施工。

（2）专用机具必须设置专用的配电箱，配电箱配置有如下规定：

1）配电箱内必须设置空气漏电开关，动作时间不得大于0.1s，额定电流应与电动机功率相配。

2）配电箱内不得设置照明用插座，避免使用380V电压作照明用。

3）每个配电箱必须设置接地、接零、保护装置。

4）每个配电箱必须安装锁，不用时必须切断电源，并锁好配电箱门。

（3）施工用电缆必须符合要求，必须架空，不得随意拖地，架空时不得使用金属作杆件，应采用三相五线制。

（4）购买空气压缩机时应按使用规格购买，不得使用大容量、大功率的空压机。

（5）空压机使用前应先运行，检查压力表，并按说明书要求调节好施工使用的压力。

（6）空压机连接接头应牢固可靠，不得松动。

（7）空压机使用过程中，每天应定期排放空气中过滤的水分。

（8）定期（一个月）对空压机进行保养。

（9）在使用过程中，泡沫出料口绝不允许对准工人，以免伤人。

2. 发泡剂的使用管理

（1）操作工人在加发泡剂时应戴好橡胶手套，尽量做到不直接与皮肤接触。

（2）若不小心在手或脚等部位沾染发泡剂时，应随即用清水冲洗。

（3）不允许发泡剂直接与眼睛接触。

（4）若在施工过程中发泡剂的泡沫喷到工人头部时，应立即用清水冲洗。

3．安全操作

（1）工人进入工地施工前，必须对工人进行安全技术交底，并签名，交底内容应齐全、完善、有针对性。

（2）进场工人应做好三级教育，并写好登记卡，注明受教育日期。

（3）进场工人必须统一穿工作服，配好安全帽及工作雨鞋。

（4）使用升降机或塔吊，必须由总包方专业人员负责指挥。

（5）泡沫混凝土操作工人上下楼梯时不得乘坐升降机或塔吊吊篮，施工前应委托总包方机修人员对升降机、塔吊的钢丝绳和防坠落装置仔细检查并及时更换。

五、工程应用

（一）施工部位

本项目实施案例之一位于沈阳新世界花园二期 B 区，现浇泡沫混凝土主要用于以下两种部位：

1．保温层兼找坡层

采用以聚苯颗粒为粗集料的泡沫混凝土作为屋面及车库顶板的保温层及找坡层，技术要求如下：

（1）屋面保温层兼找坡层最薄 150mm（密度为 300kg/m³），找坡 2%。

（2）车库顶板保温层兼找坡层最薄 80mm（密度为 300kg/m³），找坡 0.3%，导热系数为 0.055W/(m·K)，抗压强度达到 0.4MPa，干密度 300～400kg/m³。

（3）屋面保温系统的最薄弱保温部位的最小热阻应符合辽宁省地方标准《居住建筑节能设计标准》（DB21/T 1476—2006）及《公共建筑节能设计标准》（DB21/T 1477—2006）的有关规定。

2．园林假山及其他景观区域的填充用泡沫混凝土

此区域所用泡沫混凝土为无集料泡沫混凝土，技术要求如下：

（1）湿密度小于 600kg/m³，抗压强度大于 0.5MPa。

（2）假山区域的泡沫混凝土填筑高度为 0.3～3.0m，覆土厚度 2.0～4.0m；消防车道及消防登高场地，在其平面投影向外各延伸 1.0m 的范围内，填筑 1.0m 高的泡沫混凝土，覆土厚度从地下室顶板算起不大于 2.0m。

（3）泡沫混凝土间距 15m 设置变形缝，缝宽 20mm。

（二）施工组织

根据工程的特点，经工程部人员对施工现场进行实地勘察，并仔细核对施工工程量，了解总承包方的施工工期，并结合工程的施工难易程度，每台设备安排如下劳动力进行施工，见表 12-8。

在施工过程中，针对该工程技术要求高、品种多样、日需求量大的特点，在前期试生产中做了大量细致的工作，成立专门技术攻关小组，在原发泡设备的基础上，依据自身特点，采用大型搅拌机组预制水泥浆料，水泥运输车连续运至施工现场，工地投入 8 套发泡泵送机

组连续作业，实现了日供应 1000m³，保证了施工进度，并且泡沫混凝土的各项技术指标均达到了工程验收要求，具体布置见表 12-9。

表 12-8　劳动力安排及分工表

分项工程名称	工种	人数	到位时间	备注
泡沫混凝土保温工程	运输工（司机）	1	按总包方要求进场	
	加料工（聚苯颗粒等）	2	按总包方要求进场	
	发泡工（操作员）	1	按总包方要求进场	

表 12-9　设备机具一览表

序号	设备或工具名称	单位	数量	用途	备注
1	第六代自动化机械	台	1×8	料浆制备、泵送	
2	泡沫剂料桶	个	5×8	发泡剂稀释	
3	扫帚	把	6×8	清扫场地	
4	铁锹	把	1×8	粉状原料上料	
5	水管	套	1	输送生产用水	
6	上料管	m	70×8	输送料浆	
7	电缆电线工具配件	套	1	现场配电	

第十三章　含石粉机制砂混凝土

一、技术背景

（一）技术背景

伴随着我国建筑市场的快速发展，建筑用砂需求量越来越大，天然砂已经不能满足建筑市场的需求，另外我国对环境保护的要求越来越高，很多地区已经禁止开采天然砂石。在这种背景下，机制砂的使用已非常普遍。机制砂是指经除土开采、机械破碎、用制砂机筛分制成的公称粒径小于 5.00mm 的岩石（不包括软质岩和风化岩）颗粒。

但是在高速铁路和高速公路的修建过程中，由于自然环境和运输条件的限制，没有天然砂，施工现场收到的只有级配很差的人工砂石，砂子的细度模数符合标准要求，但是砂子的组成当中粗颗粒较粗，细的石粉比例超高，给混凝土配制带来了极大的困难。

（二）人工砂生产中石粉的处理方法

1. 干粉的收集、处理及合理使用

人工砂在生产过程中产生大量的粉末及扬尘，既影响工作环境又浪费资源。为了从根本上解决这个问题，砂石生产企业主要通过在破碎设备上部安装除尘设备的办法解决这个问题，治理扬尘的效果较好，但是由于收尘量大，干粉的处理变成了一个严重的问题。经过多年研究，经过除尘设备收集到的干石粉虽然没有反应活性，但是由于具有很大的比表面积，加入水泥代替部分混合材，由于粒径和粒形与水泥颗粒之间具有良好的填充互补性，可以明显提高水泥的早期强度，最佳掺量为 4%～8%。用于混凝土的配制，代替部分混凝土矿物掺合料，能够充分发挥填充效应，可以明显改善混凝土拌合物的工作性，提高混凝土的早期强度，最佳掺量为胶凝材料的 5%～10%。

2. 湿粉的收集及合理利用

在水资源比较充分和可以循环利用的企业，为了从根本上解决砂石破碎产生的石粉和扬尘问题，砂石生产企业主要通过在破碎设备上部安装淋水除尘设备以及冲洗石粉的办法解决这个问题，治理扬尘的效果较好，对于淋水除尘和冲洗形成的湿粉料首先进入沉降池，待装满池子上层水分蒸发后，将湿石粉按比例加入较粗的砂子用来调整砂的细度模数。经过水洗的石粉虽然没有反应活性，但是由于颗粒形状变成了圆球形，根据相似相容的原理，这些颗粒进入混凝土配制的拌合物时，具有很好的润滑和填充作用，可以明显改善混凝土拌合物的和易性，提高混凝土的早期强度，湿石粉在粗砂子中的掺量范围在 5%～30% 之间。

（三）模数较大的人工砂应用的思路

经过近十年的研究证明，掺加湿石粉，细集料的级配及颗粒形状、大小对混凝土的工作性产生很大的影响，从而影响混凝土的强度。良好细集料可用较少的用水量制成流动性好、离析、泌水少的混凝土，达到增强或节约水泥的效果。生产预拌混凝土所用细砂子应当具备以下条件：①空隙率小，以节约水泥。②比表面积要小，以减少润湿集料表面的需水量。③要含有适量的细颗粒（0.315mm 以下），以改善混凝土的保水性和增加混凝土的密实度以及黏聚性，有利于克服混凝土的泌水和离析。④颗粒表面光滑且成圆球形，减小混凝土的内摩擦力，增加混凝土的流动性。人工砂的主要特点：（1）基本为中粗砂，含有一定量的石粉。（2）筛余基本满足天然砂Ⅰ区、Ⅱ区要求，0.315mm以下颗粒一般低于20%，因此机制砂自身的空隙率一般较大，颗粒粒型多呈三角体或方矩体，表面粗糙，棱角尖锐，且针片状多。所以人工砂单独作为细集料在混凝土中使用效果较差，特别是在泵送混凝土中使用表现尤为明显。而细砂的特点是0.315mm以下颗粒过多，造成细砂比表面积较大，在混凝土中引起需水量上升，从而使混凝土强度下降。解决人工粗砂应用的第一个思路是按一定比例将人工砂和细砂混合后的混合砂能弥补两者的不足，可使混合砂颗粒总体粒形、空隙率、比表面积均得到改善，并能在混凝土中取得良好的效果。试验中可以将人工砂与细砂按1：1混合后，混合砂细度模数调整到2.2～2.8之间，0.315 mm以下颗粒含量，级配基本符合Ⅱ区砂的要求，实现人工粗砂与细砂的合理搭配。对于没有细砂的情况，解决人工粗砂应用的思路是将生产过程中收集到的石粉充分润湿使之变成圆球形，按比例加入较粗的人工砂，这时测量砂的细度模数虽然没有明显的变化，但是利用这种砂子配制的混凝土拌合物黏聚性、包裹性特别好，观察外观质量，混凝土拌合物不离析、不泌水，不扒地、不抓地，泵送时泵压小，特别有利于泵送施工，这时湿石粉在人工砂中的掺量最高可达30%。

（四）石粉对混凝土质量的影响

1. 对工作性的影响

砂子中的石粉含量较高，由于石粉是细粉末，与胶凝材料具有相同的吸水性能，而在配合比设计时，没有考虑石粉的吸水性能，所以这些石粉需要等比例的水量才能达到表面润湿，同时润湿之后的石粉也需要等比例的外加剂达到同样的流动性。这就是相同配比的条件下，当外加剂和用水量不变时，石粉含量由2%提高到10%以上时，会导致胶凝材料的实际水胶比和外加剂的实际掺量均小于设计计算值，使混凝土初始流动性变差、坍落度经时损失变大。在生产过程中，为了实现混凝土拌合物的工作性不变，则生产用水和外加剂的掺量增加。

2. 对强度的影响

在人工砂的生产过程中，可能会同时掺入一定量的泥，按照传统的含泥量检测方法不能区分石粉和泥的含量，给生产和使用都带来了一定的困难，《建筑用砂》GB/T 14684—2011特别规定在石粉含量测定前先要进行亚甲蓝MB值测定或进行亚甲蓝快速试验，以此来判别泥的含量。石粉与泥是两种不同的物质，其成分不同，颗粒分布也不同，在混凝土中发挥的作用也不同。泥没有水泥的水化能力，不能像水泥一样和集料相互结合产生强度；不能像砂、石一样在混凝土中起骨架作用，只相当于在水泥石中引入了一定数量的空洞和缺陷，增加了水泥石的空隙率，并且这些孔大多在几十到几百微米的范围内，甚至更大，严重影响水泥石的强度；泥质组分大幅度增加了混凝土的用水量，加大了混凝土的实际水胶比，降低了水泥石的强度。

而适量的石粉能起到非活性填充料作用，增加浆体的数量，减小水泥石的空隙率，使水泥石更密实，由此提高了混凝土的综合性能，同时由于浆体的增加，改善混凝土的和易性，从而提高了混凝土强度，来弥补人工砂表面形状造成的和易性下降和用水量上升造成的强度下降。

3. 有效水胶比

石粉含量的增加，引起混凝土拌合物的实际用水量增加，但混凝土强度并没有下降趋势，这是由于胶凝材料的有效水胶比没有发生变化，石粉含量在一定范围内石粉含量增加，混凝土强度同样上升。石粉掺量为5％～20％的混凝土拌合物比人工砂配制的混凝土拌合物和易性明显改善，泌水少且易于振实。因此，适量掺加石粉的人工砂在泵送混凝土生产中，虽然用水量增加但胶凝材料的有效水胶比没有发生变化，石粉对增加混凝土泵送性能十分有利，能有效提高混凝土和易性及减少泌水量，且混凝土强度不会下降。

二、配合比设计用原材料

（一）机制砂

1. 级配

机制砂的级配应符合表13-1的规定。

表 13-1　机制砂的级配

公称粒径（mm）		5.00	2.50	1.25	0.63	0.315	0.16
累计筛余（％）	上限	0	0	20	40	60	80
	下限	5	20	50	70	80	100

注：除公称粒径5.00mm的累计筛余外，其余公称粒径的累计筛余可超出分界线，但总超出量不应大于5％。

机制砂的颗粒级配，可采用人工的级配方法。

机制砂中通过0.315mm筛孔的颗粒含量不应少于15％。

2. 石粉的含量

石粉的含量应符合表13-2的规定。

表 13-2　机制砂的石粉含量

混凝土强度等级		C60～C45	C40～C25	≤C20
MB＜1.4	石粉含量	7	10	14
MB≥1.4	（％），≤	2.0	3.0	5.0

3. 使用要求

当机制砂的颗粒级配及石粉含量不符合要求时，应采取相应的技术措施，并经试验证实能确保混凝土质量允许使用。

4. 泥块含量

机制砂的泥块含量应符合表13-3的规定。

表 13-3　机制砂的泥块含量

混凝土强度等级	C60～C45	C40～C25	≤C20
泥块含量（％）	≤0.5	≤1.0	≤2.0

注：对于有抗渗或有膨胀率要求的小于或等于C20混凝土用机制砂，其泥块含量应不大于1.0％。

5. 总压碎值

机制砂的总压碎值指标应符合表13-4的规定。

6. 石灰岩强度

用于制作机制砂的石灰岩强度不得低于 80MPa。合同另有约定时，应按合同约定处理。

7. 机制砂中氯离子含量

机制砂中氯离子含量应符合下列规定：

（1）对于钢筋混凝土用机制砂，氯离子含量不得大于 0.06%（以干砂的质量百分率计）。

表 13-4　压碎值指标

混凝土强度等级	C60～C45	C40～C25	≤C20
压碎指标值（%）	<25	≤30	≤35

（2）对于预应力混凝土用机制砂，其氯离子含量不得大于 0.02%（以干砂的质量百分率计）。

8. 验收比

机制砂应按 1000t 作为一个验收批，按批检验机制砂的颗粒级配、粉体含量、MB 值、泥块含量及总压碎值指标。机制砂的验收、堆放、取样及检验方法按《普通混凝土用砂、石质量及检验方法标准》（JGJ 52—2006）的标准规定执行。长期处于潮湿环境的重要结构混凝土用砂，应进行碱活性检验。

（二）水泥

应使用通用硅酸盐类旋窑散装水泥。宜采用普通硅酸盐水泥，质量应符合《通用硅酸盐水泥》（GB 175—2007）的技术要求。水泥进场后，应按批检验其强度、安定性和凝结时间，必要时还应检验其他性能指标。同一生产厂家、同一品种、同一等级、同一批号且连续进场的水泥，应按批抽检，批号按水泥出厂的编号为一个批号。每批号抽样不少于一次。水泥进场时，应有质量证明文件。7d 内应收到水泥厂寄出除 28d 强度以外各项检验结果，32d 内水泥厂应送给搅拌站 28d 强度检验结果。装过其他粉状材料（如粉煤灰、磨细矿渣粉、低强度等级水泥、其他品种水泥）的罐车装运水泥前，水泥供应商应采取措施，将罐体内的残留物清除。

（三）粉煤灰

粉煤灰的质量应符合《用于水泥和混凝土中粉煤灰》（GB/T 1596—2005）的技术要求。用于钢筋混凝土结构，有抗渗、抗裂要求的混凝土工程所用的粉煤灰，其质量不宜低于 II 级；用于预应力混凝土工程的粉煤灰，应采用 I 级粉煤灰。

组批与取样应以连续供应的 200t 相同等级、相同种类的粉煤灰为一组批，不足 200t 按一个组批论。若该厂生产的粉煤灰质量稳定，且长期供应者，可以 400t 作为一个组批。每一组批为一个取样单位，取样应有代表性。取样方法按《水泥取样方法》（GB/T 12573—2008）的有关规定实行。

粉煤灰取代水泥的限量及掺粉煤灰混凝土的生产应符合《粉煤灰混凝土应用技术规范》（GB/T 50146—2014）的技术要求的规定。

粉煤灰进场后应按批抽检其细度、需水量比、烧失量及其他应检测的项目。

（四）磨细矿渣粉

磨细矿渣粉的质量应符合《用于水泥和混凝土中的粒化高炉矿渣粉》（GB/T 18046—

2008）的技术要求，质量低于 S75 的磨细矿渣粉不得用于混凝土结构工程。

编号与取样应按生产厂家一个编号为一个取样单位。若该厂生产的磨细矿渣粉质量稳定，且搅拌站的日使用量超过一个编号的磨细矿渣粉数量时，可以允许二个编号作为一个取样单位，应在供需合同中予以明确。取样方法按《用于水泥和混凝土中的粒化高炉矿渣粉》（GB/T 18046—2008）的相关规定实行。

磨细矿渣粉进场后，应按批抽检其活性指数、含水量，必要时还应抽检流动度比、比表面积、烧失量、三氧化硫等技术指标。

磨细矿渣粉在混凝土中的掺量宜控制在磨细矿渣粉与水泥总量的 30% 以内。经试验验证，确认超量掺入对混凝土质量不受影响时方可实施，其掺量应在试验值范围内。

（五）外加剂

预拌机制砂混凝土掺用的混凝土外加剂应符合《混凝土外加剂》（GB 8076—2008）和《混凝土外加剂应用技术规范》（GB 50119—2013）的有关规定。外加剂的品种与掺量应根据环境温度、施工要求、运输距离、停放时间、混凝土的强度等级等经试验确定。按生产厂家提供的供货单的编号作为取样的一个单元，每一取样单元的试样必须混合均匀。外加剂进场时，应具有质量证明文件。外加剂进场后应按批进行复检。复检项目应符合（GB 50119）《混凝土外加剂应用技术规范》的规定，合格后方可使用。

（六）石子

石子的质量应符合《普通混凝土用砂、石质量及检验方法标准》（JGJ 52—2006）对石子的质量要求。针片状颗粒含量不宜大于 10%。石子的最大颗粒粒径应符合《混凝土结构工程施工质量验收规范》（GB 50204—2015）和《混凝土泵送施工技术规程》（JGJ/T 10—2011）的有关规定。

同一生产厂家，同规格的石子分批验收，以 600t 或 400m³ 为一验收批。不足者应按一验收批进行验收。同一集料生产厂家能连续供应质量稳定的石子时，可放宽到 1000t 为一验收批。应按验收批检验石子的颗粒级配，含泥量、泥块含量及针片状颗粒含量。对于重要工程或特殊工程，应有合同约定增加检测项目。对其他指标合格性有怀疑时，应予检验。

长期处于潮湿环境的重要结构混凝土用石，应进行碱活性检验。

（七）拌合用水

混凝土拌合用水和养护用水应符合《混凝土拌合用水》（JGJ 63—2006）的规定。当采用饮用水作为混凝土用水时，可不检验。

三、含石粉机制砂混凝土配合比设计

（一）配合比设计思路

混凝土的技术指标包括混凝土的工作性、强度及耐久性。在混凝土配比设计中，混凝土耐久性的控制主要以合理用水量与最佳填充两项指标来控制。

预拌机制砂混凝土的配合比，除必须满足混凝土设计强度、工作性和耐久性的要求外，还应使混凝土满足可泵性要求。在泵压作用下，混凝土拌合物通过管道输送，实践证明可泵性差的混凝土是难以泵送的，因此泵送混凝土主要在胶凝材料用量、外加剂的品种与用量、混凝土拌合物的工作性、包裹性等方面应满足预拌混凝土的可泵性要求，这是与普通混凝土

配合比设计的主要不同之处。在以上条件下应采用多组分混凝土理论计算方法设计含石粉机制砂混凝土配合比。预拌机制砂混凝土配合比设计应符合《普通混凝土配合比设计规程》(JGJ 55—2011) 的有关规定，并应根据混凝土原材料、混凝土运输距离、混凝土输送管径、泵送距离、气温等具体施工条件试配，必要时可通过试泵确定混凝土配合比。

（二）配合比设计方法举例

［例 13-1］

设计要求：C40 混凝土，坍落度 $T=240$，抗渗等级 P10，抗冻等级 D50

原材料参数：P·O 42.5 水泥 $R_{28}=49\text{MPa}$，细度 0.08mm 方孔筛筛余 3%，标准稠度需水量 $W=27\text{kg}$

胶凝材料的比表面积：$S_c=320\text{m}^2/\text{kg}$，$\rho_C=2.4\times10^3\text{kg/m}^3$，$S_F=150\text{m}^2/\text{kg}$

胶凝材料的密度：$\rho_{C0}=3.0\times10^3\text{kg/m}^3$ $\rho_k=2.4\times10^3\text{kg/m}^3$，$\rho_F=1.8\times10^3\text{kg/m}^3$

胶凝材料的需水量比：$\beta_F=1.05$，$\beta_K=1.0$

胶凝材料的活性系数：$\alpha_1=1.0$，$\alpha_2=0.67$，$\alpha_3=0.8$

外加剂减水率 $n=15\%$

砂子：紧密堆积密度 1850kg/m^3

机制砂：$M=3.31$；中砂：$M=2.5$；细砂：$M=1.9$

石子：碎石为 5～25mm，堆积密度 1650kg/m^3，空隙率 42%，吸水率 1%，表观密度 2845kg/m^3

1）配制强度的确定

将 $f_{cu,k}=40\text{MPa}$、$\sigma=4\text{MPa}$，代入式 4-11：

$$f_{cu,0}=40+1.645\times4$$
$$=46.5(\text{MPa})$$

2）水泥强度 σ 的计算

由于配制设计强度等级的混凝土选用的水泥是确定的，在基准混凝土配比计算时，取水泥为唯一胶凝材料，则 σ 的取值等于水泥标准砂浆的理论强度值 σ，计算如下：

1）水泥在标准胶砂中体积比的计算是将标准砂密度 $\rho_{S0}=2700\text{kg/m}^3$、拌合水 $\rho_{W0}=1000\text{kg/m}^3$、水泥密度 $\rho_{C0}=3.0\times10^3\text{kg/m}^3$ 及已知数据（C_0、S_0、W_0）代入式 1-1：

$$V_{C0}=(450/3000)/(450/3000+1350/2700+225/1000)$$
$$=0.15/(0.15+0.500+0.225)$$
$$=0.15/0.875$$
$$=0.171$$

2）水泥标准稠度浆体强度的计算是将水泥实测强度值 $R_{28}=49\text{MPa}$、$V_{c0}=0.171$ 代入式 1-2：

$$\sigma=49/0.171$$
$$=287(\text{MPa})$$

（3）水泥基准用量的确定

标准稠度水泥浆体的表观密度值计算是将 $W=27\text{kg}$、$\rho_{C0}=3.0\times10^3\text{kg/m}^3$ 代入式 1-3：

$$\rho_0=3000\times[1+27/100)/[1+3000\times(27/100000)]$$

$$=2105(\text{kg})$$

每兆帕混凝土对应的水泥浆体质量的计量是将 $\rho_0=2105\text{kg}$、$\sigma=287\text{MPa}$ 代入式 1-4：

$$C=2105/287$$
$$=7.3(\text{kg/MPa})$$

将 $C=7.3\text{kg/MPa}$、$f_{cu,0}=46.5\text{MPa}$ 代入式 4-12 中，混凝土基准水泥用量 C_{01} 为：

$$C_{01}=7.3\times46.5$$
$$=339(\text{kg})$$

（4）胶凝材料的分配

本设计中填充效应的作用小于反应活性，因此在胶凝材料分配过程中只考虑反应活性。预先设定 $X_C=70\%$、$X_F=10\%$、$X_K=20\%$ 时，计算出水泥、粉煤灰和砂渣粉对应的基准水泥用量：

$$C_{0C}=C_{01}\cdot X_C=339\times70\%$$
$$=237(\text{kg})$$
$$C_{0F}=C_{01}\cdot X_F=339\times10\%$$
$$=34(\text{kg})$$
$$C_{0K}=C_{01}\cdot X_K=339\times20\%$$
$$=68(\text{kg})$$

再用对应的水泥用量分别除以胶凝材料对应的活性系数 α_1、α_2 和 α_3，即可求得准确的水泥 C、粉煤灰 F 和矿渣粉 K 用量，计算为（见式 4-17、式 4-18 和式 4-19）：

$$C=C_{0c}/\alpha_1$$
$$=237/1.0$$
$$=237(\text{kg})$$
$$F=C_{0F}/\alpha_2=34/0.67$$
$$=51(\text{kg})$$
$$K=C_{0K}/\alpha_3=68/0.8$$
$$=85(\text{kg})$$

计算求得：水泥用量 $C=237\text{kg}$，粉煤灰用量 $F=51\text{kg}$，矿渣粉用量 $K=85\text{kg}$。

（5）外加剂及用水量的确定

1）胶凝材料需水量的确定　通过以上计算求得水泥、粉煤灰和矿渣粉的准确用量后，按照胶凝材料的需水量比（$Si=0$）代入式 4-25，计算得到搅拌胶凝材料所需水量 W_1：

$$W_1=(237+51\times1.05+85\times1.0)\times(27/100)$$
$$=376\times0.27$$
$$=102(\text{kg})$$

同时代入式 4-26，求得搅拌胶凝材料的有效水胶比 W_1/B：

$$W_1/B=102/(237+51+85)=102/373=0.273$$

2）外加剂用量的确定　采用水胶比为 0.273，以推荐掺量 2%（7.5kg）进行外加剂的最佳掺量试验，本设计使用脂肪族减水剂，净浆流动扩展度达到 240mm，1h 时保留值 235mm，与设计坍落度 240mm 一致，可以保证拌合物不离析、不泌水。

6）砂子用量及用水量的确定

① 砂子用量的确定　石子的空隙率 $p=42\%$，由于混凝土中的砂子完全填充于石子的空隙中，每立方米混凝土中砂子的准确用量为砂子的紧密堆积密度 $1850kg/m^3$ 乘以石子的空隙率 42%，则砂子用量计算公式如下：

$$S = 1850 \times 42\%$$
$$= 777 \text{ (kg)}$$

由于砂子不含石、不含水，砂子施工配合比用量为：

$$S_0 = S$$
$$= 777 \text{ (kg)}$$

试配时用粗砂、中砂、细砂的比例现场确定。

2）砂子润湿用水量的确定　本设计用的砂子吸水率的下限值为 5.7%，上限值为 7.7%，代入式 4-28 和式 4-29：

$$W_{2min} = 777 \times 5.7\%$$
$$= 44 \text{ (kg)}$$

$$W_{2max} = 777 \times 7.7\%$$
$$= 60 \text{ (kg)}$$

（7）石子用量及用水量的确定

1）石子用量的确定　根据混凝土体积组成石子填充模型，计算过程不考虑含气量和砂子的空隙率。用石子的堆积密度 $1650kg/m^3$ 扣除胶凝材料的体积以及胶凝材料水化用水的体积 $102/1000=0.102$（m^3）对应的石子，即可求得每立方混凝土石子的准确用量（$Si=0$），则石子用量为（见式 4-30）：

$$G = 1650 - (237/3000 + 51/1800 + 85/2400) \times 2845 - (102/1000) \times 2845$$
$$= 1650 - 0.143 \times 2845 - 0.102 \times 2845$$
$$= 953 \text{(kg)}$$

考虑砂子的不含石，混凝土施工配合比中石子的用量为：

$$G_0 = G$$
$$= 953 \text{(kg)}$$

2）石子润湿用水量的确定　石子吸水率为 1%，石子用量乘以用吸水率即可求得润湿石子用水量（见式 4-31）：

$$W_3 = 953 \times 1\%$$
$$= 10 \text{(kg)}$$

（8）总用水量的确定

通过以上计算，可得

胶凝材料所需的水量：$W_1 = 102kg$

润湿砂子所需的水量：$W_2 = 44 \sim 60kg$

润湿石子所需的水量：$W_3 = 10kg$

混凝土总的用水量：$W = W_1 + W_2 + W_3$
$$= 156 \sim 172 \text{(kg)}$$

（9）C40 混凝土配合比设计计算结果（表 13-5）

表 13-5　C40 混凝土配合比设计计算结果　　　单位：kg

材料名称	水泥	粉煤灰	矿渣粉	砂子	石子	外加剂	砂子用水量	石子用水量	胶凝材料用水量
单方用量	237	51	85	777	953	7.5	44～60	10	102

（三）试验及数据分析材料和试验方法

1. 试验方法

选用中砂、细砂、细砂（50%）＋机制砂（50%）三种细集料，重新计算配合比，分别试拌 C20、C30、C40 三个强度等级的混凝土。采用调整合理的用水量，保持试拌混凝土坍落度基本相同，对混凝土拌合物工作性、强度进行比较、评估。对所有试拌物，都进行坍落度、泌水率测试及和易性观测，混凝土成型尺寸为 100mm×100mm×100mm 立方体试件以测混凝土抗压强度，所有用于强度测试的混凝土试件都按《普通混凝土力学性能试验方法标准》GB/T 50081—2002 制作，试件成型后在成型室中静置一昼夜，然后脱模放入温度为 $(20\pm2)℃$ 的 $Ca(OH)_2$ 饱和溶液中养护至测试龄期(7d、28d)。

2. 试验结果

用水量、坍落度和强度结果见表 13-6、表 13-7 和表 13-8。

表 13-6　C20 混凝土试验结果　　　单位：kg/m³

试验编号	水泥 P·O 42.5	矿粉 S95	粉煤灰 Ⅱ级高钙	石子 25mm	砂 中砂	砂 细砂	砂 人工砂	外加剂 NF	用水量	坍落度 (mm)	水胶比	7d 强度 (MPa)	28d 强度 (MPa)
01	200	20	85	1020	830	—	—	1.32	190	170	0.69	20.1	32.5
02	200	20	85	1020	—	830	—	1.32	205	165	0.74	14.7	25.1
03	200	20	85	1020	—	415	415	1.32	205	160	0.74	16.1	29.8
04	210	20	85	1020	—	415	415	1.50	205	170	0.72	18.2	32.2

表 13-7　C30 混凝土试验结果　　　单位：kg/m³

试验编号	水泥 P·O 42.5	矿粉 S95	粉煤灰 Ⅱ级高钙	石子 25mm	砂 中砂	砂 细砂	砂 人工砂	外加剂 NF	用水量	坍落度 (mm)	水胶比	7d 强度 (MPa)	28d 强度 (MPa)
05	220	60	75	980	815	—	—	4.34	182	170	0.55	25.6	43.3
06	220	60	75	980	—	815	—	4.34	202	160	0.62	20.2	35.9
07	220	60	75	980	—	408	408	4.34	202	165	0.60	22.1	40.2
08	230	60	75	980	—	408	408	4.60	202	170	0.60	24.8	45.6

表 13-8　C40 混凝土试验结果　　　单位：kg/m³

试验编号	水泥 P·O 42.5	矿粉 S95	粉煤灰 Ⅱ级高钙	石子 25mm	砂 中砂	砂 细砂	砂 人工砂	外加剂 NF	用水量	坍落度 (mm)	水胶比	7d 强度 (MPa)	28d 强度 (MPa)
09	237	85	51	953	777	—	—	7.4	183	170	0.45	26.5	53.6
10	237	85	51	953	—	777	—	7.4	206	160	0.51	21.5	45.2
11	237	85	51	953	—	389	389	7.4	203	165	0.50	24.7	50.8
12	237	85	51	953	—	389	389	7.4	195	170	0.47	25.4	54.3

3. 试验结果分析

（1）机制砂的掺入对混凝土质量的影响

由试验结果可知：使用天然中砂拌制的混凝土用水量最少，和易性最好，强度最高；使用天然细砂拌制的混凝土用水量最多，和易性最差，泌水大，强度最低；将机制砂和细砂按1∶1混合拌制的混凝土用水量虽然也较高，但拌合物和易性良好，泌水量少，强度虽比用天然砂的混凝土略低，但比使用细砂的混凝土强度要高。

用水量增加对混凝土强度的影响可以通过式 4-7 计算。

以 C40 的混凝土"试 09"为例，计算强度为 50MPa，标准偏差为 6MPa，则配制强度为 49.5MPa，机制砂和细砂按 1∶1 混合拌制后用水量增加了 20kg，则配制强度计算值为 44.5MPa，比原配制强度下降 5 MPa，而实际试配结果只下降 2.8 MPa。

试验结果表明：通过对机制砂的颗粒级配及细砂的级配情况的分析，经试验来确定两者的掺量，从而可以使混合后的细集料级配得到优化，便混凝土具有良好的工作性，满足混凝土泵送及强度要求。

（2）石粉含量对混凝土质量的影响

以表 13-7 中"试 07"配合比为基础，选用不同石粉含量的机制砂进行试拌，观测混凝土的用水量及 28d 强度值。试验结果列于表 13-9。

表 13-9　不同石粉配制混凝土用水量及强度值

石粉含量（%）	3.0	5.0	7.0	9.0
用水量（kg/m³）	200	202	205	209
强度（MPa）	37.2	39.6	39.8	38.1

由表 13-9 可知，在同一配比中，随着石粉含量的增加，拌合物用水量有上升趋势，但混凝土强度并没有下降趋势，在石粉含量一定范围内，石粉含量增加，混凝土强度同样上升。试验中石粉掺量为 3% 的混凝土拌合物和易性较差、保水性差，随着石粉含量的增加，和易性明显改善，泌水少且易于振实。因此，机制砂在泵送混凝土生产中，适量石粉对增加混凝土泵送性能十分有利，特别在低强度混凝土中，能有效提高混凝土和易性及减少泌水量，且混凝土强度不会下降。

四、主要技术参数的控制

（一）技术参数

（1）机制砂的细度模数宜控制在 2.4～2.8 范围内。

（2）最佳砂率通过测量石子的空隙率结合胶凝材料用量求得。

（3）水泥用量根据水泥强度、混凝土设计强度确定，不宜超过 550 kg/m³，胶凝材料总量不应低于 300kg/m³，也不应超过 600 kg/m³。

（4）混凝土拌合物的入泵坍落度宜控制在（210±20）mm 范围内，扩展度不宜小于 400mm。

（5）用水量与胶凝材料总量之比不宜大于 0.60。

（6）含气量不宜大于 4%。

（7）石宜采用二级配，并应满足《普通混凝土用砂、石质量及检验方法标准》（JGJ

52—2006）的颗粒级配要求；石的最大颗粒粒径除应满足 4.6.2 条规定外，还应不宜大于 31.5mm，配制大于或等于 C50 混凝土时，石的最大颗粒粒径宜小于于或等于 25mm。

（二）技术管理

预拌混凝土生产企业，应根据本企业常用的材料和生产实践积累的数据，经试配验证后可作预拌机制砂混凝土配合比备用。在生产应用时应根据原材料的情况、环境条件及需方的要求等予以调整。当出现下列情况时，应重新进行配合比设计：

（1）混凝土性能指标发生调整时。

（2）水泥、外加剂、掺合料的品种或质量有显著变化时。

（3）机制砂的粒径、级配、压碎指标、石粉含量等有较大改变时。

（4）石的颗粒粒径或级配有较大改变时。

（5）该配合比的混凝土生产间断超过 3 个月。

应用于有特殊要求的混凝土，配合比设计尚应符合相应标准或合同约定的条件进行设计和试配，并进行相应项目的试验，应符合规定。

（三）生产及试验要求

在预拌机制砂混凝土的生产中，生产企业及试验部门应做到以下六点基本要求：

（1）预拌机制砂混凝土生产企业应建立与资质相适应的混凝土试验室，用于常规原材料的质量检测；混凝土工作性、混凝土强度、混凝土抗渗性能的检测；混凝土试配验证等检测。混凝土试验室的技术员、试验工应取得相应的资格证书上岗。

（2）试验室的主要设备应定期进行校验，以确保检验数据的精确性。

（3）搅拌站的技术负责人、应具有商品混凝土专业资质等级标准的相应资格的要求。

（4）机制砂生产企业应按验收批向预拌混凝土生产企业提供产品合格证。产品合格证的内容应含：母岩强度、氯离子含量、碱-集料反应活性、砂的粒级筛分、石粉含量、MB 检测值、泥块含量、压碎值指标。

（5）预拌机制砂混凝土企业应建立完善的质量管理体系。以保证原材料质量、混凝土配合比的准确实施、混凝土计量搅拌、运输及泵送等环节的联动实施的完成。

（6）预拌混凝土企业应采取环境保护措施，以减少生产对环境的污染，应安全文明生产。

五、生产运输及泵送

（一）生产制备

预拌机制砂混凝土的生产装备应符合《混凝土搅拌站（楼）》及（GB/T 10171—2005）《混凝土搅拌机》（GB/T 9142—2000）的规定。

1. 计量程序

预拌机制砂混凝土计量程序应满足下列要求：

（1）计量设备应能连续进行不同配合比混凝土的各种材料的称量，并应具有实际计量结果逐盘记录和贮存功能。

（2）计量具应按规定由法定计量单位检定合格，并定期进行校准，每一工作班在生产前，应进行零点校验。

（3）混凝土的各组成材料均按质量计，水和液态外加剂可按质量换算成体积计。

2. 计量允许偏差

原材料的计量允许偏差不应超过表 13-10 的规定范围。

表 13-10 原材料计量允许偏差

原材料品种	水泥	砂、石	水	外加剂	掺合料
每盘计量允许偏差（%）	±2	±3	±2	±2	±2
累计计量允许偏差（%）	±1	±2	±1	±1	±1

注：累计计量允许偏差，是指每一运输车中各盘混凝土的每种材料计量和的偏差。

3. 生产程序

预拌机制砂混凝土的生产应符合下列程序：

（1）预拌机制砂混凝土应采用符合规定的搅拌机进行搅拌，并应严格按设备说明书的规定使用。

（2）预拌机制砂混凝土搅拌时间，应符合搅拌设备说明书的规定并且从全部材料投完算起每盘搅拌时间不得少于 35s。当处于以下三种情况时，应适当延长搅拌时间。

1）混凝土中掺用膨胀剂、防水剂、纤维、硅灰等掺合料时。

2）混凝土的强度等级不小于 C50 时。

3）用翻斗车运送混凝土时。

4. 生产技术准备

预拌机制砂混凝土生产前应做好充分的生产技术准备，并应遵守下列规定：

（1）生产计划应根据施工单位的施工计划与预拌机制砂混凝土订货单的具体要求制订。

（2）生产前应确认原材料供应充足、设备运行可靠、运输车辆安排妥当、施工现场准备到位。

（3）根据生产使用的原材料砂、石颗粒状态及含水率的大小，应否调整配合比。砂、石含水率检测每天至少二次，露天堆放的砂石应增加检测频次。

5. 开盘质量鉴定

开盘生产时，质量控制人员应进行开盘质量鉴定，确保混凝土工作性符合混凝土配合比的设计技术要求。生产过程中，搅拌合应严格核查和执行生产技术指令，包括配合比编号、原材料的品种、规格、数量、搅拌时间等。并应遵守下列规定：

（1）铲车上砂、石料时，铲车司机应目测砂、石的粗细料分布的均匀性及干湿状态，若有明显差异时，应适当拌匀后再上料到砂、石料斗。

（2）在搅拌工序中，应根据被使用的砂、石含水状态，严格控制混凝土拌合用水量，合理控制混凝土拌合物的出机坍落度。如该罐车的混凝土拌合物的坍落度值超出《预拌混凝土》（GB/T 14902—2012）规定值时，该罐车内的混凝土拌合物待调整处理后才能出站。

（3）当生产出现较大波动时，拌合应及时报告质量控制人员。如需要对原材料、生产配合比或生产控制参数进行调整时，应按规定程序进行。

（二）混凝土拌合物的运输

预拌机制砂混凝土在运输前应做好准备工作。混凝土的运输供应计划，应根据各施工现场的需求，经施工方指定的责任人签字后的委托单（或计划单）、浇筑进度、运输路程及道路状况等条件，有序安排供应量及供应时间、车辆台数；混凝土运输车进入运输状态前，应确认车况良好，车容整洁，容器内应无残渣和无积水，确保运输过程中不撒漏，措施到位。

预拌机制砂混凝土的运输工序应满足下列要求：

（1）预拌机制砂混凝土一般应采用混凝土搅拌运输车运载，当运载混凝土坍落度小于100mm的塑性预拌混凝土时，可采用翻斗车，但应保证运送容具不漏浆，内壁光滑平整不吸水，并具有覆盖设施。

（2）混凝土运输车在装料后，罐车应适当强拌转动筒体后，由技术部门的技术人员对该车混凝土拌合料进行目测，确认该混凝土的坍落度与匀质性能满足施工技术要求后，予以放行。若目测无把握时，应取样进行工作性的检验。若检验值不满足可放行的技术指标时，应进行技术处理后放行。

（3）混凝土搅拌运输车自接料开始及在运输途中，拌筒应保持 3～6r/min 的慢速转动，混凝土入泵前，应快速旋转拌筒不得少于 20s。

（4）混凝土运输时间应满足供需合同的约定。如合同未作约定时，采用搅拌运输车运送的，其运送时间宜控制在 1.5h 内，采用翻斗车运送的，其运送时间宜控制在 1.0h 内。当日最高气温低于 25℃时，其运送时间可延长 0.5h。

（5）在施工现场内需方应提供混凝土运输车便于行走、确保安全的道路及晚间必要的照明设施。

（三）混凝土拌合物的泵送

预拌机制砂混凝土的泵运准备工作应满足以下要求：

（1）混凝土泵的选型，应根据混凝土工程特点，最大输送距离，最大输出量及混凝土浇筑计划确定。

（2）混凝土泵机的泵送能力、应根据具体的配管水平换算长度或换算的总压力损失进行验算，同时应符合泵机使用说明书的有关规定。

（3）混凝土泵应设置于平整坚实的场地上，供料方便、距离浇筑地点近、便于布管，供水、供电方便、接近排水设施。在混凝土泵的作业范围内，不得有高压线等障碍物。

（4）当高层建筑采用接力泵泵送混凝土时，接力泵的设置位置应使上、下泵的输送能力匹配，设置接力泵的楼面应验算其结构所能承受的荷载，必要时应采取加固措施。

（5）混凝土泵转移运输时的安全要求，应符合产品说明书及有关标准的规定。

六、工程应用

中国水电七局和中国水电十四局采用此理论设计了不同强度等级的含石粉机制砂混凝土，自 2007—年，分别在深溪沟水电站以及瀑布沟水电站工程中实际应用。施工单位根据机制砂石粉含量（5%～30%）的具体情况，设计过程中合理选用胶凝材料和外加剂，使得含石粉机制砂混凝土初始坍落度为 220～240mm，扩展度 550～650mm，经过 4h 当含石粉机制砂大体积混凝土由搅拌运输车运输到达施工现场时，坍落度保留值仍为 220～240mm，工作性能优异，和易性好，易于振捣，混凝土泵送正常，不离析、不泌水，黏聚性好，两项工程各项指标评定合格。

第十四章 纤维抗裂混凝土

一、技术背景

混凝土的高强化是100多年来的努力方向。强度是混凝土的主要性能指标，高强度被认为是优质混凝土的特征。但是，人们在追求高强度的同时，却发现大多数混凝土不是因为强度不足而造成破坏，往往是耐久性不够而造成破坏。但不管是因何种原因引起混凝土耐久性不合格而造成破坏，其最终表现为出现裂缝。

混凝土作为现代建筑工程中最大宗的原材料，在保证建筑工程质量，改善人们的生活居住及工作环境方面发挥了巨大的作用。特别是近十多年提出高性能混凝土概念以来，研究、开发、应用高性能混凝土已经成为一种趋势。在这种情况下，针对预拌混凝土施工过程中出现的诸多问题，各施工企业、预拌混凝土生产企业和科研单位都从不同角度进行了研究并予以解决，使混凝土由最早的单一品种逐步走向多品种、多功能并逐步完善。但是，自从水泥混凝土出现以来，裂缝问题一直困扰着人们，特别是大流动性混凝土的使用、外加剂的引入及强度等级的提高使水泥用量大大增加，都不同程度地增加了混凝土在水化硬化后出现裂纹的几率。因此，研究混凝土裂缝产生的原因，控制和预防裂缝的出现，是业内人士长期努力奋斗的目标。

目前国内外建设的许多大型桥梁、江河堤坝、大型体育场馆等公用设施，或多或少地出现结构缺陷裂缝，有的部位已经延伸到钢筋部位，使混凝土建筑物（构筑物）的整体性受到破坏，堤坝出现渗漏、地下室渗水变潮、桥梁的安全性受到质疑并最终拆除重建、许多公共场所被迫关闭，造成大量的人力物力浪费，人们的生命财产、安全受到严重威胁。究其原因，主要是由于混凝土在使用的过程中内部应力集中，使内部存在结构缺陷的混凝土产生微裂纹，并逐渐扩展延伸最终形成较大的裂缝。随着这些裂缝的产生与扩展，其表层逐渐碳化，当裂缝扩展至钢筋时，混凝土的护筋作用完全丧失，空气中的腐蚀性气体直接侵害钢筋，导致钢筋锈蚀，引起钢筋混凝土结构的破坏最终完全失效。

混凝土产生裂缝的主要原因有三种：①外荷载直接应力引起的裂缝，即按常规计算的主要应力引起的裂缝；②外荷载作用下，结构次应力引起的裂缝；③由变形引起的裂缝，如温度、收缩和膨胀、不均匀沉降等因素引起的裂缝。裂缝的产生通常是一种或几种因素的共同作用，而在产生裂缝的三种因素中，尤其以变形引起的裂缝最多，占80%以上。

从国内外混凝土研究发展来看，混凝土中采用掺加纤维抗裂是一种非常有效的手段。尤其是随着合成纤维工业的飞速发展，如聚丙烯纤维等一些高性能合成纤维的出现，大大改善了混凝土的品质，使混凝土的综合使用性能得到提高。目前，聚丙烯纤维已经成为混凝土行业中仅次于钢筋的"次要增强筋"。在路面桥面、衬里护壁、地坪及飞机跑道等工程部位得到了广泛的应用并取得了很好的效果。

二、混凝土防裂的方法与纤维防裂机理

(一) 混凝土抗渗防裂的方法

当今混凝土技术发展的趋势是高强度、大流动度，C40、C50、C60、C80、C100 混凝土已经得到大量的应用。泵送混凝土的坍落度往往是 200～250mm，因此每立方米混凝土胶凝材料用量往往高达 600kg 左右，但由此带来的负面作用是水化热加剧，混凝土的凝固收缩量加大，收缩应力增大。所以，近年来从注重混凝土的抗渗性转向注重混凝土的抗裂性，因为高强度的混凝土往往抗渗强度已经足够的，但另一方面，混凝土的抗渗和防裂应该是相辅相成的。

国内外混凝土领域混凝土抗渗防裂的方法主要利用以下五种：

1. 膨胀密实

对于地下及处于潮湿环境的混凝土结构工程，采用掺加膨胀剂的办法提高混凝土的抗渗防裂性能，把低成本的刚性防裂和柔性防裂有机结合，从而达到抗渗防裂的有机统一，实现抗渗防裂的合理匹配。方法是在混凝土中掺加膨胀剂，通过补偿收缩和微膨胀达到抗收缩应力，从而达到抗裂的目的，并且可以通过膨胀成分达到密实抗渗目的。这种抗渗防裂原理虽然完美，可是实践中却发现有致命的缺点：可靠度低，受施工条件、环境等因素影响较大，如在 24h 内不及时连续浇水养护就会收缩开裂，而且拌合物均匀要求高，稍微过量就过度膨胀，反而产生裂缝或稳定性不够而龟裂，掺量少，则无膨胀效果。

2. 减水、防水密实

减水密实的方法，是通过掺加各种类型的减水剂减少混凝土的水泥用量和水胶比，使得混凝土搅拌过程中水的用量减少而使凝结过程中自由水的挥发减少，由此而产生混凝土的毛细通道减少，达到密实抗渗的目的。此外，高效减水剂的应用，改善了混凝土的施工性能，提高了混凝土的耐久性。

对于地下及地上有防水要求的混凝土工程，采用防水剂也可以增加混凝土的结构密实度，防止了自由水和结合水在混凝土内部的分解、移动、蒸发，从而预防了混凝土脆性裂纹的产生，有效地改善了混凝土的抗裂性能。

3. 高聚物填充密实

这种方法一般是掺加乳化的液态高聚物有机材料于混凝土拌合物之中，使混凝土在拌合和凝固时高分子乳液引入交联成网状结构，在混凝土的颗粒之间填充和堵塞毛细孔隙达到密实抗渗的目的。由于混凝土结构中存在有机高分子的网状结构，当混凝土中发生裂纹扩展时，遇到弹性的高分子网就会被阻止，有机高分子的网状结构就会吸收部分断裂能，从而达到增韧止裂的效果。常用的有机高分子材料有丙烯酸酯乳液、氯丁乳胶、环氧乳液等。由于价格昂贵，还不能大规模应用。

4. 掺加矿物掺合料降低混凝土水化热抗裂

对于大流动度混凝土，当水泥用量较多时，水化热较高，混凝土内部温度梯度太大，会产生一定的温度裂纹。因此，通过在混凝土中掺加一定量的矿物掺合料（如粉煤灰、矿粉、复合掺合料），降低混凝土的水化热，延缓水化热峰值的出现，减少混凝土温度裂缝出现的可能性，同时可以提高混凝土结构的密实度，从而达到预防混凝土裂缝出现的目的。

5. 纤维增强混凝土抗渗防裂

纤维增强混凝土抗渗防裂的机理是建立在对混凝土的初期（7d 龄期内）固结、收缩的微观深入研究的理论基础上的，目前，这是混凝土中应用最广的抗渗防裂技术。

纤维混凝土是以水泥加颗粒集料为基体，并且用纤维来增强或改善某些性能的混凝土复合材料。纤维在混凝土中可以是长纤维，也可以是短纤维，既可以乱向分布，也可以有不同程度的定向性，而且还可以同时包含一种以上的纤维。纤维的掺入对混凝土的基体产生增强、增韧、阻裂等效应，从而增加了混凝土的强度和抗冲击、耐疲劳等性能，改变了混凝土脆性易开裂的破坏形态，在疲劳、冻融等因素作用下，提高了混凝土的耐久性，延长了混凝土的使用寿命。

（二）纤维改善混凝土抗裂性能的基本原理

纤维改善混凝土性能的基本原理主要有以下三种解释：

1. 纤维间距理论

该理论认为在混凝土内部存在着不同尺寸不同形状的孔隙、微裂纹和缺陷，当受到外力作用时，这些部位将产生应力集中，引起裂纹扩展，导致混凝土结构的过早破坏。为了减少这种破坏程度，应尽量减少裂缝源的尺寸和数量，缓和裂缝间断应力的集中程度，抑制裂缝延伸。在混凝土中掺入纤维以后，在受拉时，跨过裂缝的纤维将荷载传递给裂缝的上下表面，使裂缝处材料仍能继续承载，缓和了应力集中程度，随着纤维数量的增加，纤维间距减小并弥补于裂缝周围时，应力集中就会逐渐减少并消失。

2. 复合力学理论

该理论是基于线弹性均衡、顺向配置连续纤维混凝土复合材料而提出的。纤维不仅能够转移荷载，还能与基体界面粘合，当沿纤维方向承受拉力时，外力通过基体传递给纤维，使纤维混凝土复合材料的抗拉强度和弹性模量有所增加，从而改善了混凝土的性能。

3. 二次加筋作用

纤维的加入，为混凝土提供了有效的二次微加筋系统，有效抑制了混凝土因干缩、外力作用而产生的微裂缝进一步扩展，增强了混凝土的强度，延长了混凝土的寿命。

该理论认为，乱向分布的纤维与混凝土复合以后，复合基体开裂后的性能主要取决于纤维的体积分数 V_f，当 V_f 大于体积分数 V_{fcr} 时，纤维将承担全部荷载，并有可能产生多缝开裂状态，改变混凝土材料的单缝开裂、断裂性能低的状况，并出现假延性材料的特征。在多缝开裂时，裂缝间距变小，数量增多，裂缝更细，根据 Griffith 断裂理论可以知道，多缝开裂可以吸收更多的断裂能，使断裂应力分散，从而提高材料的断裂韧性。从宏观上讲，就是纤维分散了混凝土的定向收缩拉应力从而达到抗裂的效果，使混凝土的耐久性得到提高。

以上三种机理并不是孤立、毫无联系的，实践中可以相互结合使用，采用膨胀密实原理与纤维增强相结合，在工程中已有成功的先例。

三、原材料及配合比设计

（一）原材料

1. 水泥

本研究选用了北京水泥厂生产的京都 P•O 42.5 和 P•O 32.5 普通硅酸盐水泥，按照《水泥胶砂强度检验方法》（GB/T 17671—1999）进行胶砂强度检验见表 14-1。

表 14-1 普通硅酸盐水泥胶砂强度

品种 龄期	抗压强度（MPa）		抗折强度（MPa）	
	3d	28d	3d	28d
P·O 32.5	22.7	43.3	4.2	7.3
P·O 42.5	29.3	54.8	5.8	9.1

2. 粉煤灰

本研究采用了北京高井电厂Ⅱ级粉煤灰，烧失量为 5.5%，需水量为 103%。

3. 磨细水淬矿渣

本研究采用了 S95 级水淬磨细矿渣，密度约为 2.9×10^3 kg/m³，比表面积 397kg/m²，28d 活性指数比为 108%，该矿渣粉化学成分见表 14-2。

表 14-2 磨细矿渣的化学成分

化学成分	SiO_2	Al_2O_3	Fe_2O_3	CaO	MgO	K_2O	Na_2O	烧失量
含量（%）	34.35	15.26	1.40	36.8	9.1	0.61	0.29	2.01

4. 外加剂

本研究选用了北京灵感科技发展有限公司生产的聚羧酸系外加剂。

5. 砂子

细集料采用了北京潮白河产的中砂，密度 2650kg/m³，细度模数 2.5，颗粒级配良好，含泥量 1.2%，泥块含量 0.2%。

6. 石子

石子选用潮白河产的 5～25mm 连续粒级的石子。

7. 纤维

本研究选用了纤维选用张家港市方大有限公司生产的聚丙烯纤维，物理性能见表 14-3。

表 14-3 聚丙烯纤维的物理性能

材料	聚丙烯纤维	抗拉强度（MPa）	276
纤维类型	束状单丝	安全性	无毒材料
密度	0.91g/cm³	含湿量	<0.1%
吸水性	无	抗酸碱性	极高
熔点	160℃	燃点	580℃
导热性	极低	旦尼尔	15±2
导电性	极低	弹性模量（MPa）	3793
极限拉伸	15%	规格（mm）	19

（二）配合比设计

［例 14-1］

设计要求：C50 混凝土，坍落度 $T=240$mm，抗渗等级 P12，抗冻等级 D100

原材料参数：P·O 42.5 水泥，$R_{28}=54.8$MPa，细度 0.08mm 方孔筛筛余 3%，标准稠度需水量 $W=27$kg

胶凝材料的比表面积：$S_c = 320 m^2/kg$，$S_K = 400 m^2/kg$，$S_F = 150 m^2/kg$

胶凝材料的密度：$\rho_{co} = 3.0 \times 10^3 kg/m^3$，$\rho_K = 2.4 \times 10^3 kg/m^3$，$\rho_F = 1.8 \times 10^3 kg/m^3$

胶凝材料的需水量比：$\beta_F = 1.05$，$\beta_K = 1.0$

胶凝材料的活性系数：$\alpha_1 = 1.0$，$\alpha_2 = 0.67$，$\alpha_3 = 0.8$

外加剂减水率：$n = 15\%$

砂子：紧密堆积密度 $1850 kg/m^3$，含石率 8%，含水率 2%

石子：堆积密度 $1650 kg/m^3$，空隙率 40%，吸水率 2%，表观密度 $2750 kg/m^3$

（1）配制强度的确定

$$f_{cu,0} = f_{cu,k} + 1.645\sigma$$

将 $f_{cu,k} = 50 MPa$、$\sigma = 4 MPa$ 代入式 4-11：

$$f_{cu,0} = 50 + 1.645 \times 4$$
$$= 56.5 (MPa)$$

（2）水泥强度 σ 的计算

由于配制设计强度等级的混凝土选用的水泥是确定的，在基准混凝土配比计算时，取水泥为唯一胶凝材料，则 σ 的取值等于水泥标准砂浆的理论强度值 σ，计算如下：

1）水泥在标准胶砂中体积比的计算是将标准砂密度 $\rho_{S0} = 2700 kg/m^3$、拌合水密度 $\rho_{W0} = 1000 kg/m^3$、水泥密度 $\rho_{C0} = 3.0 \times 10^3 kg/m^3$ 及已知数据（C_0、S_0、W_0）代入式 1-1：

$$V_{C0} = (450/3000)/(450/3000 + 1350/2700 + 225/1000)$$
$$= 0.15/(0.150 + 0.500 + 0.225)$$
$$= 0.15/0.875$$
$$= 0.171$$

2）水泥标准稠度浆体强度的计算是将水泥实测强度值 $R_{28} = 54.8 MPa$、$V_{C0} = 0.171$ 代入式 1-2：

$$\sigma = 54.8/0.171$$
$$= 320 (MPa)$$

（3）水泥基准用量的确定

标准稠度水泥浆体的表观密度值计算是将 $W = 27 kg$、$\rho_{C0} = 3.0 \times 10^3 kg/m^3$ 代入式 1-3：

$$\rho_0 = 3000 \times (1 + 27/100)/[1 + 3000 \times (27/100000)]$$
$$= 2105 (kg)$$

每兆帕混凝土对应的水泥浆体质量的计算是将 $\rho_0 = 2105 kg$、$\sigma = 320 MPa$ 代入式 1-4：

$$C = 2105/320$$
$$= 6.6 (kg/MPa)$$

将 $C = 6.6 kg/MPa$、$f_{cu,0} = 56.5 MPa$ 代入式 4-12 中，混凝土基准水泥用量 C_{01} 为：

$$C_{01} = 6.6 \times 56.5$$
$$= 373 (kg)$$

（4）胶凝材料的分配

由于 C50 混凝土配合比计算值 C_{01} 为水泥，但为了降低混凝土的水化热，掺加一定的矿物掺合料，可以有效地预防混凝土塑性裂缝的产生，本计算方法确定将水泥的用量 C 控制在 C_{01} 的 70% 以下。选用矿渣粉和粉煤灰代替部分 20% 和 10% 水泥，本设计中填充效应的作用小于反应活性，因此在胶凝材料分配过程中只考虑反应活性。预先设定 $X_C = 70\%$、$X_F = 10\%$、$X_K = 20\%$ 时，计算水泥、粉煤灰和矿渣粉对应的基准水泥用量：

$$C_{0C} = C_{01} \cdot x_C 373 \times 70\%$$
$$= 261(kg)$$
$$C_{0F} = C_{01} \cdot x_F 373 \times 10\%$$
$$= 37(kg)$$
$$C_{0K} = C_{01} \cdot x_K = 373 \times 20\%$$
$$= 75(kg)$$

再用对应的水泥用量分别除以胶凝材料对应的活性系数 α_1、α_2 和 α_3，即可求得准确的水泥 C、粉煤灰 F 和矿粉 K 用量，计算为（见式 4-17、式 4-18 和式 4-19）：

$$C = C_{0C}/\alpha_1$$
$$= 261/1.0$$
$$= 261(kg)$$
$$F = C_{0F}/\alpha_2 = 37/0.67$$
$$= 55(kg)$$
$$K = C_{0K}/\alpha_3 = 75/0.8$$
$$= 94(kg)$$

计算求得：水泥用量 $C = 261kg$，粉煤灰用量 $F = 55kg$，矿渣粉用量 $K = 94kg$。

（5）外加剂及用水量的确定

1）胶凝材料需水量的确定　通过以上计算求得水泥、粉煤灰和矿渣粉的准确用量后，按照胶凝材料的需水量比（$Si = 0$）代入式 4-25，计算得到搅拌胶凝材料所需水量 W_1：

$$W_1 = (261 + 55 \times 1.05 + 94 \times 1.0) \times (27/100)$$
$$= (261 + 58 + 94) \times 0.27$$
$$= 112(kg)$$

同时代入式 4-26，求得搅拌胶凝材料的有效水胶比 W_1/B：

$$W_1/B 112/(261 + 55 + 94) = 112/410$$
$$= 0.273$$

2）外加剂用量的确定　采用水胶比为 0.273，以推荐掺量 2%（8.2kg）进行外加剂的最佳掺量试验，本设计使用聚羧酸系减水剂，净浆流动扩展度达到 250mm，1h 保留值 245mm，与设计坍落度 240mm 一致，可以保证拌合物不离析、不泌水。

（6）砂子用量及用水量的确定

1）砂子用量的确定　石子的空隙率 $p = 40\%$，由于混凝土中的砂子完全填充于石子的空隙中，每立方米混凝土中砂子的准确用量为砂子的紧密堆积密度 1850kg/m³ 乘以石子的空隙率 40%，则砂子用量计算公式如下：

$$S = \rho_s \cdot p$$
$$= 1850 \times 40\%$$
$$= 740(kg)$$

由于砂子含石率为 8%，含水率 2%，砂子施工配合比用量为：

$$S_0 = [S/(1-8\%)]/(1-2\%)$$
$$= (740/92\%)/98\%$$
$$= 821(kg)$$

2) 砂子润湿用水量的确定 本设计用的砂子含水 2%，故吸水率的下限值为 5.7%—2%=3.7%，上限值为7.7%—2%=5.7%，代入式 4-28 和式 4-29：

$$W_{2min} = 821 \times 3.7\%$$
$$= 30(kg)$$
$$W_{2max} = 821 \times 5.7\%$$
$$= 47kg$$

（7）石子用量及用水量的确定

1) 石子用量的确定 根据混凝土体积组成石子填充模型，计算过程不考虑含气量和砂子的孔隙率。用石子的堆积密度 1650kg/m³ 扣除胶凝材料的体积以及胶凝材料水化用水的体积 112/1000=0.112（m³）对应的石子，即可求得每立方米混凝土石子的准确用量（$Si=0$），则石子用量为（见式 4-30）：

$$G = 1650 - (261/3000 + 55/1800 + 94/2400) \times 2750 - (112/1000) \times 2750$$
$$= 1650 - (0.087 + 0.031 + 0.039) \times 2750 - 0.112 \times 2750$$
$$= 910(kg)$$

考虑砂子的含石率，混凝土施工配合比中石子的用量为：

$$G_0 = 910 - 821 \times 8\%$$
$$= 844(kg)$$

2) 石子润湿用水量的确定 石子吸水率为 2%，用石子用量乘以吸水率即可求得润湿石子的水量：

$$W_3 = 844 \times 2\%$$
$$= 17(kg)$$

（8）总用水量的确定

通过以上计算，可得

胶凝材料所需的水量：$W_1 = 112kg$

润湿砂子所需的水量：$W_2 = 30 \sim 47kg$

润湿石子所需的水量：$W_3 = 17kg$

混凝土总的用水量：$W = W_1 + W_2 + W_3 = 159 \sim 176(kg)$

（9）C50 混凝土配合比设计计算结果（表 14-4）

表 14-4 C50 混凝土配合比设计计算结果 单位：kg

材料名称	水泥	粉煤灰	矿渣粉	砂子	石子	外加剂	砂用水量	石子用水量	胶凝材料用水量
单方用量	261	55	94	821	940	8.2	30～47	17	112

C30 混凝土配合比设计计算方法同上。

（10）纤维的确定

为了验证抗裂性能，根据纤维材料推荐值，取 1kg/m³ 进行对比试验。

（三）混凝土配合比的选择

本次试验选择 C30 和 C50 两个强度等级的混凝土，分别做其普通混凝土与纤维混凝土各种性能的比较，配合比见表 14-5。

表 14-5　C30、C50 混凝土配合比设计计算结果

等级	水泥	粉煤灰	矿渣粉	砂子	石子	外加剂	砂子用水	石子用水	纤维	胶凝材料用水
C30	120	108	60	821	1024	6	30	20	0	79
C30	120	108	60	821	1024	6	30	20	0.6~1.4	79
C50	261	55	94	821	940	8.2	30	17	0	112
C50	261	55	94	821	940	8.2	30	17	0.6~1.4	112

四、性能试验及数据分析

（一）混凝土拌合物性能的试验

为了选择最佳的纤维掺量，采用表 14-5 的配合比，分别按 0.6kg/m^3、1.0kg/m^3、1.4kg/m^3 的掺量掺入混凝土，与基准混凝土相对比，分析聚丙烯纤维加入混凝土后对其工作性能的影响，试验结果见表 14-6。

表 14-6　聚丙烯纤维混凝土拌合物性能

纤维掺量 （kg/m^3）	坍落度 T_0 （mm）	扩展度 D_0 （mm）	1h 坍落度 T_1 （mm）	1h 扩展度 D_1 （mm）
0	230	520	180	470
0.6	200	510	190	450
1.0	225	500	190	430
1.4	200	500	195	420

从表 14-6 可以看出，随着纤维掺量的增大，混凝土拌合物的扩展度和坍落度减小，黏度增加，当纤维掺量为 1.0 时，混凝土的坍落度为 225mm，扩展度为 500mm，但同时混凝土的坍落度和扩展度损失减小，1h 后坍落度保留值为 190mm，这对于长时间保持混凝土的工作性能，完成长距离的运输施工很有好处。

（二）聚丙烯纤维混凝土力学性能试验

为了选择最佳的纤维掺量，采用表 14-5 的配合比，分别按 0.6kg/m^3、1.0kg/m^3、1.4kg/m^3 的掺量掺入混凝土，与基准混凝土相对比，分析聚丙烯纤维加入混凝土后对其硬化后的力学性能的影响，试验结果见表 14-7。

表 14-7　聚丙烯纤维混凝土力学性能

纤维掺量 （kg/m^3）	抗压强度 （MPa）	抗拉强度 （MPa）	抗折强度 （MPa）	弹性模量 （$\times10^4\text{MPa}$）	收缩率 （%）
0	47.8	3.39	7.9	2.20	0.047
0.6	45.9	3.72	8.1	2.81	0.047
1.0	44.7	3.95	8.4	3.02	0.045
1.4	43.5	4.10	9.2	3.11	0.044

通过表 14-7 的数据可知，随纤维掺量的增加，抗压强度略有下降，纤维掺量为 1.0kg/m³ 时，混凝土强度为 44.7MPa，而基准混凝土强度为 47.8MPa，下降比例为 6.9％；抗拉强度、抗折强度明显增加，抗拉强度提高 16.5％，抗折强度增加 6.3％。因此，混凝土中加入适量的纤维能有效抵抗收缩应力、温度应力及外力应力引起的裂纹。

同时，在确定了纤维掺量以后，笔者采用聚丙烯纤维制作了一批 C30、C50 混凝土试样送国家建筑材料测试中心、中国水利水电科学研究院工程检测中心、国家建材局水泥基材料科学重点试验室和北京市建设工程质量检测中心第三检测所，对掺加聚丙烯的纤维抗裂混凝土的抗压强度、抗拉强度、弹性模量、极限拉伸等力学性能以及收缩性能、耐久性能和混凝土的亚微观结构进行了检测。

聚丙烯纤维混凝土与普通混凝土的力学性能比较见表 14-8。

表 14-8　聚丙烯纤维混凝土与普通混凝土的力学性能比较

试样	抗压强度（MPa）		抗拉强度（MPa）		弹性模量（×10⁴MPa）		极限拉伸（×10⁻⁶）
	28d	90d	28d	90d	28d	90d	
C30 空白	45.8	63.5	3.30	3.68	2.20	3.54	104
C30 纤维	43.0	60.0	3.67	3.90	3.02	3.72	107
C50 空白	67.0	76.5	4.28	4.55	3.99	4.04	123
C50 纤维	65.1	74.2	4.49	5.36	4.24	4.38	129

根据表 14-8 的试验结果可以看出，纤维混凝土比基准混凝土的抗拉强度和弹性模量明显增加，极限拉伸也有所增加，抗压强度略有下降，但下降的幅度不大，表明掺加纤维后，混凝土的抗裂性能有了较明显增加。

（三）聚丙烯纤维混凝土抗冻融性能

将混凝土成型的 100mm×100mm×400mm 试件拆模后放入标准养护室养护，养护龄期为 28d，聚丙烯纤维混凝土与普通混凝土的抗冻融性能比较见表 14-9。

表 14-9　聚丙烯纤维混凝土与基准混凝土的抗冻融性能比较

试样	D50 次冻融后		D75 次冻融后		D100 次冻融后	
	动弹性模数（％）	失重（％）	动弹性模数（％）	失重（％）	动弹性模数（％）	失重（％）
C30 基准	94.7	0	88.4	0.13	76.3	1.02
C30 纤维	96.0	0	87.7	0.16	75.8	1.13
C50 基准	96.5	0	90.1	0	85.4	0.18
C50 纤维	96.1	0	90.4	0	85.8	0.13

由表 14-9 可以看出，纤维混凝土与基准混凝土经过冻融循环后的动弹模量和重量损失没有明显差异，说明混凝土的抗冻性能没有因为掺入纤维而发生劣化。

（四）干缩

将混凝土成型的 100mm×100mm×515mm 棱柱试件拆模后放入标准养护室养护，在 1d

龄期时测其初始长度，然后放入温度为（20±3）℃，相对湿度为（60±5）％的恒温恒湿室，测量混凝土随着放入恒温恒湿室时间的推移的长度变化，试验结果见表14-10。

表 14-10 聚丙烯纤维混凝土与基准混凝土的干缩比较（％）

龄期（d）	1	3	7	14	28	45	60	90
C30 空白	0.009	0.018	0.032	0.041	0.047	0.052	0.054	0.061
C30 纤维	0.007	0.012	0.026	0.039	0.045	0.050	0.052	0.056
C50 空白	0.009	0.020	0.032	0.042	0.051	0.053	0.056	0.065
C50 纤维	0.008	0.014	0.029	0.037	0.045	0.050	0.053	0.060

从表14-10可以看出，标养条件下，14d龄期内混凝土的干缩较大，14d以后干缩逐渐趋于平稳，以C30为例，纤维混凝土比基准混凝土的干缩1d龄期减小22％，3d龄期减小33％，7d龄期减小25％，14d龄期减小5％。

（五）混凝土的抗渗性试验

采用顶面直径为175mm、底面直径为185mm、高度150mm的圆台试件，成型C30混凝土抗渗试块，标养28d即对其进行试验。试验结果表明，当水压达到2.1MPa，持压8h后，试块均未渗水，所以抗渗等级达到P20以上。

（六）孔结构

多孔材料的孔径从几埃、几十埃、几百埃到几微米甚至几十微米，大小不等，各有其一定的分布范围。水泥基材料的孔结构直接影响其多项性能，如强度、变形性能以及耐久性等。目前，常用的测孔方法有光学法、汞压力法、等温吸附法、X—射线小角度散射、氦流入法以及气体逆扩散法等。汞压力法是目前用得最多而有效的研究孔级配的方法，分低压测孔和高压测孔两种。低压测孔压力为0.15MPa，可测孔径为5～7500nm；高压测孔压力为300MPa，可测孔径为3～11000nm。本研究采用中国科学院兰州冰川冻土研究所冻土工程国家重点试验室的PORESIZER 9320型压汞仪进行高压测孔。

采用压汞法分析测出了C30和C50纤维混凝土28d和90d的孔隙率分布如图14-1所示。

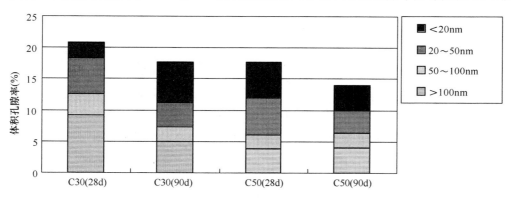

图 14-1 纤维混凝土的孔结构

由图14-1可见，纤维混凝土的孔隙率随着水胶比的减小而减小，28d龄期C30的孔隙率为21％，而C50为17％；随着龄期的增加，胶凝材料继续水化，混凝土的孔隙率变小，90d分别为21％和14％。在混凝土的孔径分布中，一般认为 $r>100nm$ 的孔为有害孔，$r<$

50nm 的孔为无害孔，纤维混凝土中 $r>100$nm 的孔一般在 5％以下，因此认为纤维混凝土的孔结构分布比较合理，这是保证混凝土耐久性能的重要条件。

（七）微观形貌

从扫描电镜照片（图 14-2）可以看出，纤维在混凝土中呈不规则的乱向分布，这种分布形式在混凝土中形成大量微配筋，吸收了混凝土的应力，而且纤维与水泥胶体之间的粘结效果好，纤维表面可以明显看到较多的水泥水化产物；纤维表面多发生蠕变变形，在破坏时纤维承担较多的剪切应力，提高了混凝土的剪切强度。改性聚丙烯纤维是一种经过特殊的生产工艺进行过表面处理的纤维，同水泥基材有着极强的粘结力，因此可在混凝土中发挥更为有效的抗裂作用。由于聚丙烯纤维可以迅速而轻易与混凝土材料混合分布均匀、彻底，能在混凝土内部构成一种均匀的乱向支撑体系，不仅可以改善混凝土的和易性，减少泌水，长时间保持良好的工作性能，而且大大有助于削弱混凝土塑性收缩及冻融时的应力，能量被分散到大量的纤维单丝上，从而极为有效地增强了混凝土的韧性，抑制裂纹的产生和发展。

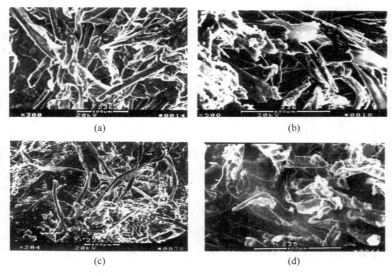

(a)　　　　　　　　　　　　　(b)

(c)　　　　　　　　　　　　　(d)

图 14-2　混凝土扫描电镜照片

(a) C30 混凝土 200 倍图片；(b) C30 混凝土 500 倍图片；
(c) C50 混凝土 200 倍图片；(d) C50 混凝土 500 倍图片

混凝土在水化硬化形成强度的过程中，初期由于水和水泥反应形成结晶体，这种晶体化合物的体积比原材料的体积小，因此要引起混凝土体积的收缩，在后期又由于混凝土内自由水分的蒸发而引起干缩。这些应力某个时期超出了水泥基体的抗拉强度，于是在混凝土内部引起微裂缝，这些微裂缝不可避免地存在于混凝土内的集料和水泥凝胶之间以及凝胶体内部。

在施工中，如果没有采取有效的抗裂措施，混凝土固有的微裂纹在内外应力的作用下，可能会发展为更大的裂纹，最终形成贯通的毛细孔道和裂缝，常常导致防水失败、混凝土结构碳化的加速和钢筋锈蚀等劣化作用，造成结构设计强度远未能充分发挥，严重的甚至威胁到工程的安全及使用。笔者认为多数裂缝与荷载无关，塑性收缩、干缩、温度变化等因素是混凝土开裂的主要根源。

由于聚丙烯纤维是单位体积内较大的数量均匀分布于混凝土内部，故微裂缝在发展的过程中必然遭到纤维的阻挡，消耗了能量，难以进一步发展，从而阻断裂缝达到了抗裂的目的，纤维的加入犹如在混凝土中掺入了巨大数量的微细筋，这些纤维筋抑制了混凝土的开裂进程，提高了混凝土的断裂韧性，而这些是钢筋所无法达到的。

从微观机理分析，聚丙烯纤维的加入显著改善了混凝土的内部结构，即在水泥水化硬化过程中的内应力作用下，以及在材料受外力作用的使用过程中，微细纤维组分在细观层次上显著减少了材料的缺陷，尤其是微小的裂缝及内部损伤，从而在宏观层次上不仅带来了显著的防裂效果，其抗渗性能也大大提高。

五、工程应用

在试验室大量试验的基础上，我们掌握了聚丙烯纤维抗渗防裂混凝土的混凝土拌合物性能和硬化混凝土的相关指标。分别在中国国家大剧院超长环梁、国家体育场鸟巢基础环梁等工程上对聚丙烯纤维抗渗防裂混凝土成功推广应用。

（一）国家大剧院工程

国家大剧院工程基础地板和超长环梁设计使用纤维抗渗防裂混凝土，不允许出现任何裂缝和渗漏，施工控制难度较大。北京城建混凝土公司采用的原材料为北京地区自产材料，水泥为京都 P·O 32.5 普通硅酸盐水泥；砂石采用潮白河系砂石料，砂子为 Ⅱ 区中砂，细度模数 2.5，石子为 5～25mm 连续级配碎卵石；粉煤灰使用高井 Ⅱ 级粉煤灰；外加剂选用北京灵感科技发展有限公司生产的聚羧酸系减水剂；纤维选用张家港市方大有限公司生产的改性聚丙烯单丝纤维，单方用量 800g。该工程共使用 C30 P16 的聚丙烯纤维混凝土近 5 万立方米，混凝土和易性好，经过长距离运输到施工现场混凝土可泵性能好，确保了大剧院工程集中大量混凝土施工的要求，顺利完成了最长 400m 的泵送施工。

聚丙烯纤维混凝土拆模后外观光洁密实，没有出现裂缝，经检测混凝土抗压强度达到设计强度的 125％～138％，抗渗试验结果满足设计要求，使用 7 年之后聚丙烯抗渗防裂混凝土仍然外观良好，没有裂缝产生，为纤维混凝土的推广应用提供了成功样板。

（二）国家体育场

国家体育场（鸟巢）为 2008 年北京奥运会的主体育场。工程总占地面积 21 公顷，由雅克·赫尔佐格、德梅隆、艾未未以及李兴刚等设计，由北京城建集团负责施工，作为国家标志性建筑，2008 年奥运会主体育场，为特级体育建筑，大型体育场馆，主体结构设计使用年限 100 年，耐火等级为一级，抗震设防烈度 8 度，地下工程防水等级 1 级。体育场基础地下水丰富，承压水头高，而且设计不做外防水，对结构自防水技术要求高，不允许出现任何裂缝和渗漏，施工控制难度较大。北京城建集团采用北京地区自产材料，京都 P·O 42.5 普通硅酸盐水泥；砂石采用永定河系砂石料，砂子为 Ⅱ 区中砂，细度模数 2.7，石子为 5～20mm 连续级配碎卵石；粉煤灰使用元宝山 Ⅱ 级粉煤灰；外加剂选用北京灵感科技发展有限公司生产的聚羧酸系减水剂；纤维选用中国纺织科学研究院生产的改性聚丙烯单丝管状纤维，合计为该工供应 C40 P15 的聚丙烯纤维混凝土近 8 万立方米，混凝土拌合物和易性好，经过长距离运输到施工现场混凝土可泵性能好，确保了体育场工程集中大量混凝土施工的要求，顺利完成了最长 200m 的泵送施工。拆模后外观光洁密实，没有出现裂缝，混凝土抗压强度达到设计强度的 115％～120％，混凝土抗渗等级满足设计要求。经过 8 年之后聚丙烯抗渗防裂混凝土外观良好，没有裂缝产生，为今后纤维混凝土的大规模推广应用积累了成功的经验。

六、技术总结

本章介绍了聚丙烯纤维抗渗防裂混凝土的原材料选择、混凝土配合比设计、混凝土拌合物性能、硬化混凝土的力学性能和耐久性，并在工程中实际应用，根据以上试验研究和工程实际应用，得出以下结论：

（1）多组分混凝土配合比设计方法适用于纤维抗渗防裂混凝土。

（2）混凝土中加入聚丙烯纤维，可以配制出抗渗防裂的混凝土，混凝土拌合物和易性良好。随着纤维掺量的增大，混凝土拌合物的扩展度和坍落度减小，黏度增加；但同时混凝土的坍落度损失和扩展度损失减小，这对于长时间保持混凝土的工作性能，完成长距离的运输施工很有好处，便于泵送施工。随着纤维掺量的增加，聚丙烯纤维抗渗防裂混凝土抗压强度略有降低，抗拉强度有所增加，提高10％以上；该混凝土弹性模量和极限拉伸也有所增加，极限变形增大，抗弯曲性能好，能有效抵抗外力引起的裂缝产生。

（3）混凝土中单方掺入纤维1000g混凝土与普通混凝土相比，干缩略有减小，经过冻融循环后的动弹模量和重量损失没有明显差异，说明混凝土的抗冻性能没有因为掺入纤维而发生劣化。可以得出聚丙烯纤维混凝土可以起到显著的抗渗防裂效果，而且耐久性能良好。

（4）聚丙烯纤维的加入显著改善了混凝土的内部结构，即在水泥水化硬化过程中的内应力作用下，以及在材料受外力作用的使用过程中，微细纤维组分在细观层次上显著减少了材料的缺陷，尤其是微小的裂缝及内部损伤，从而在宏观层次上不仅带来了显著的防裂效果，其抗渗性能也大大提高。

（5）国家大剧院和国家体育场大型工程中表明，采用聚丙烯纤维配制的预拌纤维抗渗防裂混凝土，防渗抗裂效果良好。

第十五章　大体积混凝土

一、大体积混凝土简介

大体积混凝土一般是指结构的体积较大，并就地浇筑成型、养护的混凝土。常见的大体积混凝土结构有水利工程的大坝、高层建筑的深基础底板、反应堆结构、钢铁厂的设备基础等，这些结构都是靠结构形状、质量和强度来承受巨大的荷载。在核电站施工中，属于大体积混凝土的结构很多，如核岛筏基、反应堆底板、内部结构的屏蔽墙、安全壳结构、辅助厂房的剪力墙等。

关于大体积混凝土定义，一种观点提出任何就地浇筑的大体积混凝土，其尺寸之大，必须要求采取措施解决水化热及随之引起的体积变形问题，以最大限度地减少开裂的混凝土。另一种观点认为结构断面的最小尺寸在 800mm 以上，同时水化热引起混凝土内的最高温度与外界气温之差预计超过 25℃ 的混凝土，称之为大体积混凝土。

我国目前对大体积混凝土施工还没有相应的国家规范，常用的是冶金行业的标准，一般规定当基础边长大于 20m、厚度大于 1m、体积大于 400m³ 时称为大体积混凝土。

由于对大体积混凝土没有一个统一的定义，因此在实际工程施工中常常出现一些问题，如有些工程虽然厚度达到 800mm 或 1m，但仍不属于大体积混凝土，若仅以截面尺寸简单判断是不是大体积混凝土，要求施工按大体积混凝土标准施工，势必造成不必要的浪费，而有些工程的厚度未达到 800mm 或 1m，但水化热较大，施工单位没有按大体积混凝土的施工要求去控制，因而会造成结构有害裂缝的产生，给工程质量带来不利影响，裂缝的处理又产生额外的费用。

关于大体积混凝土的内外温差的控制指标，国内至今也还没有明确统一的标准。根据工程经验一般控制在 25℃ 以内，也有的工程控制在 30℃ 以内获得成功。工程实践证明：混凝土的温升和温差与表面积有关，单面散热的结构断面最小厚度在 750mm 以上，双面散热的结构断面最小厚度在 1000mm 以上，水化热引起的混凝土内外最大温差预计超过 25℃，就应按大体积混凝土施工。

鉴于大体积混凝土工程的条件比较复杂，施工情况各异，再加上混凝土原材料的性能差别较大，因此控制温度变形裂缝不是单纯的结构理论问题，而是涉及结构计算、构造设计、材料组成、物理力学性能及施工工艺等多学科的综合性问题。目前关于大体积混凝土新的论点指出：所谓大体积混凝土是指其结构尺寸已经大到必须采取相应技术措施，妥善处理内外温度差值、合理解决温度应力，并按裂缝开展控制的混凝土。

二、大体积混凝土的特点

大体积混凝土主要的特点就是体积大，一般实体的最小尺寸大于或等于 1m。它的表面系数比较小，水化热释放比较集中，内部温升比较快，同时大体积混凝土浇筑量较大，工程条件复杂，施工技术要求高，因此也是一种特殊的混凝土。

　　大体积混凝土施工的主要特点是以大区段为单位进行浇筑施工，每个施工区段的体积比较厚大，因此水泥水化热引起结构内部温度升高，在降温冷却过程中不采取一定的技术措施控制，则易产生裂缝。为防止裂缝的发生，必须采取切实可行的技术措施。如使用低水化热的水泥，掺入适量的粉煤灰等掺合料，使用单位水泥用量少的配合比，控制一次浇筑厚度和浇筑速度，采取降温措施。

　　在大体积混凝土设计和施工中，设计与施工人员应掌握混凝土的基本物理力学性能，了解其温度变化引起的应力状态对结构的影响，认识混凝土材料的一系列特点，掌握温度应力的变化规律，在结构设计上充分考虑混凝土内外约束条件以及结构薄弱环节的补强，并提出措施，在施工中从原材料的选择、配合比设计施工工艺、施工季节的选定和温差、养护等综合考虑控制措施，有效地控制大体积混凝土的裂缝，确保大体积混凝土工程的质量。

三、大体积混凝土的温度变形

　　混凝土随温度的变化而发生膨胀或收缩变形，这种变形称为温度变形。大体积混凝土产生裂缝的主要是由于温度变形而引起的，因此控制大体积混凝土的裂缝重要的是如何减少和控制大体积混凝土的温度变形。

　　由于混凝土是热的不良导体，散热的速度非常慢，混凝土的热膨胀系数为 $(7\sim12)\times10^{-6}/℃$，由于具有热胀冷缩的性质，容易造成混凝土的温度变形。在混凝土浇筑后，由于水泥的水化反应产生大量的水化热，内部温度远高于外部温度，有时甚至相差 $50\sim70℃$，造成内部膨胀，外部收缩，使外表面产生很大的应力，而导致开裂。

　　在约束条件下，混凝土浇筑产生的温差 ΔT 引起的温度变形是温差与热膨胀系数的乘积。当乘积超过混凝土的极限拉伸值时，混凝土则产生裂缝。

　　从集料来看，石英岩的热膨胀系数最大，砂岩次之，再就是花岗岩、石灰岩。集料的热膨胀系数却低于水泥浆，在混凝土中集料含量较多时，混凝土的热膨胀系数则较小。

　　对于大体积混凝土的温度控制，主要考虑三个特征值：

　　（1）混凝土浇筑时的温度。

　　（2）混凝土最高温度。

　　（3）混凝土最终稳定温度（或外界气温）。

　　以上三个特征值，有的可以人为控制，有的取决于气候条件，要防止大体积混凝土产生裂缝，应考虑提高混凝土极限拉伸能力，降低内外温差，降低水泥用量，改善约束条件，掺加掺合料和外加剂。

四、关于裂缝的基本概念

（一）裂缝的分类

1. 按产生的原因分类

（1）荷载作用下的裂缝（结构性裂缝约 10%）。

（2）变形作用下的裂缝（非结构性性裂缝约 80%）。

（3）混合作用（荷载与变形共同作用）下的裂缝（占 5%~10%）。

（4）碱-集料反应引起的裂缝（小于 1%）。

（5）惯性力引起的裂缝。

2. 按裂缝有害程度分类

（1）有害裂缝（轻度，按宽度超规定 20%；中度，超规定 50%；重度，超规定 100%）。指贯穿性纵深及浅层裂缝（达受力钢筋部位），对抗渗、防腐、防辐射有特殊要求的有害裂缝的宽度，则按专门规定。

（2）无害裂缝：微观裂缝，表面裂缝，一定程度宏观裂缝。

3. 按裂缝深度（h）与截面厚度（H）关系分类

（1）表面裂缝 $h \leqslant 0.1H$。

（2）浅层裂缝 $h < 0.5H$。

（3）深层裂缝 $H > h \geqslant 0.5H$。

（4）贯穿裂缝 $h = H$。

裂缝深度的检测方法有超声波法、钻芯法及水迹渗透法。

4. 按裂缝出现时间分类

（1）早期裂缝（0～3d、0～12h 初龄塑性收缩裂缝时期，早期最终达 28d）。

（2）中期裂缝（28～180d）。

（3）后期裂缝（180～360d、720d、最终 20 年）。

裂缝随时间扩展过程：

微裂──→初裂（断断续续）──→通裂──→增扩──→稳定与不稳定

5. 按裂缝形状分类

（1）横向直裂缝。

（2）纵向直裂缝。

（3）斜裂缝。

（4）竖向直裂缝。

（5）枣核形裂缝。

（6）龟裂缝。

（7）45°切角斜裂缝。

（8）八字斜裂缝。

（9）鱼鳞式裂缝。

（10）连续正反 U 型裂缝（自重及荷载作用）。

（11）反射裂缝。

（12）顺筋裂缝。

（13）冲切裂缝。

（二）裂缝有害与无害的判别

1. 混凝土的微观裂缝

严格地说混凝土的微观裂缝是不可避免的，微观裂缝的程度与混凝土的配合比、用水量、浇筑季节及时间有关。

微观裂缝有：粘结裂缝；水泥石裂缝；集料裂缝。

一般粘结裂缝和水泥石裂缝较多，集料裂缝较少。微观裂缝的分布是不规则的，沿截面不贯穿，因此有微观裂缝的混凝土可以承受拉力，但受拉较大的部位，容易串通贯穿截面，导致较早的断裂。

2. 钢筋混凝土的宏观裂缝（结构性裂缝）

混凝土与钢筋共同作用的必要条件是变形协调条件：钢筋应变等于混凝土应变（$\sum s = \sum \sigma$），当钢筋应变大于或等于混凝土的极限拉伸时，即$\sum s \geqslant \sum p$（极限拉伸），即产生开裂。

3. 裂缝的相对性

钢筋混凝土裂缝是绝对的，无裂缝是相对的，不能只把裂缝看做是混凝土的缺陷，同时还应看做是混凝土结构的物理力学性质。正常的使用状态下受拉钢筋的应力一般都远远超过混凝土开裂时钢筋应力，因此裂缝是不可避免的。常见的无裂缝工程，只是使用条件尚未达到设计工况，钢筋实际应力小于结构试验开裂时钢筋实际应力60MPa（非弹性影响，弹性理论计算为20～30MPa）。

裂缝宽度$W \geqslant 0.05mm$，为肉眼可见裂缝，$W < 0.02mm$，为肉眼不可见裂缝，被视为无裂缝结构。我国一般采用0.05mm为界，裂缝$\geqslant 0.05mm$，从结构使用功能和耐久性上，其有害程度是不同的，应根据不同功能要求分为有害裂缝与无害裂缝。

4. 裂缝有害与无害的界限

关于裂缝有害与无害的控制原则应从不同结构、不同环境条件下的作用效应和抗力两方面同时考虑，考虑安全系数见式15-1：

$$S_{max} \leqslant R_{min} \tag{15-1}$$

式中　S——作用效应；

　　　R——抗力。

作用效应与抗力是高度的离散性和随机性函数，因此预估结构开裂，用定量的方法是很困难的，只有参考价值。国家和地区最大允许裂缝宽度见表15-1。

表15-1　最大允许裂缝宽度

国家和地区	规范	环境条件		无害裂缝宽度（mm）
中国	混凝土结构设计规范	预应力混凝土结构		0～0.2
		非预应力混凝土结构		0.3
日本	土木学会标准	海洋混凝土	干湿交替	0.15
			海水中	0.2
	日本工业标准	预应力混凝土管在设计荷载作用下		0.05～0.2
美国	ACI规范	露天结构		0.3
		防水工程		0.2
		室内工程		0.4
		非腐蚀性		0.3
俄罗斯	—	弱腐蚀性		0.2
		中腐蚀性		0.2
		强腐蚀性		0.1
法国	—	道路桥梁静载		0.3
		荷载＋1/2活荷载		0.4
欧洲	CEB	重腐蚀		0.1
		无防护结构		0.2
		有防护结构		0.3

目前，国际上关于有害和无害裂缝的研究正在进行，主要从耐久性出发，裂缝允许宽度有逐渐扩大的趋势，由于混凝土的非均质性，每条裂缝内沿长度方向裂缝的宽度是不同的。因而有的专家提出了最大裂缝宽度、最小裂缝宽度和平均裂缝宽度的概念，一般以平均裂缝宽度作为有害或无害的标准。另外，目前国内外关于裂缝宽度的限制是指表面裂缝宽度，没有考虑裂缝的深度，裂缝深度也应作为判别的依据。一般表面裂缝只需表面封闭，纵深和贯穿裂缝，则需用压力灌浆方法。

（三）大体积混凝土裂缝产生的原因分析

大体积混凝土在施工阶段产生的温度裂缝：一方面是由于内外温差产生的；另一方面是由于外部约束和混凝土各质点间的约束，阻止混凝土收缩变形，导致裂缝产生。混凝土抗压强度较大，但抗拉力却很小，所以温度应力一旦超过混凝土抗拉强度时，即会出现裂缝。裂缝产生对结构的耐久性有影响，应予以重视和加强控制。产生裂缝的具体原因主要有：

（1）水泥水化热的影响

水泥的水化反应产生的热量是大体积混凝土内部温升的主要热量来源，每千克普通硅酸盐水泥放出的热量可达 500kJ。由于大体积混凝土截面厚度大，水化热聚集在结构内部不易散发，会引起内部急骤升温。

水泥水化热引起的绝热温升与混凝土结构的厚度、单位体积的水泥用量和水泥的品种有关。厚度越大，水泥用量越多，水泥早期强度越高，结构内部温升越快。试验证明水泥水化热在 1～3d 内放出的热量最多，约占总热量的 50%，混凝土浇筑后的 3～5d 内，混凝土内部的温度最高。

随着混凝土龄期的增长，弹性模量和强度不断提高，对混凝土降温收缩变形的约束也越来越强，产生很大的温度应力，当混凝土的抗拉强度不足以抵抗此温度应力时，就很易产生温度裂缝。

（2）内外约束条件的影响

结构在变形变化中，必然受到一定的约束，阻碍其自由变形，阻碍变形的因素称作约束条件。由于建筑物有各种结构组合，约束的形成也有许多种，但大致可分为以下两类：

1）外约束。一个物体的变形受到其他物体的阻碍，一个结构的变形受到另一个结构的阻碍，这种结构与结构之间、物体与物体之间、构件与构件之间、基础与基础之间的相互牵制作用称为外约束。如：地上框架变形受到地基基础的约束、挡土墙变形受到基础的约束、结构横梁受到立柱的约束等（含集中式和连续式），均属外约束。由于结构所处的具体条件不同，便在结构之间产生不同程度的约束，按约束程度，外约束又可分为：无约束、弹性约束（0≤约束系数≤1.0，0%≤约束度≤100%）、全约束（约束度 100%，约束系数 1.0，自由度系数 0）。

2）内约束。一个物体或一个构件本身各质点之间的相互约束，称为内约束或自约束。自约束应力一般只能引起表面或浅层裂缝。

外约束应力经常引起贯穿性裂缝。在建筑工程中的大体积混凝土中主要是不均匀温差和均匀收缩引起的，外约束应力占主要地位。

混凝土在早期温升时，产生的膨胀变形受到约束面的约束，而产生压应力，此时混凝土弹性模量很小，混凝土与基层连接不太牢，压应力较小，而当温度下降时，产生较大的拉应力，若超过混凝土的极限抗拉强度，混凝土将出现垂直裂缝。

在全约束条件下，混凝土变形是温差和混凝土线膨胀系数的乘积：$\sum i = \Delta T \cdot \alpha$，当变形使$\Sigma i$超过混凝土的极限拉伸值$\Sigma p$时，结构便出现裂缝。降低混凝土的内外温差和改变其约束条件对防止大体积混凝土裂缝产生是非常重要的。

（3）外界气温变化的影响

混凝土的内部温度是由浇筑温度、水泥水化热的温升和结构的散热温度等各种温度的叠加之和组成。混凝土的浇筑温度与外界气温有直接关系，外界气温越高，混凝土的浇筑温度也越高，如果外界温度下降，会增加混凝土的温度梯度，特别是气温骤然下降，会大大增加外层混凝土与内部混凝土的温差，造成过大的温度应力，易使大体积混凝土出现裂缝。

大体积混凝土由于厚度大，不易散热，一般内部温度可达$60\sim65℃$甚至更高，且持续时间长，温度应力是温差所造成的，温差越大，温度应力也越大，控制混凝土表面温度与外界气温的温差，是防止混凝土裂缝产生的另一个重要措施。

（4）混凝土收缩变形的影响

主要包括塑性收缩和体积变形。

早期塑性收缩变形，包括自生收缩、沉缩与水分蒸发的收缩（$2\sim12h$）。早期开裂的原因，特别是高强高性能混凝土早期收缩量很大，包括：①早期水泥化学收缩；②集料下沉，砂浆上浮；③表面水分蒸发。

纯水泥浆体塑性收缩最大可达$100\times10^{-4}m$，砂浆可达$40\times10^{-4}m$，混凝土可达$20\times10^{-4}m$。不同环境、养护条件、用水量及坍落度、掺合料及外加剂对早期的塑性收缩裂缝影响显著。

混凝土的体积变形是水泥水化过程中产生的，多数是收缩变形，少数为膨胀变形，收缩主要是内部水蒸发引起的，最大收缩可达$8\times10^{-4}m$，这种收缩变形数量大，时间长。另外还有碳化收缩变形，即CO_2与$Ca(OH)_2$反应生成$CaCO_3$和H_2O，这些结合水因蒸发而使混凝土产生收缩变形。

五、大体积混凝土的主要性能

（一）物理性能

1. 体积收缩性

通常由水泥凝胶的变干和收缩引起，影响干缩的主要原因是单位用水量及集料的成分。大体积混凝土自身体积变化，是由于内部的化学反应引起的，和用水量多少有关。大多数在$\pm50\times10^{-6}m$范围变化。净水泥浆的热膨胀系数一般比集料大一些，但差别也不太大。

碱-集料反应引起的体积变化，能使混凝土的质地变得松软、强度降低，应避免使用这种集料。

2. 抗渗性能

合理的用水量和良好的凝结固结，是混凝土获得优良抗渗性能的重要因素。掺入粉煤灰等活性材料，也可提高混凝土的抗渗性。

3. 热工性能

影响大体积混凝土热工性能的主要因素是集料的矿物组成，集料来源不同，矿物成分不同，热性能也变化很大，如石英岩的热膨胀系数就很大，为玄武岩的1.3倍。

（二）力学性能

1. 抗压强度

混凝土的用水量与强度之间的关系并不完全一致，而是有相当大的变化。影响大体积混凝土强度的因素为：

（1）水泥品种和强度。

（2）掺合料的活性系数以及填充系数。

（3）集料表面结构和形状，矿物组成，强度及级配。

2. 弹性模量

随龄期的增长，弹性模量变化也增大，试验证明 28d 龄期的变化范围为（2.5～3.9）×10^{-4} MPa，一年龄期的变化范围为（3.0～4.8）×10^{-4} MPa，一般情况下，弹性模量的变异系数比抗压强度大。

3. 泊松比

一般为 0.16～0.20，随龄期增加而有增大的趋势，当在短期荷载下，施加的应力等于极限抗压强度的 35%～50% 时，混凝土内部开始出现微裂缝，当超过此应力时，混凝土的泊松比和弹性模量不再表现为常数。

4. 徐变

徐变效应用混凝土的持续弹性模量表示，用荷载作用时间内的总变形除以应力。如果荷载在龄期较早时施加，持续弹性模量约为瞬时弹性模量的 1/2，而加荷龄期 90d 以上时，则持续弹性模量的百分比略高。当施加的应力为混凝土极限抗压强度的 40% 以下时，混凝土的徐变与施加的应力成正比。

（三）耐久性

大体积混凝土具有较好的耐久性，特别是掺加了优良的外加剂，提高了大体积混凝土的抗冻性，选用优质的集料，优良的外加剂和降低用水量是保证混凝土结构不渗水的重要条件。

六、大体积混凝土配合比设计

大体积混凝土配合比设计，不仅要满足最基本的强度和耐久性的要求，还应与大体积混凝土的规模相适应，并应该是最经济的。大体积混凝土的配合比设计，既受结构型式、经济性的要求，又受混凝土强度、耐久性和温度性质的限制，在进行配合比设计时要考虑以下几个问题：

（1）除集料的最大尺寸外，用水量应根据能充分拌合、浇筑和捣实的混凝土拌合物容许的最干稠度即标准稠度来确定。若采用预冷却混凝土，则在试验室做试验性拌合物时，也应在相同的低温下进行，因为在低温情况下，水泥水化速度较慢，在 5～10℃ 达到给定稠度的需水量比在正常室温（15～20℃）下更少。

（2）水泥用量是由水泥与混凝土设计强度之间的关系所决定的，这种关系很大程度上受到水泥强度的影响。

试验证明，含有粉煤灰等掺合料的混凝土强度增幅较大，利用活性混合材料可以增加强度，等活性替代水泥用量，同时降低水化热。在正常或比较温和的气候中，对大体积混凝土的内部，混凝土的最大允许水胶比为 0.8，而暴露在水或空气中，允许水胶比为 0.6。

（3）大体积混凝土含气量通常为 3%～6%，这样有利于提高混凝土的抗渗性和抗冻性等耐久性指标。大体积混凝土的配合比设计，应遵照设计的相关要求，采用多组分混凝土理论设计方法计算，按《普通混凝土配合比设计规程》（JGJ 55—2011）和相关的试验标准进行，主要考虑内外温差、抗渗性、抗冻性等方面进行配合比试配。

七、工程应用

[例 15-1]

设计要求：C30 混凝土，坍落度 $T=220\mathrm{mm}$，抗渗等级 P20，抗冻等级 D200

原材料参数：P·C 42.5 水泥，$R_C=45\mathrm{MPa}$，细度 0.08mm 方孔筛筛余 3%，标准稠度需水量 $W=29\mathrm{kg}$

水泥和粉煤灰的比表面积：$S_{C0}=320\mathrm{m^2/kg}$，$S_F=150\mathrm{m^2/kg}$

水泥和粉煤灰的密度：$\rho_{C0}=2.85\times10^3\mathrm{kg/m^3}$，$\rho_F=1.8\times10^3\mathrm{kg/m^3}$

粉煤灰需水量比：$\beta_F=1.05$

水泥活性系数：$\alpha_1=1.0$

粉煤灰活性系数：$\alpha_2=0.67$

外加剂减水率：$n=15\%$

砂子：紧密堆积密度 $1750\mathrm{kg/m^3}$，含水率 3%

石子：堆积密度 $1580\mathrm{kg/m^3}$，空隙率 42%，吸水率 1.5%，表观密度 $2724\mathrm{kg/m^3}$

（1）配制强度的确定

将 $f_{cu,k}=30\mathrm{MPa}$、$\sigma=4\mathrm{MPa}$ 代入式 4-11：

$$f_{cu,0}=30+1.645\times4$$
$$=36.6(\mathrm{MPa})$$

（2）水泥强度 σ 的计算

由于配制设计强度等级的混凝土选用的水泥是确定的，在基准混凝土配比计算时，取水泥为唯一胶凝材料，则 σ 的取值等于水泥标准砂浆的理论强度值 σ，计算如下：

1）水泥在标准胶砂中体积比的计算是将标准砂密度 $\rho_{S0}=2700\mathrm{kg/m^3}$、拌合水密度 $\rho_{W0}=1000\mathrm{kg/m^3}$、水泥密度 $\rho_{C0}=2.85\times10^3\mathrm{kg/m^3}$ 及已知数据（C_0、S_0、W_0）代入式 1-1：

$$V_{C0}=(450/2850)/(450/2850+1350/2700+225/1000)$$
$$=0.157/(0.157+0.500+0.225)$$
$$=0.157/0.882$$
$$=0.178$$

2）水泥标准稠度浆体强度的计算是将水泥实测强度值 $R_{28}=45\mathrm{MPa}$、$V_{C0}=0.178$，代入式 1-2：

$$\sigma=45/0.178$$
$$=253(\mathrm{MPa})$$

（3）水泥基准用量的确定

标准稠度水泥浆体的表观密度值计算是将 $W=29\mathrm{kg}$、$\rho_{C0}=2.85\times10^3\mathrm{kg/m^3}$ 代入式 1-3：

$$\rho_0=2850\times(1+29/100)/[1+2850\times(29/100000)]$$
$$=2013(\mathrm{kg})$$

每兆帕混凝土对应的水泥浆体质量的计算是将 $\rho_0=2013\mathrm{kg}$、$\sigma=253\mathrm{MPa}$ 代入式 1-4：

$$C=2013/253$$
$$=8(\mathrm{kg/MPa})$$

将 $C=8\mathrm{kg/MPa}$、$f_{cu,0}=36.5\mathrm{MPa}$ 代入式 4-12 中，混凝土基准水泥用量 C_{01} 为：

$$C_{01} = 8 \times 36.5$$
$$= 292(\text{kg})$$

（4）胶凝材料的分配

本设计中 C30 混凝土只使用水泥和粉煤灰，配制大体积混凝土时，为了降低水化放热，用一部分的粉煤灰等活性替换水泥，预先确定 $X_C = 50\%$、$X_F = 50\%$ 时，计算出水泥、粉煤灰对应的基准水泥用量：

$$C_{0C} = C_{01} \cdot X_C = 292 \times 50\%$$
$$= 146 \ （\text{kg}）$$
$$C_{0F} = C_{01} \cdot X_F = 292 \times 50\% / 0.67$$
$$= 146 \ （\text{kg}）$$

再用对应的水泥用量分别除以胶凝材料对应的活性系数 α_1 和 α_2，即可求得准确的水泥 C_X 和粉煤灰 F 用量，计算为（见式 4-17 和式 4-18）：

$$C = C_{0C} / \alpha_1$$
$$= 146/1.0$$
$$= 146(\text{kg})$$
$$F = C_{0F} / \alpha_2$$
$$= 146/0.67$$
$$= 218(\text{kg})$$

计算求得：水泥用量 $C = 146\text{kg}$，粉煤灰用量 $F = 218\text{kg}$。

（5）外加剂及用水量的确定

1）胶凝材料需水量的确定　通过以上计算求得水泥和粉煤灰的准确用量后，按照胶凝材料的需水量比（$Si = 0$、$K = 0$）代入式 4-25，计算得到搅拌胶凝材料所需水量 W_1：

$$W_1 = (146 + 218 \times 1.05) \times (29/100)$$
$$= 375 \times 0.29$$
$$= 109(\text{kg})$$

同时代入式 4-26，求得搅拌胶凝材料的有效水胶比 W_1/B：

$$W_1/B = 109/(146 + 218) = 109/364$$
$$= 0.299$$

2）外加剂用量的确定　采用水胶比为 0.299，以推荐掺量 2%（9.6kg）进行外加剂的最佳掺量试验，本设计使用木质素减水剂，净浆流动扩展度达到 220mm，1h 保留值 215mm，与设计坍落度 220mm 一致，可以保证拌合物不离析、不泌水。

（6）砂子用量及用水量的确定

1）砂子用量的确定　石子的空隙率 $p = 42\%$，由于混凝土中的砂子完全填充于石子的空隙中，每立方米混凝土中砂子的准确用量为砂子的紧密堆积密度 1750kg/m³ 乘以石子的空隙率 42%，则砂子用量计算公式如下：

$$S = 1750 \times 42\%$$
$$= 735(\text{kg})$$

由于砂子不含石，含水率 3%，砂子施工配合比用量为：

$$S_0 = S/(1 - 3\%)$$

$$= 735/97\%$$
$$= 758(\text{kg})$$

2）砂子润湿用水量的确定 本设计用的砂子含水率为 3%，故含水率的下限值为 $5.7\% - 3\% = 2.7\%$，上限值为 $7.7\% - 3\% = 4.7\%$，代入式 4-28 和式 4-29：

$$W_{2min} = 758 \times 2.7\%$$
$$= 20(\text{kg})$$
$$W_{2max} = 758 \times 4.7\%$$
$$= 36(\text{kg})$$

（7）石子用量及用水量的确定

1）石子用量的确定 根据混凝土体积组成石子填充模型，计算过程不考虑含气量和砂子的空隙率。用石子的堆积密度 1580kg/m^3 扣除胶凝材料的体积以及胶凝材料水化用水的体积 $109/1000 = 0.109$（m^3）对应的石子，即可求得每立方混凝土石子的准确用量（$Si = 0$、$K = 0$），则石子用量为（见式 4-30）：

$$G = 1580 - (146/2850 + 218/1800) \times 2724 - (109/1000) \times 2724$$
$$= 1580 - 0.172 \times 2724 - 0.109 \times 2724$$
$$= 814(\text{kg})$$

考虑砂子的含石率，混凝土施工配合比中石子的用量计算：

$$G_0 = G$$
$$= 814(\text{kg})$$

2）石子润湿用水量的确定 石子吸水率 1.5%，用石子用量乘以吸水率即可求得润湿石子用水量（见式 4-31）：

$$W_3 = 829 \times 1.5\%$$
$$= 12(\text{kg})$$

（8）总用水量的确定

通过以上计算，可得

胶凝材料所需的水量：$W_1 = 109\text{kg}$

润湿砂子所需的水量：$W_2 = 20 \sim 36\text{kg}$

润湿石子所需的水量：$W_3 = 12\text{kg}$

混凝土总的用水量：$W = W_1 + W_2 + W_3$
$$= 141 \sim 157 \ (\text{kg})$$

（9）C30 混凝土配合比设计计算结果（表 15-1）

表 15-1 C30 混凝土配合比设计计算结果 单位：kg

材料名称	水泥	粉煤灰	砂子	石子	外加剂	砂子用水量	石子用水量	胶凝材料用水量
单方用量	146	218	758	814	9.6	20~36	12	109

（三）工程应用

北京城建集团、中国电建集团和中铁建设集团等单位采用此理论设计了不同强度等级的大体积混凝土，自 2006 年 12 月～2013 年 11 月，分别在在中央电视台、深溪沟水电站、瀑布沟水电站、石（家庄）济（南）客专、青（岛）连（云港）高铁以及齐齐哈尔高铁检测线工程中实际应用。各施工单位根据现场具体情况，合理选用原材料和外加剂，配制的大体积混凝土初始坍落度为220～250mm，扩展度550～720mm，经过3h，当大体积混凝土由搅拌运输车运输到达施工现场时，坍落度保留值仍为210～230mm，拌合物工作性能优异，和易性好，易于振捣，泵送正常，不离析，不泌水，黏聚性好，以上各个工程项目已经全部竣工，各项指标评定合格。

八、大体积混凝土温度裂缝控制

（一）控制裂缝的基本理念

裂缝是不可避免的，但是有害程度是可以控制的，有害与无害裂缝的界限是由生产和生活使用功能以及环境条件所决定的。在工程施工中，就是要把裂缝控制在无害范围内，并将无害裂缝减少到最低限度。裂缝控制的原则是防裂于未然为主，处理裂缝为辅。控制裂缝是工程结构防水、防腐蚀及耐久性的第一道防线。裂缝是不可能消灭和杜绝的，只能采取各种措施来控制裂缝允许无害裂缝的存在，要求不出现和少出现有害裂缝，并把无害裂缝减少到最低限度。

（二）温度裂缝的控制原则

现有大体积混凝土结构的裂缝，绝大多数是由温度裂缝原因而产生的，温度裂缝产生的主要原因是由温差造成的。温差分三种类型：①混凝土产生的大量水化热和环境温度的温差；②拆模后，表面温度陡降造成的温差；③混凝土的内部温差。

防止产生温度裂缝是大体积混凝土研究的重要课题，我国从20世纪60年代至今已积累了很多成功的经验，工程上常用的防止混凝土裂缝的措施主要有：

（1）采用中低热水泥品种。

（2）对混凝土结构合理进行分层分段。

（3）在满足强度和其他性能要求的前提下，尽量降低水泥用量。

（4）掺加适宜的外加剂。

（5）选择适宜的集料。

（6）控制混凝土的出机温度和浇筑温度。

（7）采取合适的冷却方法降低混凝土的内部温升。

（8）采取保温隔热措施，降低内外温差，控制降温速率。

（9）从设计角度采取防止大体积混凝土裂缝的结构措施。

根据我国大体积混凝土施工经验，应侧重控制混凝土温升，延缓混凝土降温速率，减少混凝土收缩变形，提高混凝土极限抗拉应力值，改善混凝土约束条件，完善构造设计，加强施工中温度监测等。

从控制裂缝的观点来讲，贯穿性裂缝危害较大，是控制的重点。

从控制措施上讲，应该结合实际，全面考虑，合理选用，采用综合性的控制措施，才能达到良好的效果。

（三）水泥的选择和控制

1. 选用中、低热的水泥品种

混凝土的升温的热源主要是水泥在水化反应中的水化热，因此选用中、低热水泥是控制混凝土温升的最根本的方法。表15-2为常用水泥每千克水泥的水化热值。

表 15-2 常用水泥每千克水泥的水化热值

水泥品种	水泥强度	每千克水泥水化热（kJ）		
		3d	7d	28d
普通硅酸盐水泥	52.5	314	354	375
	42.56	250	271	334
	32.5	208	229	292
矿渣水泥	42.5	188	251	334
	32.5	146	208	271
火山灰质水泥	42.5	167	230	314
	32.5	125	169	250

注：平均硬化温度为 15℃，7～10℃时，按 60%～70% 的水化热值计算大体积混凝土。

目前大体积混凝土常用的水泥品种有：普通硅酸盐水泥、矿渣水泥、粉煤灰硅酸盐水泥、中热硅酸盐水泥、低热矿渣水泥、低热粉煤灰硅酸盐水泥、低热微膨胀水泥等。具体选用什么品种还要按设计和结构性能要求选用。

2. 选用适宜的水泥用量

一般情况下，大体积混凝土的单位水泥用量在内部应取最小值，一般为 $150kg/m^3$，在外部的混凝土应取较高用量，以不超 $300kg/m^3$ 为有利；具体用量应按结构的重要程度和环境条件通过配合比试验确定。

3. 选用适宜的水泥细度

水泥细度对水化热影响不大，但影响水化热放热的速率，比表面积每增 $100cm^2/g$，1d 的水化热增加 17～21J/g，7d 和 28d 约增 4～12J/g。低热水泥的细度与普通水泥相差不大，只有确实需要时，才进行调整。

4. 充分利用混凝土的后期强度

每立方米混凝土水泥用量增减 10kg，水化热将使混凝土温度升降 1℃。在满足强度和耐久性的前提下，尽量减少水泥用量，在征得设计允许的条件下，采用 f_{45}、f_{60}、f_{90} 代替 f_{28} 作为混凝土的设计强度可使每立方米水泥用量减少 40～70kg，水化热温升相应降低 4～7℃。

（四）掺加优良的外加剂

1. 引气减水剂

大体积混凝土中掺入一定量的引气减水剂，在强度不变时可降低水泥用量 10%～15%，引入 3%～6% 的空气，改善拌合物的和易性，提高抗冻性和抗渗性。

2. 缓凝剂

掺入适量的缓凝剂，可以防止裂缝的生成，延长振捣和散热时间，使水化热放热速率减缓，有利于热量的消散，使内部温升降低，有利于防止温度裂缝的产生。

常用的缓凝剂有：①羟基羟酸盐；②多羟基碳水化合物（多元醇）；③木质素系物质（木质素磺酸钙、木质素磺酸钠）

（五）掺加掺合料

1. 粉煤灰

掺入粉煤灰可减少水泥用量，降低水化热并提高和易性，主要作用有：

（1）粉煤灰中含有大量的硅、铅、氯化物、SiO_2含量40％～60％，Al_2O_3含量17％～35％，这些硅、铅、氯化物与水泥的水化产物进行二次反应，是其活性的来源，可取代部分水泥，从而减少水泥用量，降低混凝土的热胀。

（2）粉煤灰颗粒较细，能参加二次反应的界面相对增加，改善混凝土内部孔的结构，使总的孔隙率降低，分布更合理使硬化后混凝土更加致密，收缩值也减少。

（3）掺入粉煤灰后，由于粉煤灰颗粒呈球状，具有滚珠效应，可以起到显著改善混凝土和易性的效能。

掺入适量的粉煤灰，不仅满足混凝土的可泵性，还可降低水化热。

粉煤灰的颗粒组成是影响粉煤灰质量的主要指标。一般认为：粉煤灰越细，球形颗粒越多，组合粒子越少，而且水化反应的界面增加，容易激发粉煤灰的活性，从而提高混凝土的强度。我国规定，粉煤灰的细度以0.08mm方孔筛筛余不超过8％为宜，烧失量不大于8％，粉煤灰的质量应符合《用于水泥和混凝土中的粉煤灰》（GB/T 1596—2005）中的规定。

传统观念中粉煤灰的掺加分"等量取代法"和"超量取代法"，本书提出适量取代，不但可获得工作性，而且可保证粉煤灰取代水泥达到同样的强度。

2. 其他类型的掺合料

随着技术的发展，将有更多类型的掺合料得以应用，如：石粉、火山灰质混合材料、硅灰、纤维材料等。

（六）集料的选择

1. 粗集料的选择

宜优先选择自然连续级配的粗集料配制，根据施工条件，尽量选用粒径较大、级配良好的石子，但大粒径集料也易引起混凝土的离析，因此要进行优化级配的设计，既满足大体积混凝土的控制，又要满足混凝土施工的工作性能。

2. 细集料的选择

以采用中、粗砂为宜，细度模数宜在2.6～2.9范围内。

大体积混凝土采用泵送比较普遍，如果砂率太小，泵送性能不太好；砂率过大，混凝土容易开裂，因此配制混凝土时尽可能选用最佳的砂率。

（七）控制混凝土出机温度和浇筑温度

为了控制大体积混凝土的总温升，减小结构的内外温差，控制混凝土的出机温度与浇筑温度非常重要。

1. 出机温度的计算

根据搅拌前原材料的总热量与搅拌后混凝土总热量相等的原理，混凝土出机温度T_O计算见式15-2：

$$T_O = [(C_s + C_w Q_s)W_s T_s + (C_g + C_w Q_g)W_g T_g + C_c W_c T_c + C_w(W_w Q_s W_c$$
$$- Q_g W_g)T_w]/(C_s W_s + C_g W_g + C_w W_w + C_c W_c) \tag{15-2}$$

式中　C_s、C_g、C_c、C_w分别为砂、石、水泥、水的比热容，单位为J/(kg·℃)；

　　　W_s、W_g、W_c、W_w分别为砂、石、水泥、水的拌合温度，单位为℃；

　　　Q_s、Q_g为砂、石的含水量，单位％；

　　　一般取：$C_s = C_g = C_c = 800$J/(kg·℃)。

$C_w = 4000J/(kg \cdot ℃)$

降低出机温度的办法主要是降低砂、石温度，如：搭遮阳棚、冷水冲洗、通风、冰水拌合等。

2. 浇筑温度的控制

混凝土搅拌机出料后，经搅拌机等运输、卸料、浇筑、平仓、振捣等工序后的混凝土的温度称混凝土的浇筑温度。

混凝土的浇筑温度越近，对降低混凝土内外温差越有利，浇筑温度的控制各国有各国的规定，美国 ACI 施工手册规定不超过 32℃，日本建筑学会的规程规定不得超过 35℃，我国目前没有统一的规定，有些规范不超过 28℃，有些为 25℃，有些为 30℃，主要是浇筑温度对结构内外温差影响不十分显著，但适当控制还是有必要的，主要是控制温差和温升上加大控制措施。

3. 降温速率的控制

在实际工程中，大体积混凝土产生的裂缝绝大多数为表面裂缝，这些裂缝的产生，大多数是在受寒潮冲击或越冬时经受长时间的剧烈降温后产生的，因此，施工时注意表面的保温保湿养护，对防止裂缝产生有重大作用。

保温、保湿、养护的目的有三个：①减小结构内外温差，防止出现表面裂缝；②防止混凝土发生骤然受冷，避免产生贯穿裂缝；③延缓混凝土的冷却速度，以减少新旧混凝土的上下层约束。

国内有关规范要求，混凝土浇筑的降温速率为 1.5℃/d。

（八）提高混凝土的极限抗拉值

混凝土的收缩和极限拉伸值，除与水泥用量、集料品种和级配、水胶比、集料含泥量等因素有关外，还与施工工艺相关，通过改善配合比和施工工艺，可以在一定程度上，减少混凝土的收缩和提高混凝土的极限抗拉伸值。

现场试验证明，对浇筑后未初凝的混凝土进行二次振捣可排除泌水在粗集料、水平钢筋下部生成的水分和空隙，提高混凝土与钢筋之间的握裹力，防止因混凝土沉落出现的裂缝，减少内部微裂缝，增加密实度，使强度提高 10%～20%，从而提高混凝土的抗裂性，二次振捣时要掌握好时间，虽然没有严格限制，但要使混凝土振捣后能恢复到塑性状态。

改善搅拌工艺，也可以提高混凝土的极限拉伸值，减少混凝土收缩，可采取二次投料砂浆裹石的搅拌工艺，可使强度提高 10%，减少 7% 的水泥用量。

（九）改善边界约束和构造设计

改善边界约束和构造设计也可以控制裂缝产生，如合理的分层分段浇筑、设置滑动层、避免应力集中、设置缓冲层、合理配筋、设应力缓和沟等。

（十）加强施工的温度测控工作

采用技术手段和仪器，及时摸清大体积混凝土不同深度温度的变化规律，及时采取相应的措施，及时控制内外温差、降温速率等，避免温度裂缝的产生。

常用的测量仪器是温度测定记录仪，测温时一般测升降温、内外温差、降温速率、环境温度。

测温点布置以浇筑体平面图对称轴线的半条轴线为测温区，监测位置与数量根据混凝土浇筑体内温度场的分布情况及温控的要求确定。

保温措施和温度的温测点数量，根据具体需要确定。块体结构表面温度以混凝土表面以内 50mm 处为准。底表面温度以底表面以上 50mm 的温度为准，测温元件误差应不大于 0.3℃，记录误差应不大于 ±1℃。

图 15-1 为测温点布置示意图，平面上测温点可沿 OA、OB、OE 布置，厚度方向可沿 FG 布置。

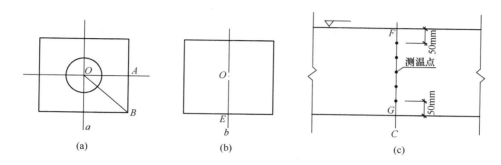

图 15-1　测温点布置示意图

(a) 平面图；(b) 侧面图；(c) 立体图

如有经验也可以根据结构的重要程度，采用简易的测温方法。大体积混凝土内外温差、降温速率及环境温度，每层放不少于 2 次，测温应在混凝土浇筑完 12h 开始，前 5d 每 2h 测一次，5d 后可 4h 测一次，10d 后可 6h 测一次，当表面温度与大气温度接近时，中心温度与大气温度温差不大于 25℃时，可停止测温工作，逐步除去保温。

（十一）其他措施

防止混凝土裂缝还可适当掺入聚丙烯纤维，加强保温养护等，有些措施仍在进一步研究和探索之中。

九、大体积混凝土结构的浇筑要点

（一）分层浇筑

1. 全断面分层

整个模板内全面分层，浇筑面积为基础平面面积，这种方式适宜于面积不大的结构。

2. 分段分层浇筑

混凝土从低层开始浇筑，进行一定距离后，回头浇筑第二层，呈阶梯形推进，这种方法适用于单位时间内要求供应的混凝土较少，厚度不太大而面积或长度较大的工程。

3. 斜面分层

混凝土从浇筑层斜面下端开始，逐渐向上移动浇筑斜面分层也视为分段分层。当结构的长度超过其厚度的 3 倍时，可以采用斜面分层浇筑。

（二）振捣

振捣方式和普通混凝土相同，分层分段浇筑时，下层混凝土初凝前应保证上层混凝土浇捣完毕，同时尽量使混凝土浇筑强度一致，混凝土供应较均衡，保证施工的连续性。

（三）大体积混凝土养护时的温度控制

养护是大体积混凝土施工中一项十分关键的工作，养护主要保持适宜的温度和湿度，以便控制混凝土内外温差，促进混凝土强度的正常发展以及防止混凝土裂缝的产生和发展，大体积混凝土不仅要满足强度增长的需要，还应通过人工的温度控制，防止因温度变形引起混凝土的开裂，控制要点：

（1）中心温度与表面温度之间，表面温度与室外最低温度之间的温差值均小于 20℃，混凝土具有足够抗裂能力时，不大于 30℃。

（2）混凝土拆模时，温差不超过 20℃。

（3）可采用内部降温法降低混凝土内外温差。

（4）采用保温法使混凝土在缓慢散热过程中，得到必要的强度，控制混凝土内外温差小于 20℃。

（5）混凝土表面设置抗裂钢筋网片（温度筋）防止混凝土收缩开裂。

第十六章 核电站防辐射混凝土

一、防辐射混凝土介绍

（一）概念

防辐射混凝土又称屏蔽混凝土、重混凝土或核反应堆混凝土等。该混凝土能有效地屏蔽原子核辐射和中子辐射，是原子能反应堆、粒子加速器及其他含有放射源装置常用的一种防护材料。

原子核辐射，是指 α 射线、β 射线、γ 射线和中子射线，α、β 射线穿透力较低，所以防辐射混凝土要屏蔽的是 γ 射线和中子射线。

防辐射混凝土常采用能结合大量水的水泥作为胶凝材料，如膨胀水泥、钡水泥、锶水泥、石膏矾土水泥等，采用含有较高结晶水的集料，如铁矿石、重晶石、蛇纹石等。

防辐射混凝土采用普通水泥或密度很大、水化后结合水很多的水泥与特重的集料或含结合水很多的重集料制成，表观密度可达 $2700\sim7000kg/m^3$，防护效果好，能降低防护结构的厚度，但价格比普通混凝土高出很多。

（二）特点

原子反应堆主要防护 X 射线、γ 射线和中子射线，防护物质的密度越大，防护性能越好。对于 X 射线和 γ 射线若采用铅、锌、钢铁等密度大的材料，虽防护效果好，但价格昂贵。对于中子射线，不但需要重元素，而且需要充分的轻元素，氢是最轻的元素，具有优良的防护效果。

作为一种较好的防护材料，应当由轻元素和重元素适当组合的材料制成，混凝土正好具备表观密度大，含有许多结合水的材料，防辐射混凝土是用普通混凝土和密度很大的重集料配制而成，是一种表观密度大并含有大量结合水的混凝土。一般可由相对密度较大的重晶石（硫酸钡）或各种铁矿石作为集料配制。

防辐射混凝土不同于普通水泥混凝土，不但表观密度大，含结合水多，而且要求导热系数较高（使局部的温度升高最小）、热膨胀系数低（使由于温升而产生的应变最小）、干燥收缩率小（使温差应变最小），还要求混凝土具有良好的均质性，不允许有空洞、裂缝等缺陷，具有一定的结构强度和耐火性。

（三）分类

1. 按所用水泥品种不同分类

可分为普通硅酸盐水泥防辐射混凝土和特种水泥防辐射混凝土。

2. 按抵抗射线不同分类

可分为抵抗 X 射线混凝土、抵抗 γ 射线混凝土和抵抗中子射线混凝土。

二、防辐射混凝土原材料

（一）水泥

配制防辐射混凝土所用的水泥，一般应选用相对密度较大的水泥，以增加水泥硬化后的防射线的能力。可采用硅酸盐水泥、火山灰质水泥、矿渣水泥、钒土水泥、镁质水泥，其中硅酸盐水泥应用较广，其强度不得低于 42.5MPa。

钒土水泥、石膏矾土水泥及高镁水泥，防护性能较好，但水化热较大，施工时要采取冷却措施，给施工带来一定的困难，镁质水泥对钢筋水泥腐蚀较大，应慎用。

对防护要求很高的混凝土，可采用特种水泥，如：复合重金属硅酸盐水泥（硅酸钡水泥、硅酸锶水泥）及含铁较高的高铁硅酸盐水泥（$C_4AF \geqslant 18\%$）这种水泥可满足高防护辐射的要求，但价格昂贵，一般不宜采用。

（二）粗细集料

防辐射混凝土的粗细集料和普通混凝土不同，一般用密度较大的材料，如：褐铁矿、赤铁矿、磁铁矿、重晶石、蛇纹石、废钢铁、铁砂和钢砂等也可使用部分碎石和砾石，细集料还可使用石英砂。

1. 褐铁矿（$2Fe_2O_3 \cdot 3H_2O$）

密度为 $3200 \sim 4080kg/m^3$，有致密的结构和带孔隙的结构，块重为 $1300 \sim 3200kg/m^3$，含结合水 $10\% \sim 18\%$，最大表观密度 $2600 \sim 3000kg/m^3$。

由于结合水多，是防中子射线的首选集料。

2. 磁铁矿（Fe_3O_4）和赤铁矿（Fe_2O_3）

磁铁矿密度为 $4900 \sim 5200kg/m^3$；赤铁矿密度为 $5000 \sim 5300kg/m^3$。

这两种材料配制的混凝土表观密度比褐铁矿混凝土在 20% 以上，一般为 $3200 \sim 3800kg/m^3$，是配制 X 射线和 γ 射线的良好材料，但防中子射线能力不如褐铁矿。

3. 重晶石（$BaSO_4$）

密度为 $4300 \sim 4700kg/m^3$，脆性材料，配制的混凝土表观密度 $3200 \sim 3400kg/m^3$，抗冻性能差，热膨胀系数和收缩值都大，不能用于有流水作用且受冻的结构，也不能用于温度高于 100℃ 的地方。

用于防辐射混凝土的重晶石，$BaSO_4$ 含量应大于 80%，且不得有风化现象。

4. 铁质集料

钢块、钢段、钢砂、铁砂、切割铁屑、钢球等，混凝土表观密度可达 $5000kg/m^3$ 以上，对防 X 射线和 γ 射线十分有效。实际中采用纯铁质集料的混凝土很少，因为其含结合水少，防中子能力低，不易保证混凝土的均匀性，需用特殊的浇筑方法。

5. 含硼集料

为增强抵抗中子的能力，可在集料中掺一些对中子射线有较强吸收能力、含较多结晶水或含硼元素的集料，如白硼钙石（$4CaO \cdot 5B_2O_3 \cdot 7H_2O$），钠硼解石[$NaCaB_3B_2O_7(OH)_4 \cdot 6H_2O$]蛇纹石[$A_6Si_4O_{10}(OH)_8$]以及含硼量大于 2% 的硅藻土。

为了增加防辐射混凝土的密度和结合水含量，常采用混合集料来配制防辐射混凝土。如用磁铁矿和褐铁矿混合，两种铁质集料或普通岩石集料组成，混合配制不仅可以发挥集料的特长，还可以经济实用。

粗集料最大粒径不宜超过 40mm，细集料平均粒径 $1.0 \sim 2.0mm$，细度模数 $2.9 \sim 3.7$ 为宜。

（三）掺合料

为改善和加强防辐射混凝土的防护性能，配制时常加入一定数量的掺和材料，如硼或锂盐。

含硼同位素的钢材吸收中子能力比铅高 20 倍，比普通混凝土高 500 倍，掺加硼既可以把硼加入水或水泥中，也可把硬硼钙石矿物、硼砂、硼酸、碳化硼、电气石等加入混凝土中。

锂盐，如碘化锂（LiI·3H₂O）、硝酸锂（LiNO₃·3H₂O）和硫酸锂（LiSO₄·H₂O）等，锂盐价格比较贵，在工程中应用较少。

三、防辐射混凝土的配制

（一）用特种胶凝材料配制防辐射混凝土

常用的特种胶凝材料有高铁水泥、高密度水泥、钡水泥、锶水泥和镁质水泥，最常用的是高铁水泥和高密度水泥。

1. 高铁质钡矾土水泥

高铁质钡矾土水泥是一种铝酸盐气硬性胶结材料，不易溶于水，在水作用下能迅速分解，早期强度高。

以 20%钡矾土水泥和 80%的重晶石集料，配制防辐射混凝土是一种优良的防 X 射线和 γ 射线的水泥。

2. 含硫酸钡的高密度水泥

将主要成分为硫酸钡的材料和黏土、片岩或矾土混合料煅烧至接近完全熔融状态时，然后进行冷却或部分结晶，然后磨细，并掺加适量的缓凝剂。

由硫酸钡高密水泥作为胶凝材料，集料采用电气石、重晶石、蛇纹石或其他化合水的天然或人造的水化矿物。

采用特种胶凝材料配制防辐射混凝土可以用多组分混凝土理论提供的配合比设计方法直接设计，在此举例介绍。

[例 16-1]

设计要求：C50 混凝土，坍落度 $T=140$mm，抗渗等级 P20，抗冻等级 D300

原材料参数：钡矾土水泥 42.5，$R_{28}=49$MPa，细度 0.08mm 方孔筛筛余 3%，标准稠度需水量 $W=29$kg

胶凝材料的密度：$\rho_{C0}=3.85\times10^3$kg/m³，$\rho_{F0}=1.8\times10^3$kg/m³，$\rho_K=2.4\times10^3$kg/m³

胶凝材料的需水量比：$\beta_F=1.05$，$\beta_K=1.0$

胶凝材料的活性系数：$\alpha_1=1.0$，$\alpha_2=0.67$，$\alpha_3=0.8$

砂子：紧密堆积密度 2150kg/m³

石子：堆积密度 2200kg/m³，空隙率 40%，吸水率 0.5%，表观密度 3667kg/m³

（1）配制强度的确定

将 $f_{cu,k}=50$MPa、$\sigma=4$MPa，代入式 4-11：

$$f_{cu,0}=50+1.645\times4$$
$$=56.5(\text{MPa})$$

（2）水泥强度 σ 的计算

由于配制设计强度等级的混凝土选用的水泥是确定的，在基准混凝土配比计算时，取水泥为唯一胶凝材料，则 σ 的取值等于水泥标准砂浆的理论强度值 σ，计算如下：

1）水泥在标准胶砂中体积比的计算是将标准砂密度 $\rho_{S0}=2700\text{kg/m}^3$、拌合水密度 $\rho_{W0}=1000\text{kg/m}^3$、水泥密度 $\rho_{C0}=3.85\times10^3\text{kg/m}^3$ 及已知数据（C_0、S_0、W_0）代入式 1-1：

$$V_{C0}=(450/3850)/(450/3850+1350/2700+225/1000)$$
$$=0.117/(0.117+0.500+0.225)$$
$$=0.117/0.842$$
$$=0.139$$

2）水泥标准稠度浆体强度的计算是将水泥实测强度值 $R_{28}=49\text{MPa}$、$V_{C0}=0.139$ 代入式 1-2：

$$\sigma=49/0.139$$
$$=353(\text{MPa})$$

（3）水泥基准用量的确定

标准稠度水泥浆体的表观密度值计算是将 $W=29\text{kg}$、$\rho_{C0}=3.85\times10^3\text{kg/m}^3$ 代入式 1-3：

$$\rho_0=3850\times(1+29/100)/[1+3850\times(29/100000)]$$
$$=2342(\text{kg})$$

每兆帕混凝土对应的水泥浆体质量的计算是将 $\rho_0=2342\text{kg}$、$\sigma=353\text{MPa}$ 代入式 1-4：

$$C=2342/353$$
$$=6.6(\text{kg/MPa})$$

将 $C=6.6\text{kg/MPa}$、$f_{cu,0}=56.5\text{MPa}$ 代入式 4-12 中，混凝土基准水泥用量 C_{01} 为：

$$C_{01}=6.6\times56.5$$
$$=373(\text{kg})$$

（4）胶凝材料的分配

由于 C50 防辐射混凝土配合比计算值 C_{01} 大于 300，为了降低水化热，增加浆体量，本设计中填充效应的作用小于反应活性，因此在胶凝材料分配过程中只考虑反应活性。预先设定 $X_C=70\%$、$X_F=10\%$、$X_K=20\%$ 时，计算出水泥、粉煤灰和矿渣粉对应的基准水泥用量：

$$C_{0C}=C_{01}X_C=373\times70\%$$
$$=261(\text{kg})$$
$$C_{0F}=C_{01}\cdot X_F=373\times10\%$$
$$=37(\text{kg})$$
$$C_{0K}=C_{01}\cdot X_K=373\times20\%$$
$$=75(\text{kg})$$

再用对应的水泥用量分别除以胶凝材料对应的活性系数 α_1、α_2 和 α_3，即可求得准确的水泥 C、粉煤灰 F 和矿渣粉 K 用量，计算为（见式 4-17、4-18 和 4-19）：

$$C=C_{0C}/\alpha_1$$
$$=261/1.0$$
$$=261(\text{kg})$$
$$F=C_{0F}/\alpha_2$$
$$=37/0.67$$

$$=55(\mathrm{kg})$$

$$K=C_{0K}/\alpha_3$$

$$=75/0.8$$

$$=94(\mathrm{kg})$$

计算求得水泥用量 $C=261\mathrm{kg}$，粉煤灰用量 $F=55\mathrm{kg}$，矿渣粉用量 $K=94\mathrm{kg}$。

（5）外加剂及用水量的确定

1）胶凝材料需水量的确定 通过以上计算求得水泥、粉煤灰和矿渣粉的准确用量后，按照胶凝材料的需水量比（$Si=0$）代入式 4-25，计算得到搅拌胶凝材料所需水量 W_1：

$$W_1=(261+55\times1.05+94\times1.0)\times(29/100)$$

$$=413\times0.29$$

$$=120(\mathrm{kg})$$

同时代入式 4-26，求得搅拌胶凝材料的有效水胶比 W_1/B：

$$W_1/B=120/(261+55+94)$$

$$=120/410$$

$$=0.293$$

2）外加剂用量的确定 采用水胶比为 0.293，以推荐掺量 2%（6kg）进行外加剂的最佳掺量试验，本设计使用脂肪族减水剂，净浆流动扩展度达到 140mm，1h 保留值 120mm，与设计坍落度 140mm 一致，可以保证拌合物重集料不下沉，浆体不离析、不泌水。

（6）砂子用量及用水量的确定

1）砂子用量的确定 石子的空隙率 $p=40\%$，由于混凝土中的砂子完全填充于石子的空隙中，每立方米混凝土中砂子的准确用量为砂子的紧密堆积密度 $2150\mathrm{kg/m^3}$ 乘以石子的空隙率 40%，则砂子用量为（见式 4-27）：

$$S=2150\times40\%$$

$$=860(\mathrm{kg})$$

由于砂子为干砂且不含石子，砂子施工配合比用量为：

$$S_0=S$$

$$=860(\mathrm{kg})$$

2）砂子润湿用水量的确定 本设计用的砂子吸水率的下限值为 5.7%，上限值为 7.7%，代入式 4-28 和式 4-29：

$$W_{2min}=860\times5.7\%$$

$$=49(\mathrm{kg})$$

$$W_{2max}=860\times7.7\%$$

$$=66(\mathrm{kg})$$

（7）石子用量及用水量的确定

1）石子用量的确定 根据混凝土体积组成石子填充模型，计算过程不考虑含气量和砂子的空隙率。用石子的堆积密度 $2200\mathrm{kg/m^3}$ 扣除胶凝材料的体积以及胶凝材料水化用水的体积 $132/1000=0.132$（$\mathrm{m^3}$）对应的石子，即可求得每立方米混凝土石子的准确用量（$Si=0$），则石子用量为（见式 4-30）：

$$G = 2200 - (261/3850 + 55/1800 + 94/2400) \times 3667 - (120/1000) \times 3667$$
$$= 2200 - 0.138 \times 3667 - 0.12 \times 3667$$
$$= 1254(kg)$$

考虑砂子不含石，混凝土施工配合比中石子的用量计算：

$$G_0 = G$$
$$= 1254(kg)$$

2）石子润湿用水量的确定　石子吸水率 0.5%，用石子用量乘以吸水率即可求得润湿石子的水量为（见式 4-31）：

$$W_3 = 1254 \times 0.5\%$$
$$= 6(kg)$$

（8）总用水量的确定

通过以上计算，可得

胶凝材料所需的水量：$W_1 = 120kg$

润湿砂子所需的水量：$W_2 = 49 \sim 66kg$

润湿石子所需的水量：$W_3 = 6kg$

混凝土总的用水量：$W = W_1 + W_2 + W_3$
$$= 175 \sim 192 \ (kg)$$

（9）C50 混凝土配合比设计计算结果（表 16-1）。

表 16-1　C50 混凝土配合比设计计算结果　　　　　　　　　　单位：kg

材料名称	水泥	粉煤灰	矿渣粉	砂子	石子	外加剂	砂子用水量	石子用水量	胶凝材料用水量
单方用量	261	55	94	860	1254	6	49～66	6	120

当采用以下不同材质的集料和胶凝材料配制防辐射混凝土时方法同上。

（二）用特种集料配制防辐射混凝土

用特种集料配制防辐射混凝土工程中，常用的主要有蛇纹石防辐射混凝土，细质集料防辐射混凝土，褐铁矿和磁铁矿集料防辐射混凝土，重晶石防辐射混凝土、核防辐射混凝土，磷化铁集料防辐射混凝土等。

1. 钢质集料

用钢质集料配制的防辐射混凝土，表观密度比普通混凝土大，笔者对对钢质集料防辐射混凝土的组成进行了专门的研究，用水泥作胶凝材料，掺入引气剂、混凝土减水剂（占水泥质量的 0.5%），细集料用 5mm 以下的球状铁砂，粗集料用碎铁屑，扁圆形（25.4mm 左右）。配制的混凝土表观密度可达 6800kg/m³，由于钢质集料的价格较高，配制成本高，只有配制特重混凝土时，才选用这种集料，这种混凝土的和易性较差，利用多组分混凝土理论配合比设计计算可得参考配合比。钢质防辐射混凝土配合比见表 16-2。

表 16-2　钢质防辐射混凝土配合比

名称	水泥	铁砂	碎铁屑	水
材料用量（kg/m³）	398	2819	2819	182
材料密度（kg/m³）	3100	7450	7500	1000

2. 磁铁矿集料（磁铁矿＋赤铁矿）

磁铁矿集料是核电站常用的防辐射混凝土用集料。在田湾核电站建设过程中：在满足设计要求的前提下，从节约成本的原则出发，选择了离连云港最近的徐州利国铁矿厂生产的磁铁矿或磁铁矿与赤铁矿混合物制成的砂石料。该破碎矿砂有四级配砂（0～0.16mm、0.16～0.63mm、0.63～1.25mm 和 1.25～5mm）和二级配砂（由 0～2mm 和 2～5mm 以 1：4 均匀混配）两种，该砂细度模数为 2.5～2.8，密度≥4600kg/m³，铁矿砂中 0.08mm 以下颗粒含量≤6.0%，其他技术要求均满足《建设用砂》（GB/T 14684—2011）要求。由磁铁矿或赤铁矿或两者混合物（按质量比 1：1 均匀混合）制成 5～20mm 连续级配碎石（由 5～10mm 和 10～20mm 碎石以 1：1 混配而成），该碎石密度≥4600kg/m³，其他指标满足《建设用卵石、碎石》GB/T 14685—2011 要求，见表 16-3。

表 16-3 磁铁矿集料（磁铁矿＋赤铁矿）指标

集料种类		体积密度（kg/m³）	密度（kg/m³）	含泥量（%）
磁铁矿	砂 $M_x=2.5$	3000	4700	5.2
	石	2640	4680	0.6
赤铁矿石		2540	4300	0.8
磁铁矿＋赤铁矿（1：1）	砂 $M_x=2.6$	2810	4630	2.9
	石	2580	4600	0.8

在田湾核电站配制防辐射混凝土时，技术人员利用多组分混凝土理论，配合比设计计算结束后，根据矿石供应厂家的集料生产种类规格情况，从降低成本的原则出发，对二级配碎石、四级配砂、二级配砂分别进行了配合比试验，数据见表 16-4 和表 16-5。

表 16-4 四级配砂配合比试验

序号	混凝土配合比（kg/m³）					坍落度（mm）	拌合物表观密度（kg/m³）	湿表观密度（kg/m³）	烘干表观密度（kg/m³）	工作性	28d 抗压强度（MPa）
	水	水泥	碎石	四级配矿砂	减水剂						
1	195	368	1765	1424	4.42	75	3770	3850	3740	好	56.8～58.9
2	200	390	1772	1393	5.07	95	3740	3830	3690	好	58.7～61.4
3	205	400	1772	1393	5.20	140	3740	3790	3640	好	58.2～59.8

表 16-5 二级配砂分别进行了配合比试验

序号	混凝土配合比（kg/m³）					坍落度（mm）	拌合物表观密度（kg/m³）	湿表观密度（kg/m³）	烘干表观密度（kg/m³）	工作性	28d 抗压强度（MPa）
	水	水泥	碎石	二级配矿砂	减水剂						
1	200	390	1695	1445	5.07	75	3720	3750	3630	好	53.0～56.3
2	205	400	1695	1445	5.60	130	3710	3740	3610	好	51.9～55.0
3	195	370	1947	1445	4.44	70	3750	3790	3670	好	51.4～54.7

试验结果表明：利用多组分混凝土理论配合比设计的防辐射混凝土，在坍落度达到

140mm 的情况下，磁铁矿和赤铁矿或两者混合物加工的碎石和中砂配制的重混凝土不论其拌合物表观密度还是湿表观密度与干表观密度都满足了不小于 3500kg/m³ 的设计要求。同时该重混凝土拌合物和易性好、保水性好，无离析分层现象，完全符合预期的设计要求。

3. 重晶石集料

重晶石的密度为 3700～4140kg/m³，莫氏硬度为 3～3.5，由重晶石加工成重晶石砂和碎石集料级配见表 16-6。

表 16-6　集料级配

集料种类	筛孔直径（mm）为下列数据的过筛量（%）										密度（kg/m³）
	0.2	1	3	7	10	15	20	25	30	35	
A	2.7	31.4	89.6	100	—	—	—	—	—	—	3700
B	2.2	16.3	98.2	100	—	—	—	—	—	—	4000
B	0.6	1.0	3.0	66.3	—	100	—	—	—	—	4150
R	6.0	7.2	8.5	12.3	16.1	29.2	54.3	80.8	92.2	100	4140

一般采用 32.5MPa 或 42.5MPa 的硅酸盐水泥作为胶凝材料，可以利用多组分混凝土理论配合比设计配合比，重晶石防辐射混凝土除热膨胀系数比普通混凝土大以外，其余的性能和普通混凝土性能基本相同。

4. 蛇纹石集料

用蛇纹石集料配制的混凝土是一种表观密度大、化学结合水含量高，广泛用于长期在高温（最高达 450℃）条件下工作的生物屏蔽结构的抗辐射材料。

蛇纹岩属变质岩，通常是由超基性（富镁质）岩石经气液交替作用而形成，主要由各种蛇纹石组成，包括叶蛇纹石、纤维蛇纹石和砾蛇纹石等，致密块状隐晶质结构、片状至弱片状构造，常呈暗绿至黄绿等颜色。蛇纹石含有一定量的化合水，通常分子式可写成 $3MgO \cdot 2SiO_2 \cdot H_2O$，理论成分为：$MgO$ 43.64%，SiO_2 43.36%，结晶水 13.00%。

用于蛇纹石混凝土的集料中不能含有杂物，洗净碎石中的粉尘、盐分、黏土颗粒和游离石棉纤维含量不宜超过 2%；黏土块含量不宜超过 0.25%。砂中游离石棉纤维的含量不宜超过 0.5%。蛇纹石集料中的成分需满足 MgO 不小于 30.0%；SiO_2 不小于 35.0%；结晶水含量不小于 10.0%。蛇纹石集料的相对密度不小于 2500kg/m³；蛇纹石碎石的松散堆积密度不小于 1460kg/m³、紧密堆积密度不小于 1670kg/m³；蛇纹石砂的松散堆积密度不小于 1280kg/m³、紧密堆积密度不小于 1560kg/m³。蛇纹石集料的颗粒组成应符合表 16-7 和表 16-8 的要求。

表 16-7　蛇纹石碎石颗粒组成

筛孔尺寸（mm）	3	10	20	40	50
累计筛余（%）	90～100	75～90	30～60	0～10	0～5

表 16-8　蛇纹石砂颗粒组成

筛孔尺寸（mm）	0.25	0.63	1.25
累计筛余（%）	≥99	≥80	≤4

蛇纹石防护混凝土配合比设计基本上和普通混凝土一样，只是要优先考虑密度和化学结晶水的含量要求。在初步配合比试验阶段，在满足表观密度和化学结合水率的前提下，根据现场施工要求和原材料情况试验在反复试验的基础上确定施工配合比。在满足坍落度140～160mm 条件下，混凝土实测表观密度为 2390kg/m³，烘干后干表观密度为 2290kg/m³。实测表观密度满足不低于 2320kg/m³ 要求。

5. 氢铁矿石集料

氢铁矿石集料成分见表 16-9。

表 16-9　氢铁矿石集料成分

成分与性能	1	2	3	4
密度（g/cm³）	4.4	4.5	4.2	4.4
含铁量（%）	63.7	59.8	52.9	63.8
SiO_2（%）	—	5.2	—	—
200℃烧失量（%）	0.1	0.3	—	—
500℃烧失量（%）	4.3	4.5	2.7	4.8

利用多组分混凝土理论配合比设计计算可得参考配合比，见表 16-10。

表 16-10　氢铁质防辐射混凝土配合比

名称	水泥	稠化剂	氢铁矿石细集料	氢铁矿石粗集料	水
材料用量（kg）	450	45	1935	2819	182
材料密度（kg/m³）	3100	—	—	2385	1000

用氢铁矿石作为重集料配制的防辐射混凝土比任何一种铁质集料都具有更加优越的性能，在 200℃ 温度条件下，加热两周，结构只有微小破坏，温度超过 350℃ 时破坏较大，粘结强度降低 70%，弹性模量约降低 5%。中子是射线中最难防护一种，氢铁矿石混凝土适用于防护快速中子结构。

四、基本性能

（一）堆积密度

防辐射混凝土堆积密度的大小，是防射线效果的主要指标，堆积密度越大，对 X 射线子射线的防护性能越好，我国常用的抗 X 射线，γ 射线及中子射线的混凝土，堆积密度一般在 2600～4000kg/m³。

（二）导热性

防辐射混凝土的导热性，在很大程度上取决于所用集料的性质，当用磁铁矿配制防辐射混凝土时，导热性与普通混凝土大致相同，当采用重晶石配制时，导热性比普通混凝土小50%，当用钢质集料配制时，导热性比普通混凝土高。

（三）力学性能

防辐射混凝土的力学性能与普通混凝土接近，具体检测数据见表 16-11。

表 16-11　防辐射混凝土力学性能　　　　　　　　　单位：MPa

混凝土性能	防辐射混凝土强度		
	C10	C20	C30
轴心受压（技术主体）	8	12	14.5
弯曲受压	10	14	18
轴心受拉	1	1.5	2
握裹力	1.1	1.8	2.2
弯曲受拉	1.6	2.1	2.6
弹性横量	$1.4×10^4$	$1.75×10^4$	$2.15×10^4$

五、工程应用

山东核电有限公司和中核建设集团采用多组分混凝土理论设计了不同强度等级的防辐射混凝土，自 2004 年至 2010 年，分别在田湾核电站以及海阳核电站工程中实际应用。施工单位根据设计要求，合理选用胶凝材料和外加剂，使得防辐射混凝土初始坍落度为 120～160mm，扩展度 350～450mm，当防辐射混凝土由搅拌运输车运输到达施工现场静置 2h，坍落度保留值仍为 100～140mm，工作性能优异，和易性好，易于振捣，不离析，不泌水，黏聚性好，其中海阳核电站最大主体工程屏蔽墙高 52m，墙体内径约 42m，墙体厚度近 1m，是典型的大体积防辐射清水混凝土，总体浇筑混凝土 6600 多立方米，于 2009 年 11 月已经顺利完工，经检测各项指标达到设计要求，负责现场施工的监理和建设单位技术人员非常满意。

六、防辐射混凝土的施工技术总结

（1）防辐射混凝土是由重集料配制而成的，在施工方面比普通混凝土的难度要大，因此在施工的各个过程中，如搅拌、运输、浇筑、养护、拆模等都要加强管理，确保相对密度大的集料不产生离析、成型的混凝土致密均匀防辐射混凝土集料密度大，混凝土易分层，为避免集料离析，坍落度不能太大，一般控制在（140±20）mm。

（2）混凝土搅拌和运输的数量不宜太多，一般为普通混凝土的 60％～70％为宜，以免发生重集料下沉。

（3）由于防辐射混凝土密度大，模板一定要坚固牢靠，刚度要满足，保证混凝土自身的荷载和较大侧压力的作用不发生损坏和变形。

（4）对于重晶石混凝土由于集料强度较低、性脆，因此搅拌时间不宜过长，一般为 40～50s，否则将大大增加石粉的含量，影响混凝土的工作性能。

（5）施工中要特别注意不得产生重集料的离析，尤其在运输和浇筑过程中，配制防辐射混凝土用的集料一般尽量均采用高密度材料。

（6）对于结构复杂或有大量预埋件的结构，当采用分层浇筑时，可采用预埋集料灌浆的施工方法，可克服集料下沉，并制成堆密度均匀的混凝土。

（7）由于防辐射混凝土堆密度较大，泵送距离一般不超过 50m，以免发生堵塞管道，混凝土浇筑厚度不宜太厚，以 300mm 左右为宜。

（8）随着养护条件与使用条件的不同，后期混凝土结晶水含量将有较大差异，尤其是对防中子射线的效果有很大影响，养护条件好，水泥水化过程继续进行，一年龄期后其结晶水的含量能增加 3% 左右，因此，尤其对于抗中子射线的混凝土要特别注意加强养护。正常的养护是浇筑后 7d 内保证混凝土温度不低于 10℃，相对湿度不低于 90%，7～28d 不能受冻害，相对湿度不低于 80%。

参 考 文 献

[1] 朱效荣. 绿色高性能混凝土研究[M]. 沈阳：辽宁大学出版社，2005.

[2] 朱效荣. 现代多组分混凝土理论[M]. 沈阳：辽宁大学出版社，2007.

[3] 朱效荣. 混凝土强度的预测与推定[M]. 沈阳：辽宁大学出版社，2008.

[4] 朱效荣. 多组分混凝土配合比速查手册[M]. 北京：化学工业出版社，2008.